SOUS L'ÉTOILE SOLEIL

DU MÊME AUTEUR

Couderc P., Pecker J.-C. et Schatzman E., 1954, *L'astronomie au jour le jour*, Gauthiers-Villars, Paris.

Pecker J.-C. et Schatzman E., 1959, *Astrophysique générale*, Masson, Paris (édition traduite en chinois).

Pecker J.-C., 1960, *Le ciel*, Delpire, Paris (édition traduite en anglais, allemand, italien, espagnol, japonais. Réédité en 1972, *Le ciel et deux écrits* (complété par deux articles) chez Hermann, Paris.

Pecker J.-C., 1969, *L'astronomie expérimentale*, PUF, Paris, collection « La science vivante » ; traduite en anglais, chez Reidel, Dordrecht, en 1970, et en russe, 1973, Mir, Moscou.

Pecker J.-C., 1969, *Les observatoires spatiaux*, PUF, Paris, collection « La science vivante » ; traduit en anglais chez Reidel, Dordrecht, 1970.

Pecker J.-C., 1971, *Papa, dis-moi, l'astronomie, qu'est-ce que c'est ?*, collection dirigée par le Palais de la Découverte, éd. Ophrys, Gap.

Pecker J.-C., 1971, *L'astronomie nouvelle*, ouvrage collectif sous la direction de J.-C. Pecker, Hachette, Paris. Édition révisée en 1974.

Pecker J.-C., 1981, *Clefs pour l'Astronomie*, Seghers, Paris.

Pecker J.-C., 1983, *La beauté du ciel*, plaquette pour la Société astronomique de France.

En Préparation :

L'Astronomie, science du ciel, ouvrage collectif dirigé par J.-C. Pecker, Flammarion, Paris.

JEAN-CLAUDE PECKER

SOUS L'ÉTOILE
SOLEIL

FAYARD

Ce livre est dédié à la mémoire de quelques amis chers, trop tôt disparus, et qui ont fait de la physique solaire ce qu'elle est aujourd'hui :

Ronald Giovanelli (1915-1984)
Karl O. Kiepenheuer (1910-1975)
Bernard Lyot (1900-1952)
Donald H. Menzel (1901-1976)
Marcel G. M. Minnaert (1893-1970)
Guglielmo Righini (1908-1978)

Avant-propos

La physique solaire semble parfois la mal-aimée de l'astronomie. A bien des égards, elle est pourtant exemplaire, et ce livre s'en veut une défense et une illustration.

Dans l'ensemble, on pourra le lire sans rencontrer de termes par trop techniques ; il sera toujours possible, le cas échéant, de sauter ces passages difficiles et d'éviter les rares équations ; mais j'espère qu'on voudra bien me pardonner d'en avoir quand même gardé quelques-unes, car l'astronomie est une discipline exigeante qui ne se satisfait pas de qualitatif.

J'ai commencé ma vie d'astrophysicien par des recherches sur le Soleil ; après bien des voyages parmi les étoiles et les galaxies, j'y reviens avec plaisir ; et les progrès accomplis en une trentaine d'années font de ce retour une découverte. L'avenir verra s'améliorer encore la finesse des images, la qualité des spectres, l'exploration complète des rayonnements et des flots de particules, et la rapidité des instruments. Des détails minuscules, des variations infimes en des temps très brefs apporteront à la physique solaire, menée du sol ou des engins spatiaux, des éléments nouveaux. Ce livre n'est donc qu'une étape, une mise au point sur l'état provisoire d'une discipline en pleine vitalité.

Au cours de ma carrière de physicien solaire, j'ai collaboré avec de très nombreux maîtres, collègues et amis ; il m'est impossible d'en donner une liste nominative ; mais j'aimerais souligner à quel point ces amitiés m'ont été chères, et combien j'ai appris grâce à ces travaux en commun. Que tous voient dans cet ouvrage l'expression de ma gratitude.

Enfin, je voudrais dire quel rôle Odile Jacob a joué dans l'élaboration de ce texte ; sans elle, serais-je venu à bout de la tâche ? Elle a suivi le projet avec enthousiasme et ses suggestions m'ont été de précieux encouragements. Je l'en remercie bien sincèrement.

Jean-Claude Pecker
1er mai 1984

Introduction

Où l'auteur laisse libre cours à l'enthousiasme naïf et lyrique qui l'anime depuis soixante ans devant les splendeurs éblouissantes du monde ensoleillé, malgré le chemin long, sablonneux et malaisé qu'il a dû parcourir dans l'Université française ; et où il annonce au lecteur le plan de son livre, dans lequel il parlera successivement du Soleil des hommes, de celui des astronomes, de celui des géophysiciens, et même de celui des physiciens, tant il domine, ce Soleil, toute activité sur terre.

Dans une portion de l'espace très limitée — une millionième du milliardième de la portion de l'univers explorée de nos jours — se trouve une immense famille d'étoiles, la Galaxie. Dans cette Galaxie, cent milliards d'étoiles. Une de ces étoiles, assez périphérique et plutôt banale, est le Soleil, notre Soleil.

Mais nous sommes si proches de cette étoile (huit minutes de lumière environ, soit 150 millions de kilomètres), et si loin des autres (des années de lumière, des dizaines, des centaines d'années de lumière) qu'elle est la seule à réellement influencer les conditions de notre vie. Que l'on considère seulement la journée ensoleillée qui s'annonce ce matin d'été : les genêts se dorent et la brume se lève sur la mer éblouie... Derrière le ciel bleu, il y a bien des étoiles ; mais le rayonnement du Soleil, diffusé par les molécules de l'air, les camoufle complètement, et ce ciel bleu, c'est toujours le rayonnement de notre étoile. Quel contraste, semble-t-il, avec la nuit étoilée ! Le luminaire nocturne le plus brillant reste la Lune, mais la lumière lunaire, c'est encore la lumière du Soleil réfléchie par notre petit compagnon... Toute lumière, ou presque, est solaire.

Le Soleil nous inonde donc de lumière, de photons. Chaque centimètre carré de surface terrestre reçoit, à chaque seconde, une énergie de 2 calories — soit environ 10^{45} photons. Cette seule étoile, le Soleil, nous envoie des millions de fois plus de photons et d'énergie que tout le reste du ciel.

La vie sur Terre est imprégnée de Soleil. Tous les hommes sont plongés dans sa lumière, dans sa chaleur. Mais, parmi ces hommes, les astronomes — il en est quelques milliers — ont pour métier l'étude des astres. Et parmi ces astronomes, si l'on s'en rapporte aux statistiques de l'Union astronomique internationale, 400 environ seulement se consacrent à l'étude du Soleil ; les autres, physiciens des planètes, chimistes des étoiles, rêveurs extragalactiques, sont les plus nombreux.

L'astronome solaire est un privilégié. Il dispose d'une quantité d'informations (proportionnelle au nombre des photons reçus qui la véhiculent) de plusieurs millions de fois supérieure à celle que reçoivent ses collègues, astrophysiciens de la nuit. Est-ce là qu'il faut situer l'origine de cette bonne entente qui rend les relations si souvent plaisantes dans la communauté des astronomes solaires ? Les débats les plus animés, les luttes acerbes pour le temps de télescope ou la faculté de publier, divisent souvent, au contraire, les astronomes stellaires, et plus encore les astronomes extragalactiques, réduits à une portion congrue de lumière céleste.

N'est-ce pas là aussi l'origine de mon désir de consacrer un livre entier à cette étoile Soleil, après lui avoir voué tant de discours et lui avoir dédié tant d'articles ?

Soleil a, pour tout scientifique, au moins trois aspects, complémentaires mais différents, qui définissent les trois dernières parties de ce livre ; il en a également pour moi un quatrième, accessible à tous et qui m'est cher : Pour tout le monde, en effet, *Soleil* est presque une personne, qui partage et commande la vie quotidienne. J'ai ainsi tenté d'écrire l'*histoire de Soleil* telle qu'elle apparaît au fil des siècles à travers les attitudes successives de l'espèce humaine à son égard, des primitifs aux artistes d'aujourd'hui ; c'est le Soleil des hommes et de leurs progressives découvertes.

Mais *le Soleil* — nous lui restituons alors son article —, c'est aussi l'étoile typique la mieux connue. J'ai consacré la seconde partie de cet ouvrage au Soleil des astronomes : l'*étoile Soleil*.

Terre, planètes, satellites, comètes... forment autour du Soleil un cortège permanent, depuis des milliards d'années : le Soleil, par ses rayonnements, son activité très variable, y influence profondément les conditions physico-chimiques, et, par là même, les conditions de la vie ; le *Système Soleil* fait donc l'objet de la troisième partie de ce livre. C'est le Soleil des géophysiciens et des planétologues.

L'étoile Soleil est enfin un extraordinaire *laboratoire* dont l'étude nous apprend bien des choses sur la Physique, et c'est au Soleil des physiciens que s'attachera la dernière partie de cette étude.

Hommes et astronomes, géophysiciens et physiciens, nous sommes en vérité tous nés sous l'étoile Soleil. Dans la mesure où les photons solaires camouflent les autres, où c'est le champ de gravitation solaire qui commande les mouvements de la Terre, et le magnétisme solaire qui régit le magnétisme terrestre, ses variations et ses effets — peut-être est-ce dans l'univers de l'astronomie solaire que l'on voit le mieux se dessiner les arguments essentiels contre les tentations absurdes de toute astrologie. Ce fait est sans doute secondaire à notre point de vue ; mais la subjectivité des réactions humaines est telle qu'il fallait bien l'évoquer dès la première partie de ce livre. Nous disons parfois que nous sommes nés sous une « bonne » ou sous une « mauvaise » étoile ; ce disant, nous assimilons d'ailleurs les planètes, dont l'apparence dans le ciel nocturne semble au premier regard très semblable, à des étoiles à proprement parler. En réalité, nous ne pouvons dire qu'une chose : tous, humains, animaux, organismes vivants de la Terre, nous sommes nés sans exception et sans compensation sous une seule étoile, la même pour tous : nous sommes nés sous l'étoile Soleil.

PREMIÈRE PARTIE

HISTOIRE DE SOLEIL

I

Soleil, dieu familier

Où Soleil, dieu familier des hommes (et des femmes), coléreux et fantasque, se présente à nous, en même temps qu'aux hommes primitifs qui n'ont jamais entendu parler du Collège de France ni même de Copernic.

Soleil est un astre qui nous est propre, notre astre. Aussi l'appellerons-nous Soleil, et non *le* Soleil ; comme on parle de l'Histoire de France, nous parlerons de l'Histoire de Soleil, personnage bien à nous, quelque peu imbu, à nos yeux, de cette toute-puissance que lui confère sa proximité, violent et dominateur, toujours présent, toujours indifférent bien sûr aux médiocres manifestations de la vie qui l'entoure comme aux rages et aux joies de ses hommes. Histoire de Soleil, histoire des conditions impossibles de notre vie minuscule.

Mais Soleil de l'homme nu, c'est d'abord celui de la vie sauvage, craint ou adoré. Soleil qui, de sa seule présence, signifie le jour contre la nuit, le chaud contre le froid. Conter tous les mythes que les sociétés primitives ont organisés autour du Soleil serait sans fin ; leur trace évoluée se retrouve dans les religions les plus contemporaines comme dans les plus abstraites des philosophies : Soleil humanisé donc divinisé (l'homme n'est-il pas son premier dieu ?), Soleil de passions, d'amour et de haine.

L'homme primitif est-il le frère du poète d'aujourd'hui ? Non, sans doute, car inconsciemment ou non, le poète est devenu copernicien. En outre, ce qui le mène, c'est la sensation, l'illumination, le flot de lumière qui le baigne, l'éclair aveuglant, le retour sur soi. Mais, comme le poète qui craint le grand Soleil, le primitif a peur du Dieu Soleil.

Les cosmomythologies primitives ordonnent autour de lui leurs histoires compliquées [1]. Le Soleil est Dieu, bien sûr. Shamash a cependant encore un rôle discret dans le panthéon sumérien ; il n'est que le fils de Sin — le dieu Lune. Est-ce certain aspect, mystérieux pour nous, de l'astrologie d'alors qui exigeait une telle discrétion ? Les Égyptiens, eux, n'étaient guère astrologues, non plus d'ailleurs qu'astronomes. Du coup, le Soleil prend la toute-puissance, multiple et foisonnante : il est Khepi quand il se lève, Râ lorsqu'il chauffe et éblouit, Aton à son coucher. Aton, c'est le Soleil en disque ; Horus est le Soleil aussi, en faucon. Râ Harakhti est le Soleil créateur, fécondant. Ailleurs, les traditions brahmaniques multipliaient encore les attributs du Soleil tout-puissant. Le Soleil destructeur Indra, le fécondateur Dhata, celui qui fait pleuvoir, Parjanya, celui qui imprègne tout corps, Trachta... et encore Ponchâr, et Aryama, et Vivasvan, et Vichnou, le vengeur, et encore Ansonman, et Varouna, vivifiant, et encore Mitsa au firmament... « Telles sont les douze splendeurs du Soleil, l'Esprit Suprême, qui par elles pénètre l'univers et s'irradie jusqu'à l'âme secrète des hommes. »

Tous ces mythes s'intègrent à une cosmographie rudimentaire : on « explique » les couchers et les levers, l'orbe solaire, les saisons et parfois les éclipses. Le mythe s'adapte à l'observation des astres, mais leur impose aussi son caractère ; les légendes foisonnent et les raconteurs brodent, décorent, amplifient.

Chez les Incas, les Atzèques et les Mayas, comme en Égypte, en Grèce ou en Orient, tous les dieux-Soleil ont donc leurs histoires et leurs amours. Soleil, aussitôt qu'évoqué, ébranle son cortège d'images ambivalentes impropres à tout classement, sinon à l'argumentation des ethnologues. Mythes, rites, symboles — Soleil est tout.

Tantôt astre divin, tantôt animal mythique, il est adoré, craint, imploré par des religions déjà très élaborées. On a reconnu l'importance des alternances jour-nuit, ou du rythme des saisons sur la vie obscure des forêts et des savanes, sur les

---

1. Certains passages de ce chapitre sont tirés, avec des modifications de détail, du chapitre I de l'ouvrage de l'auteur, *Le Ciel*, Delpire, 1960, remanié en 1972 (Hermann).

cultures et les chasses, sur tout ce qui vit. Le Soleil est parfois le dieu suprême, et les autres attributs célestes sont transférés sur ce dieu solaire ; en Terre de Feu, l'arc-en-ciel est son frère ; chez les Esquimaux, Soleil est la vie, Lune est la mort. Pour les Pygmées, le Soleil est l'œil du dieu suprême ; en Indonésie il se fait oiseau, corbeau dans l'Arctique ou en Asie boréale ; c'est aussi le Soleil ailé des Égyptiens. La pluie n'est autre que la semence fécondante du dieu africain Amma, Soleil créateur de la Terre. La course de Soleil dans le ciel, symbolisée ici par un oiseau, l'est ailleurs par un char, ailé ou non. Ainsi en est-il du Surya des légendes védiques, comme de celui de Phœbus-Apollon ; les chars solaires se retrouvent dans les mythes péruviens ou cinghalais. Et les rites solaires, partout, abondent encore dans le monde d'aujourd'hui. Au solstice d'été, on fait descendre des roues enflammées du haut des couronnes, les processions des chars roulants sont courantes dans l'Asie du Sud-Est. Que sont, dans nos campagnes, les feux de la Saint-Jean sinon quelque réminiscence d'un rite solaire de toujours ?

Soleil est le maître de la fertilité. Dans le nord de l'Australie, Soleil, principe mâle fertilisant, Monsieur Soleil, est une lampe faite avec des feuilles de noix de coco que l'on suspend dans les cases et dans le figuier-temple sacré. Au début de la saison des pluies, Monsieur Soleil descend du figuier pour venir fertiliser Madame Terre, sur une échelle à sept barreaux ornée de figures d'oiseaux, censées annoncer son approche. Cette fête, l'union de Soleil et de Terre, est accompagnée de saturnales effrénées : l'union des sexes se donne libre cours sous l'arbre sacré.

Soleil est symbole de vie et d'éternité. Aussi le coucher de Soleil n'est-il jamais considéré comme la mort du dieu, mais plutôt comme le début d'une course invisible. Ainsi les Natuatl des plateaux aztèques ne croient-ils pas que le Soleil meure, mais (c'est plus rassurant) qu'il devient noir ; et les âmes l'accompagnent dans le voyage.

Les mythes qui cherchent à expliquer les faits d'observation foisonnent. Après avoir répondu à un « comment », ils cherchent un « pourquoi ». Quelle interprétation les cosmogonies primitives donnent-elles de la rotation du Soleil dans le ciel ? Les Chinois accusent le génie du vent Kong-Kong qui ébranle le mont Pourchéou, déchaînant du même coup le déluge ; la Terre, et le ciel, soutenu par une colonnade, basculent ; le Soleil et les constellations s'acheminent alors vers le couchant ; l'étoile Polaire, axe du monde, est déplacée vers le nord, cependant que les fleuves tombent vers le Se, coin béant de l'espace (mer de Chine). Leur hantise de l'ordre imposait aux Chinois de réparer ce désastre : c'est l'œuvre du bon génie Niukoua ; il répare la colonne manquante avec les pattes coupées d'une tortue, symbole de l'univers clos et stable (son dos rond comme le ciel, son ventre carré comme la Terre l'apparentent à l'univers). Ce sont d'ailleurs des tortues qui, soutenant les mondes, les îles des bienheureux, les empêchent de flotter sur l'eau au gré des marées et des vents. Chez les Aztèques, on trouve encore une idée analogue : la Terre est stabilisée par le monstre Ipactli (le calendrier) qui la porte sur son dos. Le barattage de la mer de lait, chez les Hindous, la légende du géant Atlas, chez les Grecs, expriment ce même besoin d'expliquer la stabilité de l'Univers. Les mythes météorologiques sont d'ailleurs étroitement liés aux conceptions du ciel. Ainsi, dans le bas-Yukon, les vents sont-ils des trous dans le mur du ciel, voûte d'une merveilleuse matière, supportée par de longues tiges flexibles. Pour les Chinois, les portes des vents sont distribuées aux quatre coins de l'Univers.

La succession des saisons aussi est interprétée : chez les Chinois (ici, c'est surtout de chez eux que nous viendront les exemples, l'isolement du continent chinois ayant permis un développement pur et cohérent des mythes), le ciel, en forme non sphérique, mais ovoïde, tourne comme une roue, entraînant le Soleil ; à midi, le Soleil, à la pointe de l'œuf, est loin de nous et semble petit. Cependant, la Terre, jaune de l'œuf, flottant dans la masse liquide, s'approche et s'éloigne du zénith et des points cardinaux en un mouvement périodique : ce sont les saisons. Elles sont décrites en un symbolisme autre d'après les chemins différents que suit le Soleil sous la Terre, s'approchant plus ou moins de son centre. L'Empire chinois est grand, et le Soleil ne s'y couche pas partout à la même heure : cela est bien connu ; le Soleil, dans sa course, s'écartant successivement des quatre côtés de la Terre, y devient successivement invisible. Le mythe alors devient astronomie.

Les éclipses de Soleil font naturellement naître des explications nombreuses. Les Chinois remarquaient qu'elles arrivaient le premier ou le dernier jour de la lunaison. Leur origine, difficile à intégrer à l'ordre parfait du monde, était liée à la conduite déréglée des souverains. Cette interprétation de caractère magique était contradictoire avec la notion d'un ordre inéluctable, et, dès un siècle avant notre ère, Lieou Hang en donne l'interprétation astronomique correcte. Mais, pour les Esquimaux de l'Alaska, l'éclipse est encore la mort et la résurrection du dieu solaire. Elle est présage de l'épidémie ou de la guerre. Une telle interprétation ne rappelle-t-elle pas la mort et la résurrection du Christ ? Le mythe solaire, superposé à l'histoire, couvre le Golgotha d'un ciel menaçant, d'un obscurcissement insupportable, présage terrible, signe de la culpabilité des bourreaux et de la colère divine.

Lune et Soleil sont associés dans de nombreux mythes cosmogoniques. Chez les Esquimaux, une légende très répandue raconte que la Lune (Aningok) et le Soleil (Tsère) étaient deux enfants d'une famille d'un village côtier. La fille, pour éviter les assiduités de son frère, grimpe, rapide, sur une échelle, et devient le Soleil (en certains endroits, la légende inverse les sexes). En hâte, sans avoir le temps de s'habiller, le frère monte sur la même échelle à la suite du Soleil, mais, toujours en retard, il ne la rejoint jamais. Sans nourriture, le garçon-Lune s'évanouit de faim : mais le Soleil-fille le nourrit de son sein coupé, puis le prive de nourriture jusqu'à l'évanouissement suivant.

Des légendes parfois très compliquées, nées d'un symbolisme astronomique, se développent souvent de façon autonome, les symboles humains et agricoles se superposant au symbolisme céleste. Chez les Aztèques, la déesse Coatlicue (Terre), enceinte d'une balle de plumes (âme d'un guerrier sacrifié), fait naître l'enfant miraculeux (Soleil) jaune et bleu, armé du Xiucoatl, serpent de feu qui, pour protéger sa mère, tue les Centon Uitznawa (les quatre cents étoiles du Sud, symbole des ténèbres) et leur sœur Coyolxauhqui, la nuit. Les astres divers, autres que la Lune et le Soleil, ont bien sûr aussi leurs mythes ou leur part dans les mythes solaires et lunaires ; mais ce livre ne s'occupe que de Soleil...

Un « comment » : char ou ailes ; un « pourquoi » : le mimétisme soleil-homme, dieu-homme ; toute cosmogonie crée des rites. Le Soleil en impose aux hommes ; il convient de le prier dignement, d'entreprendre des magies efficaces. Qu'est-ce donc que la Saint-Jean, déjà évoquée, sinon une prière ?

Puisque les dieux sont un peu des animaux ou des hommes, il est normal que l'univers divinisé ait une volonté propre. Cette volonté peut être fléchie par les rites religieux (prières d'homme à homme, d'homme à dieu compréhensif) ou par des sacrifices magiques (tentative symbolique d'intimidation de dieux qui ne comprennent pas le langage humain). Toutes les conceptions du ciel se mélangent alors et s'interpénètrent, certaines prévalant par moments : la conception du ciel-décor, qu'il s'agit d'expliquer plus que d'infléchir, celle du ciel inexorable, ou encore celle du ciel-loi que l'astrologie cherche à interpréter pour s'en servir. Nous retrouverons toutes ces tendances dans l'attitude multiple de l'homme du XXe siècle.

Les sacrifices sont peut-être la première forme active de la religion, une sorte de prière véhémente, les hommes simples essayant par tous les moyens de fléchir les puissantes divinités célestes. Le sacrifice d'Abraham ne serait-il pas un exemple bien connu de sacrifice au Soleil, assez semblable à ceux des Incas ? Ce n'est pas ainsi que le présentent les Écritures, mais les faits sont comparables. Les Pawnee apaisent les éléments par le sacrifice symbolique d'une jeune fille ennemie, descendante symbolique du couple des étoiles du soir et de matin. Les dieux eux-mêmes se tuent les uns les autres pour donner à Soleil et à Lune leur mouvement ; le sacrifice par le feu, par le sang, est une condition nécessaire à la résurrection de l'astre.

Les magies plus paisibles sont légion, elles aussi. Partout les hommes espèrent interrompre le Soleil dans sa course, le faire briller, ou provoquer la pluie. Les Ojibwas lancent des flèches pour rallumer le Soleil pendant les éclipses. Dans l'Orénoque, certaines tribus enterrent des tisons pour conserver le feu hors de la vue du dieu éclipsé. Le rite du tour du temple par le Pharaon-Soleil, dans un renversement de la métaphore (c'est le Soleil qui tourne, en vérité !), est aussi un rite magique, celui d'une prise de pouvoir. N'évoque-t-il pas les sept jours des conquérants de Jéricho, magie couronnée de succès s'il en fut ? Certains ont prétendu arrêter Soleil, avec succès parfois, dit la légende : ce fut le cas de Josué, si l'on en croit la Bible. Dans les Andes, deux tours (aujourd'hui en ruine) sont pourvues de crochets entre lesquels on pouvait tendre un filet pour y prendre Soleil. Ailleurs, on a recours au nœud coulant ou à quelque autre stratagème ; nombreuses sont les histoires à ce sujet. Mais l'homme est souvent puni par ses dieux : Icare, prisonnier du Minotaure-Soleil, mourut pour avoir voulu rivaliser avec lui ; Prométhée fut enchaîné pour son crime ; Orphée connut un sort semblable.

Cette vision magique de Soleil-Dieu n'est-elle que du passé?

Il y a quelques années, le 30 juin 1973, une éclipse totale de Soleil eut lieu. Pendant quelques minutes, tous les territoires africains, depuis la Mauritanie jusqu'au Mozambique, furent successivement balayés par l'ombre portée par la Lune sur la Terre. Les astronomes étaient là, avec leurs instruments compliqués; ils allèrent jusqu'à utiliser la vitesse supersonique du *Concorde* pour suivre cette marche rapide de l'ombre et rester plus d'une heure dans le cône d'obscurité. Parallèlement, des équipes d'ethnologues [1] entreprirent une opération combinée : s'étant distribués les uns au Surinam (l'éclipse naissait sur les rives américaines), d'autres chez les Touaregs du Niger, d'autres chez les Saras centre-africains, d'autres enfin dans le Rift abyssin, ils menèrent leurs observations sur l'ensemble du territoire couvert par l'éclipse. Leur expérience est relatée dans un ouvrage collectif, *Soleil est mort*, qui nous rapporte les réactions de ces ethnies plus ou moins primitives, et le plus souvent ignorantes de la description scientifique du phénomène. Pour l'énorme majorité de ces gens, il s'agissait de la première éclipse de leur vie, tant, en un même lieu, ce phénomène est rare : sa périodicité est de l'ordre de 55 ans (trois périodes d'un Saros, résultant de la combinaison complexe des mouvements de la Terre autour du Soleil et de la Lune autour de la Terre). Or, pour tous, Soleil appartient à la vie quotidienne. Aussi était-il intéressant de voir les réactions de ces hommes, de ces femmes, de ces enfants, soudain privés de la lumière de Soleil et la retrouvant après quelques minutes. Les réactions de ces hommes si différents furent, c'est naturel, loin d'être identiques ; aux uns, l'éclipse apportait la catastrophe ; pour les autres, plus confiants sans doute en un Soleil qui ne les avait jamais trahis, elle n'était qu'un incident, certes remarquable, mais sans conséquence grave pour leur vie.

Au Surinam, l'éclipse était du matin. Soleil, à peine levé, disparut. Les Kalinas habitent la bande littorale du pays ; au nombre de quelques milliers, ils n'ont que de rares contacts avec la « civilisation ». Comme en beaucoup d'autres régions plus pro-

---

1. *Soleil est mort*, ouvrage collectif, G. Francillon, P. Menget éd., Nanterre, Univ. Paris X, Labo, Ethnologie et Sociologie comparatives, 1979. Les pages 23 à 30 s'inspirent directement de cet ouvrage.

fondément soumises à la colonisation, l'activité missionnaire a cependant exercé une évidente influence. Peut-être les pères catholiques ont-ils entretenu les néophytes des merveilles de la science et notamment des mécanismes du ciel, mais avec sans doute des différences très sensibles d'une mission à l'autre ; et cela explique peut-être les différences d'attitude des primitifs face à l'éclipse du Soleil, de leur Soleil à eux. Toujours est-il que l'annonce de l'éclipse par les ethnologues ne semble guère impressionner les Kalinas. Il n'y avait rien d'extraordinaire à ce concours de peuple venu de partout ; cette festivité semblait en effet normale, un 30 juin, veille de l'anniversaire de l'abolition de l'esclavage, et fête nationale. L'éclipse était organisée par les visiteurs, disait-on, « en l'honneur de la fête nationale ». En quelque sorte, c'était une splendide cérémonie. On peut d'ailleurs noter que ce genre de description très rassurante est, en elle-même, la marque d'une inquiétude refoulée et victorieusement combattue ; elle est rassurante parce qu'il fallait se rassurer. Les Kalinas, qui avaient vu de nombreuses éclipses de Lune et quelques éclipses partielles de Soleil, et dont les enfants avaient suivi avant l'éclipse des cours élémentaires de cosmographie simple, voire simpliste, ne semblaient guère surpris de cette lutte entre les dieux du stade, Soleil et Lune. Situation dangereuse, certes, mais il reste possible de séparer les combattants : l'expérience montrait qu'on y avait toujours réussi grâce à un savant vacarme faisant son de tout objet. Après le combat (d'où Soleil sort vainqueur), la tradition veut que tous se lavent du sang de la bête blessée, le sang de Lune qui a dégoutté sur les hommes.

Peut-être cette éclipse attendue, « organisée » même, que rien ne rendait a priori effrayante, était-elle pourtant d'une nature différente ? Les ethnologues notent en tout cas que, contrairement aux traditions dont on les avait entretenus, aucun vacarme ne s'élève ; bien au contraire, tous se taisent et tout se tait ; seul le clapotement de pagaies brise le silence, une pirogue effrayée gagne vite la berge, des enfants ont peur. Le Soleil brille à nouveau sur la petite communauté qui reprend ses activités normales. Mais le récit ne s'achève pas là. Quelques heures plus tard, Soleil est à nouveau brillant, haut dans un ciel serein. Des femmes, munies de feuilles-récipients pleines d'une sorte de glaise blanchâtre, en badigeonnent à l'aide d'une grande spathe de palmier, des cheveux aux jambes, tous les enfants, malgré leurs protestations ou leurs tentatives de fuite.

Certaines d'entre elles, plus très jeunes (désignées à nos ethnologues comme des « céramistes »), semblent prendre un plaisir extrême à cette vigoureuse onction ; les enfants blanchis se joignent à elles, puis d'autres encore ; on continue, on enduit tout le monde de blanc dans une atmosphère de liesse et de rires. Les ethnologues eux-mêmes, trop impliqués dans l'affaire, ne peuvent échapper au sort général. Tous vont ensuite se laver de l'emplâtre gluant dans la rivière proche.

Un vieil homme relate l'éclipse en une longue histoire ; nous ne faisons ici qu'en donner un bref résumé ; la coïncidence avec la fête nationale semble oubliée et il n'est pas certain que l'importance accordée par les ethnologues à cette coïncidence ait tellement frappé les indigènes eux-mêmes :

« Soleil et Lune, qui s'entendent si bien des années durant, se querellent parfois. C'est la tradition que nos chefs nous ont enseignée, pour que nous la gardions pour toujours en mémoire. » Les Kalinas, sans se considérer comme les enfants de Lune et de Soleil, criaient à l'adresse de ce dernier : « Réveille-toi, papa ! » — exprimant ainsi à la fois leur respect filial et l'amitié qu'ils portent à leur Soleil. Ces propos du vieillard interrogé révèlent que les rites n'ont plus valeur magique, mais sont pratiqués au nom d'une tradition. Ni le vacarme (oublié, cette fois...) ni l'onction d'argile et les ablutions n'ont pour but réel de faire cesser la querelle ou de laver le sang de Lune blessée : il s'agit simplement de « se souvenir » d'un événement ancien, à mi-chemin entre mythe et histoire. Le récit du combat, concluent les ethnologues, n'est « ni explication ni exégèse du rituel ; il est devenu comme sa description emphatique ».

On notera la faiblesse du mythe. Pourquoi Soleil et Lune se sont-ils querellés ? Quelle est la nature de leurs rapports ? Frère et sœur, mari et femme ? Autant d'obscurités... D'autres ethnologues, hollandais ceux-là, détectent chez les mêmes Kalinas, pendant une éclipse (de Lune, il est vrai, donc nocturne), l'influence d'Ipyetëmë, identifié à Orion : ce héros kalina avait violé un tabou en tuant sa femme ; il est poursuivi par ses beaux-frères entre ciel et Terre, en une longue errance ; puis, à bord d'un frêle canot, Ipyetëmë monte au ciel et là, notre brutal héros malmène Tamusi, qui dans la cosmologie kalina est à la fois Lune, Soleil — la lumière, et même, selon certains, la Lumière essentielle —, l'Être suprême. Ainsi est interprétée l'éclipse : il n'est pas exclu que le lever vespéral d'Orion, qui annonce aux Kalinas la saison des pluies, les ait conduit à assimiler les éclipses et la simple disparition, derrière les nuages, de Lune et de Soleil ; ainsi la confusion entre phénomènes météorologiques et astronomiques aurait-elle suscité une bien naturelle fusion des symboles. Pour qui ne dispose pas de l'annuaire du Bureau des longitudes, le déroulement d'une éclipse, pour spectaculaire qu'il soit, est a priori imprévisible. Comment la distinguer, lorsqu'elle débute, d'autres phénomènes, des nébulosités par exemple ? Et comment, dans ces conditions, s'étonner des amalgames et des erreurs qu'entretiennent ces mythes ?

D'un groupe ethnique à l'autre, même s'il s'agit de groupes voisins, les différences sont sensibles. Les Kalinas parlent d'un combat entre Lune et Soleil : Lune est blessée, mais reviendra guérie ; ce combat, pour les Arawak, prend un tour plus dramatique : Lune, agressée par le monstre Soleil, meurt. « Elle a perdu conscience dans une flaque de sang. »

Nous ne sommes ni ethnologue ni psychanalyste : nous renvoyons donc à l'ouvrage cité, ou à Cl. Lévi-Strauss, les amateurs d'interprétation sociologique ou psychologique du comportement pendant les éclipses. Suivons plutôt Soleil et allons le retrouver, ce 30 juin 1973, au moment où son ombre portée sur la Terre aborde les rivages mauritaniens à quelque mille kilomètres à l'heure. Nous sommes maintenant chez les Touaregs, infatigables nomades des déserts sahariens.

Les Touaregs ont un niveau de tradition beaucoup plus élaboré que celle des primitifs du Surinam. Musulmans depuis neuf siècles, ils n'ont pour Dieu qu'Allah. Leur vision des choses du ciel est donc un peu moins élémentaire. L'éclipse annoncée est pour les uns la volonté de Dieu, pour les autres une magie montée par les incroyants venus de France et d'ailleurs. La coïncidence entre la venue des astronomes et l'événement annoncé est, ici encore, perçue comme une relation causale, mais suscite plus d'irritation et de crainte que de joie ou d'humour.

La vie de ces peuples pasteurs est simple. Les troupeaux de chèvres sont intégrés au village-campement ; les femmes préparent la nourriture, puisent de l'eau, pilent le mil. Les vertus et les traditions sont millénaires, et la mort est redoutée ; elle est en effet souvent le corollaire, accident souvent prématuré, de la faim ou de la maladie, et associée à un climat difficile. D'où les réactions de nos chevrières à l'événement annoncé : Soleil brutalement attaqué, razzié, étranglé enfin ; l'évocation n'est que la transposition des habitudes guerrières des Touaregs. Cette mort brutale, c'est la fin du monde. Ces craintes diffuses, presque symboliques, conduisent les chevrières jusqu'à la transe — sanglots, gémissements, convulsions ; les ombres volantes sont perçues comme autant de menaces qui courent. Dans ces régions sahariennes (tout comme au Surinam, malgré l'évolution différente des mentalités), la tradition veut que, pendant l'éclipse totale, on se livre à un charivari qui doit faire cesser le pillage de Soleil, ce drame affreux provoqué par les païens. La magie des païens se termine par le retour de Soleil, — c'est le travail de Dieu, cette fois ! La vie reprend. Le soir, des chants et des danses célèbrent le retour de Soleil et chassent les esprits qui ont tourmenté les femmes possédées. On est très loin des imageries de personnification de Soleil ou de Lune. Dieu est là, tout-puissant : il a fait une éclipse (on a laissé les magiciens païens opérer) pour punir les mauvais croyants et pour raffermir la foi. Le rite malékite prévoit d'ailleurs des prières spécifiques au moment de la disparition complète du Soleil ; la prière, en cette fin du monde, est un acte de maintien de la relation à Dieu. Il est en outre défendu de regarder les astres (une chevrière, selon le récit de juin 1973, a cependant passé outre, sa curiosité l'emportant un instant sur le respect des commandements). Est-ce un précepte destiné essentiellement à combattre les pratiques astrologiques ? Il appartient en effet à Dieu seul de connaître l'avenir. Il reste dans ces comportements bien des ambiguïtés, survivances de croyances magiques, mal recouvertes par les dogmes de l'Islam... Car enfin, la responsabilité de l'éclipse revient-elle à Dieu ou aux magiciens païens ? Les opinions sont partagées. De toute façon, la terreur ancestrale survit aux rites païens disparus ; et la prière coranique n'est pas sans garder aussi des aspects de magie protectrice.

On a remarqué que, curieusement, les Touaregs ne font jamais intervenir la Lune dans leur description de l'éclipse de Soleil. La raison en est claire : la Lune ne peut atteindre le Soleil sans aller contre sa nature. La toute-puissance de Soleil est manifeste : dans sa course, il rejoint la Lune et la contraint à subir ses phases ; comment pourrait-elle à son tour l'atteindre sans que soit transgressé l'ordre des choses ? Un rite traditionnel reprend pourtant cette symbolique de l'inversion : pendant l'éclipse, le croyant doit inverser sa tunique, la mettre sens devant derrière. Sans doute la rencontre du Soleil et de la Lune est-elle inconsciemment perçue : c'est le monde à l'envers, repris par le rite.

Des Touaregs musulmans, monothéistes, passons à d'autres observateurs : les Saras de la République centrafricaine. A Takamala, un millier de Saras mènent une existence tribale. L'habitat est simple — cases rondes en paillassons —, la vie dominée par l'agriculture, sorgho et millet, l'alimentation étant complétée par les produits de la pêche. Des missions protestantes et catholiques coexistent avec une pénétration islamique embryonnaire. La vie s'organise autour du puits de Takamala qui joue un rôle important, celui de l'accès à la procréation. Les rites sont encore durs, malgré l'interdiction en 1966 des excisions. Ce peuple de villageois reste très profondément attaché à sa terre et à ses villages.

Le 30 juin, comme à l'ordinaire, se passe aux champs : c'est le premier désherbage des champs de mil. Avertis de l'éclipse, les Saras n'avaient guère paru impressionnés. La veille, un ordre du chef avait simplement enjoint aux villageois de rester chez eux et, le jour même, la radio nationale les avait prévenus du danger qu'il y avait à regarder le Soleil. Entre midi et une heure, tous devaient donc être à l'abri.

Les commentaires de certains révèlent une inquiétude évidente. Une jeune fille demande : « Allons-nous mourir ? » Elle avait compris que la Lune avalerait le Soleil ; cette éventualité lui paraissait pourtant invraisemblable, puisque la Lune n'est jamais visible en plein jour... Pendant l'éclipse, certains restent chez eux ; d'autres, comme les visiteurs blancs, suivent le déroulement de l'occultation dans les flaques d'eau — ou en écoutant les commentaires de Radio-Centre-Afrique. Puis le soir vient ; bergers et bergères reprennent leurs habitudes. L'éclipse est finie ; tout est rentré dans l'ordre. Ni peur ni panique ne se sont d'ailleurs réellement manifestées dans cette population calme. Mais tous d'interroger : « Pourquoi avoir provoqué cette éclipse ici et non pas chez vous ? Pourquoi vous et votre *Concorde* nous avez-vous caché le Soleil ? »... Les Américains vont bien sur la Lune : la puissance des Blancs leur confère un pouvoir magique.

Poursuivons encore l'ombre de Soleil vers l'est, sur les territoires de l'Omo, en Éthiopie, occupée par les Nyangatom, ethnie pastorale de 5 000 personnes environ, et dernière étape de l'étude ethnologique de juin 1973. Cette région est le siège, depuis longtemps, d'une interprétation qui entretient des hostilités souvent violentes entre voisins. Dans cette dépression du Rift, région de passage à basse altitude, à caractéristiques équatoriales, à faible pluviosité, entre forêts et savanes, le surpâturage, facteur de désertification, les tsé-tsé et l'insécurité climatique affectent la stabilité économique et exacerbent les luttes fréquentes entre Nyangatom, Dassanetch ou Kara. En juin 1973, la civilisation moderne n'a guère pénétré cette région : pas de transistor, pas d'école, peu d'influences missionnaires, peu de pénétration des religions monothéistes.

Il est clair que les Nyangatom n'ont jamais entendu parler d'éclipse ; aucun mythe cohérent n'en véhicule la tradition. Quand le ciel s'obscurcit, ce peut être un mauvais présage ; mais on se protège toujours des dangers en tapant sur des calebasses. La description du phénomène provoque des commentaires improvisés sur l'heure, révélateurs de leur vision anthropomorphique des astres : Soleil se fâche et veut se battre avec Lune ; Lune veut le manger ; ils se fâchent — et le ciel devient noir (à moins que Lune ne devienne rouge)... Si Soleil meurt, un autre Soleil le remplacera, comme pour les personnes. Mais il ne s'agit là que d'interprétations individuelles. Les magies s'imposent de toute façon : le charivari et les onctions (de charbon de bois d'édome). Et le rituel est précis ; ce sont des rites classiques, fréquents, et non pas associés seulement à la catastrophe-éclipse : les onctions s'appliquent par touches, non par traits ; il faut enlever les perles rouges des colliers et ne garder que des ornements blancs. Tel devin préfère utiliser des onctions d'argile jaune — la noire est mauvaise, la jaune lave... Après l'éclipse, on tue du bétail en guise d'actions de grâce. Seul le pays où est mort Soleil (là-bas vers l'ouest, en cette fin d'après-midi de juin 1973) doit craindre la maladie et la guerre.

Les rites s'entrecroisent, en ce pays de passage, issus d'âges différents et lointains ; aussi leur sens est-il parfois difficile à interpréter. Mais la peur, ou au moins l'inquiétude, leur est un dénominateur commun. La magie offre la possibilité rassurante de revenir à la normale. La fonction du mythe est d'expliquer l'inexplicable. Aussi surgit-il, constamment renouvelé. A propos de la disparition de Soleil, un indigène interrogé raconte : « Tandis que je dormais... je me suis dit : si, par hasard, c'était Lune qui allait faire l'amour à sa femme Soleil ? D'habitude, ils n'en viennent aux mains que la nuit. Le jour ils ne se rencontrent pas, en général... Autrefois, Soleil, échauffé, a mis le feu à la terre, au pays ; Lune, elle, devenait froide. Soleil a dit à son mari Lune : " Que veux-tu, donner de la nourriture aux gens, ou bien ?... " Le mari répond : " Ce que je désire, c'est Soleil. " La femme répond : " Non. " Et aussitôt, Soleil se sépare de Lune, et de ses enfants les étoiles. Ainsi Soleil reste au chaud, et Lune avec ses enfants est au frais. C'est Lune qui une année donne aux gens la pluie, aux autres l'herbe, etc. C'est Lune qui assure le bien-être des humains. Si les gens sont méchants, alors Lune se dit : " Hé, je n'aime pas ces paroles, moi aussi, je cesse de leur donner le peu d'eau que je leur donnais. " Alors l'eau manque pour abreuver le bétail. Et les gens pensent : " Hé, même une petite pluie ? " Et alors le mois suivant (la lune suivante), c'est une très forte pluie. Le bétail et le mil sont sauvés. » Et, de fait, on salue régulièrement la nouvelle Lune à son premier croissant, à l'ouest, peu après le coucher du Soleil ; et on l'implore de donner aux hommes la pluie, le bétail, l'herbe et les enfants ; cependant que Soleil, réapparu, est curieusement accueilli par des rites identiques à ceux qui honorent le guerrier revenu sain et sauf d'une bataille lointaine.

De l'étude comparée de ce passage de l'ombre de Soleil sur les peuples d'Amérique du Sud et d'Afrique ne ressort qu'une seule constante : la peur est plus ou moins présente ; les rites de préservation sont plus ou moins convaincus, plus ou moins convaincants ; mais partout Soleil est une personne, homme ou femme, alliée ou non à Lune, guerrier menacé, ou messager de dieux, manipulé par les hommes ou par un Dieu unique. La nature des astres est magique ; intégrés à l'horizon primitif, ils sont les jouets passifs de magies de toutes sortes, les signes de la volonté divine ou humaine ; même divinisés, ils restent soumis ; et leur soumission n'est que le reflet de celle des hommes.

Nous avons suivi cette journée du 30 juin 1973. Dans le monde de la pensée sauvage, sous des formes différentes, on ne retrouve qu'une attitude unique. Le monde primitif croit à la magie, parce qu'il est petit. Hommes et dieux, météores et astres cohabitent familièrement sous le ciel bas, sous le toit pesant des destinées quotidiennes. Tout est proche de tout, tout influence tout. Si les histoires et les mythes varient, le fond reste le même : les astres sont à nous, nous sommes à eux, Soleil est vivant, Soleil fait l'amour, Soleil est blessé, Soleil est malade, Soleil est mort, Soleil renaît...

II

Soleil inflexible,
régent de nos destins

Où Soleil, inflexible aux prières et aux génuflexions, prend figure de souverain absolu et impassible, et décide sans ménagements de la destinée des hommes qui tentent parfois, mais bien vainement, de regarder le ciel pour y trouver la forme de leur destin et les règles de leur conduite...

L'astronomie naît. Les astres-dieux sont indifférents aux suppliques des hommes. Le succès des rites magiques apparaît accidentel et dérisoire. Et l'univers serein, impavide et froid, devient vite écrasant pour l'homme qui commence à prendre conscience de sa petitesse et de l'inflexibilité céleste. Si nous ne pouvons fléchir la volonté du ciel, c'est lui, bien évidemment, qui commande à nos destins. Un ordre universel, soumis aux astres, règne sans fin dans l'univers. Et, imperceptiblement, on est ainsi passé d'un extrême à l'autre, de la magie à l'astrologie.

Le Soleil conserve son statut d'astre-roi. A Babylone, dès le VIIe siècle avant notre ère, le système des astres-dieux s'est unifié : le Soleil levant devient Saturne (Ninib), et le Soleil d'hiver Mars (Nergal). Le Soleil—Chamach—reste la puissance unifiée, unificatrice par excellence, et les planètes jouent le jeu. L'ordre des astres inspire l'édification du calendrier. Les passages réguliers, les périodicités reconnues règlent la vie des hommes. Les Sumériens élaborent un calendrier luni-solaire. Ainsi font aussi les Atzèques, grâce à vingt signes marquant les jours et treize chiffres correspondant aux treize sphères célestes ; un jour, selon ce code, sera donc désigné par deux symboles — un nom, un chiffre —, chacun d'eux se suivant toujours dans le même ordre, d'un jour au suivant.

Chacun sait depuis Copernic que les mouvements apparents et les rythmes du Soleil sont d'abord ceux de la Terre. Mais l'astronomie des anciens Babyloniens, des Chinois, des Mayas ou des Grecs interprétait différemment le ciel.

Le ciel étoilé semble immuable dans son destin ; certes, il tourne, d'un minuit au suivant, autour de la Terre ; mais les mêmes constellations s'y dessinent au fil des ans avec une inquiétante permanence, décor impératif des destinées humaines. Leurs formes bien définies évoquent des animaux fabuleux ou familiers, des héros ou des dieux empruntés à la grande famille des mythes, voire des images réelles ou imaginaires, fleuves ou figures géométriques, objets et navires. C'est comme une toile de fond, déjà anthropomorphisée, et pourtant impassible et finale, devant laquelle passent des astres voyageurs : cinq planètes errantes, nommées par la tradition hellénique et dont nous avons traduit le nom en latin : Mercure, Vénus, Mars, Jupiter et Saturne ; et puis deux luminaires : la Lune, astre changeant, et le Soleil.

Le Soleil se lève au levant (orient) et se couche au couchant (ou ponant). Évidence pour tous, même au sud de l'Équateur... Le levant devient l'est, le couchant, l'ouest. A midi, le Soleil est à la position la plus élevée de sa course diurne. La durée du jour n'est pas constante et varie selon les saisons : en hiver, le jour est court ; le Soleil à midi n'est pas très haut dans le ciel, et le lever du Soleil n'est plus dans la direction géographique de l'est, mais franchement au sud-est. En été, la situation inverse a lieu. De fait, et en continuant à doter des mots de la science les définitions subjectives (mais précises) de l'homme sur la Terre, le moment où le jour est le plus long est le *solstice d'été*, celui où il est le plus court est le *solstice d'hiver* (étymologie : du latin « solsticium », *sol*-soleil, *stare*-s'arrêter). Quand la durée de la nuit est égale à celle du jour, c'est l'*équinoxe*, celui de printemps (équinoxe vernal) ou celui d'automne.

Au cours de l'année, alors que le Soleil est caché, on peut distinguer des constellations au levant ou au couchant. Ces étoiles apparaissent chaque soir plus bas, comme si elles plongeaient sous la ligne de l'horizon, à la suite du Soleil. Puis on ne les voit plus. Cette disparition d'un astre dans le feu du Soleil couchant, c'est son coucher « héliaque ». Peu de jours après, l'astre perdu se lèvera à l'orient, un peu avant que le Soleil n'y apparaisse à son tour.

D'un bout de l'année à l'autre, les constellations visibles la nuit ne sont pas les mêmes — même si le ciel, d'un minuit à l'autre, a légèrement pivoté autour du pôle céleste (le pôle nord du ciel est aujourd'hui très proche de l'étoile Polaire, mais il se trouvait, à l'époque de l'Antiquité babylonienne, au voisinage de l'étoile α du Dragon). En été, à minuit, on voit clairement Véga presque au zénith, le Cygne n'est pas très loin, et la Grande Ourse franchement à l'ouest. En automne, à la même heure, la Grande Ourse sera basse, et au zénith on observera Cassiopée. Et ainsi de suite. Le ciel semblera tourner d'un tour en un an, et, dans ce ciel étoilé, le Soleil paraît associé à des constellations successives, celles du Zodiaque, qui constituent un grand anneau dans le ciel.

Localiser la Lune par rapport à l'ensemble des constellations est plus facile, puisqu'elle est le plus souvent visible en même temps que de très nombreuses étoiles. Si bien qu'à un moment déterminé (par la date et l'heure), la configuration du ciel est bien connue. Telle constellation est au zénith, telle autre à l'horizon de l'est ; le Soleil est dans telle constellation, et chacune des cinq planètes, et la Lune, dans telle ou telle autre. Certes, les planètes ou la Lune ont des mouvements complexes ; mais des siècles d'observations menées depuis l'époque babylonienne ont permis de les décrire, de les prévoir même avec une extrême précision.

Lorsque naît un enfant, un roi ou un empire, on peut donc établir, par des calculs simples, et même à des siècles de distance, comment sera le « ciel » à cet instant privilégié. Ainsi (exemple donné par Paul Couderc), le président Sadi-Carnot est-il né le 11 août 1837 à Limoges, à 6 heures du soir : Le Soleil est alors dans la constellation de la Vierge (c'est-à-dire dans le signe du Lion — nous reviendrons sur cette différence), Mercure dans le Lion, ainsi que Vénus et Jupiter ; Mars est dans la Vierge, et Saturne dans la Balance...

L'agriculture et l'astrologie, dès l'Antiquité, suivent le cours du Soleil. La régularité absolue des mouvements des astres, contrastant avec quelques irrégularités climatiques et agronomiques, fut l'argument principal de l'astrologie. L'astrologie forme un tout et il est difficile d'étudier séparément le rôle des différentes planètes, du Soleil et de la Lune. Mais cet ouvrage est consacré au Soleil et je me limiterai donc, dans la mesure du possible, à la « signification » astrologique de la position du Soleil dans un ciel de naissance.

Pour aller un peu plus loin dans la description des tentatives astrologiques, il faut définir ce que les astrologues appellent les « maisons », au nombre de douze. L'horizon divise le ciel en deux hémisphères dont l'un est visible, l'autre invisible. Le méridien partage chacun d'eux en deux, d'où quatre « quartiers ». Chaque quartier est divisé en trois « maisons » égales, immobiles en un lieu donné, où tout astre peut être localisé en un instant donné. Elles sont séparées par des cercles qui coupent le cercle écliptique en douze « pointes » ; l'écliptique étant incliné par rapport à un plan vertical normal à ces cercles, les morceaux d'écliptique séparés par les pointes sont de longueur inégale. Les maisons ont des caractères très précis. Elles sont numérotées de I à XII à partir de l'horizon Est : I, IV, VII et X sont des « angles » de l'horoscope et ont la réputation d'être très fortunées. Les maisons « succédantes » (II, V, VII, IX) sont heureuses. Les « cadentes », en revanche (III, VI, IX, XII), sont malheureuses (et plus particulièrement VI et XII).

Conformément à cette logique, la position du Soleil dans les maisons, à tel moment de la journée ou de la nuit, détermine son influence. Ainsi le soleil en VI ou XII, malgré la splendeur de l'astre du jour, présidera tristement à la naissance d'individus débiles ou affligés. De surcroît, l'astrologie traditionnelle suggère une analogie très détaillée (un modèle cosmologique, en quelque sorte) entre le microcosme et le macrocosme : à toute portion du corps « correspond » symboliquement un astre. Mais ce symbolisme devient vite contraignant, les astres commandant à leur équivalent corporel. Ainsi le Soleil veillerait-il sur les yeux (normal : la lumière !), le cerveau (évident — c'est le centre), le cœur (pourquoi non ? il nous réchauffe), les nerfs (pourquoi donc ?), la partie droite du corps (la gauche, c'est la Lune, plus « sinistre » sans doute !). Les astres, et donc le Soleil, ont de réels pouvoirs : le Soleil de l'astrologie médicale est porteur de vitalité et d'énergie. S'il se trouve dans les Gémeaux, signe qui domine les bras et les poumons, alors l'individu sera un costaud, champion de boxe, et d'une capacité respiratoire exceptionnelle. Mais si Mars traverse la position zodiacale du Soleil de naissance, la vitalité originelle est affectée, la mort est à la porte. Ces combinaisons d'influences entre les maisons, les astres et les signes, entraînent bien des contradictions : mais l'astrologue n'est pas un sec mathématicien, son intuition sait choisir entre les solutions contradictoires et la vaticination correcte.

Quel dommage que ces belles constructions aient une valeur

nulle! Et je prends ici mes responsabilités : quand je dis nulle, je me réfère non pas à tel astrologue ou à tel autre, à telle version plus ou moins « scientifique » des rêves de naguère — je parle de *toute* astrologie qui prétend faire dépendre toute la vie d'un être de la seule configuration du ciel au moment de sa naissance (voire de quelques autres moments de sa vie). Alors que nous sommes tous plongés dans un tourbillon social où interviennent des facteurs aussi déterminants que les gènes de nos parents, notre éducation première, l'influence de nos camarades de jeunesse et de nos maîtres successifs, notre environnement et la politique du temps, comment garder des destinées humaines une conception aussi figée et stérile ?

Un seul argument, d'ailleurs classique, suffirait à justifier mon propos. L'influence des astres est indubitablement liée à l'image par laquelle on représente les constellations. Le Taureau, la Vierge, le Scorpion... ont d'évidentes connotations caractérielles — comme le Soleil et comme la Lune. Mais il se trouve (phénomène ignoré des fondateurs antiques de l'astrologie) que les équinoxes « précessent » : les points d'intersection de l'écliptique et de l'équateur tournent sur l'écliptique — un tour en 36 000 ans —, et, dans la même période, le pôle céleste tourne sur la carte du ciel, décrivant en 36 000 ans un cercle de 23o5 de rayon. Tous les 3 000 ans, le zodiaque tourne de 1/12 de tour par rapport aux constellations. Le Bélier (signe chaud et sec, énergique et fantasque) se trouve actuellement — hélas pour ce symbolisme ! — dans la constellation des Poissons (qui déterminent, dit-on, des caractères humides et frais, ambigus et morbides)...

Revenons au Soleil. Il nous dispense chaleur et lumière, il commande les saisons, les jours et les nuits, et dans une certaine mesure le climat. Il est clair qu'un enfant né au Groenland, où le jour dure six mois, ne peut avoir le même mode de vie que le petit Sénégalais. La petite fille qui aura vécu ses premiers mois dans un hiver humide et froid sera peut-être plus fragile que celle qui est née au cours d'un été doux et sec. Et il reste patent que les gènes hérités, les milieux humains traversés et la pesanteur sociale auront sur leur destinée une tout autre influence que la maison et le signe dans lesquels se trouvait le Soleil au moment de leur naissance.

Que le Soleil domine notre vie, cela ne fait aucun doute. Mais qu'il le fasse avec cette stupidité aveugle qui attribue un rôle à ses passages obligés dans les repères du ciel, cela n'a pas de sens. Et cela en a moins encore depuis que l'on sait que le Soleil est à 8 minutes de lumière, Jupiter à près d'une heure de lumière, et les étoiles du Taureau (par exemple) à des dizaines d'années de lumière. Depuis que l'astronomie a acquis la troisième dimension — la profondeur —, l'astrologie a perdu toute crédibilité.

Les astrologues continuent cependant à se défendre contre l'évidence par une dialectique passionnée ; et le caractère un peu mystérieux, la symbolique poétique, les connotations humaines de ces divagations pseudo-rationnelles font encore suffisamment illusion auprès de beaucoup trop de gens pour qu'on puisse les oublier. Le plus étonnant n'est pas tant la permanence de l'astrologie et de sa non-valeur que le nombre de ses adeptes et la persistance de leur crédulité.

Le Soleil règne sur tous, à tous il dispense ses bienfaits, à certains ses brûlures. L'astre Soleil est source d'énergie, de lumière, de particules plus ou moins énergétiques. C'est le Soleil des astronomes, c'est le Soleil des géophysiciens, c'est le Soleil des physiciens.

Ce n'est pas le Soleil des astrologues.

III

Soleil, centre du monde

Où Soleil, ni familier ou sensible, ni préoccupé du destin des hommes, s'éloigne et grandit sous l'effet des mesures précises de quelques Grecs ensoleillés, et où, devenu lointain, grand et gros, Soleil s'installe définitivement, aux yeux des hommes, au centre de leur système planétaire, maître non plus seulement des individus, mais de la Terre elle-même, devenue à jamais le bien médiocre compagnon du grand luminaire.

Dès les temps hellènes, les plus sages d'entre les hommes ont pris conscience de l'étendue de leur Terre comme de la vanité des prétentions astrologiques. Ils commencent à regarder autour d'eux avec l'esprit objectif de la géométrie, et à se rendre compte que les lois qui régissent la nature ne relèvent ni de l'arbitraire des dieux ni de celui des hommes. S'il reste des dieux sur l'Olympe, c'est pour se mêler aux mortels, comme des grands frères en goguette ou comme des tonnerres en marche, symboles poétiques plutôt que puissances réelles.

Aux yeux des Grecs, la nature mérite mieux que ces concepts un peu mesquins ; elle n'est plus — il n'est que de le constater — sensible à la magie des prières, sans pour autant être inflexible dans sa puissance ; elle est indépendante des hommes qui ont tout leur temps et tout leur art pour mieux en connaître les aspects et les lois. Les cosmologies d'Égypte ou de Chaldée n'avaient plus de sens : on avait appris à regarder, à réfléchir. Il fallait observer sans cesse, mesurer avec soin, et remettre indéfiniment en cause les progrès successifs de la cosmologie nouvelle. Un rationalisme scientifique allait présider, dès Thalès de Milet (VIe siècle avant notre ère), au « miracle grec ».

Le savoir des Anciens est d'abord un savoir d'arpenteur. L'homme grec mesure le temps par le mouvement du Soleil — gnomon ou polos — ou par l'écoulement de l'eau dans la clepsydre. Il sait mesurer les angles formés par deux directions visées dans le ciel : une alidade définit une direction ; deux alidades articulées et voilà le compas, complété par un cercle gradué qui donne la valeur de l'angle. Les sphères armillaires, plus perfectionnées encore, offrent à l'astronome une véritable image du ciel sur laquelle s'opèrent les mesures. Il voyage aussi, et nombreux sont alors les arguments qui plaident pour la sphéricité de la Terre : bateaux s'effaçant progressivement derrière l'horizon, visibilité dans le Sud (Rhodes) d'étoiles non visibles à Athènes ; et constatation que, vers le nord du Pont-Euxin, les étoiles, au lieu de se lever et de se coucher comme dans la Grèce méridionale, deviennent circumpolaires. A la suite de Thalès, des hommes comme Anaximandre, Pythagore, Parménide ou les Éléates élaborent une conception toujours plus précise du monde des astres.

Les mouvements du Soleil, de la Lune, des planètes, par rapport aux repères fixes que sont les étoiles, sont bien connus des savants grecs. Ils ont servi de fondement à l'astrologie babylonienne : ils vont désormais servir à édifier l'astronomie, bien que le système de causalité en soit bien différent.

Les éclipses de Soleil, tout comme celles de la Lune, sont bien connues. La relation entre la fréquence et la périodicité de ces éclipses, découverte peut-être empiriquement, se justifie a posteriori par l'association logique des deux calendriers, lunaire et solaire.

Mais le Soleil n'est pas un point sur le ciel : c'est un disque, le grand luminaire ; et la Lune, disque parfois, le plus souvent faucille d'or, n'est pas non plus un point. Quand les Grecs commencèrent-ils à douter des formes apparentes et à imaginer les volumes des astres et de la Terre ? Thalès, Anaximandre, Pythagore et leurs contemporains avaient déjà beaucoup voyagé et observé le Soleil et la Lune dans des contextes célestes différents. La cosmogonie d'un Thalès (652-562 avant J.-C.) restait pourtant encore simple, pour ne pas dire simpliste. On ne prête qu'aux riches : Thalès s'est donc vu gratifier (par Ætius notamment, ou par Hérodote) de connaissances bien postérieures — rotondité de la Terre ou prédiction des éclipses. S'il en fit la découverte, c'est d'une façon empirique, et sans trop s'interroger sur les causes. Thalès a suffisamment droit à notre respect pour qu'on lui attribue indûment des découvertes aussi fondamentales.

L'impulsion essentielle revient peut-être à Anaximandre (611-545 avant J.-C.), compatriote ionien de Thalès et son presque contemporain, qui reconnut un volume aux corps célestes et introduisit l'idée que la Terre elle-même était un astre. Sa description reste toutefois étrange : la Terre, cylindre trois fois plus large qu'épais (plutôt un disque, donc), est au centre d'un ciel sphérique, soutenue par un tourbillon (quand on ne sait pas, le *deus ex machina*, d'Anaximandre à Descartes, sera souvent un « tourbillon »). Les astres sont des trous percés sur des roues tubulaires dont ils laissent apparaître le feu intérieur ; diversement inclinées autour du cylindre terrestre, elles tournent avec lui. Anaximandre s'interroge sur les dimensions, sur les distances : le Soleil et la Lune sont plus éloignés que les étoiles ; la roue stellaire a pour rayon interne 9 diamètres terrestres, la roue de la Lune 19 diamètres, celle du Soleil 27 diamètres. Comment de telles déterminations ont-elles été établies ? Nous disposons de trop peu d'informations sur la logique du raisonnement suivi pour pouvoir l'analyser. Mais l'idée a surgi de rapporter à la dimension de la Terre les distances (et donc les dimensions) de la Lune et du Soleil. Le schéma d'Anaximandre rend également compte des éclipses, mais la description est encore loin d'en être parfaite.

A l'autre bout du monde grec, à Crotone, dans l'Italie du Sud, Pythagore avait créé une école d'une nature nettement plus mystique ; on y spéculait sur l'harmonie des nombres. Le nombre était le principe organisateur de l'univers : il régissait notamment l'organisation des mouvements, les distances, les dimensions du Soleil, de la Lune — et, bien évidemment, de la Terre. C'est donc aux pythagoriciens, épris de simplicité numérique, et, parmi eux, à Pythagore (VIe siècle avant notre ère), puis à Parménide (514-450 ?) qu'il faut attribuer l'idée simple, esthétique, d'une Terre sphérique. Les récits des voyageurs marins qui, déjà au temps des Grecs, voyaient monter du fond de l'océan des étoiles nouvelles, les rationalisations d'Aristote (384-322), les raisonnements sur les antipodes et la verticale, développés dans l'œuvre platonicienne, donnèrent une consistance à cette affirmation.

La mesure de la sphéricité de la Terre est donc, dans cette logique, le premier pas vers celle des astres et de leur distance. Aristote, sans que l'on sache comment il obtint ce résultat, évalua très grossièrement le tour de la Terre à 400 000 stades (un stade est égal à 157,50 mètres). Archimède, sans plus d'indications méthodologiques qu'Aristote, l'estima à 300 000 stades. Mais le premier à utiliser une méthode complètement rationnelle fut Ératosthène, vers 230 avant notre ère. Sa méthode était simple. La vallée du Nil étant orientée approximativement nord-sud, les voyageurs peuvent aller du nord (Alexandrie) au sud (Syène — l'actuel Assouan) ; or à Syène, à midi, au solstice d'été, le Soleil est au zénith ; il ne donne aucune ombre ; et cela est matérialisé par le fait que le fond du puits de l'île Éléphantine, puits vertical et profond situé au milieu du Nil, est, à cet instant, complètement illuminé par la lumière solaire. Le même jour à midi, à Alexandrie, beaucoup plus au nord, les ombres sont assez longues pour être mesurées avec précision : l'ombre d'un bâton d'un mètre y est d'environ 12 centimètres. Les rayons du Soleil forment donc avec la verticale un angle d'un cinquantième de cercle (en langage moderne cet angle est 7°, différence de latitude entre Syène et Alexandrie, et l'on a : tg(7°) = 0,12). En mesurant au sol, par des techniques d'arpentage, la distance entre les deux villes (5 000 stades environ), on peut en déduire la circonférence de Terre : cinquante fois plus, soit 250 000 stades. Cette valeur, à quelques dizaines de kilomètres près, est égale à la valeur correcte. La concordance est remarquable, bien que l'imprécision des mesures de l'époque laisse supposer qu'elle soit un peu accidentelle.

Le départ était ainsi donné de cette marche qui se poursuit encore aujourd'hui vers l'élaboration d'une jauge des profondeurs de l'Univers. Depuis Ératosthène, la limite supérieure de la distance qu'il est possible de mesurer s'est accrue d'un facteur de l'ordre de cent millions de milliards : c'est l'intervalle qui sépare une distance parcourue en une dizaine de secondes par la lumière (le tour de la Terre) de celle couverte en 20 milliards d'années : les confins de l'Univers connu en 1984.

Mais si le Soleil et la Lune sont aussi proches que le croyait Anaximandre, ils ne peuvent être alors que de très faibles dimensions : de l'ordre de 1 000 km pour le Soleil, d'un peu plus du double pour la Lune ; la Terre reste encore énorme par rapport à ses luminaires, et cette estimation conforte de surcroît les idées selon lesquelles la Terre serait au centre de l'Univers.

Une chose au moins semble claire dès cette époque, peut-être à cause des éclipses. Les deux disques, celui du Soleil et celui de la Lune, sont approximativement égaux en dimension apparente. La Lune est plus proche (elle peut éclipser le Soleil) ; le Soleil est donc plus grand. Eudoxe adoptait un rapport de 9 ; Archimède proposait 30. Aristarque, dans un ouvrage heureusement conservé, expose une méthode en apparence très rationnelle : les phases de la Lune, c'est là un point préliminaire, sont déterminées par la position relative des trois astres Terre, Lune, Soleil, notés ci-après T, L, S. Lorsque la Lune est à l'un de ses quartiers et que le « séparateur » entre ombre et lumière traverse son disque le long d'un diamètre, l'angle S L T est droit. Le triangle S L T peut-être alors résolu, pourvu qu'à ce moment on ait mesuré la hauteur apparente sur l'horizon de la Lune et du Soleil, donc l'angle (presque égal à un quart de cercle) séparant ces deux directions. Le rapport des distances Terre-Lune à Terre-Soleil est le cosinus de cet angle : Aristarque l'évalue à 87° ; l'on a ainsi : cos (87°) = 0,052 $\doteq$ 1/19 ; il conclut donc que le Soleil est 19 fois plus éloigné que la Lune (une estimation qui dépasse d'un facteur 10 celle d'Anaximandre).

Cette valeur fut adoptée dans tous les travaux poursuivis jusqu'à Copernic. Il est à noter que l'erreur faite, si petite soit-elle, a d'importantes conséquences : la réfraction dans les couches de l'air, phénomène inconnu d'Aristarque, a pour effet d'élever le Soleil dans l'atmosphère ; si la mesure corrigée est de 88°, le rapport cherché, au lieu de 19, serait de 29 (cos (88°) = 0,035 $\doteq$ 1/29). La valeur réelle est de l'ordre de 370 : cela correspond à un angle de 89°42' ; les mesures d'Aristarque n'étaient de toute évidence guère précises ! Ces déterminations impliquaient encore un Soleil de faible dimension, de l'ordre de 10 000 km de diamètre, si l'on admettait pour la Lune l'estimation d'Anaximandre : encore un Soleil plus petit que la Terre...

Certes, cette petite valeur de la distance du Soleil fut mise en doute par Posidonius, puis réfutée par Hipparque — mais jamais le démenti ne fut rigoureusement justifié. Si bien que, jusqu'à Copernic, la conception d'un Soleil petit devait dominer les idées que l'on allait se faire des dimensions respectives des astres.

Hipparque, appliquant une idée d'Aristarque, avait déterminé avec précision la dimension et la distance de la Lune. L'éclipse de Lune est due, cela semblait évident, au passage sur la Lune de l'ombre portée par la Terre dans le ciel. L'incertitude quant aux dimensions respectives de la Terre et du Soleil ne permettait pas de savoir s'il s'agissait d'un cône ou d'un cylindre d'ombre. Quoi qu'il en soit, la durée du passage de la Lune dans ce cône pouvait fournir une mesure du rapport des deux diamètres, terrestre et lunaire. La mesure montre que l'ombre de la Terre est, à la distance de la Lune, trois fois plus large que la Lune elle-même : le diamètre de la Lune est de l'ordre du tiers du diamètre terrestre. La Lune étant vue, comme le Soleil, sous un angle d'un demi-degré, on conclut aussitôt que la Lune doit être distante de 80 diamètres terrestres (en réalité, elle n'est éloignée que d'environ 60 rayons terrestres). Cette estimation élève alors le diamètre du Soleil à la valeur de 1 500 rayons terrestres, soit 6 fois celui de la Terre : non seulement Soleil est feu, lumière, chaleur, mais il est aussi plus gros que la Terre.

Ce fait aurait donc dû être reconnu depuis Hipparque, malgré l'imprécision de la mesure du rapport des distances Terre-Soleil à Terre-Lune ; il aurait dû aussi éveiller quelque doute sur l'hypothèse, plus mystique qu'astronomique, de la Terre centre de tout. Aristarque lui-même avait d'ailleurs déjà pressenti que le Soleil était au centre et que la Terre, comme les autres planètes, gravitait autour de lui ; mais l'orgueil inconscient des hommes, celui des mythes ou des astrologues qui asservissaient le Soleil à leurs besoins, les garda plus de quinze siècles encore dans l'erreur anthropocentrique : la Terre est au centre du monde, et le Soleil comme la Lune sont ses vassaux réguliers et fidèles.

Pourtant, grâce à l'essor de la pensée grecque, le monde s'est « laïcisé », selon l'expression de Paul Couderc : « Le mythe subsiste, mais à côté de la science, dans un domaine séparé ; il traduit un besoin différent de l'âme. »

L'idée de la Terre-Centre et l'observation des planètes conduisirent alors Ptolémée à des mécanismes complexes, décrivant correctement les mouvements planétaires. Le Moyen Age reprend ses schémas et les perfectionne un peu. La science arabe se développe ; l'ère des traducteurs fait pénétrer dans l'Occident chrétien l'œuvre ptolémaïque ; les penseurs d'Occident, protégés des incursions de la violence, de la perte ou de la faim par le calme des monastères et des universités, se posent de plus en plus de problèmes et s'interrogent sur l'aptitude du schéma ptolémaïque à « sauver les phénomènes », c'est-à-dire l'apparence des mouvements des astres dans le ciel.

Le XV⁰ siècle apporta des bouleversements, après cette période de lente maturation des esprits. Gutenberg (1400-1468) invente l'imprimerie, qui permet la diffusion des idées et fait sortir la connaissance des cercles étroits où elle était enseignée. Copernic (1473-1543), surtout, répandit la vision héliocentrique : la Terre tourne autour du Soleil ; la Terre n'est plus au centre du monde céleste.

Mais cette notion de centre a-t-elle une signification ? S'il est logique de penser que la Lune (dont le diamètre apparent est quasiment constant) tourne autour de la Terre, de dimensions bien supérieures, quel sens y a-t-il à dire que le Soleil tourne autour de la Terre ou la Terre autour du Soleil ? Deux voyageurs se déplaçant sur une route sont en mouvement l'un par rapport à l'autre. Le seul repère utile pour eux vient de l'existence d'un lieu fixe : la route. Or, dans le ciel, rien de tel n'existe. Comment repérer le mouvement des astres, des étoiles et des planètes ? Par rapport à quelle route ? Si la Terre est « au centre », le mouvement du Soleil ou celui des planètes, trajectoire circulaire sur un ciel sphérique, devrait avoir une représentation simple, les étoiles en étant les repères fixes. Si, au contraire, c'est le Soleil qui est au centre, les trajectoires apparentes des planètes seront plus compliquées : la trajectoire décrite par la Terre autour du Soleil doit en quelque sorte se traduire par une trajectoire identique (en vraie grandeur) suivie par chaque planète en sens inverse, et qu'il faudrait combiner à leur trajectoire propre. Les étoiles elles-mêmes auraient une trajectoire identique, donc vue de dessous pour les étoiles proches du pôle de l'écliptique (c'est-à-dire du pôle de l'orbite apparente du Soleil autour de la Terre, ou de la direction perpendiculaire au plan de l'orbite réelle de la Terre autour du Soleil), et vue de côté pour les étoiles se trouvant dans le plan de cette orbite. Or nulle orbite semblable n'est observée ; quant au mouvement des planètes, s'il est de toute évidence fort compliqué, il ne semble pas pour autant dominé par cet effet, dit « parallactique » ; au surplus, il faudrait connaître la distance des planètes pour la mettre en évidence et en clarifier l'interprétation ; on en est loin. Si bien que l'apparence du monde stellaire de l'époque plaide encore pour les conceptions ptolémaïques, dont on comprend mieux alors la pérennité. Admettre que le Soleil soit plus gros que la Terre et que ce luminaire universel ait dans l'univers plus d'importance qu'elle, malgré le choix qu'en avaient fait les dieux pour installer les hommes, ne fut pas chose facile. Ce n'est que très progressivement que, dans le lent cheminement du Moyen Age, allait s'imposer le concept pourtant évident de l'héliocentrisme.

Quelle preuve pouvait-on en apporter? Il est en effet équivalent, s'il n'y a que Terre et Soleil, de dire « la Terre tourne autour du Soleil » ou « le Soleil tourne autour de la Terre ». La fixité des étoiles, on l'a vu, ne permet pas de trancher. C'est l'argument de la simplicité et de la perfection des orbes (imposées par Dieu aux planètes) qui constitua l'apport essentiel de Copernic. Comment, avant lui, avait-on donc décrit ces trajectoires planétaires?

Le système par lequel Ptolémée avait « sauvé les apparences » des bizarres trajectoires des planètes était lui-même bien étrange. Les planètes ne se déplacent pas sur la sphère céleste selon des trajectoires apparentes simples, comme le Soleil ou la Lune, mais elles semblent parfois rétrograder, ou, à certaines époques, aller plus vite qu'à d'autres; parfois elles décrivent des boucles : ralentissement, arrêt; rétrogradation, arrêt de nouveau; et voilà la planète repartie dans le sens de son mouvement initial... Ptolémée, au IIe siècle de notre ère, disposait de l'excellent catalogue stellaire compilé par Hipparque, qu'il compléta lui-même et publia. Il s'agit d'une véritable carte routière du ciel sur laquelle les déplacements des planètes se repèrent avec précision. Mais comment rendre compte de ces mouvements complexes? Le Soleil, la Lune décrivent, eux, des cercles presque parfaits autour de la Terre : mais cette description est évidemment fausse pour n'importe laquelle des cinq planètes, Mercure, Vénus, Mars, Jupiter ou Saturne. L'idée de Ptolémée fut donc de supposer que chaque planète est emportée par un mouvement double : un point imaginaire décrit autour de la Terre un cercle, d'un mouvement uniforme; un autre point, lié à la planète, décrit autour de ce point imaginaire un mouvement également circulaire et uniforme. Le rapport des rayons de chacun des deux cercles peut être déterminé en utilisant au mieux les données de l'observation. Cette construction rend très bien compte du fait que les planètes inférieures (Vénus et Mercure), situées entre Soleil et Terre, semblent osciller, tantôt en avance sur le Soleil, tantôt en retard, mais toujours associées à lui. Les boucles apparentes de rétrogradation des planètes supérieures (plus éloignées de la Terre que du Soleil) sont également représentées avec exactitude.

Mais un tel système, c'est clair, n'est pas totalement satisfaisant, en raison même de sa complexité. Ptolémée lui-même ne considérait cette description complexe que comme un détour mathématique, susceptible certes de représenter les observations et de prédire le mouvement apparent des astres, mais dépourvu de valeur physique. Outil bien utile en une époque où l'astrologie réglait souvent le destin des empires ! Mais, aussi utile qu'il fût, le système de Ptolémée comportait des lacunes. Ainsi ne rendait-il pas compte, par exemple, de la variation, au cours de l'année, du diamètre apparent du Soleil — donc de sa distance ; il fallait quelques coups de pouce : Ptolémée avait donc imaginé que le Soleil et la Lune ne tournaient pas autour de Terre, mais autour du centre d'un nouveau cercle, le « déférent », centre réel du système, distinct de la Terre ; et leur mouvement n'était uniforme que vu depuis le point « équant », symétrique de la Terre par rapport au centre du déférent.

D'un point de vue philosophique, en raison des dimensions respectives du Soleil, de la Terre et de la Lune, le système copernicien est, nous l'avons dit et redit, plus satisfaisant que celui de Ptolémée. Il rejette la Terre loin du centre du système des planètes, pour y mettre le Soleil, astre gros et luminaire brillant « auquel cette place était bien mieux due » (Laplace). De plus, il rend mieux compte de phénomènes comme les oscillations de Vénus et de Mercure, les rétrogradations en boucles de Mars, de Jupiter et Saturne : Vénus et Mercure décrivent des cercles autour du Soleil ; quant à Jupiter (c'est un exemple), s'il décrit un cercle autour du Soleil, il faut, pour en obtenir la trajectoire apparente, combiner cette orbite simple au mouvement du point d'observation, la Terre, elle-même mobile en une orbite circulaire autour du Soleil. Les boucles sont en quelque sorte l'image (renversée) de l'orbite de la Terre : ainsi, si Jupiter était immobile autour du Soleil par rapport au système des étoiles, il semblerait, vu de la Terre, décrire une trajectoire exactement identique, quoique en sens inverse, à celle que suit la Terre autour du Soleil ; ces boucles planétaires paraissent d'autant plus petites que la planète est plus éloignée. Saturne étant plus distant que Jupiter, les boucles de l'orbite saturnienne apparaissent plus petites encore que celles de Jupiter. La combinaison de ce mouvement, qu'on pourrait qualifier de parallactique, et du mouvement réel des planètes extérieures autour du Soleil, rend compte des apparences observées. Très simple, au fond !

Cependant, d'un point de vue strictement technique, le système copernicien, dans son détail, n'est guère plus simple que le système de Ptolémée. D'un certain point de vue, il est même strictement équivalent. Comme Ptolémée, Copernic rend compte des mouvements apparents des planètes et du Soleil par rapport aux étoiles de la Carte céleste. Ces mouvements n'étant ni circulaires ni uniformes autour du Soleil, Copernic doit à son tour introduire des épicycles, des équants, que sais-je ? De sorte que, si la simplicité est réelle dans le principe, les épicycles n'ayant plus qu'un rôle de correctifs secondaires, la complexité des détails n'est pas moindre que celle du système de Ptolémée.

Pourquoi donc accorder tant d'importance à la suggestion de Copernic ? Pas plus que Ptolémée, il ne songeait à autre chose qu'à « sauver les apparences » — pour reprendre la définition de toute théorie donnée jadis par Aristote, le philosophe stagyrite.

Par une simple hypothèse de travail, Copernic avait cependant fait sauter un puissant verrou. Implicitement, en supposant que la Terre ne soit pas au centre, il avait élargi dans des proportions considérables l'échelle de l'Univers. On n'en fut pas tout de suite conscient ; ce n'est qu'au moment de la Contre-Réforme que l'Église de Rome comprit le danger que représentaient les idées coperniciennes pour le dogme catholique.

Les efforts de Kepler, peu après ceux de Copernic, eurent certes une importance décisive ; ils substituèrent à l'idée de mouvements circulaires et uniformes celle de mouvements elliptiques soumis à des lois précises ; plus d'épicycles, plus d'équants, plus de déférents : cette machinerie compliquée était rendue inutile par le renoncement à la perfection du cercle et à l'uniformité des mouvements célestes. Les travaux de Kepler contribuèrent, par leur simplicité, à mieux asseoir l'idée copernicienne, mais ils n'en prouvent pas l'exactitude ; car on pourrait très bien imaginer encore un système ptolémaïque d'ellipses et de mouvements du genre képlérien, autour d'une Terre centrale. Nos deux voyageurs peuvent bien effectuer n'importe quel mouvement et le décrire en suivant toutes les lois qu'ils voudront ; décider qui de l'un ou de l'autre est « réellement » immobile implique de disposer d'un système de référence *absolu* par rapport auquel on sache mesurer le mouvement ; or, on ne peut utiliser ainsi la carte routière, c'est-à-dire les étoiles fixes du catalogue d'Hipparque et de Ptolémée, *L'Almageste.*

La véritable « *preuve* » de la réalité physique du système

copernicien ne fut en réalité apportée que beaucoup plus tard, au XIXe siècle seulement. La lunette astronomique, inventée (1610) par Galilée, avait permis une exploration précise du ciel. Presque simultanément (nous ne chercherons pas à entrer ici dans une querelle de priorité qui fut à posteriori très âpre), le Russe Struve, l'Allemand Bessel et l'Anglais Henderson découvrirent, grâce à la précision des lunettes modernes, une « parallaxe » annuelle des étoiles proches ; au cours de l'année, l'étoile proche semble décrire dans le ciel un ellipse : en dimension réelle, celle-ci est identique à l'orbite décrite par la Terre autour de Soleil ; vue de loin, elle semble petite (son grand axe est vu sous moins d'une seconde d'arc) ; elle est quasiment circulaire si l'étoile est proche du pôle de l'écliptique. L'existence des déplacements parallactiques des étoiles est la première preuve expérimentale que le Soleil est à peu près fixe par rapport au système des étoiles, et que la Terre se meut autour de lui.

La dimension des boucles de rétrogradation de Jupiter ou de Saturne fixe la distance de ces planètes au Soleil, rapportée à la distance Terre-Soleil ; Kepler l'avait pressenti. De même, la dimension apparente de l'ellipse parallactique est une mesure de la distance séparant l'étoile étudiée du Soleil.

Si bien que l'intuition de Copernic, enfin pleinement justifiée, reste au centre de l'astronomie moderne. Le Soleil est gros, brillant ; la Terre n'est qu'un de ses compagnons, au même titre que Mars ou Jupiter. Les étoiles sont à des distances bien supérieures à celles des planètes ; et ces distances sont désormais mesurables.

Le Soleil est proche, les étoiles sont lointaines. Une idée, devenue naturelle, s'imposa donc : pour un Copernic, un Kepler, et surtout pour un Giordano Bruno ou un Galilée, les étoiles sont des soleils ; Soleil est une étoile ; et si notre luminaire est un peu plus de cent milliards de fois plus brillant que, par exemple, Sirius (environ 28 magnitudes), c'est que la distance de Sirius est beaucoup plus grande que celle qui nous sépare du Soleil — d'environ un million de fois ! Nous voici de plain-pied dans la troisième dimension, la *profondeur* du ciel. C'est à cette jauge de l'Univers que se consacrent, depuis Galilée, les astronomes observateurs.

IV

Soleil, étoile banale

Où, le progrès n'ayant décidément aucune raison de s'arrêter en chemin, quelques savants plus ou moins encyclopédistes s'aperçoivent que Soleil n'est qu'une étoile banale, comme les millions d'autres étoiles que les télescopes permettraient de voir si on utilisait à tort et à travers le temps précieux alloué aux astronomes, devenus trop nombreux pour leurs instruments.

Le Soleil, au centre du Système solaire, apparaît comme d'une nature semblable à celle des autres étoiles. Seule la distance réduit les étoiles à l'état de faibles lumignons, bien pâles comparés à l'éclatant luminaire qui fait nos jours et dont l'absence nous plonge dans la nuit. Cela est connu de tous.

L'histoire de nos idées, des Grecs à Galilée, révèle cependant que ce qui est aujourd'hui une évidence n'a pas toujours paru tel. Giordano Bruno, vers 1600, pensait que les étoiles, parce qu'elles étaient semblables au Soleil, pouvaient, comme lui, être accompagnées de planètes. Cette idée ne reposait à vrai dire sur rien d'autre qu'une intuition. Nul ne songerait aujourd'hui à s'en étonner ; à l'époque, cependant, elle fut jugée si scandaleusement hérétique qu'elle conduisit Bruno sur le bûcher de l'Inquisition. Il fallut ensuite des siècles pour en mener à bien la démonstration.

Pour pouvoir apporter des arguments, il faut se livrer à des mesures précises et être capable de les comparer entre elles. Le Soleil est une sphère brillante : elle se définit par un rayon, une masse, donc aussi par une densité moyenne ; elle se caractérise par son éclat, sa luminosité, ou, pour parler du Soleil comme on parle d'une étoile, par sa magnitude, sa grandeur. Sa lumière a une couleur déterminée.

Tout cela doit être connu, mesuré, de même que le rayon, la masse, la luminosité, la couleur des étoiles. Faute de ces données, la constatation « le Soleil est une étoile banale » n'aura guère de sens ; car il faut, pour l'énoncer, être sûr que rayon, masse, luminosité du Soleil sont du même ordre de grandeur que rayon, masse, luminosité des étoiles.

Dans ce chapitre, nous esquisserons le développement des méthodes fondamentales de mesure, sans entrer dans des détails trop précis, inutiles pour notre démonstration. Les nombres donnés ci-après restent donc seulement des ordres de grandeur.

Mettons donc sous la toise Soleil et étoiles ; la mesure de la distance du Soleil, ou l'UA (unité astronomique de longueur), a été initialement faite par Aristarque ; mais sa méthode est peu précise. Depuis le XVIIIᵉ siècle, on préfère faire appel à des déterminations de parallaxe, c'est-à-dire à la mesure de l'angle sous lequel on voit, depuis le Soleil, ou depuis tout objet dont on mesure la distance, deux positions possibles de l'observateur.

Dans le cas du Soleil, ces deux positions peuvent être deux points différents de la Terre. Supposons que l'on ait déterminé avec précision la distance entre ces deux points sur Terre ; admettons que nous connaissions la forme exacte de la Terre (qui n'est une sphère qu'en première approximation seulement) ; que nous disposions enfin de garde-temps permettant de savoir quel intervalle de temps, aussi faible que possible, sépare les observations faites à partir de ces deux points. A ces conditions, la distance angulaire qui sépare les deux positions observées du même astre, sur le fond du ciel étoilé, est une mesure de sa « parallaxe diurne ».

Malheureusement, on ne voit pas le Soleil sur fond étoilé : le ciel bleu camoufle les étoiles. Il faut donc faire appel à un autre repère. On peut procéder comme le voyageur qui estime les distances d'objets lointains grâce à son pouce tendu, en fixant successivement avec ses deux yeux le point éloigné dont il désire mesurer la distance et un repère unique. Le pouce-repère, ce peut être ici Vénus : et l'expédition combinée, conduite en 1761 et en 1769 afin d'observer le passage de Vénus devant le disque solaire, permit en effet la mesure directe de la distance angulaire qui séparait Berlin et Le Cap, les deux observatoires choisis par Lacaille, comme si on les avait observés depuis Vénus. Vue d'un observatoire d'Afrique du Sud, la planète Vénus semblait traverser une corde élevée du disque solaire ; vue d'Allemagne, elle parcourut une corde plus basse : la séparation angulaire de ces deux cordes sur le disque solaire (les mesures furent alors dépouillées par Lalande) est une mesure indirecte, mais précise, de la distance angulaire qui sépare Berlin et Le Cap telle qu'elle apparaîtrait vue du Soleil ; la connaissance de la figure de la Terre complète cette détermination et permet de mesurer la parallaxe diurne du Soleil, rapportée au diamètre équatorial de la Terre. Cette détermination suppose que soient parfaitement connues les distances de Vénus au Soleil et à la Terre, ou plutôt le rapport de la distance Vénus-Soleil à la distance Vénus-Terre. Les lois de Kepler, appliquées en un instant bien déterminé, permettent de connaître parfaitement ce rapport : la troisième loi de Kepler précise en effet que le cube du demi-grand axe de l'orbite de toute planète du système solaire est proportionnel au carré de sa période de révolution. D'autre part, en cet instant précis, la position exacte de la Terre et de Vénus sur leur orbite est bien connue : tout est donc calculable.

De cette connaissance, de ces mesures, on déduit la distance Terre-Soleil. Depuis les travaux de Lacaille et Lalande, de nombreux progrès ont été faits. Aujourd'hui, les satellites artificiels permettent de déterminer avec une remarquable précision la forme et les dimensions de la Terre ; et les petites planètes, telles Éros et Adonis, qui passent près de la Terre comme en la rasant, permettent une évaluation précise de la distance Terre-Soleil, qui sert d' « unité astronomique » de distance. La valeur admise actuellement (1984) en est 149 597 870 km. Cette valeur est ici donnée sans indication de sa précision : elle a été en effet, par convention, choisie pour unité astronomique de longueur, le mètre étant, lui, rapporté à une quantité physique adoptée par le Bureau international de Poids et Mesures (BIPM) comme définissant l'unité du Système international d'Unités : le mètre est égal à 1 650 763,73 fois la longueur d'onde correspondant à la transition $2p_{10} - 5d_5$ du Krypton 86.

Le diamètre angulaire du Soleil avait d'abord été mesuré à l'aide du micromètre mis au point au XVIIe siècle par l'astronome français Auzout. La précision des mesures en a été depuis améliorée ; la valeur actuelle est de :

$\theta = 1919'', 2 \pm 0'',1$

On déduit facilement de ces deux quantités le rayon [1] du

---

1. Nous utilisons des notations traditionnelles ; elles sont rappelées dans l'appendice B, « Notations et unités » p. 331 *et sq.* ; les valeurs précises des diverses quantités importantes y sont également données.

Soleil : $\mathcal{R}_\odot \sim 700\,000$ km. Et le volume et la surface du Soleil sont alors calculables sans difficulté : le Soleil a un rayon, 100 fois plus grand que celui de la Terre, un volume un million de fois plus grand...

Comment, dans ces conditions, être convaincu par l'hypothèse ancienne ? Comment la Terre pourrait-elle commander à ce géant si l'orgueil de l'espèce humaine n'avait pas d'emblée biaisé son jugement ?

La masse du Soleil peut se déterminer, rapportée à la masse de la Terre, grâce aux lois de la mécanique céleste, abstraites par Newton des lois empiriques de Kepler.

La force qui attire l'un vers l'autre, du fait de la loi de l'attraction universelle, Soleil et Terre, Lune et Terre, ou un objet quelconque (pomme !) et la Terre, s'exprime de façon unique par la loi de Newton ; compensée éventuellement par la force inertielle centrifuge, cette force se traduira par un mouvement orbital ; en revanche, si aucun mouvement initial n'anime le corps pesant, il tombe sur la Terre.

On a donc, si $\mathcal{M}_\odot$, $\mathcal{M}_\oplus$, $\mathcal{M}_\mathbb{C}$ sont respectivement la masse du Soleil, celle de la Terre, celle de la Lune, et $r_{\odot\oplus}$, $r_{\mathbb{C}\oplus}$, $\mathcal{R}_\oplus$ la distance Terre-Soleil, la distance Terre-Lune, et le rayon de la Terre :

$$F_{\odot\oplus} = G\,\frac{\mathcal{M}_\odot\,(\mathcal{M}_\oplus + \mathcal{M}_\mathbb{C})}{r_{\odot\oplus}{}^2}$$

est la force d'attraction mutuelle entre le Soleil et le Système Terre + Lune ;

$$F_{\oplus\mathbb{C}} = G\,\frac{\mathcal{M}_\oplus\,\mathcal{M}_\mathbb{C}}{r_{\mathbb{C}\oplus}{}^2}$$

est la force d'attraction mutuelle entre la Terre et la Lune

$$p_\oplus = G\,\frac{\mathcal{M}_\oplus}{\mathcal{R}_\oplus{}^2}\,m$$

est le poids d'un objet de masse m.

La constante de gravitation universelle G a été mesurée au laboratoire par Henry Cavendish, en 1797, de façon relativement précise. Des mesures plus délicates ont aujourd'hui permis d'améliorer un peu cette donnée ; on a :
$G = 6,72$ (Cavendish[1]) ; $= 6,672 \pm 0.004\ 10^{-11}$ N m² kg^{-2} (1984)
(1 newton $= 1$ N $= 1$ m kg s^{-2})

---

1. Cavendish n'a pas publié cette valeur, mais la densité moyenne de la Terre, qui s'en déduisait.

La mesure de la masse solaire implique donc la connaissance de celle de la Terre, et accessoirement celle de la Lune. Comment l'obtient-on ? Précisément grâce au principe galiléen de l'inertie : sans gravitation, la Terre suivrait une trajectoire rectiligne ; elle passerait au voisinage du Soleil, mais n'y resterait pas. En réalité, elle tourne autour du Soleil ; l'existence de l'inertie qui compense l'attraction par une force centrifuge permet cette association heureusement durable. Or la force d'inertie, ou force centrifuge, c'est ici, en valeur absolue :

$$F_{\odot\oplus} = \mathcal{M}_{\oplus}\, \omega^2\, r_{\odot\oplus}$$

où ω, « vitesse angulaire », est égale à $2\,\pi\, r_{\odot\oplus}\,/\,T$. On déduit sans mal des équations ci-dessus que, la période T de la révolution terrestre étant 365 jours 1/4 (environ), on a :

$$\mathcal{M}_{\oplus} + \mathcal{M}_{\mathbb{C}} = \frac{F_{\odot\oplus}}{4\,\pi^2\, r_{\odot\oplus}\, T} = \frac{r_{\odot\oplus}{}^2}{G\,\mathcal{M}_{\odot}}\, F_{\odot\oplus}$$

ou :

$$\mathcal{M}_{\odot} = \frac{4\,\pi^2\, r_{\odot\oplus}{}^3\, T}{G} \cong 2\ 10^{30}\ \text{kg}.$$

On peut également déterminer la masse de la Terre à partir de celle d'un objet terrestre choisi comme étalon ; puis celle de la Lune à partir de la Terre, et enfin celle du Soleil : la coïncidence des deux résultats est une excellente « preuve » du principe de l'inertie, complément direct de la loi newtonienne de la gravitation universelle.

La masse terrestre est de : $\mathcal{M}_{\oplus} \cong 6\ 10^{24}$ kg. Le Soleil est 300 000 fois plus massif.

On peut donc déduire de ces données la densité moyenne de la Terre et celle du Soleil. Elles sont fort différentes... En première approximation, on a :

$$<\rho>_{\oplus} = 5{,}5\ \text{g cm}^{-3}$$
$$<\rho>_{\odot} = 1{,}4\ \text{g cm}^{-3}$$

Cette dernière donnée, accessible dès le XVIIIe siècle, aurait dû faire quelque peu réfléchir à la nature du Soleil, beaucoup moins dense que la Terre malgré l'effet de tassement qu'implique son énorme masse... Mais la réflexion a pris du temps [1].

Autre donnée essentielle : l'éclat du Soleil. Que le Soleil soit brillant, c'est évident. Mais comment en mesurer l'éclat ? L'atmosphère terrestre absorbe une partie de l'énergie rayonnée par le Soleil. On peut cependant mesurer l'énergie que reçoit au sol chaque cm² de surface terrestre par seconde, et l'estimer en « calories », une calorie étant l'énergie nécessaire pour faire augmenter de 1º la température d'un gramme d'eau. C'est au XIXᵉ siècle, grâce aux progrès des techniques calorimétriques et thermométriques, que l'on put mesurer cette énergie, la « constante solaire ». Elle est (en chiffres ronds) de 2 calories par cm² et par gramme.

Mais n'oublions pas notre propos qui est de comparer le Soleil aux étoiles pour savoir si leur ressemblance physique est suffisante. L'éclat des étoiles, trop faible, ne peut être mesuré, comme celui du Soleil, par des méthodes calorimétriques. Depuis Hipparque, on classe les étoiles selon leur « grandeur » ; les étoiles les plus brillantes sont dites de « première grandeur » ; les étoiles les plus faibles, tout juste visibles à l'œil nu, de « sixième grandeur ». Cette notion est très subjective, c'est bien évident. De la loi psycho-physiologique de Fechner — « la sensation est proportionnelle au logarithme de l'excitation » —, on induit que la « grandeur » est sans doute proportionnelle au logarithme de l'énergie émise. Certaines mesures, établies à l'aide de photomètres élémentaires utilisés au XIXᵉ siècle, ont permis d'établir qu'un facteur cent sépare approximativement les étoiles les plus brillantes (grandeur 1) des moins brillantes (6ᵉ grandeur) : la loi de Pogson (1850), qui établit la relation entre éclat et grandeur, s'écrit donc :
$$m - m_0 = -2.5 \log (E/E_0),$$
si m_0 et E_0 sont respectivement la grandeur d'une étoile de référence et l'énergie qu'elle rayonne. On généralise aujourd'hui la notion qualitative de grandeur en parlant de « magnitude » : on la *définit* précisément grâce à la loi de Pogson, pourvu que l'on dispose d'étoiles étalons ; celles-ci sont choisies de façon à ce que les anciennes « grandeurs » ne diffèrent pas trop des « magnitudes » nouvellement définies.

Les étoiles sont donc comparables entre elles ; les télescopes et lunettes permettant de dépasser la magnitude 6, on peut ainsi déterminer la magnitude (à 1/10 ou 1/100 de magnitude

---

1. Voir deuxième partie, ch. I, p. 101.

près) de toutes les étoiles observables du ciel. Les mêmes instruments devront être utilisés pour ces comparaisons aux étoiles standard.

On conçoit que la couleur d'une étoile joue dans de telles mesures un rôle précis. Regardons par exemple Bételgeuse, qui est l'une des étoiles les plus brillantes de la constellation d'Orion, et, dans la même constellation, Rigel. L'une, Rigel, est bleue ; l'autre, Bételgeuse, est rouge. Peut-on les comparer ? Une différence de magnitude sera déterminée en utilisant l'œil, une autre avec les plaques photographiques anciennes, surtout sensibles dans la lumière bleue. C'est donc dans chaque système photométrique — œil, plaque — que l'on devra établir une chaîne d'étoiles étalons, de magnitudes étalonnées, et c'est dans chaque système que l'on déterminera ainsi les magnitudes des étoiles.

Notons au passage que nous devrons garder présent à l'esprit que *plus* la magnitude est *grande, plus* l'étoile est *faible, moins* elle est *brillante.* Le glissement sémantique de la « grandeur » à la magnitude, le classement de « première à sixième » allant dans le sens inverse du classement par éclat croissant, l'erreur commune est compréhensible : il importe donc d'en être prévenu et de savoir s'en méfier.

Actuellement, la technique des photomètres, celle des filtres colorés, permettent d'échafauder des systèmes photométriques très fins, propres à déterminer magnitudes et couleurs. Ainsi le système UBV est-il souvent utilisé : il se définit par trois filtres bien précis, les filtres U (pour ultraviolet), B (pour bleu) et V (pour visible), dont la courbe de transparence en fonction de la longueur d'onde est bien définie et constante. Le système B, par exemple, permet de mesurer des magnitudes m_B (ou B) dans le bleu. La différence $B-V$ est une indication précise sur la couleur, une « mesure » de l' « indice de couleur ». Par définition, B est égal à V pour des étoiles de la même couleur que Sirius. Si $B-V$ est négatif, l'étoile est bleue ; si $B-V$ est positif, l'étoile est rouge — puisque les magnitudes sont d'autant plus faibles que l'éclat est grand.

Il apparut très tôt que la différence d'éclat entre deux étoiles était essentiellement due à la différence de leurs distances. Du temps d'Hipparque ou de Ptolémée, la question ne se posait guère : les étoiles étaient portées par la Voûte céleste comme par une sphère de cristal. Mais Galilée avait découvert les étoiles non visibles à l'œil nu ; il avait « résolu » la nébulosité de la Voie lactée en étoiles faibles et serrées. Il était normal de voir dans cette accumulation d'étoiles faibles et serrées un effet de la distance, et l'on s'évertua à mesurer les parallaxes : mais il fallut attendre les années 1830 et les mesures (déjà citées) de Bessel, Struve et Henderson. Bessel, par exemple, détermina la parallaxe de l'étoile 61 Cygni ; elle est de 0″,291 (valeur actuelle). Il s'agit d'une étoile de magnitude 6,03 (visuelle). Pour considérable que soit la distance d'une telle étoile, il s'agit de l'une des plus proches du Soleil. L'angle 0″,291 en mesure la parallaxe : c'est l'angle sous lequel, depuis l'étoile, on voit le demi-grand axe de l'orbite de la Terre autour du Soleil (ou la distance moyenne Terre-Soleil). Un rapide calcul trigonométrique (0″3 = 1/600 000 radian) montre que cette distance est 600 000 fois la distance Soleil-Terre ! Il ne s'agit plus de 150 millions de kilomètres, mais de 90 000 milliards de kilomètres... Les unités de longueur (km, ou même unité astronomique) sont bien insuffisantes pour mesurer de telles distances. Aussi utilise-t-on des unités plus considérables : l' « année de lumière » est la distance parcourue par la lumière en 1 année — 60 000 unités astronomiques environ. Ainsi l'étoile 61 Cygni est-elle à 10 années de lumière de la Terre. Une unité commode est le « parsec » : c'est la distance d'une étoile dont la parallaxe annuelle serait de 1 seconde ; 1 parsec vaut 3,26 années de lumière. L'étoile 61 Cygni nous est distante d'un peu plus de 3 parsecs.

Reprenons l'exemple de l'étoile 61 Cygni, de magnitude 5 (environ), située à environ 3 parsecs de nous ; imaginons qu'elle soit repoussée jusqu'à 10 parsecs : son éclat serait affaibli dans un rapport proportionnel au carré du rapport de sa distance nouvelle à l'ancienne, dans un rapport 10 environ ; sa magnitude serait augmentée de 2,5 fois log (10), donc d'un facteur 2,5 ; elle aurait alors une magnitude de 7,5.

L'opération qui consiste à ramener toutes les étoiles à la même distance permet de comparer leur éclat absolu. Si, par exemple, nous considérons α du Centaure, l'une des étoiles les plus brillantes du ciel, dont la parallaxe est de 0″75 et la magnitude 0, nous pouvons dire que sa distance est de 1/0,75 = 1,3 parsec ; si elle est éloignée à 10 parsecs, son éclat sera diminué d'un facteur $(10/1,3)^2$, soit environ 60 ; et sa magnitude sera augmentée de 2,5 × log (60), soit de 2,5 × 1,8 ≅ 4,5 environ. Elle deviendra 4,5 ; la différence 7,5 − 4,5 = 3 magnitudes représente la différence d'éclat *absolu* (corrigée des effets de la distance) entre 61 Cygni et α du Centaure, cette dernière étant la plus brillante.

Il est clair que des étoiles d'éclat intrinsèque très grand, si elles sont très éloignées, apparaîtront comme des étoiles très peu brillantes — et, vice versa, des étoiles faibles sembleront éclatantes si elles sont proches. On conçoit alors que, pour les comparer entre elles, il faille définir leur « magnitude absolue » — la magnitude rapportée a toujours la même distance. Toutes les étoiles ayant une parallaxe inférieure à 1 seconde d'arc, donc une distance supérieure à 1 parsec, on a considéré 10 parsecs comme la distance de référence la plus commode : la « magnitude absolue » d'une étoile (quel que soit le système de magnitude), est la magnitude qu'aurait cette étoile si elle était située à 10 parsecs.

Quelle magnitude aurait donc le Soleil s'il était reporté de la distance de 1 unité astronomique à la distance, 2 millions de fois supérieure environ, de 10 parsecs ? Son éclat serait affaibli d'un facteur 4000 milliards ! Pour connaître celui-ci, il faudrait connaître auparavant la magnitude apparente du Soleil. Ce n'est pas facile, car on ne peut le comparer aux étoiles par des méthodes directes, puisqu'on ne voit jamais Soleil et étoiles en même temps dans le ciel bleu. Cette mesure très indirecte n'a pu être menée à bien que récemment, mais avec une surprenante précision : la Lune, en effet, réfléchit la lumière solaire ; l'éclat en est affaibli par des filtres connus et est alors directement comparable à celui des étoiles. La magnitude apparente du Soleil est, dans le bleu, $B = -26,09$. Sa magnitude absolue, dans la même couleur, est : 5,5 ; et son indice de couleur $B-V$ est 0,65 : c'est une étoile moins bleue que l'étoile de référence Sirius (pour laquelle $B - V = 0$). Il est à noter que la lumière du Soleil est *blanche* : c'est même ainsi que l'on définit la lumière « blanche », par référence aux célèbres travaux de Newton qui décomposa, grâce au prisme, la lumière *blanche* du Soleil.

Voici donc mesuré notre Soleil. Sa magnitude absolue 5,5, intermédiaire entre celle de 61 Cyg et celle de α Cen, est tout à fait typique d'une étoile. Et l'affirmation est désormais justifiée : notre Soleil est bien une étoile ; *situé à la même distance que les étoiles, il aurait un éclat comparable au leur.*

Il est également possible de déterminer directement le rayon de certaines étoiles, la masse d'une cinquantaine d'entre elles et l'éclat absolu de celles dont on a mesuré la parallaxe. Nous n'entrerons pas dans le détail de ces mesures, pas plus que nous n'examinerons les méthodes indirectes grâce auxquelles, de ces quelques dizaines de mesures très précises, on déduit le diamètre ou la masse de centaines de milliers d'autres étoiles : c'est toute l'astronomie stellaire qu'il nous faudrait ici décrire. Qu'il nous suffise pour l'instant de bien asseoir notre conviction : le Soleil n'est qu'une étoile banale, ni très grande, ni très petite, ni très rouge, ni très bleue, ni très brillante, ni trop pâlotte... C'est une bonne étoile moyenne. Mais elle est *notre* étoile ; c'est là son titre de gloire et c'est la seule raison qui légitime l'intérêt que nous pouvons lui porter.

Est-elle, cette étoile Soleil, située de façon bien particulière dans l'Univers ? C'est encore à voir ! Le ciel étoilé d'Hipparque, un peu étendu par les voyages vers les mers du Sud, se composait au mieux de quelques milliers d'étoiles visibles à l'œil nu. S'y ajoutait une sorte de grande barre nuageuse, nébuleuse, visible par les belles nuits sans Lune et traversant le ciel de part en part. Lorsqu'en 1610, Galilée pointa sa lunette sur la Voie lactée, il en découvrit la nature : des millions d'étoiles la composent, trop faibles, trop serrées pour que l'œil, incapable de les distinguer, de les « séparer », aperçoive autre chose qu'une longue traînée. Or il semble bien que la Terre, et avec elle le Soleil — car qu'est-ce que la distance Terre-Soleil par rapport à celles qui nous séparent des étoiles ? —, soient au centre de cette sorte d'anneau d'étoiles, qui garnit un grand cercle du ciel. Tout se passe comme si une immense galette plate d'étoiles existait, à laquelle le Soleil appartient. Du Soleil, on la voit de l'intérieur et par la tranche, et sa trace, qui traverse notre ciel, est la Voie lactée... Après Wright, William Herschel, vers 1750, franchit un pas essentiel en montrant que le nombre des étoiles plus ou moins proches de la Voie lactée diminue régulièrement à mesure que l'on s'en éloigne ; les étoiles les plus proches de nous — celles de *L'Almageste* — font sans doute partie de la même famille plate, vue cette fois dans une direction perpendiculaire à son plan. Toutes les étoiles visibles appartiennent à cette famille unique, qui en contient des milliards et que l'on nomme maintenant Galaxie. Après avoir dénombré, à la fin du XVIIIe siècle, les étoiles situées dans toutes les directions du « plan galactique » (celui dont la trace sur le ciel forme précisément la Voie lactée), Herschel en construit une carte. Et au centre de celle-ci, il place le Soleil : la Voie lactée ne ressemble-t-elle pas, à première vue, à un anneau, certes irrégulier, mais d'une intensité lumineuse comparable, quelle que soit la direction visée ?

Herschel avait créé l'astronomie stellaire. Mais, depuis lors, les astronomes ont exploré la voie ainsi ouverte. La découverte des mouvements apparents des plus proches étoiles met en évidence la rotation de la Galaxie. L'étude détaillée de cette rotation révèle que le Soleil n'en occupe pas le centre. La Galaxie est en effet une immense roue de 100 milliards d'étoiles ; la lumière met 100 000 ans à la traverser dans sa grande dimension ; le Soleil est à 40 000 années de lumière de l'axe de cette grande roue ; mais l'épaisseur du disque ne dépasse guère, près du Soleil, quelques milliers d'années de lumière : cela explique le caractère très condensé en apparence de la Voie lactée sur le ciel.

La pénétration de l'Univers ne s'arrête pas aux confins de notre Galaxie. Car elle n'est pas seule de son espèce dans l'immensité. Au travers du filet d'étoiles aux larges mailles qui nous entoure, le télescope voit des milliards d'autres « univers-îles », d'autres « galaxies » ; l'œil nu ne perçoit que trois d'entre elles, nuages pâles, à peine visibles sur le ciel noir : la nébuleuse (ou galaxie) d'Andromède, et, dans l'hémisphère austral, les deux nuages de Magellan, le grand et le petit. Notre Galaxie, comme ses trois proches voisines et une trentaine d'autres, appartient au « groupe local », petite agglomération assez compacte de galaxies. Mais c'est une galaxie très banale, tout comme notre Soleil est étoile parmi d'autres. Et notre groupe local est lui-même bien quelconque, à la périphérie d'un gigantesque « superamas » local de galaxies dont le diamètre est d'une trentaine de millions de parsecs, que la lumière met 100 millions d'années à traverser, lui-même superamas entre d'autres... A plus grande échelle, le tissu de ces milliards de galaxies semble former de gigantesques cellules analogues à des nids d'abeilles. A l'heure actuelle, l'Univers est exploré jusqu'à des distances de l'ordre de 10 milliards d'années de lumière. Au-delà... Observera-t-on bientôt la frontière de l'Univers fini, frontière-origine surgie du néant puisque, la lumière se propageant à la vitesse finie de 300 000 km par seconde, l'exploration des profondeurs équivaut à une plongée dans les temps passés ? Ou bien notre plongée se poursuivra-t-elle indéfiniment sans jamais rencontrer origine ni frontière ? Peut-être le saurons-nous un jour. Mais cela ne changera rien à la constatation qu'apporte l'astronomie contemporaine aux Terriens : leur coin de ciel est minuscule, leur Soleil n'est qu'une lumière banale entre des milliards, très périphérique dans l'Univers, et les religions orgueilleuses des hommes ne sont sans doute que vanités...

C'est pourtant de quelques gouttes de Soleil que nous tirons notre vie, nos émerveillements quotidiens, nos printemps et nos espoirs ; nous sommes nés sous l'étoile Soleil — une assez bonne étoile, somme toute ! Revenant des infinis où nous a conduits notre quête des étoiles, reprenons à nouveau pied sur notre Soleil peut-être banal, mais sans lequel nous n'existerions pas.

V

Le Soleil, astre changeant

Où, quoique étoile banale, Soleil s'avère être aussi un astre changeant, non pas au gré des prières ou des désirs humains, mais sous l'influence de forces mystérieuses, magnétiques comme il se doit, qui l'animent depuis des millions d'années au cours de cycles de bonne et mauvaise humeur qui couvrent plus ou moins sa surface de pustules noires, médiocrement baptisées « taches ».

Il y a longtemps que les humeurs de la météorologie et le caractère quelque peu fantasque des vents, des pluies et des nuages ne sont plus considérés comme le fait d'un Soleil bizarre dans le ciel des mentalités primitives. Le Soleil n'est pas sensible aux danses et aux prières des hommes. Il est là depuis toujours, pour toujours, au moins à l'échelle de la vie humaine, et poursuit sa marche dans le ciel, constant dans les apparences de ses mouvements.

Aristote et ses contemporains, nourris par l'observation et la raison, étaient conscients de l'impassibilité du ciel. Ils avaient établi une distinction nette entre le monde sublunaire où s'agitaient les inconstances des hommes et les météores du ciel proche, et le reste du monde, celui des planètes et du Soleil, immuable et serein.

Un incident dénonça le caractère artificiel de cette perfection céleste : en 1572, Tycho Brahé observa une supernova aussi brillante que Vénus, apparue brutalement dans le ciel et de toute évidence dans le monde des étoiles, non dans le monde sublunaire : seize mois d'observation le confirmèrent sans ambiguïté. Cette découverte exceptionnelle, immortalisée par la gravure et l'histoire des sciences, démontra que le monde entier — et pas seulement sa partie sublunaire — était soumis à l'imprévisible, menacé par la putréfaction ou l'explosion, par la mort ou la métamorphose.

Le Soleil ne pouvait échapper à cette vague de déstabilisation. Les chroniques médiévales, puis les observateurs de la Renaissance signalaient de temps à autre quelque tache sombre et petite sur sa surface brillante. Oiseaux, débris volcaniques ?... Les observateurs les plus sérieux avaient envisagé (Einhardt, dans sa *Vie de Charlemagne*, par exemple, en 807) le passage de Mercure ou de Vénus devant le Soleil. Mais les interprétations étaient généralement « sublunaires ». Galilée, à l'aide d'une chambre noire, puis armé de sa lunette, étudie le Soleil : il arrive à en projeter des images sur un écran et à observer les taches solaires. Le P. Scheiner, peu de temps après Galilée, les observe à son tour, comme l'avaient fait avant lui, mais de façon moins systématique, Fabricius ou Harriot. Et il apparaît très vite que ces taches restent sur le Soleil, qu'elles se déplacent lentement à sa surface, comme si elles accompagnaient la sphère solaire dans une rotation lente, déformées surtout par les effets de perspective au voisinage du bord solaire.

Scheiner procéda à des milliers d'observations dans les années 1620, dénombrant les taches, dessinant leurs formes. Leur caractère solaire était devenu indéniable ; la rotation du Soleil (un tour en 27 jours environ) était prouvée *ipso facto*. Il s'avérait également que les taches elles-mêmes étaient éphémères : apparues parfois à plusieurs reprises lors de tours successifs de la boule solaire, elles se déformaient, puis finissaient par disparaître.

Les taches du Soleil furent la première manifestation connue de son activité. Et l'on peut bien dire que, jusqu'au XXe siècle, c'est l'étude du Soleil actif qui domina l'astronomie solaire. On compta les taches, on les mesura ; puis on suivit jour après jour, heure après heure, les autres manifestations observables de leur activité. Les éclipses totales, visibles de zones très limitées de la Terre, complétaient les possibilités des observatoires ; elles offraient l'occasion, trop rare, d'expéditions lointaines ; elles permettaient d'étudier sous un autre aspect les variations solaires et contribuaient ainsi, grâce à une technique différente, à une meilleure connaissance de l'activité du Soleil.

Ordonner la profusion de données, qui, depuis Galilée et

Scheiner, a enrichi notre description de l'activité solaire, n'est pas une entreprise facile. Les phénomènes découverts, souvent associés les uns aux autres, ont des durées de vie très variables. Les diverses manifestations de l'activité sont plus ou moins nombreuses en fonction du temps. Leurs caractéristiques physiques diffèrent parfois considérablement. Ce chapitre est consacré aux descriptions purement formelles des apparences, à l'histoire de leur découverte, non à la compréhension de leur physique. Mais, même ainsi limitée, la description de l'activité solaire reste complexe.

Considérons d'abord les phénomènes à longue évolution, ceux du cycle solaire. Depuis les observations de Galilée, le nombre de taches solaires était connu mois après mois, jour après jour. En 1843, Schwabe remarque une certaine périodicité dans la variation du nombre des taches : tous les onze ans approximativement, le nombre de taches passe par un maximum, tous les onze ans par un minimum ; entre celui-ci et celui-là, le nombre de taches augmente rapidement ; après le maximum, il décroît plus lentement.

Les lois suivies par le cycle solaire ont été précisées, depuis lors, par des dizaines de chercheurs. On doit d'abord noter que les cycles se suivent, mais ne se ressemblent pas. L'activité solaire n'est pas strictement périodique. L'intensité du cycle, déterminée par le nombre de taches au moment du maximum, peut varier d'un ordre de grandeur d'un cycle à l'autre ; sa durée est variable, ainsi que sa forme ; si un cycle est intense, la montée de l'activité est rapide. En outre, le nombre de taches de l'hémisphère sud du Soleil est différent de celui de l'hémisphère nord, et c'est en alternance l'un puis l'autre qui l'emporte. Ce phénomène se déroule donc selon un cycle de 22 ans.

L'astrophysique moderne s'est attachée à la mesure nécessaire des quantités physiques relatives aux taches. Leur « nombre » n'est pas toujours une quantité très représentative, car un groupe de quelques petites taches, observées par un jour de forte turbulence atmosphérique, peut n'apparaître former qu'une seule tache : la « surface » tachée est un meilleur indicateur.

L'analyse a posteriori des témoignages anciens permet de remonter dans le temps et d'étudier, par la seule donnée du nombre de taches, un certain nombre de phénomènes intéressants relatifs au cycle solaire. On découvre alors que, si les cycles successifs ne paraissent pas se ressembler, en revanche, une périodicité supplémentaire de 78 ans, superposée au cycle, rend compte des différences d'un cycle à l'autre au moins depuis le milieu du XVIIIe siècle. Malgré la difficulté d'analyse des chroniques anciennes, on a pu également montrer qu'au moins une période (1630-1690) et peut-être une autre (1540-1560) ont été pratiquement dénuées de taches solaires. Une telle absence, incidemment, ne rend que plus méritoires les découvertes de Galilée et de Scheiner. Ces deux périodes (les « minimums » de Maunder et de Spörer) ont sans doute une signification importante quant à l'évolution du Soleil. Laquelle? Personne ne peut répondre actuellement à cette question.

Les taches n'apparaissent pas n'importe où sur la surface solaire. Utilisées comme des sortes de bouées, de repères, elles avaient prouvé, aux yeux de Fabricius, Galilée et Scheiner, la rotation du Soleil. Il était donc possible de définir un axe de rotation et de localiser sur le Soleil deux pôles et un équateur ; la Terre se trouve presque dans le plan de l'équateur solaire (dont l'angle avec celui de l'écliptique n'est que de 7°) : aussi voit-on mieux les régions équatoriales que les régions polaires. Sur cette sphère solaire, l'existence de pôles et d'un équateur permet aussi de définir des latitudes — que l'on qualifiera d' « héliocentriques ». Les taches ont des latitudes mesurables, toujours relativement modérées : il est rare d'en trouver à des latitudes plus élevées que 45°. En une période donnée, les taches ont une latitude moyenne assez bien définie. Mais, comme le découvrit Spörer vers 1870, celle-ci varie au cours du cycle. Au voisinage d'un maximum, la latitude moyenne des taches est de l'ordre de 30 à 35° ; puis elle décroît jusqu'à une valeur de 0° à 5°, au voisinage du minimum. Les taches d'un cycle apparaissent à des latitudes de moins en moins élevées. Lorsque les taches d'un cycle commencent à se former aux latitudes de 30 à 35°, d'autres sont encore visibles au voisinage de l'équateur : cela prouve que les taches du nouveau cycle apparaissent avant que celles du cycle précédent aient fini de disparaître. Aussi la durée du cycle demeure-t-elle une notion assez mal définie, sur laquelle il nous faudra revenir, munis des informations fournies par les méthodes modernes d'observation et des ressources de la théorie physique.

Notons pour la petite histoire que Spörer avait figuré sa découverte par un diagramme : en ordonnées, la latitude, pôle Nord en haut, pôle Sud en bas, l'Équateur au milieu ; en abscisses, le temps. La position des taches est marquée, chaque mois, par un trait placé entre les latitudes extrêmes qu'elles occupent. Ainsi le diagramme, représenté pour une période d'une quarantaine d'années, comporte-t-il pour chaque cycle de larges zones, une pour le nord, une pour le sud. De gauche à droite, on croit voir une théorie de papillons aux ailes (nord et sud) déployées, ... d'où le nom de ce type de diagrammes, dits « en ailes de papillon [1] ».

La tache solaire a typiquement une dimension qui se chiffre en milliers de kilomètres. Une tache plus grande que la Terre n'est pas un phénomène exceptionnel. Une tache apparaît, évolue, disparaît. Elle peut durer plusieurs mois — on dira plusieurs « rotations » : la période de rotation du Soleil, observée de la Terre, est d'environ 27 jours.

La tache, obscure sur le fond brillant du Soleil, a une structure complexe et un comportement fort peu simple, voire erratique dans le détail.

Sa propriété majeure est d'être le siège d'un intense champ magnétique : une tache est souvent un pôle magnétique (positif ou négatif) ou un groupe de pôles magnétiques de signes contraires. Localement, le champ y est de l'ordre de 2 000 gauss, champ réalisé sur Terre seulement dans de puissants [2] électroaimants, et sur des surfaces très limitées ; la tache n'est pas isolée, mais située au cœur d'une région complexe, la « région active », plus grande que la tache, et qui affecte autour d'elle toutes les régions observables du Soleil. Une région active dure beaucoup plus longtemps qu'une tache ; elle est le siège de nombreux phénomènes « actifs » plus ou moins rapides et brutaux, plus ou moins intenses, et tous plus ou moins liés au magnétisme des taches. A leur nombre figurent les « éruptions », les « protubérances » et « filaments », les « bombes d'Ellermann », etc.

Mais la découverte et l'observation de ces phénomènes souvent fugitifs ne seraient évidemment pas possibles si l'on se bornait à regarder le Soleil en lumière blanche, dans la totalité du spectre observable, sans en séparer les composantes. La

1. Voir appendice C, page 347.
2. On peut réaliser des champs de l'ordre du million de Gauss dans l'entrefer (d'une dizaine de centimètres cubes) des électroaimants les plus puissants de nos laboratoires industriels ; on notera aussi que dans les cas étudiés ici, il n'y a pas de différence sensible entre l'induction et le champ : la perméabilité du milieu est en effet de l'ordre de l'unité.

connaissance que nous avons de l'action du Soleil est donc récente, son histoire étant liée aux développements instrumentaux. C'est à quelques générations d'astronomes solaires, depuis le milieu du siècle dernier, que l'on doit l'invention d'un certain nombre de ces nouvelles techniques. Elles ont permis, en peu d'années, d'accumuler les observations ; on a pu suivre l'humeur changeante du Soleil non seulement éclipse après éclipse (depuis que la nature solaire de la couronne est devenue une certitude), ou jour après jour, comme en ce qui concernait les seules taches depuis le XVIIᵉ siècle, mais heure après heure, minute après minute, seconde après seconde — et même mieux encore ! Cette étude continue, cinématographique en somme, du Soleil, a été rendue possible par trois circonstances remarquables : l'une est l'énorme quantité d'informations liée au nombre considérable de photons nous parvenant du Soleil ; la seconde est le pouvoir de séparation de l'œil (et a fortiori des instruments d'optique) qui permet d'observer un grand nombre de détails du Soleil — alors que toutes les étoiles, jusqu'à ces dernières années, n'étaient pour nous que des points lumineux ; la troisième circonstance favorable enfin est l'étendue et l'unité du monde astronomique : lorsque le Soleil se couche à Meudon, il se lève en Californie ; le relais est pris au Japon, en Crimée... Le nombre d'observatoires solaires est aujourd'hui si grand sur la Terre, et leur distribution si complète en longitude malgré les océans, que pas un moment de la vie du Soleil ne peut échapper aux astronomes solaires.

Cet avantage engendre cependant une fâcheuse situation : que de kilomètres de films, obtenus et développés chaque jour, sont inutiles ! Que d'informations, si complètes qu'on ne sait souvent y démêler l'accessoire de l'essentiel ! On a souvent parlé, non sans mépris, de « dermatologie » solaire, faisant fi des observations de tous ces phénomènes actifs, à la physique parfois complexe, sous prétexte qu'ils ne sont souvent que des épiphénomènes trop redondants pour avoir une réelle valeur, fût-elle indicative. La vérité est tout autre : l'étude de l'activité solaire est d'une richesse et d'une profondeur très remarquables, d'un grand enseignement pour la physique.

Quoi qu'il en soit, l'ingéniosité des physiciens solaires est sans limites. Les instruments qu'ils ont conçus ont fait — et continuent souvent de faire — l'admiration de ceux qui ont la chance de s'en servir.

Sans doute faut-il remonter à Fraunhofer (1787-1826) pour

trouver l'origine de notre connaissance physique du Soleil. Il fut le premier à analyser dans ses détails la lumière (blanche par définition) du spectre solaire, et à en étudier le spectre. En effet, lorsque la lumière d'une source est décomposée (par un prisme de verre, par exemple), le résultat de cette décomposition est un « spectre » qui décrit la distribution de l'intensité en fonction de la longueur d'onde, c'est-à-dire de la couleur ; le spectre visible va du violet au rouge, par longueur d'onde croissante ; de part et d'autre du spectre visible, on connaît les longueurs d'onde du spectre qui, bien que non visible, est photographiable (ultraviolet), ou en tout cas mesurable (infrarouge).

Le spectre de la lumière solaire est essentiellement un spectre continu ; l'intensité lumineuse y varie continûment de l'ultraviolet (ou UV) à l'infrarouge (ou IR) ; mais il est strié, à des longueurs d'onde nettement définies, par des raies plus ou moins noires, le plus souvent très étroites, dites « raies de Fraunhofer ». Fraunhofer a désigné ces raies par des lettres encore en partie utilisées aujourd'hui ; citons, à titre d'exemple, les raies D, G, H, K, dont on sait aujourd'hui qu'elles sont dues à la présence respective dans l'atmosphère solaire du sodium neutre, du radical CH et (H et K) du calcium ionisé. Les raies de Fraunhofer sont d'autant plus étroites que la fente du spectrographe est plus étroite. Mais si on réduit suffisamment celle-ci — à des centièmes de millimètres, voire à des microns —, la raie n'est plus l'image de la fente dans l'optique spectrographique : elle reste assez large, et son « profil » — c'est-à-dire la distribution de l'intensité lumineuse du côté « bleu » au côté « rouge » de chaque raie — caractérise alors les conditions physiques des régions du Soleil où elles se sont formées.

Janssen (1824-1907) fut l'un des premiers à développer l'instrumentation solaire. Au cours de l'éclipse totale de Soleil de 1868 qu'ils suivirent en Inde, Jules Janssen et Norman Lockyer (dont une médaille franco-britannique associe les deux profils à cette mémorable expédition) observèrent, au moment où la Lune camoufle entièrement le Soleil, des protubérances roses s'élevant au-dessus du disque du Soleil et dépassant largement le bord lunaire. Mais il n'était pas suffisant de les voir ; le spectrographe était alors un outil déjà puissant ; il devait pouvoir permettre l'étude approfondie de ces volutes de forme étrange. Les deux auteurs placent donc la fente du spectrographe sur l'image de la protubérance ; puis ils la déplacent en l'éloignant du Soleil ; plusieurs clichés sont ainsi obtenus au cours de l'éclipse. Or le spectre de la protubérance est constitué essentiellement de raies brillantes, sans spectre continu, contrairement à celui du disque solaire étudié par Fraunhofer ; la plus intense de ces raies est la raie Hα de l'hydrogène. En juxtaposant les raies Hα de chacun de ces spectres successifs sur une même image, chaque raie étant décalée l'une par rapport à l'autre comme le fut la fente du spectrographe au cours de l'éclipse, on peut reconstituer la forme de la protubérance ; un cliché est ainsi obtenu non pas en lumière blanche, mais dans une très étroite portion du spectre.

Plus efficace encore est la technique développée aussitôt après par les mêmes astronomes : au lieu d'utiliser un spectrographe à fente étroite, ils élargissent démesurément la fente ; s'il s'agissait d'un spectre continu, strié de raies obscures, comme le spectre de Fraunhofer, cette modification n'aurait pour effet que de brouiller les raies et de mélanger un peu les teintes du spectre continu. Mais le spectre est constitué de raies brillantes, sans continu : ouvrir la fente équivaut alors à placer côte à côte les raies obtenues en plusieurs spectres successifs. Le spectrographe à fente large, lorsqu'on l'utilise pour étudier un astre dont le spectre ne compte presque exclusivement que des raies brillantes, donne, dans chacune de ces raies, une image de l'astre : ainsi voit-on une image véritable de la protubérance en Hα (rouge) ; de la même façon, on peut en obtenir d'autres dans d'autres raies brillantes, Hβ dans le vert, par exemple, ou encore H et K du calcium ionisé.

Cette utilisation ingénieuse du spectrographe était possible grâce au fait que le Soleil, même éclipsé, reste une source intense de lumière : la couronne, blanche, étendue, est aussi brillante que la pleine Lune ; et les protubérances roses paraissent éclatantes à côté de la couronne, malgré leur apparente petitesse. Son application exige cependant que les raies soient assez brillantes par rapport au spectre continu issu à la fois de la source et du ciel ; ainsi Janssen ne pouvait-il l'appliquer pour bien observer les raies de la couronne : la lumière du ciel, due à la diffusion par l'atmosphère terrestre, et l'étendue de la couronne n'auraient abouti qu'à des clichés confus où tout se serait mélangé, où rien n'aurait été discernable.

Les progrès énormes et rapides de la photographie permettent à Huggins, pionnier en la matière, d'appliquer, vers 1870, les techniques de Janssen et Lockyer, photographiquement et non plus seulement visuellement. Janssen utilisa, lui aussi, la photographie. Le Soleil étant fort brillant, il put, en combinant des images fines obtenues grâce à l'utilisation de lunettes à grande distance focale et de poses très courtes, être le premier à photographier la structure granulaire — ou « granulation » (on a parlé de « grains de riz ») — qui caractérise la surface solaire, hors des taches, en lumière blanche. Les observations de Janssen, faites à l'observatoire de Meudon, sont remarquables pour l'époque. Elles souffrent cependant de deux défauts majeurs : d'une part, les images semblent ici ou là « brouillées », la turbulence atmosphérique les ayant agitées pendant la pose — il aurait fallu, pour l'éviter, des poses inférieures au 25e de seconde, impossibles à Janssen ; d'autre part, les grains de riz (aujourd'hui appelés granules), éléments de la granulation, se déplacent au cours de la pose et évoluent : l'image qui en résulte met bien en évidence des structures ; mais ce ne sont pas les structures réelles, qui doivent être sensiblement plus petites et apparaître plus contrastées : ce sont essentiellement les structures de la turbulence atmosphérique.

L'étude des profils des raies du spectre du disque solaire hors des éclipses (raies de Fraunhofer) s'était poursuivie après Fraunhofer avec des spectrographes à pouvoir de résolution amélioré, permettant l'étude du profil des raies les plus larges sans en mélanger les différentes portions. Aussi s'aperçut-on qu'au centre de la raie Hα, à la raie obscure large se superposait une légère émission de lumière, assez étroite, variable d'un point à l'autre du disque solaire. En 1892, Hale au mont Wilson, Deslandres à Meudon cherchèrent simultanément à obtenir les images du disque solaire dans le centre du profil de la raie Hα, tout comme Janssen, Lockyer et Huggins avaient obtenu des images de protubérances dans cette même raie Hα. Ouvrir la fente n'avait plus de sens, pour les raisons que l'on a dites ; la technique de Hale et de Deslandres s'inspira de la méthode suivie par Janssen et Lockyer, qui reconstituait les images à l'aide de spectres obtenus successivement. A l'entrée de l'instrument, l'image du Soleil est formée sur une fente très longue ; à l'autre extrémité, l'image du centre de Hα est isolée par une seconde fente et se forme dans le plan focal visé par l'oculaire, ou sur une plaque photographique. On contraint l'image du disque solaire à se déplacer de façon uniforme et continue sur la fente d'entrée ; une autre possibilité est de « balayer » l'image du disque solaire par la fente d'entrée. Ainsi l'image de la fente d'entrée, dans la longueur d'onde sélectionnée par la fente de sortie (donc ici dans les longueurs d'onde du centre émissif de la raie Hα), se déplace-t-elle dans le plan focal ; ou alors la fente de sortie est asservie à se déplacer selon un mouvement combiné à celui de la fente d'entrée : ce que l'on observe ou que l'on photographie est alors l'image de l'ensemble du disque solaire, limitée à une bande très étroite de longueurs d'onde. L'appareil ainsi conçu est le « spectrohéliographe », qui permet d'obtenir des « spectrohéliogrammes » du Soleil, véritables images monochromatiques de la couche (nommée « chromosphère ») de l'atmosphère solaire responsable du centre d'émission de la raie Hα. Ces spectrohéliogrammes peuvent être réalisés en quelques minutes ; ils sont parfois striés de raies blanches lorsqu'un nuage, au cours de la pose, a occulté le disque solaire.

Depuis le début du siècle, les spectrohéliogrammes de Meudon et du mont Wilson ont permis de suivre l'activité quotidienne de la chromosphère et d'y découvrir des phénomènes remarquables et variables.

Nous nous en voudrions de sous-estimer l'importance des éclipses totales de Soleil qui permettent de temps en temps, à raison de quelques minutes tous les deux ou trois ans, d'obtenir à grands frais une image instantanée de la couronne. Mais il faut pourtant insister sur le fait que, pendant un demi-siècle, la totalité des découvertes faites sur le Soleil est due à des instruments du type de ceux que nous avons décrits : quelques spectrohéliogrammes par jour, parfois un beau cliché d'éclipse ; le matériel ainsi amassé est considérable. Il a permis l'étude du Soleil actif et variable, principalement dans les couches de la chromosphère. Mais celle-ci n'est qu'une région limitée de l'atmosphère solaire : il fallait aller plus loin et pousser l'exploration.

On notera ici un point essentiel : le spectre solaire, c'est-à-dire les raies de Fraunhofer, observé à l'aide des spectrographes solaires du début de ce siècle, est, dans son ensemble, parfaitement constant, et non actif. Les manifestations d'activité sont localisées dans l'aspect des taches sur le disque, dans les caractères très variables des images chromosphériques et des protubérances, enfin dans les déformations étranges de la couronne, observées à l'occasion des éclipses totales. Le spectrographe, lorsque la fente est placée sur une tache (par exemple), fournit quantité d'informations physiques qu'il faut ensuite déchiffrer. La position des raies spectrales, leur largeur, leur profil sont influencés par la vitesse de la matière solaire, ou du moins par la composante de cette vitesse le long de la ligne de visée ; elles sont en outre sensibles à l'intensité du champ magnétique. Par un juste retour des choses, les mesures des raies spectrales permettent donc le « diagnostic » des couches émissives du Soleil. Il est ainsi possible de mesurer dans les taches et dans les régions actives l'intense champ magnétique — 2 000 gauss, avons-nous dit — dont elles sont le siège. L'activité, dont le magnétisme des taches est le centre, se manifeste dans les couches profondes de l'atmosphère solaire aussi bien que dans ses couches les plus superficielles, voire les plus extérieures : celles de la couronne. Mais il se trouve que les régions du spectre visible, le seul qui soit bien observable depuis les observatoires terrestres, sont assez mal adaptées à l'étude de ces couches superficielles ou extérieures qui ne sont opaques au rayonnement que dans les régions les plus absorbantes du spectre — c'est-à-dire au centre des raies de Fraunhofer les plus intenses. Or ces régions sont les plus affectées par l'activité, pour des raisons physiques aujourd'hui très claires. Il fallait donc aller plus loin que ce que permettaient les instrumentations traditionnelles de Janssen, Hale ou Deslandres...

Ce fut d'abord l'œuvre d'un opticien de génie, Bernard Lyot (1900-1952), dans les années 1930-1950. Lyot avait en tête le projet d'observer quotidiennement la couronne, de reconstituer à volonté, si l'on peut dire, des éclipses totales de Soleil. Cette idée avait été conçue bien avant lui : malheureusement, l'atmosphère de la Terre diffuse trop de lumière parasite ; de plus, l'optique des instruments diffuse et diffracte la lumière directe du Soleil : même lorsque l'image du Soleil est stoppée par une petite lune artificielle localisée au foyer de l'instrument, ces lumières gênantes, diffusées et diffractées, l'emportent largement sur la pâle lueur coronale. La pleine Lune est un million de fois moins brillante que le Soleil ; la couronne brille à peu près du même éclat : mais la lumière diffusée et diffractée reste cent, mille fois plus forte encore — et rien n'est possible. Lyot réussit à résoudre ce problème, réputé jusqu'alors insoluble, en mettant tous les atouts de son côté : il opère en haute montagne, pour diminuer l'intensité du « bleu du ciel » ; il utilise, pour la fabrication de la lentille de son appareil, des verres parfaitement polis, et aussi purs que possible, sans bulles ni fils intérieurs ; enfin, partout où des images secondaires concentrent la lumière diffractée, notamment par les bords de l'objectif, Lyot installe des pièges à lumière, pastilles ou écrans, puis forme à nouveau l'image de la couronne par une nouvelle lentille. Seule la lumière directement issue de la couronne a pu échapper aux trappes disposées pour arrêter les lumières parasites et atteindre le bout du tube. L'expérience quotidienne le confirme : un *coronographe* est susceptible, par temps clair, de mesurer autour du Soleil l'intensité du rayonnement émis dans les raies principales de la couronne — raie verte à 530 nm, raie rouge à 637 nm ; il permet même de mesurer l'intensité de la lumière « blanche », responsable du spectre « continu » de la couronne, aisément observable, comme le spectre de ses raies brillantes d'émission, à l'occasion des éclipses totales de Soleil.

Lyot est également l'inventeur du filtre monochromatique polarisant grâce auquel on obtient des images monochromatiques, bien meilleures que celles du spectrohéliographe, car il donne en une fois de véritables instantanés du Soleil ou d'une région active.

L'utilisation systématique, dans les observatoires de haute montagne (en France, le pic du Midi ; aux U.S.A., Climax, dans le Colorado, puis Sacramento Peak, dans le Nouveau-Mexique, et Haleakala à Hawaï ; au Japon, le mont Norikura ; et bien d'autres encore), de coronographes exploités à l'aide de filtres monochromatiques, assure aujourd'hui la cinématographie ininterrompue de tous les centres actifs du Soleil, de sa surface, de sa couronne, dans tous les rayonnements possibles, qu'il s'agisse de continus ou de raies.

La masse de films ainsi obtenus dans une dizaine d'observatoires solaires distribués de par le monde est gigantesque ; leur dépouillement, leur interprétation sont souvent difficiles. Mais la projection en accéléré (cent, mille fois) des images découvre de façon spectaculaire la magie de l'activité solaire, les protubérances aux volutes énormes qui se déploient comme des flammes ou retombent comme des pluies de feu, les éruptions incendiaires, éclats rapides et fulgurants, foudres solaires, les gigantesques jets coronaux aux mouvements amples et mesurés... La beauté du Soleil actif est à la portée de tous les yeux, dans sa prodigieuse multiplicité, dans la splendeur de ses vagues.

Mais les observatoires terrestres, fussent-ils installés sur les plus hautes montagnes, ne peuvent percevoir que le rayonnement visible. Des progrès considérables ont été réalisés, impensables il y a seulement quarante ans. Les observations ont été étendues aux régions invisibles du spectre : les ondes radio ont permis l'étude radioastronomique des régions extérieures du Soleil ; les rayonnements ultraviolet et infrarouge, observables seulement depuis les fusées et les ballons, les rayonnements X ou gamma, enfin, observés seulement à bord des grands satellites qu'offre aux astronomes la technique moderne, autorisent désormais une connaissance toujours plus approfondie de l'activité solaire. Une ère nouvelle de l'astronomie solaire s'est ainsi ouverte.

VI

Le nouveau Soleil

Où, ayant allégrement couvert des siècles d'astronomie, l'auteur résume en quelques pages (trop courtes à son gré, mais qui paraîtront peut-être trop longues au lecteur impatient) le principe des héliomètres, spectrographes, coronologues, chromosphérogrammes, photosphéroscopes et autres trucochoses et machinzigues, tous instruments sophistiqués et géniaux qui permettent de regarder le Soleil de tous les côtés, sur toutes les coutures et dans toutes les couleurs, même les plus invisibles.

L'astronomie solaire entre dans une ère nouvelle pendant la Seconde Guerre mondiale : un beau jour, au-dessus de la Grande-Bretagne survolée par les vagues successives des bombardiers nazis, un avion mystérieux est repéré par le radar — devant le Soleil. Le radar le suit et s'étonne : l'engin reste devant le Soleil, ce qui suppose un bien étrange comportement.

De fait, le récepteur du radar avait tout simplement reçu le rayonnement radio du Soleil, suivi le Soleil et raté l'avion, disparu depuis longtemps à l'horizon.

Le Soleil est une source de rayonnement électromagnétique, la plus puissante du ciel, dans tous les domaines de longueur d'onde. La plupart de ces rayonnements sont arrêtés par l'atmosphère de la Terre à une plus ou moins grande altitude. Seules parviennent à traverser les couches trop épaisses de l'air la lumière, les ondes très voisines du proche ultraviolet et du proche infrarouge, et les ondes radioélectriques de longueur d'onde variant du millimètre à quelques dizaines de mètres.

Pour recevoir les ondes de la lumière visible, on utilise des télescopes et des lunettes. Ils ont la double fonction d'en recueillir une énergie suffisante — et c'est alors la surface réceptrice qui compte —, et de permettre d'améliorer la « résolution angulaire », c'est-à-dire d'accroître la finesse des plus petits détails observables — et c'est alors la dimension linéaire de l'instrument qui importe.

Si un miroir de télescope a un diamètre de $D = 2R$, l'énergie reçue est proportionnelle à πR^2 ; un miroir de 6 mètres de diamètre, comme celui de Zelentchuk, dans le Caucase soviétique, recevra un million de fois plus de lumière que la pupille ouverte de l'œil ; celle-ci peut atteindre la nuit un diamètre de 6 mm, soit encore mille fois plus petit que celui du télescope géant. Ainsi, si l'œil « nu » atteint des étoiles de magnitude 6, le télescope de Zelentchuk, utilisé à l'œil, perçoit des étoiles de magnitude $6 + \Delta m$, où $\Delta m = 2,5 \log (10^6) = 15$, soit de magnitude 21 ! Avec la photographie, on peut aller plus loin encore et étudier des astres beaucoup moins brillants.

La finesse des plus petits détails observables est définie par le pouvoir de résolution c'est-à-dire par l'angle θ qui sépare sur le ciel deux points que l'instrument permet d'observer effectivement séparés. L'angle θ est proportionnel à la longueur d'onde — le même instrument, télescope ou lunette, « résout » moins bien dans le bleu que dans le rouge : les images bleues de Mars ou de Jupiter sont moins fines, moins détaillées que leurs images rouges ; en outre, plus l'instrument est grand (et c'est ici de sa dimension linéaire maximum qu'il s'agit, celle de son plus grand diamètre, même si sa surface collectrice n'est pas circulaire), plus la finesse des détails séparés est grande. Ainsi un télescope de 6 mètres de diamètre voit par exemple les deux étoiles membres d'un système double séparés sur le ciel par 1/50 de seconde d'arc, alors que l'œil sépare à peine 20''.

Lorsque l'on passe de l'optique usuelle, celle du domaine visible, à la radioastronomie, la longueur d'onde passe de la zone 400 nm-1 µm à la zone 1 mm-10 m ; elle est donc multipliée par un facteur de l'ordre de 1 000 à 25 millions. Cela signifie que, pour avoir une résolution équivalente à celle d'un instrument d'optique, un radiotélescope devra être considérablement plus grand en ses dimensions linéaires. En revanche, les techniques de la radioélectricité permettent de recevoir même des flux radioélectriques très faibles et de les amplifier sensiblement. Par ailleurs, les propriétés « optiques » des instruments du domaine radio diffèrent de celles des instruments du domaine visible ; l'équivalent des « lentilles » ne peut pas être construit ; il faut construire des « miroirs » : mais la surface réfléchissante n'est pas de même nature ; il suffit, dans le domaine radio, d'une surface conductrice (métal) dont la forme n'a besoin d'être parabolique qu'avec une précision de l'ordre du dixième de longueur d'onde : alors qu'un miroir de télescope optique doit avoir une surface polie et parabolique au vingtième de micron près, il suffit, dans le domaine millimétrique, qu'elle le soit au 1/10 de millimètre ; et dans le domaine métrique enfin, une surface grossière — grillage tendu sur une carcasse — fera un excellent « miroir » de radioastronomie.

On comprend alors que se soit naturellement développée en radioastronomie l'utilisation de radio-interféromètres, associant un grand nombre de petits miroirs radioastronomiques parfois séparés par de grandes distances : ainsi, sans collecter beaucoup d'énergie, ce qui n'est pas nécessaire, on améliore beaucoup le pouvoir de résolution qui permet à la radioastronomie d'atteindre, dans l'étude des détails, la précision de l'astronomie optique, et même beaucoup mieux. Comme en optique, les instruments de radioastronomie solaire ont la chance de disposer d'un flot considérable d'énergie : on peut donc construire le spectre radioastronomique du Soleil et obtenir des « spectres dynamiques » retraçant l'évolution dans le temps de la longueur d'onde des rayonnements intenses souvent observés en provenance du Soleil. Ces sursauts d'intensité sont catalogués — types I, II, III, IV, V... — et leur évolution dans le temps est très variable : il s'agit de phénomènes actifs. On sait que les couches extérieures du Soleil (chromosphère, couronne) sont d'autant plus opaques au rayonnement que la longueur d'onde en est plus grande, si bien que les sursauts solaires proviennent de couches solaires d'autant plus extérieures que la longueur d'onde est élevée. Pendant l'évolution des sursauts, leur longueur d'onde augmente plus ou moins vite : cela signifie qu'ils proviennent d'une région qui monte dans l'atmosphère solaire, souvent à de très grandes vitesses.

L'étude des sursauts radioastronomiques complète celle des centres actifs observés dans le domaine optique. Les grands interféromètres solaires (à Culgoora, en Australie, par exemple) en donnent des images radio : il est même devenu possible de visualiser cinématographiquement la montée des phénomènes dans l'atmosphère solaire.

Du côté des courtes longueurs d'onde, celles de l'ultraviolet et surtout des rayonnements X ou gamma, les problèmes sont entièrement différents. Leur observation exige un engin spatial, car l'atmosphère terrestre est opaque à ces rayonnements. Les régions extérieures du Soleil le sont également ; de plus, elles sont chaudes, et les courtes longueurs d'onde du spectre sont beaucoup plus sensibles à la température que les autres : en pratique, le rayonnement issu des régions très chaudes domine largement le spectre aux courtes longueurs d'onde, alors même que ces régions sont trop petites pour être décelables dans le domaine visible ou dans les ondes radio. Ainsi détectera-t-on les régions les plus actives. Il sera notamment possible d'obtenir, dans les diverses raies d'émission de la couronne, d'excellentes images X du Soleil, mettant en évidence les régions coronales les plus chaudes et les plus denses.

L'ensemble des moyens d'investigation ainsi fournis au physicien solaire par les progrès de la technique spatiale est véritablement considérable. Nous nous sommes pourtant limités ici à décrire l'exploitation des images visibles, aux développements de la radioastronomie, et à évoquer l'astronomie des rayonnements de haute énergie.

Mais du Soleil parviennent aussi — et c'est le seul astre qui nous permette, à nous Terriens, de semblables mesures — des particules d'énergies diverses ; de surcroît, être plongés dans le champ solaire nous permet d'en étudier *in situ* le champ gravitationnel et les propriétés magnétiques.

Les particules les plus énergétiques produites par la machine Soleil sont les neutrinos. Il s'agit de leptons, dont la masse au repos est inconnue, mais sans doute très faible ; ils sont produits dans les réactions nucléaires à l'œuvre au centre du Soleil. Les neutrinos ont un pouvoir pénétrant considérable ; presque tous les noyaux atomiques existants leur sont transparents : si bien que, produits au centre du Soleil, les neutrinos, impavides, parcourent, sans être arrêtés, des centaines de milliers de kilomètres à travers la masse du Soleil ; ils traversent toutes les planètes et tous les milieux astrophysiques, échappant aussi à tous les instruments des astronomes et des physiciens. Ceux-ci pourtant sont gens habiles ; ils arrivent malgré tout à mesurer le flux des neutrinos issus des régions centrales du Soleil : la « neutrino-astronomie » est une discipline nouvelle qui ne concerne que le Soleil et qui implique d'étranges observatoires. Certains éléments, comme l'isotope 37 du chlore, ou l'isotope 71 du gallium, sont transmutés par les neutrinos d'énergie suffisante. Ainsi les neutrinos d'énergie supérieure à 0,814 MeV sont-ils susceptibles de transformer le Cl^{37} en Argon gazeux. Davis a donc fait l'expérience de remplir un énorme réservoir d'un liquide, le tétrachloréthylène (solvant commercial, donc assez bon marché) qui contient du chlore. Le réservoir est enfoui à 1 500 m de profondeur, dans une mine d'or désaffectée du Dakota du Sud ; il est plongé dans une piscine d'eau. Ce dispositif protège le réservoir des particules de haute énergie autres que les neutrinos provenant soit des roches radioactives du sol, soit, sous forme de rayons cosmiques, des espaces intersidéraux.

Le Soleil éjecte également dans l'espace, et d'une façon très variable liée à son activité, des flots de particules énergétiques, protons, électrons, ions plus lourds. Ces particules chargées sont observées directement grâce aux ondes spatiales. Mais les étudier à partir du sol est difficile pour diverses raisons : elles sont piégées dans le champ magnétique terrestre et suivent des trajectoires complexes ; en outre, le flot de « rayonnements » (ou plutôt de particules) dits « cosmiques » provient surtout des autres régions de la Galaxie et sont « modulés » par l'activité solaire.

En peu d'années, la radioastronomie, la recherche spatiale, la neutrino-astronomie ont bouleversé notre connaissance du Soleil. Ces moyens d'exploration ont une pénétration et une sensibilité très diverses, fonction des conditions physiques régnant dans les régions responsables des rayonnements ou des particules observés. Les découvertes nouvelles nous ont donc en quelque sorte ouvert le Soleil couche par couche.

Pourtant, des progrès sont encore nécessaires, tant l'étude du Soleil est précieuse, irremplaçable pour comprendre la physique des étoiles, et même celle des lointaines galaxies.

Le Soleil étant un astre proche et changeant, les progrès devront essentiellement porter sur une amélioration de la résolution des mesures. La résolution spectrale sera le premier objectif : au lieu d'étudier certaines raies spectrales dans leur totalité, dans leur comportement intégré ou moyen, il faudrait mesurer leur profil de point en point, en détecter les asymétries et les suivre dans le temps ; il faudrait mesurer leurs longueurs d'onde caractéristiques de façon absolue, et non pas relative ; il faudrait enfin étudier plus précisément la distribution de leur polarisation. La résolution spatiale est aussi susceptible de perfectionnements. On est actuellement en mesure de séparer les uns des autres les détails de la surface du Soleil (ce qui est impossible dans le cas des étoiles) : on étudie les « granules » avec une résolution de 0", 2 ; mais des détails plus fins, les « filigranes », méritent sûrement une grande attention ; il faut donc atteindre une meilleure résolution. On doit faire mieux et s'affranchir de la turbulence atmosphérique, comme de la variabilité brouillante des phénomènes, en observant ces structures très fines depuis des engins spatiaux (comme le SOT — *Solar Orbiting Telescope*) et avec des temps de pose très faibles — une infime fraction de seconde — qui évitent que les images ne se brouillent. Perfectionner la résolution spatiale ne suffit pas ; encore faut-il améliorer la résolution temporelle. L'époque n'est plus au spectrohéliogramme quotidien ; certains phénomènes évoluent sur des temps de l'ordre de la milliseconde, peut-être plus vite ; nous devrons, pour le savoir, aller encore plus vite et obtenir des données encore plus serrées dans le temps.

Les nouveaux engins spatiaux permettront d'accumuler sur l'activité solaire une quantité de données encore plus considérable que celle qui provient des observatoires au sol. Les informations les plus précieuses seront enfouies dans des tonnes de clichés et d'enregistrements : le décryptage rapide des bandes magnétiques devient un problème clé que seule une instrumentation élaborée et un outil informatique perfectionné peuvent permettre de résoudre.

Prodigieux arsenal pour une étoile banale, ordinaire, médiocre en somme ; mais prodigieuse étoile, néanmoins, que cette étoile, notre Soleil, où nous vivons, source de notre vie, laboratoire parfait, étoile typique... Sans doute le jeu en vaut-il la chandelle. Des milliards de dollars (une opération comme le SOT est hors de prix...) pour une malheureuse étoile ? Soyons sûrs qu'il y a de bonnes raisons à cela. La NASA n'a pas l'habitude de jeter ses dollars par les fenêtres !

Mais, avant d'analyser les résultats de cette conquête, restons encore un peu sur la Terre : en cette époque de haute technicité, de connaissances scientifiques précises, reste-t-il encore quelque place au rêve ou à la poésie ?

VII

Le soleil des artistes

Où l'auteur, conscient de ce que cette histoire de Soleil peut avoir d'anecdotique, termine sa trajectoire temporelle par une digression vers les poètes et les peintres, lesquels donneront de cette fresque historique imparfaite une vision bien à eux, sans trop décevoir, espérons-le, les contempteurs éminemment respectables des méthodes modernes de l'histoire de toujours.

Depuis l'époque primitive, l'attitude des hommes face à un ciel qui s'élargissait à l'infini a évolué de la magie à l'astrologie, puis à une attitude plus scientifique. Le Soleil est devenu une étoile comme les autres, plutôt périphérique par rapport aux grandes structures de l'Univers auxquelles il appartient. C'est un astre changeant, instable, que l'arsenal des instruments de physique solaire, dans les observatoires des montagnes comme sur les sondes spatiales, permet de suivre avec une continuité parfaite.

Les hommes de la Terre, même dans les pays les plus modernes, ne sont pas des scientifiques. La mentalité contemporaine est complexe et ne se satisfait pas d'une connaissance jugée trop sèche ; elle a besoin de merveilleux. Mais sa soif de rêve, qui entraîne encore parfois certains d'entre nous vers magiciens ou astrologues, prend alors des formes pathologiques. Le ciel a pourtant d'autres échos, et la poésie reflète d'une façon moins ambiguë la dualité de l'homme d'aujourd'hui. La connaissance précise des mécanismes du ciel n'exclut nullement l'émotion esthétique que peut susciter leur spectacle. Depuis des siècles, les poètes chantent en regardant les astres et les peintres prennent le ciel dans leurs toiles.

L'expérience millénaire s'est toujours traduite en œuvres d'art ; des peintures rupestres jusqu'aux romantiques, des surréalistes aux non-figuratifs d'aujourd'hui, les réactions de l'homme face au ciel sont saisies à l'état pur, plus proches peut-être des regards primitifs que de ceux que donne la connaissance progressivement élaborée, des magiciens aux astrologues médiévaux, puis des astrologues aux physiciens du XXᵉ siècle.

Les poètes ont de tout temps aimé la nature ; le « corpus » poétique mondial * est truffé de milliers, de millions d'allusions aux arbres, aux animaux ; la mer, le vent, la nuit, la lune accompagnent à chaque page les tourments et les joies. Le ciel est présent, et souvent objet même du discours. Mais, curieusement, le Soleil occupe, dans le déploiement de l'art du ciel, une place assez réduite. On dirait même que le mot « soleil » est évité. Notre étoile, crainte ou vénérée plus que toute autre, centrale dans les sombres calculs des astrologues[1], est assez peu présente dans l'œuvre poétique ou picturale. D'emblée, *le Soleil est éblouissement* — on le fuit. Certes, on rêve sur ses reflets sur ses éclats indirects ; il est dans le ciel, par-dessus les toits — mais pas vu, pas visible. Le Soleil est craint pour son éclat fatal et aveuglant, redouté pour le pouvoir absolu qu'il symbolise. Les poètes et les peintres couvrent les cavernes de lunes et d'étoiles. Pour songer à la lumière, il leur faut la discrétion calme de la nuit, près du clocher jauni tout au plus par la lueur lunaire. A midi[2], roi des étés, ils dorment. L'éblouissement rejette le poète vers la nuit... La nuit a beau être terrible avec son déluge de fer, de feu, et de sang[3], elle reste propice aux confidences, aux réflexions, aux retours sur soi. Elle seule est attentive aux pleurs du poète : les muses sont oiseaux de nuit ! Gaspard est « de la nuit » ; et la nuit marche, dure ou douce, compagne de la solitude et de la révolte[4,5,6].

La révolte contre la nuit ? Peut-être ! Mais plus encore contre le Soleil qui pousse l'ombre devant lui, qui contraint à affron-

---

* J'ai choisi, pour traiter de cette question, de rejeter la nécessaire anthologie à la fin du livre. Les œuvres y sont classées par ordre alphabétique d'auteur ; le présent texte y renvoie, et pour chaque auteur, aux extraits, a, b, c... Il ne prétend pas être autre chose qu'un essai de cheminement logique dans les diverses attitudes du poète face au Soleil. La littérature citée est évidemment essentiellement empruntée au répertoire français ou francophone (appendice F, page 363).

1. D. de l'Isle   2. Leconte de Lisle   3. Prévert (non reproduit dans l'appendice)   4. Aragon   5. R. Desnos (a)   6. Apollinaire (j).

ter la nuit [1], comme en ces premiers temps où les ténèbres se sont séparées... Ce Soleil qu'il faut rejeter, diffuser, éviter, fuir — fuir sans cesse [2]. Soleil reflété, Soleil éclatant, Soleil terrible, Soleil faute, Soleil fui, Soleil oblique, Soleil tamisé, Soleil substitué, Soleil illusoire, Soleil regretté, Soleil disséqué, Soleil expliqué, Soleil divisé et multiplié, Soleil abstrait, Soleil glorieux, Soleil radieux, Soleil adoré, Soleil brutal, Soleil craint, Soleil terrifiant — Soleil-dieu.

Et la boucle est bouclée. Le Soleil appelle l'ombre, le Soleil punit les hommes d'avoir trop cru à la lumière.

La nuit consolatrice est porteuse de rêve [3]. Le Soleil est cruel, et rend l'homme à lui-même [4,5]; le poète est contraint de le subir, de le laisser passer avant que la vie redevienne possible. Il transporte du jour à la nuit ses mélancolies antinomiques, entretenues par le ciel noir. Cette fuite devant la lumière semble bien être une constante d'un poète l'autre.

Au plein jour donc, le regard est impossible, ébloui de lumière [6]. L'homme ne regarde pas le Soleil, sous peine d'y perdre tout regard. Nous vivons dans le Soleil, nous ne voyons pas le Soleil.

Certes, le Soleil est vie; il n'y a pas de vie sans Soleil, et pas de vivants. Tout tableau a ses ombres; mais toute lumière y vient du Soleil. Le vieux philosophe de Rembrandt est tapi dans l'ombre, à peine visible: mais il regarde la fenêtre; et le Soleil est dehors, invisible et présent. Le Soleil, la lumière du Soleil: ils sont trop familiers à l'homme pour être remarqués directement. Par un curieux retournement, le Soleil redouté se fait discret parce que évident. On note les reflets ou les images. Le grand Soleil du plein midi n'est visible que réfléchi ou diffusé; même atténué, il reste éblouissant comme diamants [7]... Son éclat indirect développe les images latentes du présent [8], toujours présentes cependant en leurs reflets discrets.

Il y eut des poètes indiscrets: car on peut tenter de regarder le Soleil face à face. Mais c'est alors l'aveuglement total, et la fatale tache noire [9]. Les poètes et les papillons se brûlent les ailes, Phaétons renouvelés. Bien peu se risquent à cette indiscrétion. Ou alors, c'est l'explosion de la folie [10]. Malheur au

1. Breton (a)   2. Éluard (i)   3. Char (h)   4. Breton (a)   5. Desnos (b)   6. Apollinaire (g).   7. Valéry (b)   8. Éluard (h)   9. Nerval (b) 10. Nerval (a)

poète, malheur! La tache noire entraîne l'inconsolé vers la vieille lanterne. Le poète pendu est mort, ébloui de son inaltérable mélancolie, évoquant *La Melancholia* de Dürer, aux rêves tristement bloqués, dans l'ombre négative, par les précisions scientifiques qui l'entourent: car son Soleil scientifique est noir. C'est le même éblouissement, la même tache trop noire ou trop brûlante qui entraîne l'un vers la corde, l'autre vers l'échafaud[1]. Ces soleils sont terribles[2]. Ils dévorent Prométhée et noient Icare[3]. L'abîme seul attend le poète coupable d'avoir fixement regardé le Soleil. Un seul regard, et c'est la mort. Si bien que le sens même de l'évocation solaire change d'orientation: dieu tout-puissant, il se mute tout naturellement, brûlant des feux de l'enfer, en un Satan[4] désespéré.

Symbole de toutes nos fautes, expiation de lui-même, le Soleil est une faute. En quelle sombre antinomie associe-t-elle ainsi, par un manichéisme profond, la vie et la mort[5-6], la maladie[7] et la guérison, le crime et l'expiation, le souvenir et l'oubli[8]? Soleil-piège, soleil-serpent[9-10-11], soleil-satan, soleil noir... Comme on comprend le réflexe de fuite de ceux qui préfèrent la mélancolie à la destruction! Et la fuite devient alors, lorsque monte le Soleil, un privilège; l'aveuglement est un privilège; l'innocence est un privilège[12]. Comment ne pas fuir? Au lever, terrible présage du jour[13], le Soleil est de sang[14], brutal et dur[15], allégrement; en vérité funèbre[16], mais le charme étrange et lent[17] du Soleil couchant séduit le poète, qui préfère sa langueur, même morbide, au « mouvement qui déplace les lignes ». Car le soleil qui se couche[18] annonce seul la véritable vie qu'apportera la nuit[19]. Pourtant, entre aurore et crépuscule, loin du plein soleil, on peut hésiter[20]!

Si bien que peintres et poètes, si complaisants vis-à-vis de la nuit, évitent le Soleil. Quand il intervient, c'est masqué; ce sont, encore trop inquiétants, soleils couchants et soleils levants, soleils mouillés sous ciels brouillés[21]. Monet voit un soleil pourpre mourir dans les grisailles de la Seine fumeuse. Et le geste auguste du semeur de Van Gogh se détache sur une roue de soleil jaune qui envahit l'horizon en son inévitable

---

1. Chénier.　　2. Hugo (b)　　3. Apollinaire (b)　　4. Hugo (d)　　5. Apollinaire (i)　　6. Éluard (c)　　7. Éluard (e)　　8. Éluard (j)　　9. Césaire　　10. Valéry (a)　　11. Éluard (b)　　12. Char (c)　　13. Char (b)　　14. Apollinaire (a)　　15. Char (a)　　16. Éluard (f)　　17. Baudelaire (b)　　18 Breton (b). 19. Baudelaire (a)　　20. Apollinaire (e)　　21. Kyoshi

dérobade. Peindre un éblouissement? Turner s'y est risqué, mais les brumes sont l'écran nécessaire. C'est un regard oblique sur un oblique rayon[1]. On voit le soleil bas[2] et jaune[3]; il est encore parfois horrible, mais se mêle à l'inquiétude le souvenir charmant des soleils d'autrefois. Les aurores ont bien des doigts de rose[4], ces aurores jamais vaincues de l'éternel retour...

On a peur de regarder le Soleil en face. Les poètes ont même peur de le nommer, comme si le silence était exorcisme. Ils se réfugient dans la litote ou l'allusion; comme pour évoquer le Roi-Soleil camouflé derrière les images et les mythes[5], enfoui dans la nuit qui tombe sur les marbres de Versailles. Éblouissant certes encore — mais inaccessible.

Il faut le tuer, ce Soleil, comme on tue « le père ». Le Soleil doit mourir: que ce soit en un naufrage calme[6] et mélancolique. Après, la douce nuit[7] s'installera; et tant pis pour ce Soleil cruel[8], et indifférent[9] dont le passage ne marque guère que la fuite du temps[10-11], comme il nous incite en écho à fuir sa présence, son présent, ses présents. Une fois la lampe morte, les flammèches du feu de bois soupirent, et ces lumières pâles se substituent encore au Soleil, en un ersatz splendide jouant sur la peau des belles[12], comme le grand Soleil n'aurait su le faire.

Plutôt que l'affreux disque évité, les bienfaits du Soleil se trouvent quand même dans la joie de vivre[13-14] qui imprègne la journée claire[15]. Le Soleil se fait paillettes, la lumière se fait amie. Mais, au Soleil, on bascule encore dans le rêve et dans l'antinomie. Joie de vivre[16-17], rêve ou fruit sucré[18] de l'ironie? A ce Soleil-là, le poète va jusqu'à s'identifier[19] en s'y noyant de gloire. Pour brûlant qu'il soit, porteur des songes mortels, annonciateur de naufrages, on le regrette encore au jour de la mort comme le symbole redouté de toute vie[20-21-22].

Le poète n'a-t-il pas peur de la vie? Car, malgré tout, Soleil est vie, Soleil est amour[23].

Jours et nuits se succèdent sans trêve, distribuant par un jeu de manichéismes contradictoires les peurs et les joies, rêves et cauchemars. Une chose est sûre: le temps passe inexorable-

1. Baudelaire (e)   2. Rimbaud   3. Mallarmé   4. T. de Viau   5. Saint-Amant   6. Apollinaire (f)   7. Baudelaire (d).   8. Char (d, e, f)   9. Bashô   10. Hugo (a)   11. Cadrans solaires   12. Baudelaire (c)   13. Verlaine   14. Char (i)   15. Char (g)   16. Apollinaire (d)   17. Éluard (a, g)   18. Éluard (d)   19. Shelley   20. Diop   21. Ronsard (b)   22. Lamartine   23. Ronsard (a).

ment. Les devises des cadrans solaires[1] avouent le Soleil et insistent pesamment, chemins tracés entre la naissance et la mort, toutes deux redoutables. Le Soleil est astre, et comme tel, reste impitoyable.

Il est curieux de constater combien les découvertes scientifiques et la connaissance physique du Soleil influencent peu la réflexion ou la méditation poétiques. Peu de poètes se risquent à voir dans le grand luminaire un astre banal dans les cieux. Certes, la passion de Galilée prête à songer et exalte les visions cosmiques et les plongées dans l'infini ; mais n'est-ce pas plutôt pour permettre un retour sur la condition humaine[2] ? Quelques-uns pourtant sont séduits par la connaissance pure[3,4]. Un Lurçat tisse des soleils fort réalistes auréolés d'une couronne, et pustuleux de toutes leurs taches. Le prosaïsme[5], il est vrai, l'emporte parfois dans ce coup d'œil objectif. Mais les poètes d'aujourd'hui, plus familiers peut-être avec le monde transfiguré des savants, savent souvent, sans trahir la vérité scientifique, y plonger leurs métaphores et en extraire l'humain.

Tous ces efforts vers l'astre-roi pour en parler tout en l'évitant, en évoquer les éblouissements fatals ou au contraire la bienfaisante chaleur, lui restituer sa place astronomique ou l'ensevelir sous les symboles, aboutissent toujours à le magnifier. Il reste glorieux, splendide, inégalable[6]. Nous t'adorons[7], Soleil ! Nous t'adorons avec ferveur, ou bien avec ironie[8]. Nous t'adorons, et, t'adorant, ne nous trouvons-nous pas à nouveau plongés dans le rêve, adorateurs de toujours — d'Akhénaton et de Nabuchodonosor à Moctezuma, et de Moctezuma aux adorateurs d'aujourd'hui, embarqués sur leurs engins spatiaux et toujours adorants ? Le Soleil est magicien. N'est-il pas aussi frère du Sommeil[9] ? Il emporte vers les plages nues, éclatantes de lumière, où le rêve à tête d'arbre se penche sur l'épaule d'une femme belle comme la braise — où les girafes s'enflamment sous les derniers rayons brillants, quand les ombres s'allongent ?... N'est-ce pas un Dali ? A midi juste, le Soleil fait de la gare de Perpignan le centre du Monde. Le rêve insensiblement nous ramène au mythe solaire, soleil-roi, soleil-dieu, soleil-maître[10].

1. Cadrans solaires   2. Hugo (c)   3. Queneau   4. Verdet   5. La Fontaine.   6. Shakespeare   7. Rostand   8. Apollinaire (h)   9. Apollinaire (c)   10. Senghor.

En face, l'homme, poète ou astronome, reste un homme, avant tout préoccupé de lui-même. Sans cesse, dans le contrepoint quotidien du combat du jour et de la nuit, il trouve des échos à ses joies, à ses peines, à ses inquiétudes. Ce n'est pas du Soleil qu'il parle, ce n'est pas le ciel qu'il regarde : quand il rêve, c'est toujours de lui-même, dans sa permanente complexité, perdu dans ses propres contradictions, homme nu, seul sur une plage ensoleillée. Le dernier mot reste au Poète[1] :

« Poésie, unique montée des hommes, que le soleil des morts ne peut assombrir dans l'infini parfait et burlesque. »

1. Char (j).

VIII

Notre Soleil quotidien

Où l'auteur, à l'occasion d'une pause entre la lecture de deux poèmes émouvants, apercevant sur sa table un mini-ordinateur alimenté par un centimètre carré de piles solaires, se rend compte brusquement que, pour l'homme du XXIᵉ siècle, le Soleil sera source directe d'énergie, et évoque le rôle de notre luminaire dans la vie de tous les jours, rôle qui n'est pas sans évoquer le Soleil-dieu de ses plus vénérables ancêtres.

Les poètes peuvent bien écrire ce qu'ils veulent. Redoutant le plus souvent le Soleil ou se reposant parfois sous ses rayons chaleureux, ils pensent fort rarement à l'utilisation que fera l'homme du XXIᵉ siècle, d'ici quelques années, de cette bienfaisante chaleur correctement canalisée.

L'énergie solaire est en vérité considérable. On a dit et redit que chaque centimètre carré du sol terrestre reçoit à chaque seconde 10^{45} photons, qui véhiculent 2 calories et sont donc capables d'élever de 1° la température de 2 grammes d'eau. Deux grammes d'eau sur un centimètre carré, cela n'a l'air de rien, mais c'est énorme. Sur la moitié éclairée de la Terre, qui, vue du Soleil, est un disque de $\pi \mathcal{R}_{\oplus}^2 = 1.3\ 10^{18}\ \text{cm}^2$, soit un milliard de milliards de cm², cette énergie suffirait à porter à ébullition, en une seconde, 10^{16} grammes d'eau, et, en un an, plus de 10^{17} tonnes d'eau. Les océans sont d'une profondeur « moyenne » de 3 600 m et d'une surface de $3,6\ 10^{13}\ \text{km}^2$; leur volume est donc de $1,3\ 10^{23}\ \text{m}^3$; ils pèsent $1,3\ 10^{23}$ tonnes — un million de fois plus ! En un million d'années, l'énergie reçue par la Terre suffirait donc à porter les océans, dans leur totalité, à ébullition...

Bien entendu, ce calcul, comme la plupart des calculs de cette nature, est faux ; il ne tient pas compte de ce que l'énergie reçue par le Soleil, et qui maintient la chaleur terrestre, est dissipée à nouveau dans l'espace, principalement par le rayonnement infrarouge émis par la Terre. La Terre se maintient de façon générale dans un état d'équilibre assez remarquable. Sans doute est-ce cette stabilité, plutôt confortable en somme, qui conduit l'homme moderne à souvent oublier le Soleil ; il reste l'apanage des scientifiques, qui le dissèquent de tous leurs spectrographes, et des poètes qui y rêvent, de préférence la nuit.

De fait, la météorologie, la climatologie sont fonction du Soleil, mais surtout de ces variations de notre étoile groupées sous les termes de « phénomènes actifs » ou d' « activité solaire ». De surcroît, la prise en compte des influences du Soleil dans la prévision météorologique n'est pas encore entrée dans les mœurs ; largement contestée, elle n'est encore qu'un fascinant domaine d'étude. Mais il s'agit là de l'étude scientifique du Soleil, difficile d'accès à l'homme de la rue.

Plus sensible est aujourd'hui le fait que toutes les formes (ou presque) de l'énergie que nous consommons quotidiennement pour nos usages domestiques, tels les transports, le chauffage, l'éclairage, la cuisine, ou que nous utilisons pour les productions industrielles, sont d'origine solaire.

Ce fait, quoique assez évident, demeure mal connu.

L'énergie fossile, la houille noire (charbon), le pétrole, les schistes bitumineux, etc., sont accumulés dans le sol depuis des millions, des centaines de millions d'années. C'est bien l'énergie solaire qui est à l'origine de cette accumulation : troncs d'arbres, débris végétaux qui avaient poussé sous la chaude influence des rayons solaires, finissent par en être brûlés, carbonisés, par un processus très lent — comparable au processus un peu plus rapide, mais peu brutal, qu'utilisent ceux qui, avec du bois mort, fabriquent par combustion lente (ralentie, même) du charbon de bois. Ce foisonnement végétal et cette lente dévastation, cette désertification par enfouissement des arbres morts aboutissent à des mines de carbone, des mines (puits) d'hydrocarbures, résultant de la combustion partielle des organismes végétaux et de leur décomposition chimique.

La « houille blanche », c'est celle qui tombe des montagnes, en chutes d'eau bondissantes et bouillonnantes. Canalisée dans des tuyaux, accumulée derrière les grands barrages, l'énergie hydraulique joue un rôle essentiel dans nos usines et notre vie quotidienne, essentiellement sous la forme d'énergie hydroélectrique. Mais, bien avant que l'on ait su domestiquer l'électricité, on savait utiliser cette énergie grâce aux moulins à eau situés sur les cours d'eau. L'énergie produite par la houille blanche est une énergie essentiellement mécanique. A de grandes altitudes, l'énergie d'une tonne d'eau est (potentiellement) plus élevée que l'énergie de la même tonne au niveau de la mer. Entre une altitude de montagne, disons 3 000 mètres, et le niveau de la mer, la descente ou la chute — qu'importe ? — de cette masse d'une tonne libère environ 2,5 10^{-9} calories par seconde. C'est bien peu, dira-t-on. Il faut en effet un siècle pour en tirer une calorie. Mais que de tonnes tombent chaque seconde ! Mieux vaut faire des évaluations en énergie produite, voire en puissance installée (énergie disponible par seconde). Une unité d'énergie couramment employée est le kilowatt-heure ; elle représente l'énergie produite par une source de puissance d'un kilowatt pendant une heure. Un kilowatt équivaut environ à 239 calories par seconde ; un kilowatt-heure aura donc une valeur approximative de 860 000 calories. En un an, l'ensemble de la planète produit (actuellement) environ 10^{12} (mille milliards) kw-heure en énergie hydroélectrique : cela correspond à une chute d'un mètre pour environ 200 000 tonnes d'eau par an. Ces chiffres sont très inférieurs (d'un facteur d'un milliard de milliards) à ceux que représente la masse d'eau océanique. Il est vraisemblable que l'on pourrait encore beaucoup augmenter le taux de production d'énergie hydroélectrique. Cette énergie est bien typiquement, elle aussi, d'origine solaire ; en effet, les calories solaires, si elles ne portent pas à ébullition l'eau des océans, provoquent l'évaporation des couches superficielles ; le jeu des vents transporte, d'un point à l'autre de la Terre, les brumes et les nuages de vapeur d'eau ; leur condensation, en pluie ou en neige, se produit souvent sur le flanc des montagnes : des lacs se forment alors pour qu'un barrage, naturel ou artificiel, s'oppose à la descente naturelle des eaux ; à moins que les torrents ne se rassemblent en rivières, puis, devenus grands fleuves, reviennent apporter à la mer l'eau qu'elle avait perdue.

La « houille bleue », celle des marées, est encore très peu utilisée. Chacun sait combien l'amplitude des marées est variable d'un point des côtes terrestres à l'autre ; elle dépend des forces d'attraction exercées non seulement par la Lune, mais également par le Soleil ; à ce titre, nous devons en parler ici. Elles sont fonction de la forme des côtes, de l'étendue du plateau continental et de la latitude. Ainsi, dans la baie de Fundy, sur la côte Est des États-Unis, dans le Maine, la marée atteint 19 m d'amplitude ; dans la baie du Mont-Saint-Michel, elle atteint 16 m ; en revanche, elle est de moins d'un mètre dans une mer fermée comme la Méditerranée, ou sur les rivages d'une île sans plateau continental, comme le sont les îles Hawaï. A Dinard, on a pu installer une usine marémotrice de $6\,10^7$ kW, ce qui est considérable : on conçoit que, pendant les marées, d'énormes masses d'eau montent et descendent de quelques mètres : c'est une faible dénivellation, mais la masse en jeu est bien plus considérable que celle des chutes d'eau ou des lacs de barrage. Des raisons pratiques, auxquelles s'ajouta la pression des contraintes écologiques, ont empêché de développer ce genre d'équipement ; l'avenir nous verra peut-être obligés d'y faire plus largement appel ; cependant, peu de côtes dans le monde se prêtent à cette opération, et le problème du transport de l'énergie reste, par ailleurs, une difficulté essentielle.

L'énergie de la houle ou celle des vagues, la « houille outre-mer », pourrait-on dire encore, peut être aussi utilisée : mais il ne suffit pas que les idées, voire même les prototypes fonctionnent, encore faut-il prendre leur coût en considération. L'énergie éolienne, utilisée depuis l'Antiquité pour faire tourner les moulins à vent, est d'une application plus facile. Ces énergies sont de nature météorologique plutôt que solaire ; mais si l'on considère que le Soleil (et la rotation de la Terre) jouent dans la météorologie un rôle essentiel, on en revient à la définition initiale — celle de l'énergie solaire.

Dans le même ordre d'idées, toujours du côté des côtes, on peut songer à utiliser l'énergie thermique des mers en construisant des machines thermiques susceptibles d'exploiter le fait que l'eau profonde est plus froide que l'eau de surface. Des prototypes de cette nature fonctionnent avec succès dans des régions proches de l'Équateur, grâce à des tubulures qui plongent à des centaines de mètres ; là encore, malheureusement, se pose le problème du transport de l'énergie : à moins d'installer en mer, sur de grandes plates-formes, des îlots — c'est le cas de le dire ! — de civilisation, on voit mal comment cette forme d'énergie pourrait bien ne pas rester pour longtemps encore du domaine de la science-fiction.

Un autre type d'énergie, dont le développement pose les problèmes politiques et sociaux que l'on sait, est l'énergie nucléaire. Il s'agit d'exploiter l'énergie disponible dans des éléments radioactifs ou rendus tels à peu de frais mais est-ce bien de l'énergie d'origine solaire ? Si l'on veut, sans exagérer toutefois outre mesure cette généralisation : car ces matériaux sont présents dans le Soleil lui-même, et ils l'étaient vraisemblablement dans la nébuleuse présolaire ; si bien que, d'origine astronomique sans aucun doute, ce type d'énergie implique l'utilisation de « carburants » qui existaient avant le Soleil ; le problème est d'ailleurs comparable, qu'il s'agisse de l'énergie liée à la radioactivité provoquée d'éléments lourds (uranium, plutonium) et à leur « fission », ou de la « fusion » d'éléments légers tel l'hydrogène.

Reste le rôle de l'énergie directement empruntée au rayonnement solaire. Les serres l'utilisent de façon très rationnelle à des fins de culture florale, fruitière ou maraîchère. Des fleurs ou des plantes poussant à l'air libre utilisent bien entendu aussi la chaleur solaire ; mais elles sont sensibles aux variations de l'éclairement par le Soleil, à la nuit, aux périodes de mauvais temps, aux hivers. Le principe des serres est simple : l'énergie solaire pénètre le verre des parois et chauffe les végétaux ; mais l'énergie de refroidissement est rayonnée par les plants et la terre dans le domaine infrarouge ; or le verre est opaque à l'infrarouge, si bien que la chaleur est conservée au sein de la serre.

C'est à un principe analogue qu'ont recours beaucoup de techniques artisanales : on fait passer de l'eau dans une canalisation métallique peinte en noir (pour mieux absorber le rayonnement solaire) ; ayant ainsi atteint une certaine température, l'eau circule et chauffe les intérieurs, voire surchauffe les serres sans perdre trop vite sa chaleur. La déperdition est lente et s'opère par conduction, non par rayonnement.

Est-ce ainsi que l'on utilisera l'énergie solaire à l'avenir ? Il est probable que de tels systèmes seront développés pour les besoins domestiques : mais la chaleur produite n'est pas assez importante pour des utilisations industrielles.

Deux techniques essentiellement permettent d'envisager le développement industriel de l'utilisation directe de l'énergie solaire :

Tout d'abord, on peut concentrer la lumière solaire, exactement comme on le fait au foyer d'un télescope, grâce à des miroirs concaves. Au foyer de ces miroirs, des températures importantes peuvent être atteintes dans un volume réduit. Au lieu de 2 calories reçues par cm² et par seconde, on peut obtenir des puissances bien plus élevées et multiplier le flux de rayonnement solaire par un à cent millions ; la déperdition n'a pas alors le temps de se produire ; les températures d'équilibre atteintes dépassent aisément quelque mille degrés, et l'on peut localement procéder à d'efficaces opérations métallurgiques. On peut aussi chauffer de l'eau et l'évacuer assez vite, afin d'en récupérer ailleurs l'énergie. Si bien que de telles batteries de miroirs peuvent avoir le rôle d'une centrale, cependant qu'à une échelle plus réduite, un petit miroir parabolique peut aider à la cuisine et faire sans mal bouillir de l'eau. On peut déjà noter l'importance de telles centrales, comme par exemple à Odeillo, dans les Pyrénées-Orientales ; l'avenir en verra peut-être de plus importantes encore. N'a-t-on pas songé à utiliser aussi des miroirs orbitants, sur une orbite géostationnaire, susceptibles de concentrer au sol une énergie considérable ? Je ne m'aventurerai pas dans le domaine délicat de la futurologie ; mais il est clair que l'avenir de l'énergie solaire est riche, surtout si l'on combine les potentialités des techniques qui lui sont propres avec celles de la recherche spatiale.

L'énergie du rayonnement visible du Soleil peut avoir d'autres effets ; on connaît bien — et les photographes amateurs en font un usage quotidien — les merveilles de l'effet photo-électrique : un « photon », ou « grain de lumière », véhicule une énergie qui peut arracher à certains atomes un électron ; un courant électrique est engendré pourvu que cet électron soit recueilli sur un récepteur ; des systèmes d'optique électrostatiques et magnétiques peuvent amplifier ce courant dans les applications météorologiques ; mais, sans avoir recours à aucune énergie extérieure, il est possible de produire efficacement de l'énergie en accumulant un grand nombre de ces surfaces sensibles sur une surface suffisamment étendue. Ainsi des surfaces d'alliage césium-antimoine sont-elles souvent exploitées.

La lumière solaire a, sur des surfaces solides particulières, d'autres effets. On peut construire certains assemblages de métaux dits « jonctions » : un métal semi-conducteur (germanium, par exemple, ou silicium) est enrichi par des impuretés (aluminium, par exemple) qui ont pour effet de « doper » le métal en question en créant une polarité positive, et qui les rendent susceptibles de capturer des électrons négatifs. Ces électrons, libérés par la température du métal, peuvent être en excès des impuretés (métal-n, négatif), ou, au contraire, en quantité insuffisante (métal-p, positif). Une jonction sera composée d'un métal-n et d'un métal-p. Dans un circuit fermé, on aura nécessairement plusieurs de ces jonctions. Si l'une est portée à une température plus élevée (précisément par le rayonnement solaire), alors un courant électrique sera engendré, la force électromotrice associée à chaque jonction étant fonction de la température qui augmente la production locale d'électrons. L'énergie thermique résultant de l'énergie des photons de lumière solaire incidente est ainsi transformée en énergie électrique. De tels assemblages, ou piles solaires, sont couramment utilisés lorsque seule une énergie faible est nécessaire (montres, petits calculateurs...). On les utilise, associés sur une grande surface, pour alimenter en énergie de façon permanente un satellite artificiel. Il est vraisemblable que des matériaux de ce genre seront améliorés dans les années à venir ; la métallurgie des semi-conducteurs et de leur « dopage » est à peine dans son adolescence. Au XXIe siècle, des batteries de piles solaires, plus puissantes que les batteries actuelles, pourront être utilisées à de très nombreuses applications.

La physique, la chimie, la métallurgie ont encore de bien beaux jours devant elles. Ces jours ensoleillés produiront encore beaucoup d'énergie.

Certes, devant de telles perspectives, on rêve de stations spatiales habitées, de serres gigantesques, d'abondance et de paix. Mais on ne doit pas oublier que la population de la Terre s'accroît actuellement à une vitesse démesurée ; même si les pays industrialisés n'augmentent pas leur consommation d'énergie par habitant, les pays en développement ont de tels retards, dans le niveau de vie quotidien, qu'ils devront, eux, l'augmenter. Si bien que le monde, pour ces deux raisons concomitantes, consommera longtemps encore de plus en plus d'énergie. Même si les ressources énormes du Soleil ou la production d'énergie nucléaire de fusion assurent bientôt aux hommes une importante marge de sécurité et une totale garantie quant à leurs réserves d'énergie, devenues alors presque illimitées, l'idée de la pollution que cette consommation doit nécessairement entraîner ne peut manquer d'intérêt. La « pollution thermique » modifie le climat dans les grandes villes : le « bouclier thermique » de Paris rend la capitale de 2° plus chaude que ne l'est la campagne voisine ; mais l'étendue des zones perturbées et l'importance de cette perturbation croîtront sensiblement dans l'avenir. Sans parler des rejets de gaz (gaz soufrés, plombés, gaz carbonique) liés principalement à la combustion des combustibles possibles, il est clair que l'utilisation de l'énergie, telle qu'on l'envisage, transformera d'importantes régions de la Terre en de véritables serres : si ce climat peut être favorable à certaines cultures, à certaines activités, il peut provoquer ailleurs une désertification et des hécatombes animales (poissons, par exemple) mal contrôlées. En d'autres termes, prévoir l'avenir, ce n'est pas seulement trouver de nouvelles sources d'énergie non polluantes, c'est aussi savoir en évacuer le surplus d'une façon qui ne soit pas non plus polluante ; c'est éviter scientifiquement, par une étude globale des problèmes posés, les catastrophes écologiques prévisibles.

C'est dire que le XXIe siècle ne sera pas forcément rose — pas forcément noir non plus, espérons-nous. Il sera ce que le feront les gouvernants, aidés des ingénieurs et des chercheurs, si tous veulent bien examiner les problèmes dans leur ensemble, à l'échelle de la Terre — et non pas à celle des élections municipales et des intérêts locaux. Alors peut-être il fera bon vivre sur Terre, sous le Soleil.

L'étoile Soleil

I

Soleil, point massif dans l'espace

Où l'on découvre que le Soleil est un point minuscule de matière condensée perdu dans des immensités quasiment vides ; où cette découverte est proclamée essentielle à la compréhension de l'astrophysique, et où l'on en conclut que pour aller du simple au compliqué, il faut partir du centre du Soleil et progresser, avec lenteur et vertu, vers les couches extérieures, dominées par les interactions complexes entre l'extérieur et l'intérieur de l'étoile.

Le Soleil est une condensation de matière dans un milieu dilué. Cette affirmation toute simple, presque évidente, commande toute sa physique, son existence en tant qu'astre. Elle est au cœur de ce chapitre.

Si l'on considère la totalité de l'Univers observé, sa densité est de l'ordre de $2\,10^{-31}$ g cm^{-3}. Ne discutons pas ici de cette valeur : un cosmologiste l'estimera cent fois trop petite, un autre dix fois trop grande — qu'importe : cela reste une valeur *extrêmement* petite. En d'autres termes, l'Univers est en moyenne quasiment vide : — un atome d'hydrogène dans un milliard de centimètres cubes — 10 000 atomes dans un volume comparable à celui de la Terre ; ce n'est rien, si l'on considère qu'il y a $6\,10^{23}$ (le « nombre d'Avogadro ») de ces atomes dans un atome-gramme, comme il y a $6\,10^{23}$ molécules dans une molécule-gramme — c'est-à-dire, pour les molécules de l'air, par

---

1. Une partie importante de ce chapitre reproduit les passages essentiels de l'opuscule de l'auteur, *L'atmosphère solaire, du modèle à la physique*, Essais et conférences du Collège de France, P.U.F., 1982.

exemple, dans 22 litres d'air sous pression atmosphérique. L'Univers est donc, en moyenne, 10^{28} fois plus dilué que l'atmosphère terrestre ! Amusez-vous, faites le calcul sous diverses formes. Le même résultat reviendra toujours ; la totalité de la masse de l'Univers est concentrée dans les étoiles, et n'occupe qu'une fraction minuscule, infime, microscopique de son volume : 10^{-24} est cette fraction. Tout le reste de l'Univers est « vide », absolument vide, à quelques atomes épars, à quelques particules en rapide déplacement près.

Ce contraste entre les régions denses (étoiles) de l'Univers et ses régions vides (le vide interplanétaire, le vide interstellaire, et, plus vide encore, le vide intergalactique) est le fait dominant de l'astrophysique.

Toute la physique de l'Univers repose sur la constatation élémentaire que cette étrange situation est instable, et que par conséquent l'Univers évolue, doit évoluer. Cette constatation étant faite, elle attribue un rôle essentiel à l'étude de l'influence qu'exercent les étoiles sur leur environnement, et vice versa.

Une étoile, l'étoile Soleil entre autres, est donc une région très dense de l'Univers, plongée dans une région quasiment vide. Toute son histoire est celle de la frontière entre ce plein et ce vide. Toute cette histoire est également, résumée en la physique d'un seul astre, celle de l'astrophysique dans sa totalité.

Le Soleil, matière dense, compressée par son propre poids, est à la fois une source de lumière, le centre d'un champ de gravitation, et enfin le siège d'un système de courants et de mouvements qui crée autour de lui un champ magnétique.

Le milieu dans lequel il est plongé, bien que quasiment vide, contient cependant des gaz et des poussières (dont les planètes, et la Terre) ; tout cela est manipulé par le Soleil et contribue à entretenir la machinerie solaire. L'interaction entre le Soleil et son environnement — ce qui fait que nous nous sentons un peu des « habitants du Soleil » — sera abordée dans la troisième partie de ce livre. Ce qui nous préoccupe d'abord ici, c'est la physique de la machine Soleil.

A force d'observer le Soleil, nous connaissons bien sa surface — une surface agitée, bouillonnante, splendide certes —, mais cette surface n'est en quelque sorte qu'une peau très mince. Qu'y a-t-il dessous ? Ce « diagnostic » sera notre première tâche : avant d'essayer de comprendre, il faut observer, mesurer et décrire.

La première mesure à faire est celle des dimensions du

Soleil, puis celle de sa masse ; les dimensions, nous l'avons vu, sont assez bien connues depuis l'époque hellénistique. Évaluer la masse est plus difficile. Grâce aux lois de Kepler, Newton a établi celles de la gravitation universelle ; en égalant la force centrifuge à la force exercée mutuellement par le Soleil sur la Terre, on ramène la masse du Soleil à celle de la Terre. On mesure la force de gravitation à la surface de la Terre, autrement dit le poids (voir la pomme qui tombait devant Newton rêvant), et on en déduit la masse de la Terre. Cela permet ensuite de calculer la masse du Soleil ; et l'on connaît alors sa densité, comme on connaît celle de la Terre, ainsi que nous l'avons déjà décrit de façon plus détaillée. Les résultats sont surprenants : la densité moyenne de la Terre est de 5 grammes par centimètre cube, celle du Soleil est de 1.4 g cm³ : trois fois plus petite. Or l'énorme masse du Soleil, dont le volume est un million de fois celui de la Terre, devrait au contraire provoquer une extrême compression, donc un tassement des régions centrales. Une seule explication est possible : le Soleil, même dans ses régions centrales, est un *gaz* parfait ; la source du rayonnement solaire qui s'y trouve localisée soutient en quelque sorte cette énorme masse, et la chauffe.

Les régions centrales sont très opaques ; s'il n'en était pas ainsi, nous les pénétrerions facilement ; or nous n'en voyons que la « peau » : la région de la sphère solaire que nous explorons n'a que quelques centaines de kilomètres d'épaisseur — moins d'un cent-millième de son diamètre.

Notre propos est de donner de l'objet qu'est le Soleil la meilleure description physique possible. La première idée qui vienne à l'esprit est que le Soleil rayonne depuis *très* longtemps ; la géologie mesure actuellement ce temps en milliards d'années. Cela nous autorise à penser qu'il s'agit d'un astre « *en équilibre* », stable. Notre description sera donc celle d'un modèle physique en équilibre auquel peuvent et doivent être appliquées les lois de la physique des équilibres. On tentera de les schématiser, dans toute la mesure du possible, pour en éliminer tout ce qui ne serait pas essentiel à la description des observations. Ce schéma, nous l'appellerons un « modèle », voire un « archétype ». Nous allons essayer de construire un modèle limité de la région d'où vient le rayonnement observé, l'atmosphère solaire.

Pour le spécialiste, un modèle se présente sous la forme d'un tableau de nombres. En fonction de la position dans l'étoile

— et on choisit des positions d'autant plus serrées que l'on pense mieux connaître l'objet en question —, ce tableau fournit la température, la densité, les vitesses des mouvements non thermiques, les champs magnétiques, etc. On peut déduire tout cela des mesures, en les utilisant au mieux et en les complétant par un minimum d'équations physiques liant entre eux certains paramètres. Ces nombres — des « paramètres d'état », en somme, de l'atmosphère du Soleil, puisque nous avons choisi de nous limiter d'abord aux régions de l'astre directement observables — autorisent des calculs nouveaux. Associés aux lois de la physique, et cette fois sans limitation, ils permettent de calculer avec une suffisante précision non seulement tout ce qui a été observé, mais encore ce qu'on observera dans une étape ultérieure des progrès instrumentaux. Bien entendu, la précision des nombres du modèle, leur quantité peuvent varier beaucoup d'un cas à l'autre. Une démarche fréquente va même dans le sens de leur simplification. Supposons par exemple que de l'observation solaire, on déduise un modèle précis et détaillé — températures, pressions, que sais-je encore?... —, que l'on s'aperçoive, le travail sur les équations de la physique aidant, que ces nombres dépendent d'un seul paramètre, et que le choix de ce seul paramètre, associé à des équations correctement choisies, suffit à prédire toutes les mesures effectuées. Le modèle sera alors implicitement contenu dans ce choix et dans cette physique adéquate aux mesures. Le passage de l'un à l'autre sera un simple exercice de calcul numérique.

Quoi qu'il en soit, un modèle doit toujours être considéré comme provisoire ; en effet, la masse des données augmente et les nouvelles mesures viennent contredire plus ou moins nettement les prédictions des modèles antérieurs ; de nouveaux modèles, meilleurs, sont alors nécessaires. De façon générale, nous utiliserons le mot de *modèle* (comme tout le monde d'ailleurs !) pour désigner une représentation schématique, suffisamment proche du réel et assez complète pour permettre l'extrapolation raisonnable et les confrontations fructueuses du lendemain.

Revenons maintenant au Soleil, à ses régions extérieures, à son atmosphère — et à l'évolution de notre modélisation de l'atmosphère solaire.

Les premiers « modélistes » furent bien entendu obligés d'ignorer délibérément les évidentes complexités des observations, au risque de paraître par trop réductionnistes à nos yeux d'aujourd'hui. Où est donc alors l'essentiel de la physique des observations, qui devrait donner les arguments du modèle ? La réponse à cette question n'est pas évidente ; elle dépend de celui qui y répond et de l'époque de cette réponse. La physique solaire contemporaine est issue de l'évolution permanente des réponses à cette question. Nous en définirons au moins les principes, tout en restant conscients du caractère subjectif des choix qu'impliquent ces techniques. Il est sûr que des phénomènes que nous considérons aujourd'hui comme essentiels étaient naguère jugés accessoires.

Une étoile isolée, et le Soleil entre autres étoiles, est un astre qui brille. Sa lumière blanche, bleue, rouge est bien visible à l'œil nu, même par le néophyte. Dès le milieu du siècle dernier, on classait donc les étoiles selon leur couleur. A peu près en même temps, les physiciens établissaient les lois qui régissent le spectre des corps chauffés. Plus un corps est chaud, plus il émet de lumière. Et cela à toutes les longueurs d'onde du spectre, que ce soit dans le bleu, le jaune, le rouge — voire l'infrarouge. Plus ce corps est chaud, plus est forte la proportion du rayonnement de courte longueur d'onde ; un corps tiède — un fer à repasser — n'émet que de l'infrarouge ; un fer chauffé au rouge par le forgeron est déjà rouge ; le filament d'une ampoule est jaune. On peut poursuivre et chauffer le fer « à blanc ». Il dépasse alors 2 000°. Si l'on chauffe encore, les métaux fondent, les liquides se vaporisent. Les gaz des couches extérieures du Soleil, dont la lumière est blanche, selon la définition même que Newton donne du blanc, atteignent environ 5 000°. En augmentant encore la température, on enrichira le spectre en rayons verts, bleus, violets, ultraviolets... L'idée fut donc, dès la reconnaissance des couleurs stellaires, de lui associer une classification selon la température. Un paramètre donc, la température T ; une mesure, la couleur — et voilà l'étoile classée, le classement se traduisant par un étiquetage utilisant une quantité physique.

Précisons qu'à l'époque, la relation précise entre l'intensité I du corps chaud, la longueur d'onde λ, et la température T, était encore incertaine et pas comprise. Il fallut bien des étapes pour la faire progresser ; ce fut la mesure du rayonnement des fours, aussi isothermes que possible ; ce fut ensuite l'étude des étalons des échelles de températures. Enfin, Max Planck donna à ces questions une structure ferme et solide. Sa théorie, dite du « rayonnement du corps noir », ouvrit à la physique moderne le domaine des quanta ; pour simple qu'elle soit, vous me permettrez de me limiter ici à l'énoncé de ses principes et de ses résultats essentiels :

La théorie imagine d'abord un être idéal, complètement opaque et complètement absorbant, d'où son nom de *corps noir* : en effet, un corps « blanc », « gris » ou « coloré » diffuse ou réfléchit la lumière ; mais un corps noir l'absorbe entièrement. Le corps noir théorique est l'intérieur d'une enceinte isotherme, d'un four par exemple, où l'équilibre thermique est réalisé ; il n'évoluera plus, et la température y définit entièrement la physique. Les atomes, les ions peuvent occuper, dans tout milieu, différents niveaux d'énergie. La proportion de ceux qui occupent tel ou tel niveau en définit la population. Dans un corps noir, les populations des niveaux d'énergie des atomes sont fixées uniquement par la température. Lorsqu'un atome descend d'un niveau d'énergie à un autre, il *émet* un photon ; s'il *absorbe* un photon d'énergie suffisante, il pourra au contraire passer d'un niveau d'énergie bas à un niveau plus élevé. Entre une émission et une absorption successives, un photon de lumière effectue librement un certain parcours ; la valeur moyenne de ce « libre parcours moyen » du photon dépend de la densité ; pourvu que celle-ci soit assez élevée, le libre parcours moyen reste très petit par rapport aux dimensions du four-enceinte. L'opacité y est donc assez grande pour que la théorie du corps noir puisse s'appliquer. Si la densité est assez élevée, les lois de rayonnement du corps noir en sont donc bien indépendantes ; par suite, la donnée de la densité n'a en général aucune importance. Un corps noir est, à strictement parler, *inobservable*, puisque *clos*. Mais on tient en général le raisonnement suivant : la thermométrie a besoin de points de référence bien définis, *comparables exactement* à des corps noirs ; si l'on ouvre l'enceinte, un nombre infime de photons sortira de ce réservoir *sans l'affecter* ; leur énergie, leur spectre seront mesurables et représentatifs de ceux du corps noir entrouvert ; ces quelques photons fourniront une mesure de la température à l'intérieur. Il faut à l'évidence que le trou soit petit, afin que l'extérieur ne perturbe pas l'intérieur ; c'est sur ce principe que sont construits tous les corps noirs des laboratoires de physique : toutes sortes d'écrans empêchent le faisceau échappé du milieu chauffé d'être perturbé par le milieu extérieur froid. Ces corps noirs servent d'étalons photométriques de base pour toutes les mesures de rayonnement absolu.

Il est vrai que le milieu intérieur, le réservoir d'énergie radiante, sera peu affecté par un petit trou ; en revanche, il est moins vrai que la mesure ne le sera pas : comme nous le verrons à propos des étoiles, le photon doit franchir une zone de transition encore dense, y être absorbé, émis, encore absorbé, encore émis, et cette zone de transition ne peut qu'affecter le comportement des photons qui en proviennent. Une conséquence en est l'imprécision (moins de 1 % !) des mesures du rayonnement absolu solaire — pour ne pas parler de celui des étoiles dont nous n'avons encore qu'une connaissance fragmentaire.

Quel rapport y a-t-il entre le Soleil et un corps noir de laboratoire ? L'enregistrement du spectre solaire, son identification, fût-elle grossière, aux courbes théoriques représentant le spectre du corps noir, suggèrent à première vue un accord général, et invite à une identification. Un *premier* modèle stellaire est donc construit : le modèle nº 1 du Soleil est un corps noir dont la température est de 5 800° environ ; telle est, par définition, la « température effective » du Soleil, c'est-à-dire la température du corps noir qui émet, par cm² et par seconde, la même énergie rayonnante que le Soleil.

La température effective du Soleil, dont nous venons de donner une valeur approchée, est une quantité bien déterminée mais dont la détermination et la signification ambiguë méritent quelque explication.

La première étape de cette opération consiste à mesurer le nombre de calories que reçoit par minute un centimètre carré de surface terrestre. Ce nombre est approximativement, on le sait, de 2 calories. On en déduit sans mal la quantité de rayonnement qui traverserait une sphère complète dont le rayon serait égal à la distance r du Soleil à la Terre. Cette sphère a pour surface $4 \pi r^2$, soit, si $r \cong 1.5\ 10^{13}$ cm, environ $3\ 10^{27}$ cm² ; elle reçoit donc, par minute, $6\ 10^{27}$ calories, donc, en unités cgs, $24\ 10^{34}$ ergs, et par seconde, environ $4\ 10^{33}$ ergs : telle est la valeur approximative de la *luminosité solaire* (elle est plus précisément de $\mathcal{L}_\odot = 3.826\ 10^{33}$ ergs s^{-1}).

La luminosité solaire résulte des réactions thermonucléaires qui se déroulent à de très hautes températures au centre du Soleil ; elle reflète également (c'est en cela que consiste l'ambiguïté à laquelle nous avons fait allusion) la température des couches traversées en dernier par la lumière, ou plutôt par l'énergie lumineuse issue des régions centrales du Soleil. La luminosité est bien une mesure de l'énergie totale rayonnée ; mais aucune énergie n'est effectivement produite dans les couches extérieures, observables, de l'atmosphère solaire. Ces couches ne font que recevoir de l'énergie des régions centrales et la rayonner. La surface solaire rayonne, au total, $4\ 10^{33}$ ergs (en ordre de grandeur) ; toutefois, le rayon solaire est de $7\ 10^{10}$ cm, soit bien plus petit que la distance Soleil-Terre : chaque centimètre carré de Soleil rayonne donc bien davantage que 2 calories par minute — en fait $(200)^2$ fois plus, puisque la distance Terre-Soleil est environ 200 fois plus grande que le rayon solaire. Un centimètre carré de surface solaire rayonne donc par minute $8\ 10^4$ calories, ou, par seconde, $6\ 10^{10}$ ergs environ. Or, un centimètre carré d'un corps porté à la température T rayonne dans toutes les directions, en ergs par seconde, une énergie égale à $\sigma\ T^4$: c'est la loi de Stefan, déduite de celle de Planck, où la constante σ a la valeur approximative $6\ 10^{-5}$. On tire de ce calcul que T est de l'ordre de la racine quatrième de 10^{15}, soit environ $5\,600$ K (un calcul plus précis donne $5\,800°$). Cette température caractérise les couches émettrices de cet ultime rayonnement : elle est égale à la température effective du Soleil, et puisque la loi de Stefan concerne la température d'équilibre d'un milieu chauffé, on peut dire que la température effective, qui évalue la production d'énergie de la machine thermonucléaire solaire, mesure aussi la température d'équilibre *moyenne* de son atmosphère. Ces régions ne sont *pas très éloignées* de l'équilibre : l'énergie totale de la radiation lumineuse qu'elles émettent ne diffère guère, en effet, de celle qu'elles reçoivent ; l'étude spectrographique de la distribution spectrale du rayonnement solaire le prouve : non seulement la « quantité » d'énergie rayonnée est de l'ordre de $\sigma\ T^4$, mais son spectre (sa « qualité », si l'on veut) n'est pas très différent de celui d'un corps noir de température T, où T, température effective du Soleil, est de l'ordre de $5\,800°$.

On objectera cependant avec raison que le Soleil n'est pas réellement un corps noir, au sens où nous l'avons défini : sa surface rayonne de tous ses points, et ce rayonnement, loin d'être réduit aux quelques photons nécessaires à la mesure, inonde l'espace et distribue dans l'Univers l'énergie fabriquée au centre de l'astre par les réactions thermonucléaires. Le rayonnement solaire est sans conteste un facteur d'évolution, de par la perte d'énergie qu'il représente et les transformations chimiques qui l'accompagnent au cœur même de l'astre. C'en est à la fois un facteur et un symptôme. Tout cela met le Soleil bien loin du corps noir qui ne peut, lui, évoluer! Et c'est pourquoi, si l'on peut dire que « le corps noir est un modèle pour le Soleil », on ne saurait conclure : « le Soleil est un corps noir ».

Il convient donc, à ce stade, d'établir dans quelle mesure le corps noir à 5800° est effectivement un modèle *correct* du Soleil.

Le modèle se résume en quelque sorte ici à un seul nombre, la température T, et à une physique, celle de l'équilibre, celle de la loi de Planck. Cette température suffit à prévoir le spectre observé ; mais — si elle est révélatrice des régions d'où provient son rayonnement observable, autrement dit son *atmosphère* — elle ne saurait représenter les régions internes du Soleil. Nous l'avons précisé à plusieurs reprises : dans les régions les plus profondes, les températures peuvent être considérables ; des millions de degrés sont nécessaires pour produire et entretenir les réactions nucléaires génératrices d'énergie. Or le libre parcours moyen des photons de lumière est court ; les photons issus des régions centrales sont absorbés, réémis, absorbés, réémis..., des milliers, des millions de fois avant de sortir et d'être observés par l'astronome. Aussi les photons observés caractérisent-ils la température des *derniers* milieux traversés, de l'atmosphère seule en quelque sorte, région définie par le libre parcours moyen du photon émergent ou, si l'on veut, par une « épaisseur optique » τ, de l'ordre de l'unité ; le corps noir n'est un modèle que de cette atmosphère extérieure de quelques centaines de kilomètres d'épaisseur.

C'est en principe un modèle complet, puisqu'il permet de prévoir toutes les caractéristiques du rayonnement solaire. Mais il les prédit mal : ainsi un corps noir a-t-il un spectre continu parfait, non strié de raies d'absorption ; or, on sait que le spectre du Soleil contient plus de cent mille raies spectrales, la plupart d'absorption, les raies de Fraunhofer ; on a commencé à les cataloguer dès le début du XIXe siècle, avant même que l'on ne connût la classification des étoiles selon leur couleur. D'autre part, le modèle corps noir prédit que le rayonnement du disque solaire doit être uniforme sur toute la surface apparente de l'astre, les propriétés du rayonnement théorique de corps noir étant isotropes. Là encore, cependant, on remarque que le disque solaire, observé par exemple dans le jaune, est « assombri » vers le bord.

D'où la conception d'un second type de modèle de l'atmosphère solaire, où le gradient de température dans l'atmosphère serait un *second* paramètre essentiel. Les régions opaques du spectre permettent seulement aux photons issus directement des couches les plus extérieures de l'atmosphère de sortir. Les régions transparentes du spectre permettent d'accéder à l'observation de régions plus profondes. Si bien que l'existence de raies d'absorption, situées aux longueurs d'onde où les atomes sont plus absorbants, celles qui correspondent à des transitions entre les niveaux d'énergie discrets des atomes, prouve qu'un gradient de température existe et que la température croît vers l'intérieur de l'étoile. Le fait que le bord du disque soit assombri est une autre preuve de ce que la température croît vers l'intérieur ; en effet, les photons venant du bord proviennent, par un trajet quasi tangentiel, des régions les plus extérieures de l'atmosphère solaire. Cette atmosphère où la température décroît vers l'extérieur, et d'où proviennent les photons du spectre solaire, a reçu le nom de *photosphère*.

Mais introduire un gradient de température pour prévoir l'aspect général des raies d'absorption et l'assombrissement du disque permet-il d'en prévoir *tous* les aspects, par la seule donnée des lois du corps noir et des paramètres T, température moyenne de l'atmosphère, et $\Delta T/\Delta \tau$, gradient de température ? Non, bien évidemment ! La largeur des raies dépend du nombre de collisions subies par les atomes, et donc de la densité ρ. Par ailleurs, le modèle donne seulement la loi de variation de T en fonction de la quantité τ, « profondeur optique », et non en fonction de h, profondeur géométrique dans l'atmosphère ; pour atteindre la relation complémentaire $\tau(h)$ ou $T(h)$, il faudrait connaître aussi la densité. Un paramètre de plus est donc nécessaire, sans pour autant être encore suffisant...

Le spectre grossièrement calculé faisait intervenir la seule loi du corps noir. La variation avec τ de la température T, celle de τ avec h imposent certainement au calcul du spectre d'utiliser d'autres lois physiques. Les modèles que nous avons évoqués dépendent donc d'au moins trois paramètres : la température moyenne, le gradient de température, la densité moyenne... Et, de plus, il faudra utiliser des lois physiques plus complexes !... Notre modèle nº 2 est, d'emblée, devenu beaucoup plus élaboré que le corps noir archétypal.

Le corps noir représente l'équilibre thermodynamique strict, complet, noté par abréviation « ET ». Supposons désormais un *équilibre thermodynamique* appelé ETL, qui ne serait que *local* et tolérerait une variation de température d'un point à l'autre. L'ETL est un état où, *localement*, l'émission de lumière suit la loi de Planck et la loi de Stefan ; le concept de température y a un sens local, comme pour l'ET, et commande, comme pour l'ET encore, la distribution des électrons, des atomes, des ions ou des molécules sur leurs niveaux d'énergie, selon les lois bien connues de Maxwell, Boltzmann et Guldberg-Waage... Mais l'ETL ne permet pas de calculer le gradient de température ; la loi mesurée $T(\tau)$ reflète une autre loi, celle de l'*équilibre radiatif*, « ER » en abrégé : toute l'énergie est supposée n'être véhiculée que par le rayonnement absorbé, réémis, réabsorbé, réémis, etc., jusqu'à ce que s'échappe enfin le photon observé. L'équilibre radiatif impose une variation de la température T en fonction de la profondeur optique τ_o à une longueur d'onde choisie dans le jaune, à 500 nm par exemple, si l'on suppose plus généralement que l'opacité est fonction de la longueur d'onde (cas « non gris ») ; l'opacité dépendant aussi de la densité ρ, celle-ci intervient à nouveau comme paramètre du cas non gris ; si l'on veut connaître $T(h)$, on est alors obligé de se prononcer sur la variation de la densité en fonction de l'altitude h. Une autre hypothèse physique devient nécessaire ; la plus courante, la plus naturelle peut-être aussi, est l'*équilibre hydrostatique* (EH) : elle correspond au principe d'Archimède.

Car nous avons besoin, pour calculer le spectre observé, sa variation du centre au bord du disque, et jusqu'à ses moindres caractéristiques, de connaître la variation, avec l'altitude h, de T, de la densité ρ et de l'opacité. Pour ce faire, nous avons introduit des hypothèses physiques que justifie dans une certaine mesure l'assez bonne coïncidence des prévisions qu'elles permettent avec les observations (au moins avec celles tenues pour essentielles dans les années 1950).

Ces hypothèses sont-elles encore justifiées ? Le modèle de « photosphère » qu'elles constituent est certes fort détaillé, et autorise de difficiles calculs. Mais est-ce un « bon » modèle, si l'on prend en considération les progrès récents des mesures effectuées ?

La réponse est malheureusement négative !

On sait, depuis les années 1930 et les spectres de Lyot, que la chromosphère et la couronne, observables pendant les éclipses du Soleil, sont des couches bien plus chaudes que la photosphère. La température s'y élève jusqu'à des millions de degrés. L'hypothèse d'un équilibre radiatif est donc à rejeter : elle ne peut expliquer aucune remontée de température vers l'extérieur.

On sait, depuis les observations de Janssen, que l'atmosphère du Soleil est hétérogène : granulation solaire, réseau chromosphérique, jets coronaux... On est loin des conditions plan-parallèles, à la rigueur sphériques, des géométries simplistes imposées aux solutions et aux modèles.

On sait, depuis les expéditions d'éclipse du XIXe siècle, que le milieu interplanétaire s'étend à des milliards de kilomètres du Soleil avec une densité non négligeable ; les queues de comètes, les pluies météoritiques, la lumière zodiacale, les planètes elles-mêmes en témoignent amplement. Comment justifier alors l'équilibre hydrostatique qui prévoit une décroissance exponentielle, donc ultrarapide, de la densité vers l'extérieur ?

Et l'équilibre thermodynamique local ? Ne sait-on pas depuis les travaux d'Eddington, de Schuster, de Milne ou de Schwarzschild, dans les premières années de ce siècle, que les raies spectrales ne le vérifient pas ? Que, notamment, les températures d'ionisation des métaux diffèrent sensiblement des températures électroniques réelles ? Que les atomes ne suivent la loi de Boltzmann que de très loin ? Que les profils calculés des raies n'ont que de vagues rapports avec les profils calculés en ETL ?

Et ce n'est pas tout... Car qui contesterait, si l'on doit rejeter l'équilibre radiatif, la nécessité de bien tenir compte du transport d'énergie mécanique, magnétique ou magnétohydrodynamique et de la dissipation de cette énergie pour interpréter la remontée de température observée vers l'extérieur ? Qui, par conséquent, ne comprendrait que c'est d'une théorie mécanique complète que l'on doit déduire les champs de vitesse non thermiques qui influencent le profil des raies spectrales, et dont on ne tient compte actuellement que dans le cadre de paramétrisations très empiriques ? Et qui nierait enfin que ce flux mécanique puisse déclencher un vent solaire, conforme par ailleurs à toutes les observations ?

Il ne reste donc pas grand-chose, aujourd'hui, de l'édifice idéal, construit à grand-peine par les modélistes du dernier quart de siècle. Des ouvrages de base, comme ceux de Chandrasekhar ou d'Unsöld, sont des pyramides admirables, mais inutiles : la physique en a été par force escamotée. Aujourd'hui, il faut faire mieux, élaborer une physique plus complexe qui permettra de supprimer peut-être certains paramètres choisis arbitrairement, des paramètres *ad hoc* en quelque sorte, et, pourtant, de mieux représenter les phénomènes. Mais les paramètres non déterminés par la physique resteront nombreux : de très larges fractions de cette physique nécessaire, dont les astrophysiciens n'entrevoient actuellement que quelques lignes générales, nous sont encore inconnues.

Cependant, quelques idées émergées de ce débat et de ces progrès peuvent maintenant nous guider :

Il semble tout d'abord essentiel de considérer la façon dont les progrès en question ont été accomplis : à chaque pas sont intervenus des paramètres physiques nouveaux, jusqu'alors inutiles. Ce fut d'abord la température, puis la densité, le flux de masse, les champs magnétiques — en même temps que l'observation remplissait l'espace autour du Soleil. D'un point de vue conceptuel, on peut dire également qu'entre les régions centrales de l'étoile, assez bien isolées de l'extérieur, et l'observateur, la physique évolue, géographiquement en quelque sorte, comme elle a évolué dans l'ordre de prise en considération des découvertes. Au centre du Soleil, en effet, règne l'équilibre thermodynamique local ; la seule donnée de la température *suffit* à définir les propriétés du rayonnement ; tout y est isotrope et quasiment homogène. Puis apparaissent des phénomènes subphotosphériques ; viennent ensuite la photosphère, la chromosphère, la couronne, où le chauffage par des ondes mécaniques et magnétohydrodynamiques joue un rôle : il est évident qu'il nous faut tenir compte de la gravité, puis du flux d'énergie mécanique avant même d'être capable de pouvoir définir la physique. Le milieu physique au centre de l'étoile était en somme « dégénéré ». Au fur et à mesure qu'il progresse vers l'extérieur, il perd cette dégénérescence, et chaque fois qu'apparaît la nécessité d'un nouveau paramètre d'état, c'est presque une nouvelle physique, plus complexe, plus riche, qu'il faut faire intervenir.

Le second principe est lié au précédent. Cette *zone de transition* entre la dégénérescence intégrale des intérieurs stellaires et le milieu interstellaire où tous les paramètres d'état sont nécessaires pour définir le milieu, et notamment le champ de rayonnement — cette zone est celle où, fondamentalement, se fait la *physique de l'astrophysique*. Là se déterminent les caractères observables, là aussi s'élaborent les évolutions stellaire et circumstellaire. Et ce n'est pas un paradoxe : le flux d'énergie produit au centre de l'étoile dépend certes de la température locale, mais il est fonction également de la pression locale ; aussi est-il indirectement contrôlé par le rayon de l'étoile, par sa masse, par son rayonnement, bref par le milieu au sein duquel ces régions centrales sont plongées.

Le rôle essentiel imparti à la zone de transition n'est pas particulier aux étoiles ou au Soleil. La « peau » des astres, barrière perméable aux influences, cette atmosphère étendue et multiple assure l'interaction entre l'intérieur et l'extérieur. Toute l'astrophysique est une physique des fluctuations de densité et des interactions qu'elles entraînent. La physique des galaxies, de même, dépend en grande partie de ce qui se passe à leurs frontières : on y observe aujourd'hui couramment des couronnes galactiques ultrachaudes, et des halos immenses et complexes formés de nuages de poussières et de gaz, en chute vers l'équateur ou expulsés vers les pôles. Si leur rôle comme l'une des clés de la physique galactique n'est pas encore pleinement reconnu, il ne fera sans doute que s'affirmer.

Planètes, étoiles, galaxies — et aussi amas de galaxies, voire superamas de galaxies — constituent dans l'Univers les éléments d'une vaste hiérarchie. Il est hors de doute que cette interaction universelle entre les régions denses, immenses réservoirs d'énergie, et les milieux dilués qui les entourent, constitue, à tous les échelons de cette hiérarchie, un élément fondamental de leur existence, de leur physique et, bien sûr, de leur observation. La faible proportion d'énergie transférée, matière ou rayonnement, en est cependant la partie essentielle ; le reste, l'immense réserve, n'a de réelle importance qu'au regard de la cosmologie, à l'échelle de la durée de vie des galaxies ou des amas.

Cet univers hiérarchisé peut être considéré, au moins à petite échelle, comme *stationnaire* ; ce serait cependant une grave erreur de conclure qu'il est *en équilibre* : les faits évolutifs observés n'indiquent en effet aucune tendance à l'équilibre, non plus qu'à l'homogénéisation tenue naguère comme l'issue fatale de l'Univers.

La physique hors équilibre n'est pas simple. Peut-on au moins envisager cet univers, à chaque instant, comme s'il était « presque » en équilibre et quasi stationnaire ? Peut-on, en d'autres termes, supposer qu'une succession de différents états en équilibre décriraient des conditions physiques non stationnaires peut-être à plus grande échelle ? Nous ne le croyons plus. La physique hors équilibre est à l'évidence une physique *non linéaire* : le moindre écart de tel ou tel paramètre par rapport aux conditions réalisées à l'équilibre a très souvent, sur les autres conditions physiques, un pouvoir déstabilisateur : le cas particulier de l'atmosphère solaire est à cet égard significatif ; toute perturbation s'y amplifie ; et la stabilité n'est assurée qu'au-delà d'une certaine amplitude. Ainsi des zones éruptives « se chargent-elles » en quelque sorte lentement ; la décharge est brutale et établit une nouvelle situation, à nouveau hors équilibre. Ce sont des ondes entretenues, des pulsations séculaires, des relaxations irrégulières... : rien ne s'amortit, rien ne s'égalise, rien ne s'isotropise ; le milieu n'a l'apparence vague d'un milieu stationnaire et constant que si on l'observe avec des instruments insuffisants ou limités dans leur pouvoir de résolution spatiale ou temporelle. On ne peut aborder cette physique en perturbant de façon simple les solutions des problèmes idéaux de l'équilibre. Il faut d'emblée s'attaquer aux problèmes que pose la physique hors équilibre, et s'efforcer d'y apporter des solutions réalistes. C'est là le sens pratique du caractère non linéaire de la nouvelle astrophysique.

Tout ce qui vient d'être dit mérite d'être détaillé davantage. Aussi allons-nous maintenant plonger véritablement dans l'étoile Soleil. Au cœur de l'astre, la machinerie fonctionne en quasi équilibre, presque stationnaire. C'est d'elle que nous devons partir pour mieux comprendre le fonctionnement de notre étoile, depuis les régions où la température seule détermine les conditions physiques jusqu'à l'extérieur où l'interaction compliquée de l'étoile avec son environnement hyperdilué conditionne le déroulement des processus physiques.

II

L'usine thermonucléaire au centre du Soleil

Où l'auteur, soucieux de montrer qu'il sait des quantités de choses, même en physique, explique dans tous ses détails, jusqu'aux moins utiles, le mécanisme de la bombe thermonucléaire localisée au centre du Soleil et qui nous distribue l'énergie (bienfaisante !) depuis des milliards d'années, ce qui ne l'empêche pas (l'auteur) de se méfier de ceux qui, sur Terre, manipulent des engins (malfaisants) fondés sur le même principe (problème grave que, fidèle au principe de neutralité de la science, l'auteur s'interdit cependant d'évoquer dans ledit chapitre).

On ne peut envoyer de sonde spatiale au cœur du Soleil ; on ne peut l'observer directement : les photons qui en proviennent, absorbés, réémis, absorbés des milliards et des millards de fois avant de quitter le Soleil, mettent des millions d'années à atteindre l'observateur sur Terre.

De fait, nous ne disposons pour connaître l'intérieur du Soleil que de peu d'éléments ; la mesure de quelques quantités : sa masse, de l'ordre de $2\ 10^{33}$ g, son rayon, $7\ 10^{10}$ cm, sa luminosité, $4\ 10^{33}$ ergs s^{-1} — dont la valeur détermine dans une large mesure les conditions physiques au centre du Soleil ; nous connaissons en outre, depuis peu, le flux de neutrinos solaires d'énergie suffisante pour transformer le Cl^{37} en A^{37} (voir p. 79). Nous disposons enfin de la théorie...

La théorie des sphères gazeuses en équilibre ne date pas d'hier. Au siècle dernier, Kelvin, Homer Lane, Ritter et surtout Emden ont fait progresser considérablement la solution mathématique des équations physiques qui commandent ce problème. Ils durent considérablement simplifier ces équations pour les résoudre.

On a vu que dans l'atmosphère solaire, et plus précisément dans sa photosphère, la température est de l'ordre de $5\,800°$ et qu'elle croît vers l'intérieur. Dans ces conditions thermiques, et en raison des pressions qui s'établissent inévitablement dans les régions profondes de la photosphère, la matière est gazeuse. On peut montrer de proche en proche qu'elle est gazeuse jusqu'aux régions les plus profondes : supposons que l'équilibre hydrostatique soit (approximativement) réalisé — comme dans les profondeurs de l'océan par exemple, où la pression augmente à mesure que l'on s'enfonce ; or, dans un gaz, si la pression augmente, la température augmente également, la pression étant proportionnelle au produit de la température par la densité.

Au sein de la sphère gazeuse, la pression s'accroît en fonction de la distribution, inconnue, de la matière ; selon que cette distribution est plus ou moins étalée, elle augmente plus ou moins vite. On peut *démontrer* sans mal, à l'aide d'équations élémentaires, que la pression centrale est au moins égale à $G\mathcal{M}_\odot{}^2/8\pi\,\mathcal{R}_\odot{}^4$, quantité qui ne fait intervenir que des données connues, calculable donc, et égale à $4{,}4\,10^{14}$ dynes cm^{-2} (ou, si l'on préfère, à $4{,}5\,10^8$ atmosphères).

On peut également *démontrer* que la température moyenne est supérieure à $\dfrac{1}{6}\,\mu m_p\,G\,\mathcal{M}_\odot/\mathcal{R}_\odot$ (où μ est le poids molaire moyen et m_p la masse du proton), soit environ 4 millions de degrés kelvin. Ce qui veut dire que la moitié de la masse solaire est portée à une température supérieure à $\overline{T} \sim 4$ millions de kelvins.

Déjà se précisent les conditions physiques qu'implique nécessairement l'équilibre de la masse stellaire ; c'est un gaz dont la température se chiffre en millions de degrés dans une importante portion de l'étoile ; la pression y est considérable, chiffrée en millions, voire en milliards d'atmosphères dans les régions centrales. Si l'on supposait la densité constante (étoile homogène), on aboutirait à des nombres très précis, mais évidemment erronés en raison de l'approximation faite.

A-t-on affaire, dans de telles conditions de pression et de température, à un gaz « parfait » ? La réponse est simple et appartient bien entendu à la physique. Aussi nous permettrons-nous une digression.

La matière peut se présenter sous plusieurs formes : liquide, solide, gazeuse. Son état est défini, en pratique, par la température et la pression. Au-dessus d'une certaine température et d'une certaine pression d'équilibre (point critique), la matière ne peut exister que sous sa forme gazeuse. Les pressions et températures solaires sont très au-delà du point critique de tous les éléments, atomes, radicaux ou molécules possibles ; l'état liquide et l'état solide sont donc exclus. Si le gaz est « parfait » (ainsi les gaz monoatomiques au laboratoire), la pression y est proportionnelle à la température et à la densité, la constante de proportionnalité dépendant de la « masse molaire moyenne » du gaz (voir appendice E, p. 359). Cette relation de proportionnalité est l' « équation d'état » qu'il faut compléter d'un terme correctif si le rayonnement est assez intense pour que la pression qu'il exerce soit notable par rapport à la pression purement gazeuse.

Mais si la densité, et donc la pression, sont extrêmement élevées (et cela pourrait a priori être le cas au sein du Soleil), des phénomènes nouveaux apparaissent : il s'agit en quelque sorte d'un nouveau changement d'état, appelé « dégénérescence quantique de la matière ». Que se passe-t-il alors ?

Aux températures dont il est question — millions, milliards de degrés —, la matière, de toute façon, est ionisée ; la matière solaire est essentiellement (à 90 %) composée d'atomes d'hydrogène : ionisée, elle est dont constituée entièrement d'électrons et de protons.

Si la densité est élevée, les électrons et les protons sont tassés. Dans un élément de volume et dans un intervalle défini de moment $\mathbf{p} = m\mathbf{v}$ — ce qui définit un élément de ce qu'on nomme l' « espace des phases », $dp_x dp_y dp_z dx dy dz$ —, la densité d'électrons est ρ_e, et leur nombre $dn_e = \rho_e dp_x dp_y dp_z dx dy dz$. Or le « principe d'exclusion » de Pauli (largement démontré par l'étude des spectres atomiques) indique qu'à l'intérieur d'une cellule de volume h^3 (h étant la constante de Planck) de l'espace des phases, il ne peut exister plus de *deux* électrons (différents l'un de l'autre par l'orientation de leur spin). Cela impose à la densité une limite supérieure qui dépend de T ; elle est de l'ordre de 10^2 g cm^{-3} au centre du Soleil, valeur au-dessus de laquelle le gaz est dégénéré. Cette limite de dégénérescence quantique, notons-le, est encore assez basse. Elle ne correspond pas au « tassement » des particules qui se produit quand les noyaux, les protons sont, si l'on peut dire, en « contact » les uns avec les autres : ce tassement nucléaire correspond à une densité de l'ordre de 10^{12} g cm^{-3}. Au-dessus de la limite de dégénérescence quantique, la pression ne dépend plus *que* de la densité ; elle est proportionnelle à $\rho^{5/3}$ si ρ est encore petit ; si ρ dépasse 10^6 g cm^{-3}, elle est proportionnelle à $\rho^{4/3}$.

On peut cependant montrer que la température et la pression dans les régions centrales du Soleil sont telles que le gaz n'y est jamais dégénéré. En réalité, ce genre de démonstration se fait a posteriori ; on applique d'abord les lois des gaz parfaits ; on reconstruit, à l'aide des équations physiques d'équilibre, la distribution des pressions, des températures et des densités dans le Soleil ; enfin, on vérifie que l'hypothèse initiale (le gaz est un gaz parfait) est valide et que l'équation d'état des gaz parfaits peut s'y appliquer.

Ces discussions presque qualitatives ne sont pas vaines : il suffit, pour s'en convaincre, d'évoquer tous les modèles solaires nés de l'imagination des astronomes. Au XVIIe siècle, alors qu'on ignorait les lois gouvernant l'intensité et la distribution spectrale du rayonnement, on avait imaginé une atmosphère de vapeurs surmontant un corps solide : des trous dans la couverture nuageuse — les taches solaires — laissaient apercevoir le sol obscur. On crut aussi que les taches étaient des montagnes perçant les mêmes nuages... La simplicité des gaz parfaits ne s'imposa aux astrophysiciens qu'à la fin du XIXe siècle.

Mais allons plus avant et essayons de construire un véritable modèle des régions centrales du Soleil.

Un premier point est acquis : c'est un gaz très chaud, à des pressions très élevées, à des densités modérées.

Mais un premier problème se pose : le flux de rayonnement produit par le Soleil et distribué dans l'espace est véritablement considérable. Or il a dû se maintenir depuis des millions, des milliards d'années : comment expliquer autrement les découvertes de la géologie ? La Terre est âgée de 4,5 milliards d'années... On a longtemps tenté en vain de comprendre le mécanisme de ce rayonnement. Les essais infructueux furent nombreux. Ainsi pensa-t-on d'abord à des réactions chimiques, par exemple la flottaison sur de l'eau d'îlots de sodium, ou la combustion de carbone. Mais étudions cette dernière réaction plus en détail : si l'on brûle un atome-gramme — soit 12 g — de carbone (réaction C + 2 O $\rightarrow$ CO$_2$) il se dégage une énergie (bien mesurée au laboratoire) de 2,5 kcal par mole formée, soit de 2,5 10^3 × 4 $10^7 \simeq 10^{11}$ ergs pour 12 g. Cela représente, à l'échelle du Soleil total, une réserve d'énergie de 2.10^{43} ergs ; c'est ce que le Soleil rayonne en $5\ 10^9$ secondes, c'est-à-dire en 160 ans environ ! C'est bien peu ! L'énergie chimique ne convient donc pas : en effet, la combustion du carbone (qui nous sert à nous chauffer) est le type même des réactions chimiques exothermiques ; il en est de plus exothermiques (chimie des explosifs) mais il faudrait gagner au moins 7 ordres de grandeur ; et cela, aucune réaction chimique ne permettra d'y arriver.

Helmholtz avança en 1854 une autre hypothèse : l'énergie libérée par la contraction du Soleil suffirait. Mais quelle est cette énergie ? Supposons qu'un gramme de matière attiré par la masse solaire tombe sur lui — d'une distance r. L'énergie libérée est égale à son énergie potentielle dans le champ solaire, $G\,\mathcal{M}_\odot/r$, qui, au terme de la chute, est tout à fait annihilée, transformée en énergie thermique, puis en rayonnement. Quand le gramme de matière passe de la distance $r + dr$ à la distance r, l'énergie libérée est $dE = \dfrac{G\,\mathcal{M}_\odot}{r^2}\,dr$, et au total, si le gramme de matière tombe de très loin — de l' « infini » à une distance R du centre solaire :

$$E \;=\; G\,\mathcal{M}_\odot \int_R^\infty \frac{dr}{r^2} \;=\; G\,\mathcal{M}_\odot \,\frac{1}{R}$$

Pour une masse égale à celle du Soleil et tombant à une distance du centre égale à $\mathcal{R}_\odot/2$, l'énergie libérée serait alors de $2\,G\,\mathcal{M}_\odot^2/\mathcal{R}_\odot$, soit environ $4\ 10^{48}$ ergs. L'idée d'Helmholtz l'emporte sur l'hypothèse chimique, d'un facteur de l'ordre de 2.10^5 ! Elle suggère en effet que, en rayonnant une telle énergie, le Soleil pourrait durer pendant $3\ 10^7$ ans. Hélas ! C'est encore trop peu, puisque le Soleil est âgé d'environ 5 milliards d'années. L'énergie gravitationnelle est donc insuffisante pour expliquer le débit de l'énergie fabriquée par le Soleil — sa formidable luminosité.

La bonne solution fut trouvée grâce aux travaux d'Einstein et de Jean Perrin.

Einstein établit en 1917 une « équivalence » entre masse et énergie, la fameuse équation : $E = mc^2$. Si l'on annihilait toute la matière solaire, l'énergie produite serait alors de $\mathcal{M}_\odot\,c^2 = 2\ 10^{33} \times 10^{21}$ ergs $= 10^{54}$ ergs ; nous gagnons cette fois un facteur de presque un million ; au taux de $4\,10^{33}$ ergs par seconde, l'annihilation du Soleil durerait $2{,}5\ 10^{20}$ secondes, soit un peu plus de

10^{13} ans — dix mille milliards d'années ; c'est amplement assez pour expliquer la durée des ères géologiques.

Toutefois, le rendement de la transmutation de matière en énergie n'est en général pas aussi bon : il y a transmutation de certains noyaux en d'autres, mais la matière n'est pas complètement annihilée. Il convient donc d'en décrire le mécanisme détaillé. C'est Jean Perrin (1919) qui, le premier, esquissa la description de ce mécanisme. Il remarque que quatre noyaux d'hydrogène peuvent se « fondre » en un seul noyau d'hélium : cette transformation s'accompagne d'une perte de masse. En effet, on a $m_H = 1,008$ *amu*, $m_{He} = 4,0026$ *amu*, et donc : $(4m_H - m_{He})/4m_H = 0.007$ (une unité *amu* est l'*atomic mass unit* — un gramme divisé par le nombre d'Avogadro). Si bien que l'énergie disponible reste encore suffisante pour que la fusion dure 10^{11} ans à condition que tout l'hydrogène solaire se transforme. Comme cette transformation ne peut avoir lieu que dans des régions de température suffisamment élevée, une fraction seulement de l'hydrogène solaire sera affectée par la fusion, mais cela suffit.

On peut résumer assez simplement ce qui précède sous une forme légèrement différente. Le Soleil est suffisamment chaud pour que l'on puisse éliminer le rôle des réactions chimiques qui impliquent des molécules ne pouvant exister à des températures supérieures à 5 000°. L'énergie peut donc exister essentiellement sous trois formes : l'énergie associée à la masse : c'est l'énergie de transmutation, ou encore l'énergie nucléaire $-E_N$; l'énergie liée à la température : c'est essentiellement l'énergie mécanique d'agitation des atomes, ions, électrons $-E_T$; et enfin l'énergie gravitationnelle $-E_G-$, la masse solaire étant dans son ensemble attirée vers le centre de la configuration. Trois équations les décrivent respectivement :

L'énergie gravitationnelle, c'est

$$\int_0^{\mathcal{R}_\odot} \left(\frac{G\mathcal{M}(r)}{r}\right) \rho \, 4\,\pi\, r^2 dr = \left\langle \frac{G\mathcal{M}(r)}{r} \right\rangle \mathcal{M}_\odot$$

où les signes $<$ et $>$ indiquent la valeur moyenne de la quantité qui se trouve entre ces deux signes, et où $m(r)$ est la masse de gaz solaire plus centrale que le point considéré, qui est à la distance r du centre solaire. Ce nombre est de l'ordre de grandeur de $\frac{1}{2} G \, \mathcal{M}_\odot^2/\mathcal{R}_\odot$, soit $E_G \simeq 2.10^{48}$ ergs.

L'énergie thermique est de

$$\int_0^{\mathcal{R}_\odot} \left(\frac{3}{2}\frac{k}{m_{\mathrm{p}}}\,T\right)\rho\,4\,\pi\,r^2 dr = \frac{3\,k}{2\,m_{\mathrm{p}}} < T > \mathcal{M}_\odot$$

où m_{p} est la masse du proton. Ce nombre est de l'ordre de grandeur de $E_T \simeq 10^{48}$ ergs.

On notera que ces deux quantités sont du même ordre de grandeur : cela correspond très précisément à la distribution l'énergie entre l'énergie cinétique et l'énergie potentielle ; cette « équipartition de l'énergie » est exprimée par le « théorème du viriel », bien connu des spécialistes de la mécanique rationnelle : il ne s'agit donc pas d'un hasard ; la relation théorique est $2E_T = E_G$; le calcul ci-dessus est trop grossier pour que nous puissions espérer a priori autre chose qu'un accord entre les ordres de grandeur, et c'est un peu par chance que cet accord est excellent !

L'énergie nucléaire $E_N = \mathcal{M}_\odot c^2$ est, elle, de l'ordre de 10^{54} ergs — très supérieure à l'énergie gravitationnelle ou thermique.

Le rapport $E/\mathcal{L}_\odot$ donne la durée de vie maximale que permet l'énergie stockée. On a $E_T/\mathcal{L}_\odot \simeq 3\ 10^7$ ans ; et $E_N/\mathcal{L}_\odot \simeq 10^{13}$ ans, comme nous l'avons déjà noté.

Trouver l'origine de l'énergie totale dispensée par le Soleil pendant toute son existence est une chose. Mais ce n'est pas encore suffisant ; encore faut-il que la libération d'énergie ne soit ni catastrophique, explosive, ni trop lente, trop faible pour donner au Soleil son éclat réel, et, par suite, que le taux de production d'énergie associé à un tel mécanisme soit raisonnablement régulier. Il faut donc entrer plus en détail dans les mécanismes de transmutation d'hydrogène en hélium. Divers chercheurs, dans les années 1930-1940, et notamment von Weiczäcker et Bethe, ont travaillé à résoudre ce problème et proposé diverses solutions. Toutes font appel à des séries de réactions nucléaires, de collisions de divers noyaux entre eux. Au total, 4 noyaux d'hydrogène (4 protons) se combinent en 1 noyau d'hélium (appelé aussi « particule alpha ») : la libération d'énergie sous forme de rayonnement gamma correspond à la fraction 0,007 de la masse d'hydrogène combinée ; pour que ces réactions se déroulent, d'autres noyaux doivent jouer le rôle de catalyseurs ; d'autres particules interviennent également, libérées alors comme le sont les photons du rayonnement gamma : les neutrinos.

La probabilité de chacune des collisions de la « chaîne de réactions » qui doit se produire est une fonction de la température : le taux de libéraion d'énergie en dépend donc aussi, et ce, de façon très sensible. On peut alors penser que s'il existe plusieurs « chaînes » de cette sorte, les premières s'amorceront à des températures assez basses.

Pour savoir ce qui se passe au cœur du Soleil, nous devons nous livrer à un inventaire des solutions possibles, des « chaînes thermonucléaires » possibles. Nous déterminerons ensuite, dans chaque cas, les conditions auxquelles telle ou telle chaîne l'emportera. Nous nous interrogerons enfin sur les conditions exactes régnant dans les régions centrales du Soleil.

La chaîne la plus connue est le cycle CNO, proposé par Bethe, qui utilise le carbone C^{12} comme catalyseur, régénéré au cours du cycle. Au cours de la chaîne (appendice D), plusieurs isotopes de l'azote, N^{13}, N^{14}, N^{15}, ou l'isotope O^{15} de l'oxygène sont successivement fabriqués et détruits. Au cours du cycle, 25,02 MeV sont produits pour un noyau He^4 formé. Des photons (γ), des positrons (e^+), des neutrinos (ν) sont également produits. Ces neutrinos véhiculent une énergie de 1,71 MeV. Le reste de l'énergie est transporté par les positrons qui s'annihilent par collision avec des électrons en produisant des photons ; les photons formés contribuent peu à ce transport. Les neutrinos ainsi fabriqués sortent de l'étoile. Les photons issus de ces réactions contribuent à maintenir la température élevée des régions centrales. L'efficacité du cycle CNO (commandée par la rapidité des réactions) est très sensible à la température (proportionnelle à T^n, où n est de l'ordre de 15 à 20).

Le second type de chaîne thermonucléaire étudié est celui dit « proton-proton » (chaînes PP). Aucun catalyseur n'est nécessaire ; la chaîne P_1 produit des positrons, des neutrinos, des photons. L'énergie libérée, par noyau He^4 formé, est de 26,20 MeV ; les deux neutrinos entraînent de plus 0,53 MeV.

La chaîne PP a des variantes, qui peuvent être plus efficaces s'il existe au préalable une quantité notable d'hélium He^4. La chaîne P_2 utilise l'hélium 4 comme catalyseur, et libère 25,67 MeV (par noyau He^4 formé) sous forme de photons, de neutrinos, de positrons ; les deux neutrinos entraînent 1,05 MeV. On notera qu'un électron intervient dans la réaction et n'est pas restitué au milieu.

La chaîne P_3 n'utilise pas d'électron ; elle fabrique 2 positrons au lieu d'un, et fabrique 19,2 MeV, plus 7,5 MeV entraînés par les deux neutrinos produits.

On notera que dans toutes les chaînes thermonucléaires décrites ci-dessus, d'autres noyaux, plus lourds que l'hélium He^4, sont formés ; ainsi N^{13}, N^{14}, N^{15}, O^{15} dans le cycle CNO, ou He^3, Be^7, Li^7 (P_2) ou encore B^8 et Be^8 (P_3) ; mais ils sont détruits presque aussitôt.

Les réactions des chaînes PP sont beaucoup moins sensibles à la température ($\simeq T^4$) que celle des chaînes CNO et s'amorcent à des températures plus faibles (8 à 10 millions de degrés). Les réactions du cycle CNO l'emportent au-dessus de 15 millions de degrés.

A des températures plus élevées, d'autres réactions s'amorcent : vers 300 millions de degrés, c'est la fusion (ou flash) de l'hélium, puis, vers un milliard de degrés, celle du carbone, etc. Ces réactions ne nous intéressent que pour prévoir l'avenir, de toute évidence catastrophique, mais heureusement très lointain, de notre étoile Soleil.

Ces réactions expliquent bien le débit d'énergie du Soleil, dominé par les réactions PP.

Mais l'énoncé de ce fait ne suffit pas à savoir expliciter tout ce qui se passe. Le Soleil, en effet, s'est formé dans un milieu préexistant qui contenait certainement déjà une importante portion d'hélium. Les réactions P_2 et P_3 n'ont donc pas une probabilité négligeable.

Qu'a-t-il pu se passer ?

Imaginons une masse gazeuse diluée assez froide, où la distribution de matière fluctue d'un point à l'autre, d'un moment à l'autre ; sa composition est d'environ 90 % d'hydrogène pour 10 % d'hélium (en proportions du nombre d'atomes) ; or voici qu'une condensation plus importante se forme et se détache du reste ; les théoriciens travaillent d'ailleurs encore à préciser la physique de cette succession de condensations et de fragmentations. Le Soleil est déjà presque formé. Cette masse condensée est encore transparente ; elle s'effondre très rapidement sous l'effet de son propre poids. Au centre de la masse gazeuse, la densité augmente vite ; les nombreuses collisions transforment en température l'énergie cinétique de l'effondrement, elle-même empruntée à l'énergie potentielle du nuage initial ; le processus d'Helmholtz est à l'œuvre. Donc la température s'élève au cœur de cette masse. Un rayonnement s'établit, en équilibre avec la matière portée à cette température ; il est donc de plus en plus intense et peut sortir de l'étoile : l'étoile rayonne. Mais, en même temps que la densité s'accroît, et, avec elle, la température, l'opacité du milieu devient de plus en plus grande ; au bout de peu de temps (quelques centaines de milliers d'années au plus), l'énergie ne peut plus s'échapper sous forme de rayonnement. La boîte s'est fermée et l'énergie produite ne sert plus, pour l'essentiel, qu'à accroître plus rapidement encore la température à l'intérieur du piège à lumière qu'est devenue l'étoile. La température augmente suffisamment pour que « s'allument » en quelque sorte les réactions thermonucléaires de la chaîne PP. Très brutalement alors, la quantité de rayonnement (proportionnelle à T^4) s'accroît et se propage lentement mais sûrement vers l'extérieur ; l'étoile atteint l'équilibre, elle devient un thermostat ; en effet, le rayonnement produit par les réactions thermonucléaires soutient la masse stellaire qui ne s'effondre plus. Si la température croît, le rayonnement augmente et s'échappe ; si elle s'élève plus encore, le débit d'énergie s'accélère, le rayonnement s'échappe et tend à limiter l'augmentation de température. C'est seulement quand l'hydrogène sera épuisé ou presque, dans les régions centrales, que d'autres réactions, quasiment explosives, interviendront, susceptibles de déplacer très vite l'équilibre vers la phase d'étoile supergéante rouge. L'équilibre atteint ne durera d'ailleurs pas longtemps : une supergéante rayonne beaucoup. Après le « flash » de l'hélium viendra celui du carbone, puis de l'oxygène. On aboutira vite à l'épuisement des possibilités du carburant thermonucléaire et à l'effondrement de l'étoile. Le Soleil sera alors devenu une naine blanche, petit astre minuscule, hyperdense et ne rayonnant plus que très peu d'énergie par sa surface réduite à presque rien.

Il n'est pas encore temps de s'inquiéter : le thermostat solaire fonctionnera encore longtemps. La machine, en marche régulière depuis 5 milliards d'années environ, a encore assez de carburant-hydrogène pour fonctionner sans à-coups pendant encore quelques milliards d'années. Après... nous verrons bien ! Ce ne sera pas le déluge, mais la disparition de toute vie sur Terre, au moins sous la forme que nous connaissons.

Retenons un point : le thermostat du centre solaire produit des neutrinos que nous pouvons observer, moyennant il est vrai bien des difficultés. Ces neutrinos sont le seul indice *direct* des réactions thermonucléaires qui s'y déroulent. Nous verrons comment la structure détaillée (température, pression...) de ces régions centrales peut se déduire de la physique, et comment l'observation des neutrinos aide à préciser ce que nous savons de cette structure.

III

L'intérieur du Soleil

Où, entre la bombe thermonucléaire et la photosphère dont s'échappe la lumière après un long et pénible périple, les équations résolvent tout, et où l'on voit que la sensibilité des solutions aux conditions imposées par l'astronome fait de ce genre de travaux (dont on ne soulignera jamais assez la beauté sévère — belle certes, mais ô combien sévère !) une mine d'informations sur la physique de toutes les autres étoiles, voire sur tout l'Univers avec un grand U.

Étant entendu que les réactions thermonucléaires à l'œuvre sont celles des chaînes PP, nous possédons déjà une information fondamentale : le taux de production d'énergie dans les régions centrales du Soleil, en fonction de la température et de la densité. Si T augmente, l'énergie produite, qui entretient cette température, augmente également. Nous avons vu que le rôle de l'opacité de la matière consiste à empêcher l'énergie de s'échapper. La connaissance des propriétés des atomes, des électrons et des noyaux permet de calculer avec précision l'opacité d'un milieu de composition chimique donnée, en fonction de la température et de la densité. Si T augmente, l'opacité diminue.

C'est le jeu combiné de l'opacité et de la production d'énergie qui détermine l'équilibre du Soleil : si T augmentait, l'opacité tendrait à diminuer, l'énergie produite pourrait s'échapper plus facilement, et la température centrale tendrait à n'être plus entretenue : l'énergie baisserait, et l'opacité augmentant alors, la température tendrait donc à se stabiliser.

Toutefois, pour arriver à décrire en détail cet équilibre, il est nécessaire de considérer ces données — taux de production d'énergie, opacité — comme les conditions aux limites que nous devons introduire dans la solution des équations physiques décrivant les équilibres physiques. Ces équations, déjà évoquées, sont essentiellement au nombre de deux : l'une exprime l'équilibre hydrostatique (EH), l'autre exprime l'équilibre radiatif (ER). Nous considérons en effet que, même si des mouvements convectifs existent (et tel est bien le cas), c'est la façon dont est véhiculée l'énergie du centre vers l'extérieur qui est déterminante : en l'occurrence, c'est le rayonnement qui contribue principalement à ce transport.

Une image très simple permet de comprendre le jeu de ces différents facteurs. Considérons l'agglomération parisienne avec ses quelque cinq millions d'habitants. Il fait chaud, en ce beau jour du 15 août ; et une énergie se développe : celle qui anime les vacanciers soucieux de se précipiter dans quelque océan lointain ; plus il fait chaud, plus ils ont envie de partir ; mais plus nombreux ils partent, moins ce départ est facile : bouchon à la porte de Versailles, bouchon sur l'A 6, bouchon sur la RN 10, bouchon sur l'A 1. L'étroitesse des voies en mesure l' « opacité ». Bison futé intervient et refroidit un peu l'enthousiasme des partants : aussitôt les bouchons disparaissent et le flux se régularise, l'équilibre radiatif est atteint ; toutes les voitures qui arrivent à la porte d'Orléans quittent la porte d'Orléans, plus de blocage. Bien sûr, certains s'en vont par avion ou par train, mais les places restent limitées : c'est l'énergie convective, qui reste à un taux quasi constant et qui ne contribue que peu à l'équilibre de la métropole qui part en vacances. En deux jours (et non dix milliards d'années !), l'étoile Paris a liquidé son réservoir d'énergie. Est-ce en souvenir de cette métaphore estivale que Paris est centré autour de la place... de l'Étoile ?

Mais notre problème est de résoudre des équations afin de calculer la situation d'équilibre qu'elles représentent. La plus simple est celle de l'équilibre hydrostatique, — inventée par Archimède ! Valable dans un fluide incompressible comme l'eau, elle l'est également dans n'importe quel milieu compressible, comme le gaz dont est constituée l'étoile Soleil. Si l'on imagine un petit volume au sein de ce milieu gazeux, ce petit cylindre est en équilibre si les forces de pression qui s'exercent sur lui de l'extérieur équilibrent exactement son poids ; comme le seul paramètre important est la profondeur, on conçoit que cette équation lie la variation de pression avec la profondeur (c'est-à-dire le « gradient » de pression avec la densité locale et l'accélération de la pesanteur, laquelle est proportionnelle à la masse de la matière solaire située au-dessous du point considéré, et à l'inverse du carré de la distance de ce point au centre du Soleil).

Mais l'équilibre hydrostatique est-il vraiment réalisé ? Supposons que ce ne soit pas le cas : la matière subirait alors une accélération vers le bas ou vers le haut, selon que ce sont les forces de la pesanteur ou celles de la pression qui l'emportent. On peut montrer qu'une telle accélération bouleverserait la sphère solaire en un temps très court : si un certain déséquilibre existe, il ne peut être que local, et compensé statistiquement par des déséquilibres de sens opposé. C'est un tel calcul qui permet de montrer que les mouvements convectifs ne contribuent pas sensiblement à véhiculer l'énergie vers l'extérieur.

L'autre équation nécessaire est celle de l'équilibre radiatif. Dans les régions centrales, l'énergie est produite. Mais dans des régions moins proches du centre, la température ne suffit pas à produire de l'énergie, même en faible quantité. Alors tout volume de gaz solaire reçoit, depuis les régions qu'il entoure, du rayonnement — qui, normalement, chauffe la matière qu'il contient ; mais celle-ci rayonne aussi dans toutes les directions, et, normalement, ce rayonnement tend à la refroidir : un équilibre s'établit. Si l'on considère une couche mince à distance r du centre du Soleil, elle reçoit surtout de l'énergie de l'intérieur et la rayonne dans toutes les directions. Comme on suppose qu'il y a équilibre, la température de cette couche doit rester constante ; par suite, aucune énergie n'y est ni produite ni absorbée. Il suffit, pour l'exprimer, d'écrire l'équation qui dit que la quantité de rayonnement absorbée par la couche en question, et proportionnelle à l'opacité du milieu et à l'épaisseur de la couche, équilibre *exactement* la quantité de rayonnement émise par la même couche et qui dépend principalement de sa température ; cette équation lie le gradient de l'intensité lumineuse aux conditions physiques — opacité, température — de la couche. De telles équations sont difficiles à résoudre, car la température et l'opacité du milieu varient d'une couche à l'autre. Nous allons y revenir.

En regardant très naïvement le problème posé, on s'aperçoit

que l'énergie qui traverse la surface solaire (couche de rayon $r = \mathcal{R}_\odot$) est la même que celle qui traverse la couche de rayon r quelconque. On peut dire très grossièrement que

$$\mathcal{L}_\odot = (4\,\pi\,\mathcal{R}_\odot{}^2)\,\sigma\,T_{eff}{}^4 = (4\,\pi\,r^2)\,\sigma\,T(r)^4$$

en appliquant la loi de Stefan et en négligeant la contribution des couches extérieures à la couche de rayon r. Comme le rayonnement de ces couches doit contribuer à maintenir une température plus élevée que celle qui se déduit de l'équation ci-dessus, on voit que $T(r)$ est supérieur (mais peut-être pas de beaucoup ?) à $T_{eff}\sqrt{\mathcal{R}_\odot/r}$. La température de 5 800° étant alors la température effective, on atteint *au moins*, à $r = 1/2\ \mathcal{R}_\odot$, la température de 8 200°. Pour atteindre 4 millions de degrés — la température « moyenne » que nous avons estimée —, il faut que $\mathcal{R}_\odot/r$ soit égal à 500 000 environ ; cela suppose que l'on soit très près du centre. Cette idée a conduit certains théoriciens à construire des modèles du Soleil en supposant la source d'énergie *quasi ponctuelle*. En fait, la température est bien plus élevée que ne l'indique ce calcul : les régions extérieures jouent un rôle notable pour chauffer en retour les régions internes ; et les régions centrales, où la température est assez élevée pour entretenir les réactions thermonucléaires, sont de ce fait très étendues.

Revenons au problème réel : la solution rigoureuse des équations. En admettant comme localement valable la loi de Stefan, l'équation obtenue reste assez simple ; et l'on peut envisager la solution combinée des deux équations différentielles de l'ER et de l'EH, complétées par la donnée de la production d'énergie et par celle de l'opacité. La distribution des températures et des densités en fonction de la distance au centre du Soleil résulte de cette solution. C'est un « modèle », un « archétype » du Soleil.

Un problème se pose toutefois.

Nous avons admis presque comme une évidence que l'énergie ne pouvait guère être véhiculée par des mouvements de convection. Certes, mais des mouvements ici de haut en bas, là de bas en haut, se compensant réciproquement, ne peuvent-ils se produire ? Quel serait en ce cas leur effet sur la distribution des températures, des densités, etc. ? Enfin, ces mouvements de convection auraient-ils quelque effet observable ?

Nous avons supposé l'équilibre radiatif réalisé, fixant ainsi, par la solution des équations d'équilibre, le façon dont la température, la densité, la pression varient à mesure que l'on se déplace du centre vers l'extérieur de l'étoile. Ce calcul effectué, on peut rechercher de la façon suivante si des mouvements convectifs sont possibles : imaginons un petit volume de gaz que nous isolons, par la pensée, du gaz ambiant ; déplaçons ce volume vers le haut par exemple, d'une position 1 à une position 2. La pression s'exerçant sur ce volume (et donc dans ce volume) va décroître. La détente du gaz étant supposée « adiabatique », la décroissance de la pression entraîne une décroissance de la densité et de la température selon les lois de la « détente adiabatique », c'est-à-dire, en pratique, que $(\rho)_{int} = (p)_{int}^{3/5}$ si le gaz est ionisé. Or, à l'extérieur de la bulle imaginaire, la densité varie, dans le « modèle » calculé, de façon bien déterminée. Si $(\rho)_{ext} < (\rho)_{int}$, la « bulle » imaginaire, plongée dans un milieu moins dense qu'elle-même (n'oublions pas que $\rho_{int} = \rho_{ext}$, au « début » de notre expérience imaginaire), va retomber sous l'effet de son poids : le « modèle » est alors stable. Il peut arriver cependant, en une autre région du modèle ou dans une autre étoile, que l'on ait au contraire : $(\rho)_{ext} > (\rho)_{int}$: alors la bulle continuera à monter, plus légère que le milieu qui l'entoure ; par suite, une convection va se produire. Il est naturel de penser qu'elle va affecter la totalité du gaz — et que des fluctuations locales de densité entraîneront des mouvements vers le haut et vers le bas, dans toutes les régions où le sens de l'inégalité écrite ci-dessus le permettra. Ces mouvements se produiront dans une zone dite « convective », entre deux couches limitées où le gradient de densité passe par la valeur adiabatique et entre lesquelles le modèle en équilibre radiatif comporte un gradient de densité plus grand que le gradient adiabatique.

Dans la zone convective, il paraît justifié de penser que le modèle devra être modifié : on le remplacera par une distribution adiabatique des densités ; comme les mouvements peuvent y être extrêmement lents, on peut supposer que la distribution des pressions restera commandée par l'équilibre hydrostatique. Mais, en principe, connaissant les conditions physiques au-dessus et au-dessous de la zone convective, on devrait pouvoir se passer de cette hypothèse et résoudre les équations de l'hydrodynamique : en tenant compte des mouvements dont les vitesses et les accélérations n'ont aucune raison d'être négligeables, on serait de ce fait contraint de rejeter l'hypothèse de l'équilibre hydrostatique. Mais, aussi étonnant que cela puisse paraître, on ne dispose pas encore, pour ces équations, de solutions suffisamment claires et précises. Il faut se satisfaire de solutions approchées, souvent intuitives et plus ou moins physiques. Nous reviendrons sur certaines d'entre elles : la convection dans le Soleil crée des courants qui brassent la matière et les champs magnétiques sans lesquels la machine magnétique solaire ne saurait se comprendre.

Les mouvements convectifs, ces énormes brassages qui ramènent presque jusqu'à l'extérieur la masse solaire la plus interne, ne sont pas les seuls : partout il y a mouvement. A l'échelle microscopique, la température est la mesure des mouvements désordonnés des atomes ; à très grande échelle, l'échelle stellaire, la convection brasse des milliards de tonnes dans les mouvements les mieux ordonnés ; mais, entre ces deux extrêmes, se trouvent toutes sortes de mouvements, de toute échelle ; on les apparente parfois à la turbulence des milieux qu'étudient les physiciens, bien qu'à vrai dire il y ait quelque abus dans cette assimilation. Quelle que soit l'échelle à laquelle on observe la matière solaire, on verra en effet des mouvements organisés, soit qu'ils affectent d'une sule façon la quasi-totalité du champ observé, soit, à plus petite échelle, qu'ils aillent dans tous les sens ; à l'échelle microscopique, la turbulence ressemble à un mouvement de nature thermique ; les mêmes mouvements, qui, à petite échelle, semblent organisés, ont l'air complètement désordonnés si on les compare aux grands courants gazeux...

Convection ou turbulence, il y a donc, partout dans le Soleil, transport de matière, diffusion lente ou brassage brutal. Ce phénomène a une conséquence très remarquable sur le flux observable de neutrinos produits par les réactions thermonucléaires qui se déroulent dans les régions centrales. On a vu que les réactions PP des trois chaînes proton-proton l'emportent dans les conditions physiques régnant dans le Soleil. Ces trois chaînes ne produisent cependant pas les mêmes neutrinos. Pour que P_1 se produise, il faut qu'il y ait de l'hélium He^4 ; mais ce n'est pas tout : les probabilités respectives de chacune des chaînes dépendent aussi de la température, de l'abondance d'éléments légers comme le bore, le béryllium, etc., et donc de la composition chimique. Lorsqu'on calcule des modèles classiques, en équilibre radiatif ou hydrostatique, l'abondance des éléments lourds, plus lourds que le carbone (le fer, par exemple), est fixée de façon telle que ces modèles rendent compte exactement de la masse, du rayon, de la luminosité du Soleil.

Or ces modèles prédisent quelle quantité de neutrinos sera observable. Il y a en vérité quelque chose d'étrange dans la façon dont un « modèle » du Soleil dépend des divers paramètres du calcul : cette dépendance est souvent très indirecte, tant le calcul reflète un équilibre global et tant il est marqué par les conditions aux limites imposées. En ce cas précis, nous pouvons être surpris de la grande abondance des éléments lourds. En effet, les éléments autres que l'hydrogène et l'hélium n'interviennent pas directement dans les réactions thermonucléaires ni dans le taux de production d'énergie. D'autre part, un facteur décisif, l'opacité, n'est pas très sensible aux éléments lourds, qui sont complètement ionisés presque partout et dont l'opacité s'efface donc par rapport à la diffusion par les électrons libres, qui dominent la situation physique dans ce milieu. Pourquoi alors cette dépendance des éléments lourds, dont le calcul montre qu'elle est loin d'être négligeable ? Un modèle est un tout cohérent ; changez un élément, le reste est aussitôt bouleversé : c'est bien ce qui se passe ici — en modifiant l'abondance des éléments lourds, on augmente l'opacité dans les régions relativement externes où ils ne sont pas complètement ionisés et où ne se produisent plus de réactions thermonucléaires ; on empêche alors l'énergie de « sortir » ; et il faut augmenter la température centrale. C'est par l'intermédiaire de cette modification que l'on augmente l'importance relative des réactions P_2 et P_3, productrices de neutrinos observables. On voit que tout se tient : un modèle solaire est un tout dont on ne peut résoudre de proche en proche les équations ; les conditions aux limites imposent des itérations dont la convergence est souvent lente. Les modèles obtenus ne sont pas très fiables dans la mesure même où les conditions aux limites imposées au calcul sont parfois approchées. Il s'agit donc d'un problème très délicat. Que le lecteur ne nous en veuille pas trop si nous avons pu lui donner l'illusion fallacieuse qu'il s'agissait d'un jeu d'enfants : des équations, des conditions, un ordinateur, et le tour serait joué... Pas du tout ! Encore faut-il vérifier la stabilité du modèle aux choix précis des équations et des conditions aux limites ; ces difficultés expliquent que l'on travaille encore beaucoup sur ces équations et que bien peu d'idées nouvelles aient réellement émergé au cours de ce siècle...

Certes, tous les modèles classiques ne prédisent pas exactement la même quantité de neutrinos observables ; les équations utilisées, les abondances choisies pour les éléments diffèrent d'un auteur à l'autre. Mais tous les modèles classiques — ER, EH — ont pourtant quelque chose en commun : ils prédisent *tous* au moins trois fois plus de neutrinos qu'on n'en observe réellement ; pour certains de ces modèles, les différences sont nettement plus importantes. Où sont donc passés les neutrinos ? Le « mystère des neutrinos solaires » est un des problèmes essentiels de la physique moderne de l'étoile Soleil.

Il y a plusieurs solutions possibles, comme dans tout roman policier normalement constitué. L'une fait appel à la physique des neutrinos. Ces particules élémentaires existeraient peut-être sous trois formes qui, passant constamment de l'une à l'autre, atteindraient entre elles un équilibre. Seule l'une d'elles serait produite par les réactions thermonucléaires : mais, à l'arrivée sur Terre, un tiers seulement des neutrinos produits serait demeuré sous cette forme, la seule observable par les moyens utilisés. Cette hypothèse doit être étayée par la physique pour atteindre un niveau suffisant de vraisemblance ; or, pour l'instant, aucune expérience menée par les physiciens de haute énergie ne vient pleinement la corroborer.

Une seconde solution est d'admettre que l'on a *sur*estimé la quantité d'atomes de masse moyenne ou grande au cœur du Soleil. Cela aurait en effet pour conséquence de modifier le taux des réactions thermonucléaires. Mais les observations du spectre solaire qui caractérisent les régions extérieures (où la formation de ces éléments est d'une extrême lenteur) aboutiraient plutôt à la conclusion qu'il s'agit de *sous*-estimations ; et il n'y a en outre aucune raison de penser que les régions extérieures soient plus riches en ces éléments que les régions centrales — au contraire.

Aussi incline-t-on vers une troisième hypothèse, récemment formulée par Schatzman et Maeder. La « turbulence » a pour effet un brassage local, sinon global, de la matière solaire au voisinage de la zone où peuvent se produire les réactions thermonucléaires ; ce brassage injecte de l'hydrogène frais, « non consommé », dans le milieu central ; ce faisant, il en modifie la composition chimique, ce qui suffit à faire légèrement pencher la balance en faveur des réactions P_1, productrices de neutrinos non observables. Si bien que le taux observé est inférieur à celui qui résulte de modèles où aucune « diffusion turbulente » n'a réalimenté le fourneau en hydrogène frais. Un phénomène assez modéré peut donc avoir de grandes conséquences.

Le Soleil est une étoile : tout ce que nous venons de dire

s'applique, *mutatis mutandi,* à toutes les étoiles. Les calculs diffèrent d'un cas à l'autre, dans la mesure où les conditions aux limites ($\mathcal{M}_*$, $\mathcal{L}_*$, $\mathcal{R}_*$, composition chimique) sont différentes de celles qui caractérisent le Soleil. Et l'on peut se demander dans quelle mesure la solution des équations relatives au Soleil est un guide utile aux théoriciens des étoiles. Après tout, les ordinateurs modernes savent tout faire!

Le Soleil, en effet, est bien l'étoile la mieux choisie pour garantir la qualité des calculs; à ce jour — c'est un fait peu connu —, on n'a déterminé *avec précision* la masse, le rayon, la luminosité que d'à peine cinquante étoiles de types divers; pour aucune d'elles, les données sur la convection (par exemple) ne se trouvent conduire, comme dans le cas solaire, à des données observables (granulation, activité magnétique). Pour aucune non plus, la moindre mesure ne peut justifier un phénomène comme la diffusion turbulente, dont l'introduction dans le cas solaire est en quelque sorte appelée par les mesures, poursuivies par Davis, du flot de neutrinos solaires — le seul connu dans le monde stellaire, et pour très longtemps! Or il s'agit de phénomènes dont les conséquences peuvent être importantes : ainsi l'injection d'hydrogène frais au centre de l'étoile par la diffusion turbulente a-t-elle en quelque sorte pour effet de retarder l'évolution de l'étoile, ou, d'une façon plus imagée, de prolonger sa vie en l'alimentant en carburant. Dans ces conditions, l'âge des étoiles, que l'on détermine en comparant certaines observations — couleurs, magnitudes — aux calculs issus des modèles classiques, n'est-il pas en général sous-estimé? Et cet âge étant de toute façon une valeur limite inférieure, fixée en fonction de celui des plus anciens amas stellaires qu'elle contient, ne doit-on pas conclure que la Galaxie est d'un âge considérable : vingt, vingt-cinq milliards d'années, davantage peut-être? Ces incertitudes ne remettent-elles pas en cause les descriptions cosmologiques trop simples qu'on a généralement faites dans le cadre des modèles d'univers relativistes de Friedman? Le modèle de la grande explosion, suivie d'une expansion, nommée souvent « Big Bang » et qui implique, selon certains développements théoriques, un âge de l'ordre de dix milliards d'années pour l'Univers, en est un exemple.

Il faut en conclure que de fait, la vérification, *dans le cas du Soleil,* de certains principes physiques utilisés dans la construction du modèle de cette étoile proche et bien connue — ou, au

contraire, leur réfutation — peut avoir des conséquences applicables à l'Univers considéré dans son ensemble.

Ayant réussi à établir et à résoudre les équations qui gouvernent la physique et la structure de l'intérieur du Soleil, il faut
admirer qu'avec très peu de données et des hypothèses aussi
simples, on soit arrivé à alimenter tant de travaux passionnants
et à si bien connaître ces régions brûlantes de l'intérieur solaire
d'où ne nous parviennent directement qu'une poignée de neutrinos à peine observables...

IV

La photosphère profonde

Où le voyageur, arrivé enfin à proximité de la sortie, s'aperçoit que le chemin est encore long ; et où l'auteur, pour lui faire pren-dre patience, l'introduit à toutes sortes de notions qui, espérons-le, lui permettront de comprendre pourquoi la température baisse d'une façon somme toute assez sympathique, et lui laisse espérer la fin des canicules (qui, contrairement à ce qu'on pourrait croire, n'a rien à voir avec la précession des équinoxes).

Nous avons gravi, sur l'échelle des équations de la structure stellaire, les hauteurs successives de l'édifice solaire. Nous voici tout près de la « surface ». La température locale n'est plus que de l'ordre de la température effective T_{eff} ; la densité n'est plus que celle d'un milieu dilué et décroît vite vers l'extérieur. La lumière réémise par ces régions vers l'extérieur parvient à sortir ; ces couches de la photosphère solaire sont observables *directement* depuis la Terre ; elles sont responsables du spectre observé.

Nous sommes amenés à préciser ici la notion de « profondeur optique » qui intervient dans la physique de la photosphère de façon plus naturelle que l'altitude géométrique. La lumière provenant d'une couche de profondeur optique τ est, à la sortie de la photosphère, atténuée d'un facteur $e^{-\tau}$: si $\tau = 5$, l'atténuation est de 1 à 0,007 ; si $\tau = 2$, elle n'est que de 1 à 0,14 ; si $\tau = 1$, de 1 à 0,37 ; si $\tau = 0,5$, de 1 à 0,60 ; si $\tau = 0,1$, de 1 à 0,90 ; et si $\tau = 0,01$, de 1 à 0,99 : 99 % de la lumière émise localement peut alors atteindre l'observateur. En revanche, l'intensité de la lumière se propageant vers l'intérieur à partir des couches d'épaisseur optique τ est de l'ordre de grandeur, à une constante près, de $1 - e^{-\tau}$: c'est la fraction 99,3 % ($\tau = 5$), 86 % ($\tau = 2$), 63 % ($\tau = 1$), 40 % ($\tau = 0.5$), 10 % ($\tau = 0.1$) et 1 % ($\tau = 0.01$) du rayonnement qui vient de l'extérieur vers l'intérieur à travers la couche de profondeur optique τ.

Nous pénétrons donc d'un milieu — les régions internes du Soleil — où, pour l'essentiel, la lumière provient également du haut et du bas en chaque point, en un milieu très différent où presque rien ne vient du haut, de l'extérieur, où tout vient du bas, de l'intérieur, et d'où presque tout va sortir, à peine atténué, vers l'extérieur. C'est la *photosphère*.

Pour identifier une couche dans la photosphère du Soleil, on a vu que l'on peut noter sa profondeur optique ; cette mesure se réfère à tout ce qui absorbe entre l'œil et cette couche. Son altitude géométrique h, en kilomètres, peut constituer un autre repère, mais nous ne pouvons la compter à partir de l'œil, mais d'une certaine couche du Soleil que nous appelons sa « surface » : h sera positif à l'extérieur de cette surface, et négatif à l'intérieur. Cette surface se définit simplement ; elle correspond à la limite du disque brillant du Soleil ; celle-ci sépare sur le ciel deux régions : dans l'une, le rayon visuel ne traverse pas le Soleil qui brille de tout son éclat ; dans l'autre, les rayons, bien que pénétrant les couches externes du Soleil, les pénètrent quasi tangentiellement, et sortent de l'autre côté ; ces couches solaires sont transparentes. La « surface » du Soleil sépare donc les régions qui correspondent au disque brillant des régions ténues qui s'étendent à l'extérieur du Soleil (devant lui ou sur le côté) ; la netteté du contour du disque solaire vient de la décroissance très rapide de l'opacité et des propriétés émissives de ces milieux : l'équilibre hydrostatique, à des températures voisines de $5\,000°$K, correspond à une décroissance exponentielle, donc brutale, de la densité selon une loi en $\exp(-h/H)$, où H, « échelle de hauteur », dépend uniquement de la température par l'intermédiaire de l'équation d'état et est, dans la photosphère, de l'ordre de $H \simeq \dfrac{\mathscr{R}T}{g\mu} \simeq \dfrac{8.10^7}{3.10^4}\dfrac{5\,000}{1}$ $\simeq 10^{+6}$ cm $\simeq 10$ km, $g \simeq 3.10^4$ étant l'accélération de la pesanteur dans l'atmosphère solaire, et μ la masse molaire moyenne (égale à 1 dans l'hydrogène atomique pur) : la densité décroît donc extrêmement vite, et le bord solaire est abrupt.

Dans les régions profondes de la photosphère, le rayonnement est à peu près isotrope, et le taux de fuite de rayonnement très modeste : on est dans les conditions où un « certain » équilibre thermodynamique entre matière et rayonnement est *à peu près* réalisé. A titre de première approximation, on peut estimer, comme dans les régions profondes du Soleil, que l'intensité et la distribution du rayonnement suivent les lois de Stefan et de Planck du rayonnement du corps noir. Dans le cas du Soleil, ces couches (entre $\tau \sim 5$ à 10 et $\tau \sim 0.01$ environ) sont géométriquement assez minces : 200 km, comparés au rayonnement de 700 000 km, représentent à peine, on l'a dit, une « peau ». Il ne s'agit pas de couches sphériques, mais en quelque sorte de couches planes et parallèles. Cette circonstance simplifie certes la solution des équations. Toutefois, c'est d'abord de l'observation de la photosphère que vient la construction des « modèles » ; ce n'est qu'ensuite que la comparaison de ces modèles avec la solution des équations d'équilibre pourra nous conduire à une description cohérente de la physique, généralisable aux autres étoiles.

La photosphère la plus profonde s'observe tout naturellement dans les régions spectrales où l'opacité est la plus faible : on pénètre alors profondément dans les couches de l'atmosphère. Cette remarque exclut bien entendu l'exploitation des raies de Fraunhofer, puisque l'opacité y est au contraire élevée. Elle exclut également les zones lointaines du spectre, celles des rayons X ou gamma, celles de la radioastronomie, et même de l'ultraviolet proche. Ne sont finalement concernées que les régions du spectre continu observable, entre les raies de Fraunhofer. Mais ces raies sont si nombreuses (des dizaines de milliers !) que rares sont les « fenêtres » du spectre où le véritable spectre continu est accessible : les observateurs méticuleux, comme naguère Minnaert, Chalonge, Barbier, Canavaggia, puis Peyturaux, ou Labs et Neckel, ont eu pour première tâche l'étude détaillée de la qualité de ces « fenêtres » : de petites raies d'absorption, entassées, mélangées les unes aux autres, peuvent donner l'illusion d'un spectre continu, mais elles contribuent d'une façon non négligeable à l'opacité. Une étude soigneuse doit donc préluder aux choix des fenêtres les plus transparentes du spectre.

Dans le spectre observable, pour des étoiles comme le Soleil où la température de la photosphère varie de 6 000°K à 4 000°K en chiffres ronds, l'opacité vient de trois sources principales. Il y a d'abord l'atome d'hydrogène ; son opacité est grande, et croît de l'ultraviolet lointain à la limite de Balmer (346 nm) dans l'ultraviolet proche — c'est le continu de Balmer —, puis retombe brusquement pour croître régulièrement jusqu'à l'infrarouge (limite de Paschen, à 821 nm). Viennent ensuite, moins opaques, le continu de Brackett et les continus suivants du spectre de l'hydrogène. Mais dès 400 nm environ, la source dominante de l'opacité, qui passe par un maximum vers 800 nm, est l'*ion négatif hydrogène*, H^- constitué d'un atome d'hydrogène associé à un électron capturé. Cet ion ressemble, par son cortège électronique, à l'atome neutre d'hélium, comme lui très stable, notamment aux basses températures de la photosphère solaire. Ce qui absorbe, c'est donc un ion ou un atome. Les processus d'absorption que nous avons d'abord décrits (continus de Lyman, Balmer, Paschen, etc) sont dus au fait que le photon qui arrive apporte à l'atome une énergie suffisante pour permettre à l'électron du cortège électronique de l'atome H de quitter cet atome. L'atome H a un électron périphérique; l'ion H^- en a deux. Quand l'énergie du photon est assez grande, un électron est donc arraché; mais il reste encore dans le champ de l'ion formé par cet arrachement : il peut encore gagner de l'énergie; cette énergie, nécessaire à des transitions dites « libre-libre » entre des niveaux d'énergie de l'électron libre, peut être empruntée au rayonnement incident. L'opacité de l'ion H^-, autour de 800 nm de longueur d'onde, est due à l'absorption de photons d'énergie supérieure à l'énergie d'ionisation (transitions « lié-libre »); à de plus grandes longueurs d'onde, cependant, les transitions « libre-libre » de l'électron voisin d'un atome neutre d'hydrogène jouent un rôle de plus en plus important, pour devenir déterminantes au-dessus de 1,6 μm. On peut alors montrer, tous calculs faits, que le minimum d'opacité se situe entre ces deux régions d'absorption, vers 1,5 — 1,7 μm : c'est là que l'observation pénètre le plus profondément dans la photosphère solaire. De 330 nm à quelques microns — un peu plus loin même, car l'atmosphère terrestre nous laisse encore des fenêtres utilisables vers 20 μm —, on peut donc explorer la photosphère dans les fenêtres du spectre continu. Mais il importe de noter, à ce stade, que bien que l'opacité varie d'une extrémité (330 nm) à l'autre (20 μm) du spectre observable, cette variation est très modeste et ne dépasse guère un facteur 5. Si bien que l'exploration en profondeur de la photosphère reste encore assez limitée.

On dispose pour cette exploration de deux méthodes relativement directes et simples, mais qui manquent de finesse et n'aboutissent qu'à des moyennes ; on dispose également d'une méthode moins élémentaire qui nous renseigne sur la structure fine de la photosphère profonde.

La première technique, presque évidente, consiste à mesurer l'intensité du rayonnement, au centre du disque solaire par exemple, dans chacune des fenêtres utilisables. Ce rayonnement est, par hypothèse (attention ! ne soulevez pas les hypothèses sans vous sentir obligé d'y revenir a posteriori pour discuter de leur validité !), le rayonnement du corps noir à la température des couches observées. Ces couches peuvent être assimilées aux couches de *profondeur optique unité* ($\tau = 1$) *à la longueur d'onde observée*. On peut, connaissant l'opacité, déduire de cette mesure la température dans la couche de profondeur géométrique $h \simeq \tau/\kappa = 1/\kappa$, où κ désigne le coefficient d'absorption qui mesure l'opacité. En combinant entre elles les mesures de l'intensité effectuées dans toutes les fenêtres observées, on détermine la variation de T avec h ; elle prolonge celle que les modèles de structure interne ont permis d'ébaucher.

La seconde méthode consiste à observer, à une longueur d'onde donnée, l'ensemble du disque solaire. Le rayon d'observation pénètre profondément en son centre, de façon perpendiculaire aux couches successives explorées. Au bord du disque, au contraire, l'observation pénètre de côté, de façon quasi tangentielle : les seules couches explorées sont assez superficielles. Au centre, on atteint la couche moyenne de profondeur géométrique $h = 1/\kappa$. Au bord, si θ est l'angle du rayon d'observation avec la normale aux couches successives explorées, on atteint dans l'atmosphère la couche moyenne de profondeur $h = (\cos\theta)/\kappa$, plus petite que h, et qui diminue vers le bord du disque solaire. Or l'intensité varie du centre au bord : le bord est sombre par rapport au centre du disque. Aussi la mesure de l'assombrissement permet-elle, et cela quelle que soit la longueur d'onde, de déterminer la température entre une couche d'altitude h_1, mesurée au centre du disque pour une longueur d'onde de 500 nm, et, par exemple, une couche $h_2 = (1/10)\,h_1$. Cette couche sera visée si l'on a $\cos\theta = 0.1$, le point du disque le plus proche du bord que l'on puisse atteindre depuis la Terre ; ce point correspond en effet à 99,5 % ($\sin\theta = 0,995$) du rayon du disque solaire : et le dernier demi pour-cent du rayon voisin du bord est trop fortement perturbé par l'agitation des images provoquée par la turbulence de l'atmosphère terrestre pour être observable sans ambiguïté. En observant l'assombrissement à deux longueurs d'onde, par exemple 1,6 µm et 800 nm, régions respectivement la plus transparente et la plus opaque du spectre continu, on explore les gammes de profondeur 30-300 km et 10-100 km au-dessous de la surface solaire. En combinant la mesure de l'intensité absolue et celle de l'assombrissement, on peut ainsi explorer la photosphère profonde et en établir d'assez bons modèles couvrant plusieurs « échelles de hauteur ».

Cette méthode est complétée par des observations très proches du bord, poursuivies grâce à l'exploitation des éclipses totales de Soleil : on peut en effet, au voisinage de la totalité, observer l'extrême bord du Soleil et, par suite, monter de quelques kilomètres encore plus haut dans l'atmosphère.

On remarquera qu'au voisinage du bord, des phénomènes très particuliers peuvent perturber l'interprétation des observations. Tout d'abord, si l'on s'approche trop de la surface, les rayons les plus inclinés sont affectés par la courbure des couches successives. Ensuite, il faut bien noter que les couches sont sans cesse remuées, hétérogènes, et que les couches de profondeur optique donnée ne sont donc ni des plans ni même des sphères : elles sont affectées d'une notable « rugosité », si bien que des rayons venus du bord solaire ne sont pas réellement tangents ; l'exploration centre-bord couvre donc un domaine de profondeurs moins important qu'on ne croit le sonder, et qu'on ne sonderait vraiment que si les couches successives pénétrées par l'observation étaient planes et parallèles. Cet effet, dit « effet de rugosité », a pour conséquence que la température varie plus vite avec l'altitude qu'on ne pourrait le déduire d'une analyse trop simplifiée.

Notre troisième méthode d'exploration des couches profondes de la photosphère est, nous l'avons dit, moins directe. Elle tente de préciser les propriétés de la zone convective qui s'étend, il est facile de le voir, jusqu'à ces couches. Il s'agit d'utiliser cette fois des données observées qui ne nous renseignent pas directement sur ces couches trop profondes ; nous devrons donc rechercher dans ces observations ce qui y est sensible. De façon plus générale, cette méthode fait appel à l'étude directe des mouvements de la photosphère, voire de ceux qui affectent la totalité du Soleil. Ces derniers caractérisent la convection à grande échelle, ou la rotation. D'autres n'affectent que des régions plus limitées.

Les méthodes d'étude sont d'une double nature. Tout d'abord, on peut étudier à la surface du Soleil les mouvement *latéraux* de divers « indicateurs » : granules, taches, petites taches (ou pores), etc. C'est une méthode qui implique la cinématographie plus ou moins rapide des détails solaires. On peut aussi étudier les vitesses radiales le long du rayon d'observation. Les raies de Fraunhofer, qui se forment dans les régions extérieures de la photosphère, sont en effet, grâce à l'effet Doppler, des indicateurs de vitesse. La mesure des déplacements des raies dans le spectre solaire donne une mesure directe de la vitesse en chaque point, en tout cas de la composante radiale de cette vitesse, c'est-à-dire de sa composante le long du rayon d'observation.

Une parenthèse à propos de l'usage que nous venons de faire du mot « radial » : la racine du mot est bien sûr tirée de « radius » — rayon. En astronomie, « radial » peut vouloir dire « le long du rayon d'observation » (nous l'utiliserons toujours dans ce sens-là, comme ici), ou « le long d'un rayon de l'étoile » (ou de quelque autre astre à symétrie centrale) — auquel cas nous préférerons, dans ce livre, utiliser le mot « vertical ». Prêtons attention également au mot « *latéral* » ou au mot « *transverse* », qui signifient « dans une direction perpendiculaire à la ligne de visée » ! Les termes « radial », « latéral » ou « transverse » font référence à la technique d'observation, tandis que « vertical » et « horizontal » ont implicitement trait à la géométrie solaire. Achevons là cette parenthèse et revenons aux mouvements qui affectent l'atmosphère solaire.

C'est dans les années 1880 que Janssen découvrit les « grains de riz », ou « granulation ». Bien entendu, des observations plus modernes ont été menées par Schwarzschild dans les années 1950, grâce à un ballon stratosphérique comme Stratoscope, ou par Rösch, simplement par sélection sévère des images parmi des séries obtenues au pic du Midi un jour de très faible turbulence atmosphérique. On sépare ainsi facilement 200 km sur la surface du Soleil — à condition de sélectionner de bonnes images. Ces travaux ont permis de mieux connaître la granulation. On constate alors que les granules, légèremeent plus chauds que le milieu gazeux avoisinant, y sont en ascension ; ils constituent avec ce milieu de petites cellules convectives : Schwarzschild proposa de comparer la physique de ce phénomène avec celle des cellules qui se forment dans une casserole d'eau proche de l'ébullition. Les granules ont une durée de vie de quelques minutes ; l'étude de leur évolution montre comment leur matière monte, s'épanouit en gerbes ; le phénomène se traduit par l'extension des grains, leur apparente division, et leur explosion avant que la matière, refroidie, ne retombe dans les profondeurs invisibles de l'étoile. L'analyse des mouvements des granules permet une étude des champs de vitesse dans ces régions.

L'étude des vitesses radiales a fourni des résultats étonnants et nombreux. Certains concernent l'ensemble du Soleil ; d'autres ne portent que sur des régions limitées, tels les granules. L'étude concerne en premier lieu les plus grandes d'entre ces vitesses radiales, celles précisément des granules : elle sont de l'ordre de 1 à 2 km s^{-1}. La vitesse diminue sensiblement lorsque l'on se déplace vers l'extérieur du Soleil. Les granules sont animés de vitesses horizontales qui déterminent au bord du disque les vitesses radiales et qui s'observent directement au centre du disque, grâce à leur déplacement latéral. Ces vitesses horizontales sont du même ordre de grandeur que les vitesses verticales.

A une échelle plus grande que celle de la granulation, on a découvert des cellules associées à des phénomènes sans doute plus profonds, les cellules de la *supergranulation* ; leur durée de vie dépasse une heure, leur dimension caractéristique est de l'ordre de 30 000 km. Les régions observables de ces cellules sont le sommet de structures convectives très profondes, de quelques dizaines de milliers de kilomètres, soit un dixième du rayon solaire. Au centre des supergranules, la matière monte, puis retombe au bord après un mouvement horizontal sur la surface. L'ordre de grandeur de la vitesse horizontale (qui décroît quand on monte dans la photosphère) est de 0,3 — 0,4 km s^{-1}. Des mouvements hélicoïdaux faibles semblent animer ces cellules : ce sont des vortex, analogues à des maelströms gigantesques mais lents. La supergranulation affecte très peu les températures solaires : peut-être le bord des supergranules est-il plus chaud, de 0,5 %, que le reste de ces cellules ? Ce phénomène, quoi qu'il en soit, reste secondaire.

L'étude des vitesses radiales et transverses permet de mettre en évidence des structures de plus grande dimension encore : ces cellules géantes — de la super-supergranulation, si l'on peut dire ! — auraient été observées ; d'une dimension de 200 000 à 500 000 km, d'amplitude de l'ordre de 40 m s^{-1}, allongées dans le sens de la rotation solaire, elles sont le sommet des plus grandes structures convectives, qui affectent des profondeurs de l'ordre de la moitié du rayon solaire et que la théorie permet de prévoir.

Ces divers types de cellules, visibles en surface, reflètent les mouvements convectifs profonds : ils ne semblent pas constituer un « continuum », mais pouvoir se diviser en structures d'échelle 300 000 km, subdivisées en cellules de l'ordre du dixième de cette profondeur, elles-mêmes subdivisées, au moins dans leurs régions les plus élevées, en petites cellules d'une dimension de 100 à 1 000 km ; sans doute l'énergie véhiculée d'abord à grande échelle est-elle progressivement transmise à des mouvements de plus petite échelle avant de se retrouver presque exclusivement thermique à la « surface » de la photosphère. Quoi qu'il en soit, ces observations, correctement intégrées à la théorie de la convection, permettent d'aboutir à des descriptions assez cohérentes de la zone convective. On trouvera en appendice un modèle solaire qui tient compte de ces calculs et de ces mesures.

Un aspect moderne de la théorie, et qu'il importe ici de ne pas passer sous silence, est la « convection pénétrante ». La zone convective telle que nous l'avons décrite est, en effet, bornée par deux couches bien définies, celles où le gradient de densité est égal au gradient adiabatique. Mais, à l'intérieur, des mouvements ont lieu qui ne sont pas immédiatement interrompus lorsque la matière rencontre les couches théoriquement stables. Si bien que des mouvements (granulation) affectent les régions qui, du point de vue thermodynamique, devraient être stables... L'inertie des mouvements, l'impossibilité pour tout mouvement convectif de s'arrêter sur place compliquent certes les recherches théoriques, mais rendent leur enjeu plus fascinant encore.

Un type de mouvement à grande échelle est la rotation solaire, dont la mesure est facile, que ce soit en suivant des détails (taches) de la surface, ou grâce au spectrographe qui mesure au bord du disque la vitesse radiale, c'est-à-dire, ici, la vitesse horizontale, vitesse de rotation.

Au cours des cinq ou dix dernières années, l'étude du Soleil dans son ensemble a fait apparaître un phénomène étonnant et d'une extrême richesse : les *oscillations* du Soleil. On sait que n'importe quel fluide, écarté d'une position d'équilibre, oscille autour de cette position ; une oscillation simple, ici, serait la variation périodique du seul rayon solaire autour de sa valeur d'équilibre : une corde vibrante, le gaz dans un tuyau d'orgue oscillent ainsi. Mais la corde vibrante ou l'air des tuyaux d'orgue ont des modes d'oscillation harmoniques de rang plus ou moins élevé. Or la corde, exemple simple, est un objet à *une* dimension ; le Soleil en a *trois*. On doit donc s'attendre, en plus de l'oscillation fondamentale, uniquement verticale, à trouver dans les oscillations solaires des harmoniques correspondant à des composantes verticales, mais aussi à des oscillations non verticales. Les différentes portions de la surface solaire peuvent donc ne pas osciller en « phase » les unes avec les autres : ici, la surface peut s'élever, alors que là, elle descend ; puis le mouvement s'inversera. Le long de certaines lignes de cette surface, dites *lignes nodales*, l'amplitude des oscillations verticales est nulle. Tous les harmoniques se combinent ; pour les mettre en évidence, de subtiles techniques d'analyse du signal, faisant appel à la décomposition des mesures en série de Fourier, mettent en évidence toutes les oscillations, verticales et non verticales, qui se superposent. On caractérise les harmoniques par trois nombres (autant que de dimensions) : le nombre n fournit le nombre des nœuds le long d'un rayon solaire ; l'oscillation radiale fondamentale correspond à $n = 0$; le nombre l est celui des lignes nodales à la surface ; le nombre m, égal ou inférieur à l, est défini par la disposition mutuelle des lignes nodales.

Parmi les oscillations, on doit distinguer différents types déterminés par la « force de rappel ». Dans un milieu gazeux compressible, une compression va tendre à réduire le volume d'une masse déterminée ; mais la pression augmente alors et compense cette tendance. On a alors engendré des « oscillations de pression », dites aussi « oscillations acoustiques ». Mais, dans un milieu pesant, on peut aussi produire des « oscillations de gravité » : un abaissement d'une masse pesante dans le gaz (ou du gaz dans son ensemble) déclenche une résistance qui se manifeste par exemple par la force d'Archimède : celle-ci a tendance à s'opposer à l'abaissement de la masse, et des oscillations s'amorcent alors.

Face aux mesures, on doit donc se poser quelques questions : d'abord, quelles sont les caractéristiques des oscillations observées ? S'agit-il d'oscillations de pression ou de gravité ? Comment se distribue l'amplitude des divers harmoniques ? Quelles sont ensuite les conséquences de ces observations ? Nous informent-elles sur ce qui se passe à l'intérieur du Soleil ?

Il convient avant tout d'insister sur l'extrême difficulté de ces mesures : en effet, elles exigent de nombreuses heures d'observation continue du Soleil, que ne doivent perturber ni les nuages ni les phénomènes terrestres (dont la période est de 24 heures). C'est pourquoi, loin des observatoires traditionnels, il importe de trouver de nouvelles techniques. On est arrivé (Fossat, Grec) à observer le Soleil depuis le pôle Sud, pendant le jour polaire, en des séries de plusieurs centaines d'heures d'affilée, l'astre restant à hauteur constante au-dessus de l'horizon. On envisage maintenant de mettre à profit les possibilités des sondes interplanétaires. Cela vaudra certainement la peine ; les résultats des observations terrestres sont déjà d'une extrême richesse. Non seulement les modes fondamentaux verticaux sont détectés, mais également, aux alentours d'une période de 5 minutes, les modes verticaux $n = 15$ à $n = 30$ et les modes non verticaux $l = 1$ à 5. Ces oscillations à 5 minutes sont essentiellement de pression. Cependant, des oscillations de gravité ont aussi été trouvées et analysées en Crimée, en Californie, en France, à 2 heures 20 minutes, 01 de période ; leur interprétation n'est pas encore évidente. L'amplitude des oscillations en cause est très faible : 0,5 à 2 mètres par seconde. Sur un diagramme complexe, on les représente en portant l'énergie impliquée en fonction de la fréquence temporelle et spatiale : des courbes très nettes marquent les divers modes et types d'oscillations étudiées. Les oscillations sont un indice important — le meilleur, semble-t-il — de la structure profonde de la zone convective : en effet, c'est le Soleil dans son ensemble qui oscille ; la distribution d'énergie entre les différents modes de la sphère pulsante qu'est le Soleil est l'image de sa structure interne. La zone convective est une sorte de cavité résonnante qui vibre avec une période voisine de 5 minutes. Le diagramme que nous avons décrit en est une représentation très fine.

Sans pouvoir entrer ici dans les détails d'une théorie subtile et complexe, précisons que les observations indiquent que la zone convective est très profonde ; la base inférieure en serait très basse — à moins de 300 000 km du centre solaire. Mais les théories demeurent encore très imparfaites. Une chose est certaine : les mesures nouvelles (1975-1980) des oscillations solaires, tout comme les mesures (1960-1980) du flux de neutrinos solaires, nous donnent sur l'intérieur solaire des renseignements irremplaçables, les dernières de façon directe, les premières par la détermination d'effets indirects sur la photosphère. Le médecin-astronome dispose ainsi d'une technique nouvelle d'endographie solaire et sonde l'intérieur de notre étoile. Son diagnostic devient plus sûr.

V

La machine solaire

Où l'auteur, avant de s'élever dans les couches ténues de la chromosphère et de la couronne, voire de s'envoler dans le champ solaire, tente de faire le point sur les mécanismes qui animent la machinerie solaire ; et d'où il ressort clairement que si la machine fonctionne assez bien, les ingénieurs les plus compétents ne savent guère pourquoi.

Les mouvements qui affectent la photosphère sont détectés, on l'a dit, soit par l'étude des raies solaires et de leur déplacement dans le spectre, soit par celle des mouvements apparents des taches solaires. Nous avons évoqué, avec une coupable brièveté, la rotation du Soleil. Or ce phénomène est l'un des premiers qu'aient mesuré (depuis Scheiner) les astronomes solaires ; il est aussi l'un des plus fondamentaux, peut-être celui qui commande la formidable machine qui nous éclaire de ses feux.

Peut-être devrions-nous évoquer l'évolution du Soleil depuis l'époque lointaine où, encore à l'état de vague nébuleuse, lambeau arraché à la matière gazeuse de la Galaxie, il commençait à se condenser. Cette évolution se traduisit par une condensation rapide qui allait amorcer la machine thermonucléaire. Mais, dans la fragmentation de la masse nébulaire gazeuse, qu'arrive-t-il aux fragments individualisés ? Ils sont caractérisés par leur température et par diverses conditions physiques. Mais ils sont aussi doués d'une masse, qui se conserve au cours de l'évolution, et d'une vitesse angulaire de rotation ω. Si on désigne par r_i la distance de tout point massif m_i de cette masse à son axe de rotation, le moment d'inertie I en est par définition la valeur de la somme de tous les termes $m_i\, r_i^2$, ou le produit de la masse totale par le carré d'une valeur moyenne convenable $\bar{r}$ de la distance $r : M\, \bar{r}^2$. L'énergie de rotation est égale à $(1/2)\, I\, \omega^2$. Elle doit rester constante au cours de la condensation de la masse présolaire, elle-même constante. Autrement dit, le produit $M\, (\bar{r}\omega)^2$ doit rester constant, ainsi que $\bar{r}\,\omega$ et $M\,\bar{r}\omega$, cette dernière quantité étant, par définition, le « moment angulaire » de la masse en condensation. On dit que « le moment angulaire se conserve ». Mais $\bar{r}$ est variable : cette quantité décroît au cours de la condensation ; par conséquent ω doit croître ; et l'étoile se met à tourner de plus en plus vite.

On évoque souvent à ce propos, afin de rendre plus sensible le phénomène, l'image d'une danseuse sur patins à glace : elle tourne sur elle-même ; quand elle étend ses bras ($\bar{r}$ augmente alors), sa rotation ralentit ; quand elle les plaque le long de son corps, elle se met à tourner très vite, comme un toton contrôlé par le principe de « conservation du moment angulaire ». Incidemment, lorsqu'un lambeau de matière gazeuse se détache d'un milieu tel que le milieu galactique interstellaire, les seules caractéristiques importantes, en l'état actuel de nos connaissances, semblent en être sa masse, son moment angulaire et sa composition chimique. Ces seuls paramètres, quasiment invariables (du moins dans un premier temps), doivent déterminer intégralement l'évolution ultérieure de l'étoile en formation : leur variation donne lieu à une gamme si diversifiée de propriétés stellaires que la limitation à ce petit nombre de paramètres initiaux semble un peu arbitraire. Il ne paraît pas exclu que les recherches à venir montrent que la formation du Soleil à partir d'un lambeau de matière dépend d'autres paramètres : un certain magnétisme, par exemple — qui n'est sans doute pas constant —, ne peut-il avoir quelque influence sur l'évolution ? Nous n'en savons rien pour l'instant ; et, malgré l'importance pour la machine solaire des phénomènes magnétiques, nous devons rester sur cette interrogation.

Le Soleil est donc en rotation. Une rotation lente — un tour en un peu moins d'un mois. Il faut d'abord bien voir que la rotation du Soleil, vue de la Terre, est plus lente que, par exemple, vue de Sirius. En effet, la Terre tourne autour du Soleil en 365 jours. Le Soleil *semble*, vu de la Terre, effectuer une rotation en 27 jours. Cela revient à dire qu'en un an, le Soleil semble effectuer 13 tours et demi. En réalité, la Terre tournant autour de lui dans le même sens, il en effectue 14 et demi, et chaque rotation dure donc en réalité, vue de Sirius, 25 jours. Nous pouvons donc distinguer deux périodes de rotation axiale du Soleil : la rotation « synodique », vue de la Terre, et la rotation « sidérale », vue de Sirius. Lorsque nous parlerons simplement de période, c'est de période sidérale qu'il s'agira. La Terre se trouve à proximité du plan équatorial de la rotation solaire ; cette position privilégiée permet de mieux mettre en évidence la rotation, de mieux la mesurer.

Depuis qu'on les observe, les rotations solaires sont numérotées ; et l'on *définit* la « période moyenne » comme celle d'une zone de latitude « moyenne » à 25,4 jours (en synodique, 27,3 jours) : c'est la période de rotation de Carrington. Elle définit un méridien solaire « origine » ; aussi, sur les cartes du Soleil, situe-t-on les phénomènes, taches, zones actives, etc., par leur *latitude* et leur *longitude* héliographiques. On peut aussi mesurer la vitesse de rotation par la vitesse angulaire du Soleil ω, qui s'exprime en μrad s^{-1} ; à 25,4 jours correspond une vitesse angulaire de 28,6 μrad s^{-1}.

Les phénomènes de la rotation solaire sont d'une grande complexité : le Soleil est en effet gazeux, et les différentes couches, à différentes latitudes, à différentes profondeurs, ne tournent pas à la même vitesse. La rotation est plus rapide au pôle qu'à l'équateur. Exprimée en microradians par seconde, la différence est de l'ordre de 0,12 entre l'équateur et la latitude 30° ; de l'ordre de 0,40 entre 30° et 60° de latitude ; elle est plus grande encore vers le pôle (mais mal mesurée, car les régions polaires sont mal vues depuis la Terre). Calculée en jours, la période de rotation est, dans les régions photosphériques, de 23 jours à l'équateur, de 24,5 jours vers 30°, de 28 jours vers 60°, de 30 jours environ au voisinage du pôle.

L'estimation de la vitesse de rotation dépend beaucoup de la technique et de l'indice utilisés par l'astronome solaire dans son étude — noyaux d'émission de certaines raies, raies d'absorption, mouvement des facules chromosphériques, des taches, etc. Les mesures, il est vrai, sont souvent délicates, et divers auteurs, depuis les d'Azambuja (1948) jusqu'aux observateurs qui recourent aux mesures spatiales faites sur les laboratoires solaires orbitants de la NASA, aboutissent à des valeurs qui semblent difficilement conciliables. En effet, une variation de la vitesse de rotation avec l'activité n'est pas exclue, voire d'un cycle d'activité à l'autre, ou même d'un siècle à l'autre. En outre, cette diversité résulte au moins en partie d'une variation de la vitesse de rotation avec la profondeur. Il semble — mais ces résultats sont encore très contestables — que les structures associées aux couches les plus profondes indiquent une rotation semblable à celle d'un corps solide, non affectée par des phénomènes différentiels. Cette rotation, que l'on appelle « rigide », semble augmenter de vitesse vers les régions profondes du Soleil. Des périodes de 12 jours, parfois plus courtes encore, ont été proposées par divers théoriciens — mais sans aucune certitude : l'aplatissement du Soleil pourrait en être une mesure indirecte, mais demeure malheureusement hors de notre portée ; divers auteurs en donnent par conséquent des valeurs très différentes. On doit actuellement considérer que ce problème essentiel de la physique solaire est encore loin d'être résolu.

La machine tourne. Ce premier phénomène est acquis, et ses caractéristiques, telle notamment la rotation différentielle observée en surface à diverses latitudes, sont connues. Un second phénomène essentiel est l'existence, déjà signalée, de mouvements convectifs, immenses courants gazeux très comparables au Gulf Stream terrestre, quoique à une échelle autrement gigantesque ! Ce sont eux qui brassent la plus grande partie du volume solaire. Le troisième phénomène, caractéristique de la machine solaire, et associé à la rotation et à la convection, est que le Soleil est une machine magnétique. Nous avons déjà décrit ses caractéristiques essentielles : les taches, leurs polarités magnétiques, les cycles et la migration des zones tachées.

Convection, rotation, magnétisme — ou magnétisme, rotation, convection. Tels sont les éléments essentiels de la machine solaire, alimentée à l'énergie thermonucléaire. Lequel détermine les deux autres ? Cette machine est approximativement l'équivalent d'une dynamo : la rotation produit des courants, et ces courants engendrent le magnétisme. Dans une certaine mesure, cette analogie est trompeuse : dans une dynamo, la rotation dans un aimant engendre un courant électrique. Cependant, le principe est à peu près le même : l'énergie mécanique devient de l'énergie magnétique. Notons d'ailleurs que cette énergie magnétique, qui donne lieu à des phénomènes divers et complexes, libérera à son tour une importante quantité d'énergie mécanique qui se manifeste notamment par de brutales éruptions en des points très localisés de l'atmosphère solaire. Si bien que la vitesse de rotation reste en moyenne constante et que le système énergie mécanique-énergie magnétique reste à peu près équilibré. Il est vrai que l'énergie de rotation et l'énergie des éjections éruptives ne sont pas de même nature. Mais n'oublions pas non plus que le Soleil perd constamment de sa masse ; de façon séculaire, ce phénomène est sans doute emprunté à l'énergie de rotation dont la variation est certaine à l'échelle de l'évolution solaire — des milliards d'années —, mais à peine décelable à l'échelle des observations humaines.

Le mécanisme de la dynamo solaire doit être précisé : l'arsenal des équations de la mécanique et de l'électromagnétisme dûment couplées doit permettre d'obtenir des archétypes de ce fonctionnement. Toutefois, il faut bien se rendre compte de ce que ces phénomènes — rotation, convection et magnétisme — affectent le Soleil depuis des milliards d'années et que leur équilibre actuel résulte d'une longue adaptation ; la théorie ne peut entièrement l'expliquer aujourd'hui, même à l'aide des ordinateurs les plus perfectionnés utilisés pour l'étude de ces problèmes, qui comptent parmi les plus difficiles de l'astrophysique. Cela explique que l'on soit contraint de les simplifier par diverses approximations faites de façon assez générale : on admet par exemple que le flux d'énergie ne varie pas avec la latitude ; ou encore que l'activité solaire a le même axe de symétrie (celui du Soleil) que sa rotation ; ces hypothèses ne sont pas toujours complètement justifiées et devront être discutées.

Les modèles construits commencent généralement par expliquer le caractère différentiel de la rotation solaire. L'existence avérée de convection suggère celle de cellules convectives qui font monter la matière au voisinage de l'équateur et la font descendre à des latitudes élevées ; la circulation est, d'une latitude à l'autre, essentiellement horizontale, vers le pôle dans les couches superficielles et vers l'équateur au fond de la zone convective ; des mouvements de ce type dépendent du « moment angulaire » de rotation vers le bas et vers l'équateur. Ce moment tend à accélérer la rotation des régions équatoriales et à provoquer le caractère différentiel de la rotation solaire. Une « circulation méridienne » semble donc nécessaire pour associer convection et rotation différentielle. Le calcul fait le reste : les différents auteurs obtiennent des solutions sensiblement différentes selon qu'ils choisissent telle ou telle approximation pour mener leurs calculs, qu'ils « linéarisent » tel groupe d'équations hydrodynamiques plutôt que tel autre, qu'ils définissent telles ou telles conditions aux limites astrophysiques, ou telle ou telle valeur des paramètres mécaniques du milieu, comme les « nombres » représentant les taux de diffusion, ou la turbulence (« nombres » de Reynolds, de Prandlt, etc.). Ces incertitudes conduisent à choisir souvent des modèles « paramétrisés » où les paramètres sont le nombre des cellules convectives, leurs dimensions, leurs propriétés. Le modèle de la zone convective est évidemment l'un des paramètres essentiels...

Qu'en est-il du magnétisme ? Peut-on l'expliquer comme conséquence de la rotation et de la convection ? De façon générale, on admet que le champ magnétique, comme dans une machine dynamo, est maintenu par l'induction de courants électriques dus aux mouvements convectifs d'ensemble qui tendent à tordre et à pousser les lignes et les tubes de force du champ magnétique. Mais le champ magnétique est en quelque sorte formé de deux composantes ; l'on pourrait même parler plus généralement d'une hiérarchie des éléments magnétiques : il existe tout d'abord un « champ général » dipolaire, mais extrêmement faible et comparable à celui d'un aimant, comme sur la Terre. C'est un champ « poloïdal », c'est-à-dire admettant deux régions polaires, nord et sud, coïncidant avec la région des pôles de la rotation solaire. L'essentiel du magnétisme solaire n'est cependant pas dans le champ général, mais dans des régions plus localisées, observables dans la photosphère ; reliées par des tubes de force qui pénètrent dans le Soleil, on n'en voit en somme que les sections par la couche photosphérique observée ; les clichés chromosphériques ou coronaux les mettent néanmoins bien en évidence. On a pu comparer cette structure à celle d'un enchevêtrement de macaronis ; l'image est audacieuse, mais pertinente, à ceci près que ces tubes sont de dimensions très diverses ; on peut noter que les lois de l'hydromagnétisme se traduisent par le fait essentiel suivant : lorsque des tubes de force magnétique sont inclus dans un milieu matériel dont les mouvements leur sont perpendiculaires, ils réagissent comme s'ils étaient des tubes de caoutchouc ; ils s'opposent de par leur élasticité à ce mouvement, mais ils le subissent néanmoins, tendus, jusqu'à ce qu'un accident mette fin à cette situation qui n'a que les apparences de la stabilité ; un tel accident est d'autant plus vraisemblable que le champ est moins figé (« gelé », dit-on parfois) dans la matière, c'est-à-dire dans les couches extérieures du Soleil. Les « structures magnétiques », trace des tubes de force sur la photosphère, forment, depuis les éléments les plus petits des « filigranes » jusqu'aux grandes régions unipolaires qui couvrent d'importantes fractions du Soleil, une hiérarchie continue. Le champ, des filigranes aux grosses taches, croît d'environ 1 500 à 3 000 gauss environ : le flux magnétique est de 10^{18} maxwells dans les filigranes et atteint $3\ 10^{22}$ maxwells dans les taches les plus grosses. A moindre échelle règne une turbulence magnétique : le champ est distribué en petits éléments, de petits aimants en somme, et sa valeur moyenne est au maximum de l'ordre de 100 gauss. A grande échelle, les grandes régions « unipolaires », qui montent parfois vers le pôle et constituent sans doute l'essentiel de la composante poloïdale, sont traversées par un flux de $10^{21} - 10^{22}$ maxwells ; localement, le champ n'y est que de quelques gauss.

On peut considérer que les différentes structures magnétiques constituent un seul système, une sorte de champ magnétique « toroïdal », « émergeant » en des régions actives de signe magnétique positif, « s'immergeant » en des régions de signe négatif. Ce système toroïdal s'atténue avec la baisse cyclique de l'activité solaire, en même temps qu'il dérive vers l'équateur. On constate alors sans mal, grâce à l'image des tubes de force élastiques, que la rotation différentielle des régions photosphériques, appliquée à un champ poloïdal, le transforme aisément en un champ toroïdal constitué d'un grand nombre de spires entourant le Soleil dans les basses latitudes. Le champ magnétique est « gelé » dans la matière solaire et ne résiste bien, on le verra, que dans les régions extérieures les moins denses. Le champ toroïdal domine donc, comme le confirment les observations. L'explication de l'évolution cyclique du système toroïdal est plus difficile. Parker, vers 1955, fut sans doute le premier à avoir montré que la rotation différentielle, cause du champ toroïdal, peut se combiner à une « turbulence cyclonique » et engendrer des ondes migratoires faisant dériver le tore magnétique vers l'équateur. Le détail du mécanisme, qui n'est pas simple, peut se décrire ainsi : si l'on admet que la vitesse de rotation augmente vers l'intérieur (bien que l'expérience, on l'a vu, ne confirme pas systématiquement cette hypothèse) un nouveau champ toroïdal se forme, de sens opposé au champ toroïdal préexistant ; il émerge du côté des hautes latitudes : la compensation est partielle, et le résultat net en est que le champ initial migre vers l'équateur en diminuant d'intensité.

Cette description très idéalisée donne lieu aux calculs d'archétypes magnétiques « raisonnables ». Mais on peut aussi montrer que l'émergence des groupes de taches est suivie par une dispersion, provoquée par les mouvements horizontaux dans les supergranules. La torsion des groupes de taches, étirés en latitude par la rotation différentielle, est telle que le signe de la portion « avant » influence l'équateur, celui de la portion « arrière » joue un rôle déterminant dans les migrations vers le pôle ; en poursuivant le raisonnement, on voit comment les changements de polarité d'un cycle à l'autre (brièvement décrits p. 63) pouvant se développer (Babcock, Leighton) et recréer un champ poloïdal faible, de sens opposé au précédent, celui-ci, à son tour, engendrera un champ toroïdal, et ainsi de suite. Il est plus difficile de calculer par la théorie, à partir des données solaires, la valeur exacte de la durée du cycle solaire, et de connaître l'origine de la variation séculaire de l'intensité de ce cycle. Les observations dans les domaines X et UV du spectre donnent de celui-ci une nouvelle description : au lieu de cycles d'une durée de l'ordre de 11 ans, certains pensent que les régions actives migrent, d'abord sans manifestation apparente, des pôles vers l'équateur ; les taches commencent à apparaître dans ces régions actives à mesure que les tubes se concentrent, s'individualisent, vers 45° de latitude ; la zone tachée descend ensuite vers l'équateur : ce phénomène a duré 17 ou 18 ans (selon Legrand et Simon) et deux migrations successives empiètent dans le temps l'une sur l'autre. La théorie, au prix de l'ajustement d'un minimum de paramètres, arrive à rendre compte de ces phénomènes (Paternó, Belvedere, Stix, Gilman).

Avons-nous par hasard donné l'impression que tout est simple et que tout va pour le mieux dans le meilleur des mondes ? C'est peu probable : la théorie est difficile et constamment contredite par les nouvelles observations. Reconnaître ces difficultés devrait permettre, *ipso facto*, de progresser encore. En premier lieu, le Soleil n'a pas de symétrie nord-sud : un hémisphère l'emporte toujours sur l'autre, ce dont les théories « dynamo » ne tiennent aucun compte. De surcroît, la variation de la vitesse de rotation avec la profondeur est mal déterminée à partir des mesures ; différentes théories « dynamo » aboutissent les unes à une croissance vers l'intérieur, d'autres à une croissance vers l'extérieur. L'axe de rotation du Soleil, enfin, semble différent de l'axe du magnétisme. A l'aide de mesures portant sur un siècle, Trellis a mis en évidence un angle minime mais significatif de 0,5° ; l'axe magnétique décrit, autour de son axe de rotation, un cône en 4 à 5 cycles solaires, soit environ 50 ans. Le Soleil serait alors un « rotateur oblique », comme certaines étoiles fortement magnétiques de type A (T_{eff} ~ 10 000°) : mais la théorie des rotateurs obliques reste à faire. Les modèles théoriques impliquent des approximations aussi graves que le fait de supposer des systèmes convectifs à symétrie axiale et en milieu non compressible. La turbulence magnétique, pourtant démontrée par l'observation, est oubliée par la théorie ; les effets du champ magnétique sur la convection ne sont pas pris en compte... Ces exemples sont nombreux. La théorie est d'une rare difficulté, compte tenu de la géométrie compliquée des phénomènes et du couplage serré des phénomènes mécaniques et magnétiques.

Les phénomènes de rotation, de convection et de magnétisme, comme le cycle d'activité, existent dans les étoiles. Il n'est pas exclu que l'étude empirique des relations entre les paramètres ($\mathcal{M}_*$, $\mathcal{L}_*$, $\mathcal{R}_*$) de ces étoiles et les propriétés de rotation, de convection, de magnétisme et d'activité, apportent finalement aux théoriciens qui se sont préoccupés du Soleil les arguments décisifs. L'étude détaillée des phénomènes solaires donnera d'autres arguments. D'immenses progrès restent donc à faire, mais les lignes directrices en sont claires.

Ne faut-il pas se réjouir, au demeurant, de l'imperfection de notre connaissance de la machine solaire ? Elle tourne depuis des milliards d'années, mais reste un fascinant objet de recherches pour les observateurs comme pour les théoriciens.

VI

La photosphère externe

Où le voyageur imprudent s'aperçoit que, loin de se simplifier, les choses se compliquent, et que sortir d'une étoile pour prendre le frais n'est pas une opération assurée du succès ; où cependant l'auteur tente de lui faire comprendre comment dix mille raies obscures du spectre devraient lui donner dix mille problèmes nouveaux, nettement plus fascinants que les mots croisés du samedi.

A l'aide des hypothèses de l'équilibre hydrostatique (EH) et de l'équilibre radiatif (ER), éventuellement perturbées par les convections, la description du mécanisme de la machine solaire nous a permis de comprendre assez bien ce qui se passe dans l'essentiel de sa masse. Mais nous voici arrivés au voisinage de la surface... Pouvons-nous encore appliquer cette représentation, par un équilibre global, de la multiplicité des processus ? A cette question, nous allons le voir, la réponse est négative.

Ainsi, lorsqu'on écrit les équations de l'ER, on suppose que seul le rayonnement véhicule l'énergie : mais alors, quelle explication donner au « chauffage » de la chromosphère, de la couronne ? On émet l'hypothèse que l'équilibre thermodynamique local (ou ETL) est réalisé — en d'autres termes, que le rayonnement est localement en équilibre avec le milieu ambiant et fixé par la loi de Planck. Mais alors, comment expliquer la simple existence, dans le spectre solaire, de raies d'absorption ?

Ce dernier phénomène, devenu depuis Fraunhofer l'évidence quotidienne des spectroscopistes, a dû attendre les récentes années (les travaux de Giovanelli, Thomas, Jefferies, Pecker et leurs élèves) pour être à peu près compris. Le fait est que le

Soleil n'est pas un astre clos, mais un astre *ouvert*. En tout point de la photosphère, et contrairement à ce qui se passe dans un corps noir, le champ de rayonnement, on l'a dit, est loin d'être isotrope, puisque le rayonnement dominant vient de l'intérieur. L'intensité du rayonnement est égale à un tout petit peu plus de la moitié de l'intensité du rayonnement correspondant aux conditions d'équilibre. En outre, dans une région traversée par des photons venus d'en bas, la température d'équilibre diffère de celle du rayonnement.

Les astronomes ont pris l'habitude de distinguer deux régions dans la photosphère : la « photosphère profonde », où l'équilibre local est commandé par la température locale mais où l'anisotropie déjà se marque ; et la « photosphère externe », où l'équilibre local dépend *aussi* du champ de rayonnement, qui vient surtout des couches plus profondes et, pour une moindre part, des couches moins profondes. L'hypothèse de l'ETL ne peut donc y être appliquée.

Or l'ETL n'a pas seulement servi à construire des modèles. Il est aussi utilisé de façon courante pour rendre compte des raies de Fraunhofer, de leur intensité, de leur « profil ». Dans ces raies, la matière solaire est plus opaque que dans le spectre continu. Elles sont donc révélatrices des conditions physiques régnant dans les régions les plus externes de la photosphère du Soleil.

Depuis 1950 environ, l'exploitation des mesures, devenues toujours plus précises, a dû par conséquent choisir des voies tout à fait nouvelles. Il convient ainsi d'examiner en détail les propriétés des raies de Fraunhofer et les déductions successives, parfois contradictoires, qu'on a pu en tirer au fil des ans.

Le spectre solaire de Fraunhofer contenait une centaine de raies, repères sans signification précise. Les travaux de Kirchhoff, de Thollon, ceux de Young, relatifs au spectre « éclair » observable au début et à la fin des éclipses totales, ceux de Mitchell ont contribué à en dresser la liste. Le premier catalogue extensif est celui de Rowland (1895-1897) qui couvre le spectre de 2975 A (297,5 nm) à 7 330 A. Les travaux poursuivis, rassemblés en diverses « révisions » du catalogue de Rowland, ont abouti aux tables, toujours valables, de Moore, Minnaert, Houtgast, qui couvrent l'intervalle spectral 2935 A — 8770 A (1955), et aux atlas qui décrivent aujourd'hui une part considérable du spectre solaire (5 nm à 23,7 µm), et auxquels les astronomes de Liège, de Kitt Peak (USA), d'Utrecht, de Washington, etc., ont consacré une énergie féconde. Le nombre de raies détectées actuellement s'élève à plus de 50 000.

Quelle en est l'origine? Les transitions entre les niveaux d'énergie des atomes présents dans l'atmosphère solaire absorbent une grande énergie et correspondent donc à une opacité importante, mais localisée en une bande très étroite de longueur d'onde. Le premier problème est d'identifier, dans chaque cas, quel est l'atome ou l'ion responsable de telle ou telle raie, et de définir pour chaque atome quelle transition entre quels niveaux correspond à quelle raie. Un siècle d'efforts continus a permis l'identification de plus des trois quarts des raies détectées. L'étape essentielle a été la découverte, par Saha, de la loi qui porte son nom et qui exprime la proportion respective des différents ions d'un élément donné en fonction de la densité électronique et de la température. Il a fallu ensuite déterminer les niveaux d'énergie de tous ces atomes et ions présents dans l'atmosphère : l'expérience au laboratoire apporte souvent la réponse, mais le meilleur laboratoire est encore le Soleil ; et le seul outil est la théorie de l'atome. La construction des « diagrammes » de Grotrian, qui représentent les niveaux d'énergie des divers ions et atomes, fut donc, après la loi de Saha, le second outil d'identification. Un travail acharné, pour lequel des chercheurs tels que Meggers, Moore ou Mulders méritent la reconnaissance des physiciens solaires, fut ensuite nécessaire ; ces recherches sont aujourd'hui presque achevées, même en ce qui concerne les raies des éléments très fortement ionisés de la couronne observés pendant les éclipses, ou celles qui sont découvertes, grâce aux engins spatiaux, dans le domaine X. C'est un travail admirable que ne doivent pas faire oublier les acrobaties théoriques auxquelles les équilibristes solaires se livrent sur le fil des équations hydromagnétiques...

Notons incidemment que la quasi-totalité des éléments connus sur Terre, à l'exception des plus lourds, trop peu abondants, se retrouve sur le Soleil. C'est sur le Soleil que fut d'abord découvert l'hélium (d'où son nom), observé ensuite sur Terre ; sur le Soleil qu'on a cru découvrir le gaz coronium (nommé d'après la couronne solaire), et trouvé par la suite que les raies de coronium étaient dues au Fer 9 fois ionisé (spectre Fe X) et au Fer 13 fois ionisé (spectre Fe XIV).

Une raie spectrale n'est pas seulement un trait obscur qui traverse le spectre. Elle a une intensité, fonction de la quantité d'énergie absorbée. Elle a une largeur, qui n'est pas nécessairement proportionnelle à son intensité, car le centre de la raie, quoique plus obscur que le continu, n'est pas complètement « noir ». Elle a un profil : entre le centre de la raie et ses ailes, l'intensité varie d'une certaine fraction de l'intensité du spectre continu (0,99 % au centre d'une raie à peine discernable, 90 % pour une raie faible, 20 % pour une raie forte...) ; mais la forme de cette variation peut changer : le centre peut être très marqué, les ailes faibles ; il peut être le siège d'une émission parfois plus forte que l'intensité continue ; les ailes peuvent s'étendre fort loin, et avec plus ou moins de régularité... Tous les types de profils possibles se rencontrent, en particulier pour ce qui concerne les spectres stellaires dont la variété est encore plus considérable.

Nous devons comprendre le résultat des mesures de l'intensité, de la largeur, du profil des raies — et notamment de leurs variations. Il nous faut pourtant être conscients d'une difficulté majeure de ce problème : pendant des années, de nombreux auteurs, pour l'aborder, ont refusé de rejeter l'ETL au magasin des accessoires devenus inutiles. Ils avançaient pour cela des arguments très solides : tenir compte des écarts à l'ETL, ou supposer l'ETL réalisé, aboutissait à des résultats aussi cohérents dans un cas que dans l'autre, notamment en ce qui concerne la détermination de la composition chimique ; les méthodes de diagnostic utilisant les nombreuses raies mesurées et le continu étaient tous très homogènes ; certes, d'un cas à l'autre, les résultats de ces analyses différaient souvent de façon importante ; mais, à elles seules, les observations ne suffisaient pas à prouver la nécessité de rejeter l'hypothèse de l'ETL.

Deux types d'arguments poussèrent donc à introduire une nouvelle spectrographie astrophysique. Le premier argument vient de l'analyse, dans le cadre de l'hypothèse de l'ETL, des raies de Fraunhofer. Des plus faibles aux plus fortes, elles apparaissent en absorption, à l'exception peut-être du centre de certaines raies, telle la raie $H\alpha$ de l'hydrogène : en ETL, cela signifie que la température décroît vers l'extérieur, vers des profondeurs optiques (rapportées au continu à 500 nm) de l'ordre de 0,0001. Or les couches de ces profondeurs ne sont plus localisées dans la photosphère, mais dans la chromosphère où d'autres mesures témoignent de l'existence de températures plus élevées. Les meilleurs modèles déduits du spectre continu aboutissent à un minimum de température voisin de 4 200°K. Cependant, l'intensité, au centre des raies fortes, correspond à des températures bien plus basses, de l'ordre de 3000°K. En ETL, on peut utiliser le profil des raies comme nous avons utilisé le spectre continu : mais les modèles obtenus ne coïncident pas avec ceux déduits du continu. De même, la variation centre-bord des raies spectrales entraîne, si on en déduit des modèles, des contradictions inconciliables avec les modèles plus sûrs tirés des mesures du spectre continu.

La théorie permet de comprendre le pourquoi de ces contradictions. En ETL, les niveaux d'énergie sont peuplés conformément à la loi de Boltzmann. Hors ETL, on ne peut admettre que soit réalisé l'équilibre qui a permis d'aboutir à cette loi. Il faut tenir compte de tous les processus qui peuplent les niveaux d'énergie des atomes : ceux-ci peuvent être excités par des collisions, ou par l'absorption de rayonnement à partir des niveaux plus bas ; ils peuvent subir des excitations spontanées, stimulées par le rayonnement, ou par des collisions ; les niveaux peuvent être peuplés à la suite de la recombinaison, sur le niveau concerné, d'un ion et d'un électron, et tous les processus inverses sont susceptibles de dépeupler les niveaux d'énergie. A l'ETL, on a une situation d'équilibre *stationnaire* et de « *bilan détaillé* » : chaque processus équilibre le processus inverse ; il y a autant de transitions B→H, par suite de l'absorption d'un photon, que de transitions H→B spontanées, de transitions B→H sous l'effet d'une collision entre l'atome et un électron que de transitions H→B sous l'effet d'une autre collision de ce type. Hors ETL, cela n'est pas vrai : il n'y a qu'un « *bilan global* ». La population de chaque niveau reste constante (situation *stationnaire*), mais tel niveau peut être principalement peuplé (par exemple) par une « cascade » de transitions spontanées à partir de niveaux plus excités, et principalement dépeuplé par les collisions électroniques.

Dans la situation de l'équilibre stationnaire hors ETL, le champ de rayonnement commande en partie les populations des niveaux d'énergie ; en ETL, seule la température joue un rôle. Cette différence fondamentale a pour effet d'associer les équations qui régissent le transport radiatif de l'énergie et la population des niveaux atomiques. Au lieu d'une équation, celle de Boltzmann, s'appliquant à chaque couple de niveaux, et soluble *sans* référence aux autres niveaux ni au champ de rayonnement, on se voit confronté à la nécessité de résoudre *simultanément* les nombreuses équations relatives à tous les niveaux et l'équation de transfert du rayonnement...

Les écarts à l'ETL sont plus ou moins marqués d'un atome à l'autre, d'une raie à l'autre. On peut les déterminer empiriquement à partir de l'exploration du profil d'une raie, ou de celle d'une variation centre-bord de l'une d'elles, de la comparaison de diverses raies, pourvu que l'on puisse disposer d'un modèle issu d'une autre détermination indépendante, celle du spectre continu par exemple. On peut aussi les déterminer par le calcul, à condition de connaître toutes les probabilités de transition que fournit encore trop rarement la physique et qui commandent les processus individuels qui peuplent et dépeuplent les divers niveaux d'énergie.

Que tire-t-on de la mesure des raies ? Nous avons évoqué les mouvements d'ensemble, mis en évidence par les effets Doppler qui déplacent les longueurs d'onde des raies. Mais bien d'autres déterminations sont possibles. L'intensité d'une raie dépend bien sûr des caractéristiques purement physiques du niveau B de l'atome responsable. Mais elle dépend essentiellement du peuplement de ce niveau d'énergie B. Si toutes les constantes atomiques sont connues, elle est une mesure exacte du nombre d'atomes peuplant ce niveau B. Déduire de l'intensité le nombre d'atomes (par cm³) N_B sur le niveau B de la transition B$\rightarrow$H qui a absorbé telle raie mesurée, n'est pas un problème ambigu ni très difficile, même si le modèle est mal connu. Mais il faut ensuite passer de N_B au nombre total d'atomes de la même espèce, donc connaître la distribution des atomes entre leurs différents états d'ionisation, et celle, pour chacun de ces états, des atomes et des ions sur les différents niveaux. Ce passage étant fait, la mesure initiale aura fourni l'abondance A du noyau — fer, chrome, hélium — responsable de cette raie : le passage est facile dans le cas de l'ETL où la relation de Saha et celle de Boltzmann relient simplement N_B à A ; mais il est fort difficile hors ETL. Les calculs montrent que la différence pour un même N_B (surtout s'il s'agit de niveaux bas) entre la valeur de A déduite de l'ETL et la valeur de A déduite d'une solution plus élaborée des équations de l'équilibre stationnaire, peut atteindre, dans le cas du Soleil, un facteur 10 ! Comme nous l'avons dit, l'abondance A est malheureusement un mauvais test, car l'ensemble des raies d'un élément aboutit — ETL ou pas ETL — à des valeurs différentes l'une de l'autre, mais également imprécises et dispersées.

De plus, les abondances relatives (du fer par rapport au chrome, par exemple) sont obtenues en utilisant les « courbes de croissance » introduites par Minnaert. Ces courbes représentent la relation complexe entre l'intensité totale d'une raie et l'abondance ; elles se déduisent de l'étude des raies d'un même *multiplet* (raies issues du même niveau B) et peuvent permettre, sans hypothèse, de comparer l'abondance de deux atomes. Certes, la comparaison de la courbe expérimentale avec les courbes théoriques qui sont fonction du modèle et de l'hypothèse de l'ETL peut donner des abondances absolues ; mais c'est la détermination des abondances relatives qui, encore maintenant, tient lieu d'argument à maints astronomes pour oublier que l'ETL est une mauvaise approximation. Ils appliquent en effet souvent les méthodes des courbes de croissance différentielles à la comparaison des abondances dans le Soleil et dans telle ou telle étoile, alors que les écarts à l'ETL ne jouent pas nécessairement de façon telle qu'ils se compensent correctement ; aussi faut-il mettre sévèrement en garde contre de tels abus. La rigueur n'est pas impossible ; il vaut mieux ne pas s'en passer !

Si l'intensité totale des raies, très sensibles aux écarts de l'ETL, ne permet pourtant guère de prouver l'existence de ces écarts, le profil des raies autorise au contraire une telle démonstration. De façon générale, et dans le cas solaire, les raies sont assez larges. On peut y appliquer grossièrement les inégalités d'Heisenberg, développées dans les années 1920-1930 en physique quantique : si une raie est issue d'un niveau H, sa largeur $\Delta\lambda$ dépend de la durée de vie Δt (stabilité) de ce niveau ; elle y est inversement proportionnelle. Les niveaux de grande durée de vie ont de faibles largeurs. Mais il s'agit ici de la largeur d'un niveau pour un seul atome isolé. En réalité, plongé dans un milieu gazeux, l'atome est soumis à des collisions qui, limitant encore la durée de vie du niveau excité, ont pour effet d'élargir la raie. En outre, une raie résulte de nombreux atomes ; chacun a sa vitesse propre, le milieu étant animé par des vitesses thermiques et ces vitesses déplaçant la raie correspondante par effet Doppler ; la distribution des vitesses des divers atomes du milieu a donc pour effet, par la combinaison de ces différents déplacements, un élargissement de la raie dont le centre de gravité n'est pas déplacé. La « largeur Doppler » est proportionnelle à la racine carrée de la température.

Le centre de la raie est très arrondi, et essentiellement dû à la largeur Doppler : l'opacité y varie comme $\exp(-x^2/\Delta\lambda_{\mathrm{D}}^2)$, où x désigne la différence de longueur d'onde entre le point choisi du profil et le centre de la raie, et où $(\Delta\lambda_D)^2$, carré de la largeur Doppler, est proportionnel à la température T. Dans les ailes, l'opacité décroît moins vite ; elle est due à l'amortissement : dans le cas solaire, les collisions l'emportent sur la désexcitation spontanée et l'atome désexcité, après collisions, se comporte comme un oscillateur écarté de sa position d'équilibre ; l'opacité varie dans les ailes de façon inversement proportionnelle à x.

Si l'on part d'une raie d'absorption faible et que, par une expérimentation imaginaire, on augmente progressivement le nombre N d'atomes responsables, on constate que l'intensité est d'abord proportionnelle à N ; mais le centre de la raie, étant très opaque, va se saturer ; l'intensité va tendre à être constante ; si l'on augmente encore N, les ailes vont se manifester et augmenter d'importance ; l'intensité sera alors proportionnelle à $\sqrt{N}$. Ces trois comportements correspondent aux trois parties de la courbe de croissance : celle-ci, quoique construite avec l'intensité totale seulement, dépend donc aussi du profil. De son analyse, on peut déduire la température ou, le cas échéant, les vitesses non thermiques, dont l'effet peut dominer la formation du noyau Doppler ; on peut en tirer aussi la densité, responsable de l'amortissement.

Mais le détail du profil diffère nettement, dans presque tous les cas, du profil calculé en ETL : il vaut mieux se livrer au diagnostic des profils qu'à celui des intensités totales, même au travers de l'utilisation rapide, pratique — mais dont il faut connaître les limitations — des courbes de croissance.

En partant donc non seulement des intensités totales, mais aussi des profils, afin de déterminer les écarts à l'ETL, on pourra obtenir les données physiquement solides concernant l'abondance des éléments. C'est là l'un des sous-produits les plus importants de l'analyse des raies de Fraunhofer. Il ne s'agit plus seulement de l'identification des atomes présents : la méthode décrite fournit une détermination de la composition chimique d'une étoile, la plus précise qui soit. L'hydrogène en est l'élément le plus important : les éléments les plus abondants sont ensuite, dans l'ordre, l'hélium (10 % en nombre d'atomes), l'oxygène (un peu moins d'un millième), le carbone (environ 5.10^{-4}), l'azote (environ 10^{-4}), puis le néon (environ 10^{-4}), le magnésium, le silicium, le fer, le soufre (4.10^{-5}), le calcium, l'argon (2.10^{-5}), etc. On note la décroissance, dans l'ensemble, de l'abondance avec le poids atomique. Mais les éléments légers (Li, Be, B) sont quasiment absents, détruits par les réactions thermonucléaires ; cependant qu'autour du fer, on note une remontée (le « pic » du fer) de cette abondance. Ce tableau des abondances des éléments dans le Soleil sert de référence à toutes les autres déterminations de ce genre dans l'Univers.

La largeur Doppler des raies fournit une indication sur les mouvements non thermiques à petite échelle. Un phénomène connu est l'augmentation de la largeur Doppler de toute raie vers le bord du disque solaire. On peut cependant décrire leur profil de façon plus fine : il est nettement dissymétrique, et ce fait a été noté dans les années 1940 par Miss Adam, et souvent étudié depuis. Toutes les raies sont « tordues » de la même façon, et leurs ailes sont déplacées par rapport au centre de la raie. L'ensemble de ces constatations incite à conclure que les vitesses turbulentes sont nettement non isotropes, avec une dominante (3 km.s^{-1}) horizontale et une décroissance vers l'extérieur (d'un facteur 2 entre $\tau \sim 0.1$ et $\tau \sim 0.001$, grosso modo).

En utilisant les données du spectre continu pour construire le modèle solaire dans la photosphère profonde et en se servant des raies, dans la mesure du possible, pour connaître la photosphère extérieure, il est possible de construire un modèle hors ETL ; ce modèle comporte, vers $\tau \sim 10^{-4}$, un minimum de température à $4\,200°$K. On peut aussi, comme on le fait dans les régions profondes, utiliser l'hypothèse de l'équilibre radiatif (ER) : dans un tel modèle, la température décroît de façon continue et ne présente donc aucun minimum. Pour diverses raisons, la construction d'un tel modèle archétypal est au demeurant difficile : l'opacité ne peut y être traitée comme « grise » ; elle dépend de surcroît de la longueur d'onde, ne serait-ce que par l'intermédiaire des raies. Il est donc clair que l'application de telles techniques aux étoiles est particulièrement hasardeuse. Une chose est sûre en effet : aucun modèle en ER, aussi élaboré soit-il, ne peut comporter un minimum sensible de température. Il faut donc admettre que l'hypothèse de l'équilibre radiatif est dépassée dans la photosphère externe : à des couches plus élevées que $\tau \sim 0.01$, il *faut* faire intervenir un chauffage de la matière par d'autres processus que l'équilibre radiatif.

On notera que $\tau \sim 10^{-4}$ est, à peu de chose près, la profondeur optique du minimum de température ; celle de la « surface » solaire, très voisine en somme, est de l'ordre de 3.10^{-3}. Et le minimum de température a lieu, de fait, à 500 km au-dessus de la surface — ce qui est fort peu. Ce n'est pas tout à fait un hasard, tous ces phénomènes étant associés à la dilution de la matière : l'opacité s'effondre avec la densité, les phénomènes radiatifs cessent de l'emporter, la matière étant plus aisément mobile. C'est donc aussi la région où le magnétisme va avoir des effets de plus en plus nettement marqués.

Hors de la photosphère, à l'extérieur de la surface du Soleil, nous allons par conséquent rencontrer des régions diluées et étendues pour lesquelles les hypothèses de la théorie classique des atmosphères doivent toutes être abandonnées : ce sont la chromosphère et la couronne.

VII

La chromosphère solaire

Où, désespérant de se voir plonger à nouveau un jour dans la fraîcheur des plages de l'Atlantique, notre voyageur, stoïque et résigné, se laisse entraîner par l'auteur dans les jets tordus, les tubes magnétiques, les éruptions violentes et autres lieux de plaisir agité.

Chromosphère : de χρομος, couleur, et σφερης, sphère. La pesanteur exerce sur ces couches ténues une influence encore suffisante pour qu'elles soient quasiment sphériques — comme l'est la surface de l'océan, malgré les vagues et les houles.

La couleur qui a donné son nom à la chromosphère est celle de la raie Hα de l'hydrogène, *en émission,* qui brille au moment où le disque du Soleil vient de disparaître derrière la Lune. Nous savons que les techniques modernes permettent d'observer la chromosphère en isolant le centre de la raie Hα et en faisant, à cette longueur d'onde précise, des images de la chromosphère et de ses aspects ; on peut aussi l'observer dans d'autres raies intenses du spectre, les raies H et K du calcium ionisé, la raie infrarouge de l'hélium et quelques autres. On peut l'observer encore dans le spectre continu, à condition de choisir une région suffisamment opaque de ce spectre, soit vers 150-200 nm, c'est-à-dire dans l'ultraviolet accessible grâce à des fusées et satellites, soit encore dans le domaine des ondes radiocentimétriques et décimétriques. Quelques raies UV intenses, h et k du magnésium ionisé, et Ly α de l'hydrogène, principalement, permettent également l'exploration de la chromosphère.

Il faut bien s'entendre sur ce phénomène d'*émission* qui permet d'étudier la chromosphère et la couronne pendant les éclipses. Le mot n'est pas sans ambiguïté et il convient donc d'en éclairer le sens.

Toutes les couches d'une étoile, qu'elles soient profondes ou superficielles, absorbent du rayonnement et en émettent. Dans la mesure où l'émission du rayonnement dépend des conditions locales et où celles-ci diffèrent des conditions qui règnent plus profondément, là d'où vient le rayonnement continu, l'une l'emporte sur l'autre, ou l'inverse.

Le profil d'une raie est en quelque sorte l'image de cette émissivité relative, ou de ce qu'on appelle la « fonction-source » du rayonnement, rapport entre le coefficient d'émissivité et le coefficient d'absorption de la matière solaire. Au centre d'une raie de Fraunhofer, qui apparaît en absorption dans son ensemble, peut apparaître une émission, c'est-à-dire un renversement plus ou moins marqué, image de la variation de la fonction-source avec l'altitude : ainsi, dans la raie K du calcium ionisé, cette fonction-source diminue vers l'extérieur avant d'augmenter à nouveau ; dans la raie Hα de l'hydrogène, la fonction-source décroît de façon continue, mais moins vite que celle que produirait l'ETL ; le profil de la raie Hα n'est affecté par aucun renversement central.

On peut comprendre les apparences de ces raies en les discutant d'abord dans le cadre de l'ETL ; alors la fonction-source, dans la raie comme dans le continu, est essentiellement la fonction de Planck, qui ne dépend que de la température. Si la température décroît vers l'extérieur, on observe une raie d'absorption sur continu intense. Si, au contraire, la température croît, l'opacité dans la raie conduit alors à une raie d'émission qui domine le spectre continu. Un renversement du profil correspond à une inversion du sens de croissance de la température : à strictement parler, le profil, en ce cas, est l'image de la distribution de la température dans les couches responsables de la raie étudiée et du spectre continu adjacent.

Examinons par ailleurs n'importe quelle raie au bord du Soleil : sur le disque, à l'intérieur du bord solaire, elle apparaît en absorption. Mais à l'extérieur, le continu, transparent, n'émet pratiquement plus ; au contraire, la raie où la matière est plus opaque atteint une épaisseur optique importante le long du rayon d'observation, et c'est donc seulement dans la raie que l'émission est observable. En un sens, le « bord » du disque visible correspond à la « surface » de la photosphère ; le « bord » du disque observé au centre de H α en est bien différent ; le disque H α est plus grand que le disque observé dans le rayonnement continu : ce bord H α correspond à la « surface » de la chromosphère.

L'observation du « bord » solaire en H α, ou dans la raie K, met en évidence des phénomènes simples. Tout d'abord, l'épaisseur de la chromosphère, c'est-à-dire la distance entre les deux « bords » définis ci-dessus, est de l'ordre de 5 000 à 7 000 km, donc beaucoup plus importante que celle de la photosphère. De plus, la surface chromosphérique est loin d'être... sphérique. Elle est parsemée de « doigts » montant dans la couronne, les *spicules*, découverts en 1942 par Roberts. La durée de vie des spicules est de l'ordre de quelques minutes : ils semblent se fondre dans la couronne qui les surmonte, à mesure qu'ils y pénètrent, en un mouvement ascendant. Leur altitude au-dessus de la photosphère peut atteindre 10 000 km. Leur dimension latérale est faible : environ 100 km.

L'étude du spectre continu de la chromosphère est plus facile que celle des raies, toutes très éloignées des conditions de l'ETL. Elle permet de dresser des modèles chromosphériques, de calculer les variations de la température et de la densité. On notera d'abord que le minimum de température est ici très directement mis en évidence par divers phénomènes : ainsi l'augmentation de brillance du disque solaire vers le bord, dans les ondes centimétriques ; ainsi le passage, dans l'ultraviolet, vers 180 nm, d'un spectre photosphérique de raies d'absorption, à des longueurs d'onde plus élevées que 180 nm, à un spectre de raies d'émission typique de la chromosphère à des longueurs d'onde inférieures ; ainsi encore l'apparition, en émission, de la discontinuité de Lyman à 91 nm. Une étude détaillée montre que la température semble se stabiliser aux alentours de 7 000° et de 20 000°, constituant deux « plateaux » des conditions physiques dans la chromosphère : le premier correspond à la région de 1 000 à 2 000 km au-dessus de la photosphère localisée au-dessous des spicules ; le second plateau de température domine la physique des spicules.

La distribution des spicules est cependant loin d'être homogène. On le voit bien sur les clichés obtenus en *H*α : les spicules sont disposés en buissons, en gerbes ; ils occupent la périphérie des cellules de la supergranulation. Leur observation spectographique détaillée est difficile et les « modèles » chromosphériques résultent surtout de la solution physique des équations « appropriées ».

Mais quelles équations ? Plus d'ETL ici, bien peu d'EH et presque plus d'ER. L'énergie est véhiculée non seulement par le rayonnement, mais par la conduction thermique, et bien entendu par la diffusion et la convection. La solution des problèmes posés est difficile, car la conduction thermique est plus efficace le long des lignes de force du champ magnétique qui influence fortement le mouvement de la matière : la géométrie du transfert d'énergie devient d'une fort grande complexité. Mais la conduction thermique, si elle participe à la distribution des caractéristiques physiques dans la chromosphère, ne contribue pas, même à partir de la couronne chaude — on ne fait que déplacer le problème en altitude —, à l'entretien d'une chromosphère chaude. La source de l'énergie doit être suffisamment élevée pour compenser les pertes causées par rayonnement : on a besoin d'énergies de l'ordre de 10^7 ergs par cm² et par seconde, en plus de celle rayonnée par la photosphère, mille fois plus élevée qu'elle (6 10^{10} ergs cm^{-2} s^{-1}), mais dont (transparence oblige) seule une très faible proportion « chauffe » la chromosphère (environ la fraction 10^{-4} pour une épaisseur optique de 10^{-4}).

Une façon logique de concevoir les problèmes posés est de comprendre au préalable le bilan des énergies : d'un côté, ce sont les pertes, en rayonnement mais aussi sous forme de vent solaire ; d'un autre côté, c'est l'énergie stockée localement : énergie thermique, turbulence, ondes, énergie magnétique ; et c'est enfin l'énergie gagnée : rayonnements absorbés, dissipations d'ondes mécaniques ou magnétiques... Il faut ensuite étudier les mécanismes détaillés afin de prévoir dans quelles régions de la chromosphère chacun des phénomènes physiques l'emporte sur les autres.

Les ondes sonores issues des régions photosphériques, où les convections de la granulation les engendrent, sont l'une des hypothèses les mieux étudiées pour expliquer le chauffage de la chromosphère. Mais elle est loin, à ce jour, d'être satisfaisante : la production de ce chaos d'ondes sonores, aussi bien que le mécanisme de leur dissipation, ou l'influence sur ces ondes du champ magnétique, demeurent fort mal compris. Les autres hypothèses sont encore analysées de façon plus partielle encore. Ce problème est en effet loin d'être banal et facile : on a parfois noté que le chauffage de la couronne est un problème plus grave, puisque la température y atteint des millions de degrés ; mais la couronne est ténue et les besoins énergétiques dans la chromosphère — ténue certes, mais beaucoup moins que la couronne, et plus massive qu'elle — sont en définitive très comparables.

La turbulence dans la chromosphère augmente vers l'extérieur ; c'est un intermédiaire physique possible entre la source du chauffage, qui implique sans doute des phénomènes à échelle relativement grande, et les mouvements thermiques. Ce fait ne peut que suggérer que la chromosphère est le siège de phénomènes d'échelles très diverses, et que son « chauffage » résulte de phénomènes stochastiques concourant, à toutes échelles, à maintenir un équilibre difficile.

Cette impression, à vrai dire très subjective, permet de comprendre pourquoi la surface chromosphérique, observée en $H\alpha$ par exemple, est agitée de tant de phénomènes divers, et pourquoi le moindre phénomène actif s'y accompagne d'épiphénomènes complexes. La cinématique de la chromosphère est en vérité aussi complexe que sa géométrie. On peut en donner une description rapide en gardant présente à l'esprit l'importance des cellules de la supergranulation : à leur périphérie, des gerbes de spicules bordent un réseau chromosphérique bien visible sur les images. Dans ce réseau, la vitesse, vers le bas, est de l'ordre de 10 à 15 km s^{-1} ; mais les spicules sont en ascension : si bien qu'une certaine compensation a déjà lieu à la périphérie des cellules supergranulaires et que le mouvement vers le haut, au centre des supergranules, est à peine décelable.

Les supergranules ont une structure fine, en dehors des spicules. Les « fibrilles » (la nomenclature solaire frise parfois l'exagération des entomologistes !) sont des structures horizontales qui parcourent la surface et dont la longueur est de quelques milliers de kilomètres ; les vitesses horizontales y sont de l'ordre de quelques dizaines de km s^{-1}.

Dans la chromosphère, des ondes sont piégées comme dans la zone convective ; leur période typique est de 3 à 5 minutes : en fait, les pulsations photosphériques à 5 minutes de période peuvent faire entrer en résonance la chromosphère et y engendrer la propagation d'ondes de 5 minutes de fréquence, ou moins : ces oscillations ont été observées avec des amplitudes de 1 à 2 km s^{-1}.

On notera l'extrême complexité de la description que nous devrions donner de la chromosphère. On la comprend mal, parce que les simplifications, possibles dans la photosphère, sont ici impossibles. Une description simple, réaliste et cohérente, ne saurait être envisagée.

Nous avons donc insisté seulement sur la structure thermodynamique des milieux chromosphériques. L'un des points certainement essentiels qu'il convient au moins d'évoquer est l'existence et le comportement des champs magnétiques : dans le Soleil calme, loin des centres actifs, ces champs existent ; leurs manifestations n'ont pas ce caractère spectaculaire que nous voyons dans les régions actives ; néanmoins, leur rôle, encore mal connu, est sans nul doute primordial.

De la chromosphère à la couronne, une transition rapide fait passer la température de 25 000 K environ à un million de degrés. Bien entendu, la température est alors trop élevée pour que l'observation de la raie H α nous renseigne sur ces régions : ce sont des ions intermédiaires, C IV, Si IV, O VI, qui en permettent l'analyse grâce à l'observation des plus intenses de leurs raies, qui se forment dans le domaine ultraviolet.

La température y croît vite, sur une épaisseur faible (1 000 km ?), avec un gradient très élevé ; la géométrie de la zone de transition suit celle de la chromosphère qu'elle épouse étroitement ; autour des spicules, elle a la forme de doigts de gant. Cette minceur de la région de transition peut s'exprimer en disant que la couronne et la chromosphère s'interpénètrent l'une l'autre et que les températures intermédiaires, ne correspondant à aucun « plateau », y sont instables.

La turbulence passe par un maximum dans la zone de transition ; en fonction de ce que nous avons dit, cela signifie sans doute que le mécanisme de chauffage de la couronne s'explique par des mécanismes plus simples que celui de la chromosphère, sans les étapes intermédiaires qu'implique la dissipation turbulente des sources macroscopiques d'énergie.

Doit-on considérer que les spicules appartiennent à cette région de transition ? La question nous semble bien académique. Le véritable problème de la connaissance des régions étudiées dans ce chapitre est la difficulté de mesurer la distribution des champs magnétiques, des turbulences, des densités, dans une géométrie dont la complexité camoufle la physique fondamentale de la chromosphère. C'est pourquoi l'on consacre encore beaucoup d'efforts à l'observation continue de la chromosphère, dont la théorie reste encore assez primitive.

VIII

La couronne solaire

Où l'auteur, pour... couronner (bien sûr!) ce voyage, présente au lecteur, qui commence à avoir vraiment très chaud, la couronne solaire, fort ténue, certes, mais encore chargée de vapeurs brûlantes.

Avez-vous assisté, comme nos ethnologues (page 23), à une éclipse totale du Soleil? Pendant des décennies, on ne connut de la couronne que ce qu'apportaient les observations parfois aventureuses de ce phénomène. Les astronomes s'assemblent presque tous les ans, en quelque lieu terrestre privilégié par les courses combinées de la Lune et de la Terre autour du Soleil, là où le cône d'ombre projeté par la Lune balaie la surface terrestre. Pendant quelques minutes, quelques secondes seulement parfois, c'est l'un des plus exaltants spectacles qu'il soit possible de contempler.

Le disque lunaire commence à empiéter sur le disque solaire. Doucement, en une heure et demie, la lumière baisse. Il ne reste plus qu'un fin croissant de Soleil. Si l'horizon est clair, loin des régions éclipsées, une étrange lumière, comme crépusculaire, se répand; le ciel est déjà bleu sombre. Très brutalement, en un instant, le fin croissant du Soleil, réduit aux quelques grains brillants que la Lune laisse voir entre ses montagnes, disparaît. C'est alors la nuit, avec toujours ce lointain horizon de clarté en toutes directions. Au milieu de cette obscurité, le disque noir de la Lune, occultant le Soleil sur ce ciel nocturne, apparaît bordé de roseurs chromosphériques, prolongées ici ou là par de brillantes protubérances. L'œil s'habitue vite. Au-delà de la chromosphère s'étendent à l'infini, dirait-on, riches de détails extrêmement fins, les volutes et les jets plus ou moins tordus de la couronne, blanche et comme argentée...

Aucun mouvement n'est visible. La vie au sol s'est arrêtée, comme semblent s'être arrêtées la Lune, la chromosphère, la couronne figées en un éternel silence, en un éternel instant — quelques brèves minutes, l'infini. De part et d'autre, dans le plan de l'équateur solaire ou presque, Mercure, Vénus, Mars brillent de tous leurs feux. Des étoiles apparaissent un peu partout. On aperçoit en même temps (si l'éclipse a lieu, comme ce fut le cas en février 1952, à Khartoum, vers 15° de latitude nord), la Polaire et la Croix du Sud ; et l'on devine, dans ce ciel pas très obscur, les nuées de Magellan, et la Voie lactée qui traverse le ciel de part en part... L'éblouissement : brusquement, le Soleil réapparaît de l'autre côté du disque lunaire à nos yeux encore étonnés. Le temps est comme relancé, et tout revient progressivement à la normale.

Une première remarque qu'il importe de faire : si l'on a parlé de « photo*sphère* », voire de « chromo*sphère* », personne n'a eu l'idée de parler de « corono*sphère* » : la forme de la couronne est si évidemment irrégulière — jets, arches, plumes... — que l'idée même d'une distribution sphérique semble a priori incongrue. Cela implique que les forces de la gravité ne l'emportent pas ; on est loin de l'océan, calme comme dans la photosphère, ou agité comme dans la chromosphère. Mais, ayant fait cette remarque, nous devons aussitôt la tempérer.

Les « images » radioastronomiques (ondes décamétriques et métriques) ou la photométrie des images blanches de la couronne montrent des formes régulières ; les lignes isophotes sont pratiquement des ellipses. Les irrégularités (jets, arches, boucles) déforment peu cette distribution de l'intensité lumineuse ; leur présence, évidente, résulte en partie d'une impression physiologique subjective qui fait ressortir ces détails de l'examen d'un cliché.

Pourtant, dans un domaine bien intéressant, celui des rayons X, le rayonnement est particulièrement sensible aux températures, et les raies observées sont très marquées par les structures fines de la couronne. Elles le sont d'autant plus qu'elles ne proviennent que de régions dont la température est assez étroitement définie par l'équilibre de l'ion, très fortement ionisé, qui en est responsable. Les observations en lumière blanche et en ondes radioélectriques nous renseignent au contraire sur une région où la température couvre un large domaine ; c'est par leur examen que nous allons aborder l'étude des conditions physiques de la couronne.

On constate d'emblée que la couronne comporte deux types de composantes : la source du rayonnement continu de la couronne, et la couronne d'émission.

Le rayonnement continu de la couronne est essentiellement localisé dans le domaine optique, blanc ; il correspond à la diffusion de la lumière photosphérique (blanche par définition : voyez Newton !) par les particules de la couronne, qui sont principalement des électrons dans ses régions les plus chaudes, et des grains de fine poussière dans ses régions extérieures, les plus froides. Ces deux composantes sont respectivement désignées des noms de composante « K » (pour *Kontinuum*, mot allemand de signification évidente) et de composante « F » (pour Fraunhofer). En effet, les électrons, à une température typique de 10^6K, sont animés de grandes vitesses correspondant à des largeurs Doppler considérables ; le spectre continu diffusé n'est guère modifié, mais les raies du spectre photosphérique sont si élargies que, mêlées les unes aux autres, elles modifient légèrement l'intensité du spectre continu, mais n'apparaissent en général pas comme des raies. Dans les régions extérieures de la couronne, au contraire, les raies de Fraunhofer (d'où le nom de couronne F) marquent le spectre ; les poussières, froides et lourdes, ne modifient pas, en effet, le profil des raies de Fraunhofer du spectre photosphérique. On peut précisément séparer les composantes F et K en mesurant l'intensité des raies par rapport au continu voisin et en comparant ce rapport à celui qui caractérise le spectre photosphérique. On ne sera pas surpris de trouver que le rapport de la composante K à la composante F décroît fortement vers l'extérieur : la composante K domine jusqu'à un rayon solaire de la surface solaire ($h = 700\,000$ km), la composante F l'emporte au-delà.

Quelle est la température de la couronne ? Le spectre continu, K ou F, diffusé, ne nous permet pas de le savoir. Le spectre radio est une meilleure indication, et permet déjà de mesurer des températures de $600\,000°$ K à 1 ou 2 millions de degrés ; la température est plus élevée dans les régions actives, qui jouent dans la couronne un rôle bien plus important que les régions actives photosphériques, lesquelles n'influencent le spectre et l'aspect de la photosphère que de façon très locale.

C'est le spectre de raies de la couronne, énigme longtemps non résolue, qui apporte les idées les plus précises ; leur analyse révolutionna l'idée que l'on se faisait de l'atmosphère solaire. Une première indication vint (Lyot, 1930) de la détermination de la largeur de ces raies : on supposa qu'elles étaient dues à des atomes de masse moyenne ; c'était à l'époque une supposition très gratuite, les raies connues de la couronne n'ayant pas été identifiées de façon convaincante ; la température obtenue dans ces conditions est de l'ordre de 1 million de degrés. Cette découverte, confirmée plus tard par l'identification correcte des raies coronales, puis par l'analyse de l'émission continue dans le domaine radioastronomique, fut accueillie alors avec scepticisme ; c'est peut-être pourtant le plus important des progrès accomplis durant ce siècle dans la connaissance du Soleil.

Les raies de la couronne, découvertes dès le siècle dernier par les spectroscopistes amateurs d'éclipses totales, sont larges. Deux d'entre elles sont intenses, la raie verte (503 nm) et la raie rouge (674 nm) ; on les attribua longtemps au « coronium », gaz hypothétique non encore connu sur Terre. Mais, vers 1920, les travaux de Meg Nad Saha ont montré que l'ionisation était une fonction connue de la température ; on put alors identifier la plupart des raies spectrales connues dans les spectres stellaire et solaire à des raies correspondant à des transitions entre deux niveaux d'énergie de ces ions. On trouva dans le spectre solaire des raies du fer ionisé, du chrome ionisé, du titane ionisé, du calcium ionisé (les atomes et ions successifs étant notés Fe ou Fe$^\circ$, Fe$^+$, Fe^{++},... Cr ou Cr$^\circ$, Cr$^+$,... Ti ou Ti$^\circ$, Ti$^+$,... Ca ou Ca$^\circ$, Ca$^+$, etc.) ; on identifia aussi, dans les étoiles, depuis les plus froides jusqu'aux plus chaudes, des raies de Si$^+$, Si^{++}, Si^{+++}, etc. Les spectres respectifs, par exemple, de Fe$^\circ$, Fe$^+$, Fe^{++},... sont notés FeI, FeII, FeIII.

Cependant, certaines raies échappaient encore à l'analyse, notamment celles du « coronium », mais aussi celles du « nébulium » qui apparaissent vertes et rouges dans le spectre des nébuleuses gazeuses. On cherchait des spectres de niveau assez bas, des éléments ionisés, mais faiblement : une fois, deux fois peut-être... Qui aurait alors imaginé des éléments plus fortement ionisés ? Au surplus, on ne connaissait pas de tels spectres au laboratoire.

C'est Edlen (1942) qui, le premier, guidé peut-être par l'estimation de Lyot ou par celles de Grotrian sur la distribution des niveaux d'énergie des ions successifs, chercha à identifier les raies solaires à celles de spectres d'éléments très fortement ionisés — 5, 10, 15 fois peut-être. Les deux raies les plus connues furent identifiées à deux raies [1] interdites (c'est-à-dire de probabilité de transition nulle en théorie), l'une du [FeX] (637 nm), l'autre (503 nm) du [FeXIV], correspondant respectivement au Fer neuf fois et treize fois ionisé et dont la longueur d'onde théorique avait été estimée.

Cette découverte donna un prodigieux essor aux recherches coronales dans les années qui suivirent la Seconde Guerre mondiale. D'une part, le coronographe et les expéditions d'éclipses permirent de dénombrer un grand nombre de raies d'émissions coronales dans le domaine visible. L'une des plus remarquables est la raie « jaune », qui appartient au spectre de [CaXV], à 569 nm. D'autre part, on assista aux rapides progrès de la théorie de ces spectres d'éléments très fortement ionisés. On découvrit notamment que les spectres des éléments comportant un même cortège électronique, autour de noyaux différents, ont la même structure (c'est une séquence « isoélectronique » d'éléments). Ainsi la séquence des spectres du type de l'hydrogène (HI, HeII, LiIII, BeIV... FeXXVI) correspond-elle au degré ultime, avant l'ionisation complète, d'ionisation des atomes connus. Le FeX appartient à la séquence isoélectronique du chlore (ClI) ; le FeXIV à celle de l'aluminium (AlI) ; le CaXV à celle du carbone (CI). Le calcul, l'extrapolation « raisonnable » permirent alors à divers auteurs, s'appuyant sur la théorie quantique des spectres et sur les travaux de laboratoire, non seulement d'identifier les raies connues de la couronne, mais de prévoir l'existence de nombre d'autres raies, principalement dans le domaine UV et le domaine X du spectre.

Si bien que, dès que des engins satellisés comme *Skylab* purent emporter des spectrographes puissants, capables de faire, dans chaque raie solaire du domaine XUV, des images de bonne qualité du Soleil, ces raies correctement localisées avant le lancement furent observées minutieusement par des appareils réglés de la meilleure façon possible. Il s'agit dans la plupart des cas de raies « permises », très intenses, très bons indicateurs de température, comme celles de MgXI (0,92 nm), FeXVII (1,21 nm), OVII (2,2 nm), CIV (3,4 nm), SiX (5,1 nm), FeXII (80 nm), FeXXV (18,7 nm), FeXVIII (142,5 nm), HeII (30,4 nm), MgX (61 nm) — parmi une cinquantaine d'entre elles

---

1. Les crochets indiquent qu'il s'agit des raies *interdites* du spectre.

mesurables avec précision. Certaines de ces raies (FeXXV, par exemple) correspondent à des raies de très haute ionisation et impliquent des températures de l'ordre de *20 à 40 millions* de degrés : on ne les observe que dans des régions localisées, et alors de façon temporaire. Elles sont la marque de l'activité violente qui se manifeste dans les éruptions solaires et qui se répercute sur la température coronale.

Mais les raies de la couronne observées dans le domaine visible impliquaient déjà des températures très élevées, 1 million de degrés pour la « raie rouge », 2 millions de degrés pour la « raie verte », 3 ou 4 millions pour la raie jaune, déjà indicatrices d'une activité notable.

Les raies nouvelles découvertes dans le domaine XUV ont apporté une autre information, fondamentale, sur la structure coronale. Si la densité semble assez peu varier autour de la moyenne en une couche donnée, et si elle décroît en moyenne comme une puissance élevée du rayon — comme $r^{-1,5}$ dans les régions basses, comme r^{-10} dans les régions extérieures —, c'est en revanche la température, et donc la pression, qui ont des distributions complexes, indiquant une hétérogénéité physique très marquée. Ne parlons pas ici des régions actives ; la couronne normale elle-même, dont les structures sont durables, n'est pas simple. Nous n'utiliserons pas, comme maints auteurs, le mot de « couronne calme », et garderons l'expression peut-être ambiguë de couronne « normale » pour insister sur le fait qu'il est normal que la couronne soit marquée par les jeux du magnétisme solaire plus que par ceux — calmes ! — du transport de l'énergie par rayonnement. Cette couronne normale a donc des structures très marquées : observée dans la région spectrale 0,2-3,2 nm, qui contient de nombreuses raies X et qui couvre un intervalle thermique de 1 à 3 ou 4 millions de degrés, la couronne est essentiellement composée de régions brillantes où se développent des boucles, d'immenses jets, des arches aux grandioses développements ; entre ces régions, on observe aussi des « *trous coronaux* » souvent proches des pôles, affectant fréquemment la quasi-totalité de la longueur, pôle à pôle, d'un méridien héliographique. Ces trous, d'une influence essentielle sur le vent solaire, sur les conditions de la haute atmosphère terrestre, constituent une découverte majeure. Ils sont plus froids (de 1 à 1,5 million de degrés) que le reste du Soleil qui apparaît comme seul brillant sur ces images du domaine X.

Les trous coronaux ont une propriété très importante : au cours du temps, ils sont d'une grande stabilité. Leur région d'apparition tourne, quelle que soit leur latitude, à la vitesse uniforme correspondant aux latitudes moyennes de la photosphère, comme si elles étaient affectées d'une rotation rigide. Cela incite à penser que ces régions sont profondes, mais que leur rotation n'est pas plus rapide que celle de la photosphère. De plus, les trous coronaux ont une polarité magnétique définie — celle du « trou polaire » — qui reste la même pendant un cycle d'activité entier. Ces trous, enfin, constituent une région où s'évasent les systèmes de lignes de force magnétiques issus de la photosphère : il est bien clair, en revanche, que dans les régions brillantes, ces lignes se referment et forment des arches, des boucles, autant de structures qui constituent l'essentiel de la couronne, mis à part les trous coronaux. Les champs magnétiques en commandent les mouvements et l'équilibre. Les particules chargées s'y meuvent, et les courants électriques ainsi engendrés se dissipent en énergie thermique.

Lorsqu'on passe des raies caractéristiques de la basse chromosphère (par exemple Lyα de HI, à 121,6 nm) aux raies de la couronne chaude, on observe une évolution des structures : fines, comme résultant d'une distribution au hasard, dans les régions basses, les structures se rejoignent à grande altitude et se fondent en structures moins nombreuses et plus marquées ; le phénomène est régi par l'organisation dominante, dans les couches élevées, des lignes de force du champ magnétique.

Avec l'altitude, la température passe assez brutalement de la température chromosphérique spiculaire (20 à 25 000 K) à la température de 1 à 2 millions de la couronne, atteinte 2 000 à 3 000 km au-dessus de la photosphère ; la zone de transition est mince ; la couronne, aux alentours de 1 à 2 millions de degrés, s'étend très loin, mais comme la densité décroît, elle devient inobservable, hormis par les mesures *in situ* du « *vent solaire* ». Malgré ces températures considérables du gaz, les poussières, qui ne reçoivent que le rayonnement photosphérique et sont peu influencées par les collisions, peuvent subsister en quantité suffisante, au sein de cette région si chaude, pour que l'on observe la couronne F ; ce seul fait montre que l'on est loin de l'équilibre thermique ; le milieu est un mélange de grains de poussière froide (1 500°K), de gaz fortement ionisés et d'électrons, à des millions de degrés, de rayonnement à des « températures » de l'ordre de 3 000° à 1 000° (le rayonnement photosphérique dilué). On voit à quel point la physique est éloignée de l'équilibre et combien sont donc nombreux les paramètres nécessaires à la description du milieu coronal, alors que la seule température suffisait presque à décrire les couches profondes du Soleil. Aux densités extrêmement faibles (10^9 à 10^5 électrons par cm^3, contre 10^{11} à 10^9 dans la chromosphère et 10^{15} à 10^{11} dans la photosphère), les effets de la gravité et ceux des forces mécaniques ont tendance à se laisser dominer par les forces magnétiques ; cela est sans doute le plus important.

Mais quelques questions majeures restent sans réponse définitive : comment la couronne est-elle « chauffée » ? Comment le vent solaire est-il accéléré à partir (au moins) des régions coronales ? Comment et pourquoi la couronne se modifie-t-elle au cours des heures, des jours, des années ? Comment le magnétisme commande-t-il l'équilibre coronal ? Nous allons essayer de faire le point sur la première et la dernière de ces questions, d'une façon nécessairement très provisoire.

Comment la couronne est-elle chauffée ? Nous avons évoqué le problème analogue du chauffage de la chromosphère. La quantité d'énergie nécessaire n'est pas énorme ; elle est nettement inférieure à ce qu'il faut pour chauffer la chromosphère et la région de transition, à cause de la très basse densité et donc de la faible masse de la couronne. Ce fait complique davantage le problème posé : on peut certes trouver partout l'énergie disponible ! En revanche, on ne connaît pas bien le mécanisme détaillé du transport de cette énergie depuis la photosphère, l'action de filtre et de transformateur qu'exercent sur cette énergie la chromosphère et la zone de transition, non plus que la physique de la dissipation de cette énergie en énergie thermique. Le problème est bien sûr d'évaluer en chaque élément de volume les pertes d'énergie. Elles sont les plus grandes dans le domaine X, dont les mesures sont donc nécessaires. Pour toutes les sources possibles d'énergie, il faut estimer le gain d'énergie du milieu : à partir des flots d'énergie radiative, le gain est négligeable ; l'énergie mécanique est aussi retenue de façon presque insignifiante. En revanche, le flux d'énergie magnétohydrodynamique, grâce aux ondes d'Alfvén, peut donner lieu à un gain notable. Les flux d'énergie magnétique et électrique constitueront surtout les sources d'énergie dominantes — qui traversent le volume élémentaire considéré. C'est l'estimation quantitative de ces « gains » qui est l'opération difficile.

Un mécanisme de commande de l'équilibre coronal par le magnétisme semble actuellement acceptable (mais attention, la physique solaire n'est pas figée !) ; ce serait le suivant : la couronne normale, hors des trous coronaux, serait formée, on l'a dit, d'un grand nombre d'arches ou de boucles magnétiques issues de « pieds » situés dans les régions photosphériques qui seraient non les taches, mais des régions unipolaires. Toutes ces arches sont essentiellement de même nature : elles ne diffèrent que par l'âge. Au moment où une arche émerge de la photosphère, elle est compacte, dense et, de ce fait, c'est une intense source de rayonnement X. Les dimensions de cette boucle augmentent tandis que son champ magnétique s'affaiblit. Le taux de refroidissement et celui de chauffage de la matière diminuent rapidement ; le calcul du taux de refroidissement, contrairement à celui du chauffage, est facile. Mais la dissipation des courants électriques et des champs magnétiques joue un rôle certain, car elle explique bien (et ce mérite est essentiel) la forme des boucles : il serait assez audacieux, encore maintenant, d'en dire plus.

Peut-on, à ce stade, résumer ? Entre le centre du Soleil et la couronne, chaude et ténue, la densité s'est effondrée ; la température, après un minimum photosphérique net, est remontée ; les champs magnétiques se sont épanouis. Cette région coronale est à son tour la région de transition entre le Soleil et le milieu interplanétaire. Le vent solaire, d'origine certainement profonde, s'y développe, sans plus être gêné par les fortes densités photosphériques : c'est lui qui, essentiellement, commande la physique de tout ce qui se passe entre le Soleil et l'extérieur du système solaire. Envolons-nous donc dans ce vent, comme portés par une voile : ce n'est pas une métaphore au hasard. En effet, des engins-sondes, mus par le vent solaire et la pression de radiation, sont aujourd'hui conçus et voleront demain ; l'un de ces engins volants est déjà baptisé du nom de *Vela*, caravelle des conquistadores du siècle prochain...

IX

Le vent solaire

Où finalement le voyageur, épuisé, suant, soufflant, rendu, se laisse enlever par le vent solaire, et où l'on peut espérer que la brise l'amènera à bon port après la rencontre de quelque comète errante ou de quelque essaim météoritique ; et où l'auteur espère le laisser désormais sur Terre, préoccupé de jouir des bienfaits du Soleil, voire de se protéger de ses excès ; ce qui lui procure aussi une transition bien naturelle avec la partie suivante de l'ouvrage, où l'on considérera Soleil du point de vue des habitants de Mars, de Jupiter, et même de Terre.

Il suffit de voir certains des clichés du Soleil obtenus à l'occasion des éclipses pour se convaincre que ces grands jets plus ou moins déliés s'en vont loin du Soleil et pénètrent le système solaire jusqu'à ses confins...

C'est aux observations de comètes qu'il faut s'attacher pour connaître la physique de ces confins coronaux. Les comètes, c'est bien connu, ont une « tête » brillante, entourée d'une chevelure, et suivie d'une « queue » dans la direction opposée au Soleil. Cette queue a une structure très complexe : on distingue en fait deux queues de couleurs différentes : l'une est bleue, quasiment rectiligne ; l'autre, plus rouge, est incurvée ; il y a sans aucun doute deux mécanismes à l'origine de cette double structure. L'un est connu depuis le XVIIIe siècle, et surtout depuis les travaux d'Arrhenius à la fin du XIXe siècle. Il s'agit des effets de la « pression de radiation ». Le rayonnement, en effet, véhicule de l'énergie, tout comme un flot de matière, et du « moment » — ou quantité de mouvement. S'il frappe une surface, il exerce sur elle une réelle pression qui dépend bien entendu aussi de la surface en question : si celle-ci est réfléchissante, un effet de recul double la pression ; c'est cet effet qui permet de construire de jolis petits moulins sous verre, composés de pales noires d'un côté et blanches de l'autre, disposées autour d'un axe ; ces moulins, enfermés dans une ampoule close et placés au soleil, se mettent à tourner : l'énergie est fournie par la pression de radiation.

Regardons maintenant notre queue de comète. Lorsque la comète se rapproche du Soleil, elle se vaporise et dans les gaz éjectés se condensent des grains de poussière, si bien que la queue cométaire contient des poussières et des gaz. Tous sont affectés par la pression de radiation. Celle-ci exerce une force proportionnelle à la surface qui lui est exposée, donc au nombre de photons reçus — soit à la puissance quatrième de la température de ce rayonnement, à la dimension apparente des grains de poussière de rayon a et à l'inverse du carré de leur distance r au Soleil (essentiellement la température effective du Soleil), selon la loi $F = 2.2 \, 10^{30} a^2 / r^2$ en unités cgs (dynes, centimètres). Les vitesses acquises sous l'influence de cette force, combinée à la force gravitationnelle sont dirigées dans la direction opposée au Soleil ; les vitesses sont encore peu élevées au voisinage de la comète ; la queue poussiéreuse est donc nettement courbée par le jeu combiné de la rotation orbitale et des mouvements de répulsion lente.

La queue rectiligne des comètes pose un autre problème : l'éjection est certainement plus rapide que dans la queue courbe ; le mécanisme en est certainement différent. L'observation de cette queue rectiligne, sa nature gazeuse et non poussiéreuse conduisirent Biermann, vers 1948, à suggérer le premier que le Soleil émettait de façon continue, vers l'extérieur, une masse de matière considérable, de façon continue et quasi régulière.

Ce « vent solaire » exerce une force importante sur les particules légères, ions et électrons : c'est un véritable balayage, à quelques centaines de km s^{-1} ; les queues ioniques apparaissent donc fines, dirigées de façon nettement opposée à la direction du Soleil, et sans aucune courbure. La force exercée par le vent solaire est beaucoup plus forte sur les ions de la queue que celle de la pression de radiation sur les grains de poussière.

Pourquoi donc le vent solaire est-il sans effet sur les poussières ? Si on l'interprète comme un « coup de balai » dans les poussières, la masse des poussières s'oppose à l'entraînement : c'est une vitesse qui s'impose au milieu, non une force. Mais si le milieu résiste, le vent évite les particules lourdes et n'entraîne que les plus légères.

Mais les sondes solaires envoyées par l'homme dans le milieu interplanétaire sont un bien meilleur moyen de mesurer le vent solaire que l'observation rare, difficile, parfois ambiguë, des queues de comètes. Les résultats sont intéressants : ils se relient de façon continue aux propriétés de la couronne solaire. A une unité astronomique de distance du Soleil, les sondes, encore proches de la terre, mesurent des vitesses et des flux de masse. Parfois le vent est rapide (plus de 700 km s^{-1}), parfois il est lent (300 km s^{-1}). La composition du vent solaire est celle du Soleil, essentiellement : électrons, protons et quelques particules lourdes, principalement des particules α (noyaux d'hélium). Le rapport du nombre des noyaux d'hélium au nombre de protons varie avec la vitesse du vent. Dans les régions de grande vitesse, la densité en protons est de l'ordre de 4 protons par cm³ ; elle est de l'ordre de 12 dans les régions lentes — un peu comme la circulation sur les routes des vacances ! La température des électrons du vent est de l'ordre de 100 000 K (vents rapides) à 150 000 K (vents lents). L'équipartition de la température entre protons et électrons est loin d'être réalisée : pour les protons, la température varie de 30 000 K (vents lents) à 230 000 K (vents rapides) — en anticorrélation avec celle des électrons.

Une première conséquence de ces données brutes, directement issues des mesures, est que le Soleil perd une quantité de matière de l'ordre de 3 10^{-14} masses solaires par an. Soit, d'un point de vue énergétique, environ 1,5 10^{33} ergs/an, un centième de millionième de la luminosité solaire de 1,2 10^{41} ergs/an, si l'on se limite à l'énergie cinétique ; mais l'énergie de masse (mc^2) est de l'ordre de 6 10^{40} ergs/an : les deux nombres sont de même ordre de grandeur ! Cela peut signifier (mais nul ne saurait actuellement apporter le moindre début de preuve à cette assertion imposée par la seule intuition) qu'une certaine équipartition d'énergie a lieu, au centre solaire, entre l'énergie libérée sous forme de photons et celle libérée sous forme de matière ; c'est sans doute dans ces régions profondes que l'effet du rayonnement issu des réactions thermonucléaires sur les ions et les électrons produit l'équipartition en question. En tout cas, si un vent existe à de telles distances du Soleil, la perte de masse, si minime soit-elle, remonte (par ce qu'on appelle l'équation de continuité de la mécanique) aux régions les plus profondes du Soleil.

Quoi qu'il en soit, le vent, éjecté du Soleil, n'est pas uniforme, on l'a vu. Est-ce dû au fait que les propriétés du vent sont étroitement liées à celles du Soleil ? La corrélation est en effet très claire ; les trous coronaux se distribuent en un réseau régulier, séparés par des intervalles de longitude de 90 à 100°, et correspondent souvent à la même polarité magnétique que les régions photosphériques qui sont à leur base. Des vents rapides correspondent à ces trous, et donc aussi aux régions polaires et de haute latitude ; aux régions brillantes d'arches et de boucles que séparent les trous correspondent les condensations du vent, mais aussi des vents plus lents. Deux ou trois trous consécutifs déterminent des secteurs magnétiques de polarité opposée ; de façon générale, les secteurs sont au nombre de deux : l'un est associé à un pôle, le second à l'autre pôle. Mais la frontière entre ces deux secteurs ressemble dans l'espace à la robe froncée d'une danseuse : elle découpe sur le plan de l'équateur solaire ou sur celui de l'écliptique, des secteurs magnétiques, le plus souvent au nombre de quatre. La frontière entre ces secteurs-là, projetée sur le plan en question, est incurvée ; cette courbure résulte de la combinaison de la rotation du Soleil avec la propagation vers l'extérieur du vent solaire. La stabilité des secteurs est grande : elle s'établit sur des années. Les secteurs du vent solaire véhiculent un champ magnétique qui enveloppe la Terre et les planètes.

Nous avons vu que le champ magnétique du Soleil photosphérique est dominé par les distributions toroïdales locales, origine des régions actives. Mais, *à grande distance*, on constate que le champ magnétique est commandé par le caractère dipolaire du champ polaire, donc « poloïdal » et non « toroïdal ». Il faut en voir l'origine dans le caractère local des phénomènes produits par la rotation différentielle, de la torsion plus ou moins stable des tubes de force, et des champs magnétiques photosphériques.

Ces phénomènes généraux apparaissent plus clairement dans les périodes d'activité solaire réduite. En revanche, dans les périodes actives, les phénomènes actifs perturbent trop la situation magnétique et la géométrie en « secteurs » du vent solaire est presque camouflée par les phénomènes violents.

Nous avons évoqué l'origine du vent et nous l'avons localisée, avec quelques réserves, dans les couches profondes du Soleil. En fait, bien peu de choses sont connues sur cette origine. L'accélération imposée au vent est réelle ; l'application des équations de la mécanique le montre presque lent à la surface solaire (quelques km s^{-1} à la base de la couronne). L'effet de la pression de radiation pour l'accélérer est indéniable. Parker (1958) a établi avec clarté les équations de ces processus d'accélération et a discuté leurs conditions de validité. Mais le véritable problème reste non pas celui de l'accélération du vent, mais celui de son origine première, et celui-ci n'est pas encore résolu. Le vent solaire enveloppe les planètes, il balaie gaz et ions jusqu'à Mars, jusqu'à Jupiter, Pluton, et au-delà. Il rend à la matière interstellaire, sous forme de masse en mouvement, une énergie importante qui contribue sans doute à la formation de nouvelles étoiles et à l'équilibre statistique d'une Galaxie dont la vie durera encore des dizaines de milliards d'années. Un vent galactique maintient-il, au-delà des frontières galactiques, et sur des périodes de temps plus grandes encore, un certain équilibre ? C'est possible, ce n'est pas certain : mais on voit que, de ce côté-là aussi, comme du côté des neutrinos et de la transformation thermonucléaire de l'hydrogène en hélium, la physique solaire touche à la cosmologie, l'infime confine à l'immense...

Sans aller plus loin dans l'espace ni même poursuivre cette réflexion philosophique, nous conclurons — au risque de nous répéter ! — que le Soleil est une étoile très typique. Les études solaires, celles de l'intérieur, celles des couches de l'atmosphère, celles du vent, doivent apporter bien des informations sur les étoiles. En retour, les études stellaires montrent ce qui advient quand on passe des paramètres solaires à des températures effectives, des gravités, etc., différentes ; cette sorte d'expérimentation passive précisera la connaissance des mécanismes physiques qui affectent le Soleil.

Venons-en donc aux étoiles...

X

Soleil et étoiles

Où l'on voit que le Soleil étant une étoile, toutes les étoiles ne sont pas le Soleil ; où l'on se convainc que le Soleil nous en apprend long sur ses sœurs ; et où l'on pressent que lesdites sœurs nous en diront beaucoup sur le Soleil ; où l'on découvre d'ailleurs que le Soleil lui-même est multitude d'étoiles, toutes exemplaires ; et où finalement l'on s'inquiète de voir tant d'étoiles, qui devraient être ainsi guidées dans le bon chemin, se lancer dans des imitations caricaturales et dans des débauches catastrophiques.

Depuis Galilée (ou Giordano Bruno), le doute n'est plus permis : Soleil est une étoile, les étoiles sont des soleils.

Longtemps cette affirmation ne fut rien d'autre qu'une réflexion philosophique, point d'appui de nombreux contes et d'histoires fascinantes (mais non scientifiques), d'une fiction qui ne s'est le plus souvent accolé le mot science que pour mieux se vendre — ce qui n'a d'ailleurs rien de profondément répréhensible, à condition qu'on soit clair.

La conscience que le Soleil pouvait nous apprendre beaucoup de choses sur les étoiles a émergé vers le milieu de ce siècle. Un article célèbre (1952) de Bengt Strömgren, dont le titre était : *The Sun as a Star* (« Le Soleil en tant qu'étoile »), s'arrêtait en quelque sorte avant la photosphère et devenait un tableau de la physique de l'intérieur du Soleil, que l'on aurait pu appliquer à d'autres étoiles.

Il est essentiel d'insister ici sur les principaux caractères de la physique de l'intérieur des étoiles. Le théorème de Vogt-Russell (valable dans le cas d'une homogénéité de composition) précise que cette physique ne dépend en principe que de deux groupes de paramètres globaux. On peut choisir sa masse $\mathcal{M}$ et sa composition chimique (proportions en masse des éléments H, He, et des autres éléments dits lourds : $X:Y:Z$). Ces paramètres peuvent être aussi bien $\mathcal{M}$, $\mathcal{L}$, $\mathcal{R}$ — et doivent alors déterminer les proportions $X:Y:Z$. L'âge (degré d'évolution) est le paramètre complémentaire qu'il est nécessaire de fixer pour connaître l'étoile — tout est alors connu ! Les caractéristiques de la structure stellaire dépendent de la masse $\mathcal{M}$, du rayon $\mathcal{R}$, de la luminosité $\mathcal{L}$, et de la composition chimique $X:Y:Z$; deux équations les associent principalement : la relation « masse-luminosité » (qui exprime en particulier l'ER), et la relation « masse-rayon » (qui est essentiellement l'expression de l'EH). Ces expressions, dont le nom n'est valable qu'approximativement, dépendent en fait toutes deux de $\mathcal{L}$, $\mathcal{M}$, $\mathcal{R}$, X et Y. La solution des équations aboutit donc bien à extraire de la donnée de $\mathcal{L}$, $\mathcal{M}$, $\mathcal{R}$, par exemple, les abondances X et Y. Appliquée au Soleil, cette méthode n'est pas trop mauvaise (Schwarzschild). On peut alors comparer ces abondances avec les résultats obtenus directement dans l'atmosphère par l'analyse spectrale ; et les différences s'expliqueraient par le manque de brassage entre l'intérieur et l'extérieur. Mais la méthode, appliquée à d'autres étoiles bien connues par Pecker et Schatzman, montre d'emblée les dangers d'une généralisation hâtive : les résultats sont parfois aberrants ; cela prouve que l'homogénéité de la structure stellaire, impliquée par l'intermédiaire de la solution des équations de la structure interne, n'est généralement pas vérifiée. Il faut donc prendre beaucoup de précautions !

Le thème *The Sun as a Star* a cependant été souvent repris par divers auteurs qui y apportaient chaque fois un élément de renouvellement. Récemment (Tokyo, 1980), un colloque eut pour titre : *The Active Sun as a Star* — impliquant que l'activité solaire n'est pas propre au Soleil et que le Soleil actif serait juxtaposé en somme au Soleil calme, et lui aussi étoile typique. En 1980, un autre colloque, à Bonas (France), s'intitulait : *Solar Phenomena in Stars and Stellar Systems* (« Phénomènes Solaires dans les Étoiles et Systèmes Stellaires »). Ce n'est donc plus de structure interne seulement qu'il s'agit désormais, mais de l'ensemble des propriétés observables, et de l'ensemble de la physique des phénomènes, locaux ou globaux, affectant le Soleil et les étoiles.

On sait que les étoiles se comptent par milliards, mais qu'on ne connaît très bien qu'un petit nombre d'entre elles. Masse $\mathcal{M}$, rayon $\mathcal{R}$, luminosité $\mathcal{L}$, ne sont connus à la fois que pour une cinquantaine d'entre elles. Peut-être ce nombre sera-t-il multiplié par 10 dans les prochaines années, grâce à des satellites comme Hipparcos ; mais même avec un millier d'étoiles, notre bagage serait encore faible. Les étoiles sont classées selon leur spectre. Le spectre continu, ou couleur, est une bonne indication de la température effective. Le spectre de raies, qui dépend aussi de la température, est également fonction de la densité : dans un milieu dense, les raies sont « élargies » par collision. La largeur des raies est donc une mesure de la densité dans l'atmosphère, ou, si l'on veut, de la gravité superficielle g ($g = G\mathcal{M}/\mathcal{R}^2$) : les étoiles de faible densité atmosphérique sont des géantes ou des supergéantes ; celles dont les raies sont de largeur moyenne sont les étoiles normales — du genre Soleil ; les étoiles aux raies spectrales très larges sont les hypernaines, naines blanches, etc., de très petites dimensions et de densité très élevée. On désigne par « type spectral » les caractéristiques d'ensemble (couleur, présence de telles ou telles raies), par « classe de luminosité » les caractéristiques de largeur des raies. On peut noter que la luminosité absolue est étroitement liée à la classe de luminosité ; à température effective identique, plus le rayon est grand, plus g est petit, plus la luminosité est élevée et plus la magnitude absolue est petite.

On trace donc des diagrammes, les « diagrammes HR », du nom d'Hertzsprung et de Russell qui furent les premiers, dans les années 1914, à imaginer une représentation à deux paramètres sur laquelle on puisse disposer toutes les étoiles. Les types sont notés, des étoiles les plus chaudes aux plus froides, $O, B, A, F, G, K, M, R, N, S$; et chaque type est « décimalisé » en « sous-types » intermédiaires : $O9, B0, B1, B2... B9, A0$, etc. Les classes de luminosité sont : I (supergéantes Ia et Ib), géantes (II et III), sous-géantes (IV), série principale des étoiles normales (V), sous-naines (VI), naines blanches (NB, ou WD — $white$ $dwarfs$ —, ou VII).

Le Soleil est une étoile $G2V$; ses paramètres principaux sont $\mathcal{M}_\odot = 1{,}989 \pm 0{,}001 \ 10^{30}$ kg ; $\mathcal{R}$ (angulaire) $= 960''00 \pm 0.09$; $\mathcal{R}_\odot = 696\,265 \pm 65$ km ; $\mathcal{L}_\odot = 4\pi\sigma \ T_{\text{eff}}^4 \ \mathcal{R}_\odot^2 = 3{,}826 \pm 0.008 \ 10^{27}$ watts ; $T_{\text{eff}} = 5.770°$; $M_v = + 4{,}83$; $X = 0.71$; $Y = 0{,}265$; $Z = 0{,}025$.

Une précision comparable ne peut être atteinte pour aucune

étoile. A cette précision, on peut mesurer très finement la variation éventuelle dans le temps des paramètres principaux $\mathcal{M}$, $\mathcal{L}$, $\mathcal{R}$ et étudier ainsi l'activité modérée du Soleil. Mais, vu de Sirius, le Soleil ne serait rien de plus que ce que nous venons d'énoncer, avec quelques chiffres significatifs en moins. Le système solaire, les planètes — même à travers les perturbations qu'elles exercent sur le mouvement apparent du Soleil dans le ciel — seraient, avec des moyens comparables à ceux des observatoires classiques des astronomes au sol, inobservables. On doit donc se poser deux questions et s'orienter vers deux types de problèmes. Tout d'abord, peut-on tirer des enseignements, à partir des phénomènes solaires modérés, concernant des phénomènes majeurs supposés dépendre de la même physique et affectant certaines étoiles ? Un tableau de correspondance typique pourrait alors être dressé. Secondement, les phénomènes peu violents de la physique solaire ont-ils quelque possibilité d'être retrouvés dans les études stellaires au même niveau de modération ? Dans ce cas, la nature du phénomène serait bien identifiée d'un cas à l'autre, et sa physique plus facile à élucider. A ces deux questions, nous tenterons de répondre.

La différence majeure entre les études solaires et les études stellaires reste le pouvoir de résolution spatial, temporel et spectral.

Commençons donc ce tour d'horizon des propriétés comparées par un rappel des propriétés globales du Soleil. La masse du Soleil est variable. La perte de masse par le vent solaire n'est que de $3\,10^{-14}$ $\mathcal{M}_\odot$/an. Mais la « luminosité » des neutrinos solaires correspond à 4 % environ de la luminosité solaire ; si ces particules ont une masse au repos non nulle, possibilité encore très ouverte, alors cette émission neutrinique peut ajouter beaucoup à la masse perdue par le vent solaire. De plus, nous l'avons vu, la perte de masse évaluée en énergie (réserve d'énergie de masse mc^2) est notable et emporte une énergie totale comparable à celle que véhiculent les photons, à celle que mesure la luminosité solaire.

La perte de masse du Soleil emportée par le vent solaire est faible et difficile à observer : mais on peut l'examiner loin du Soleil, en vérifier les propriétés, car on connaît bien les conditions aux limites des équations physiques qui décrivent ce vent. Par ailleurs, des étoiles comme les T Tauri, les étoiles Be, les étoiles de Wolf-Rayet sont affectées par un vent intense, mesuré « à la base », c'est-à-dire dans l'atmosphère, par l'inter-

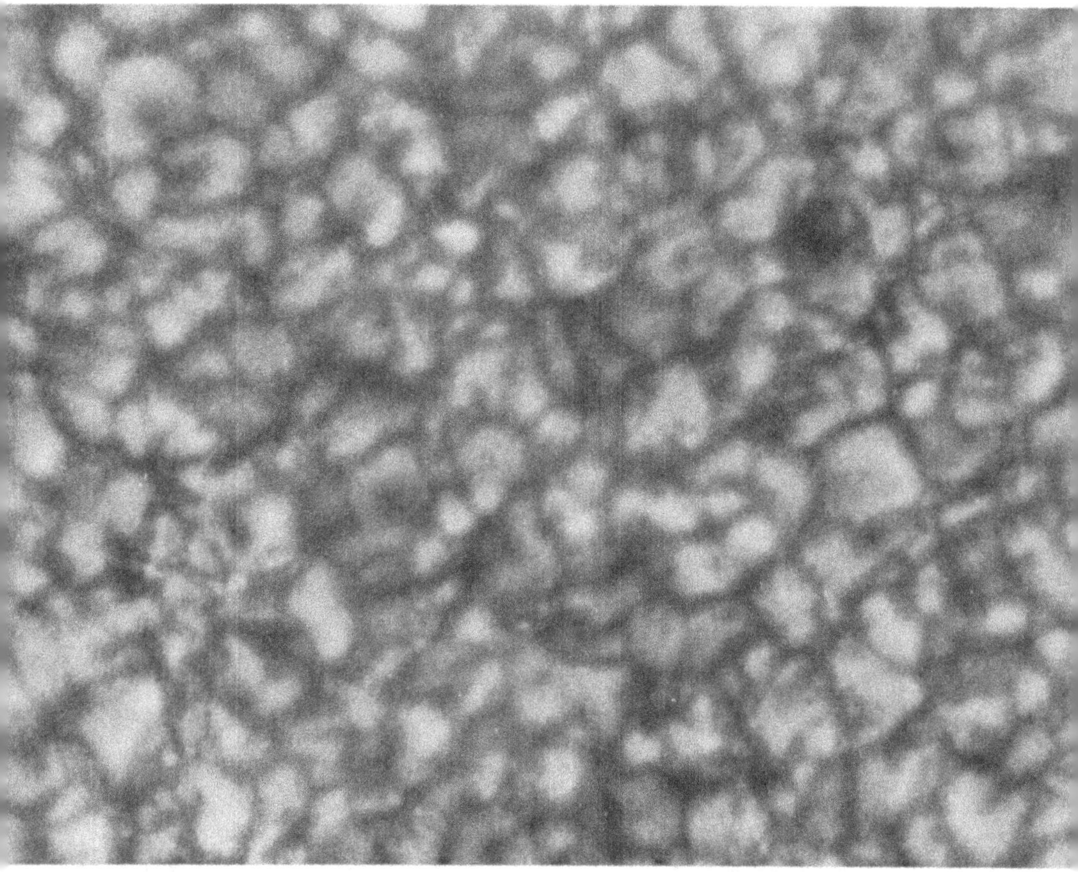

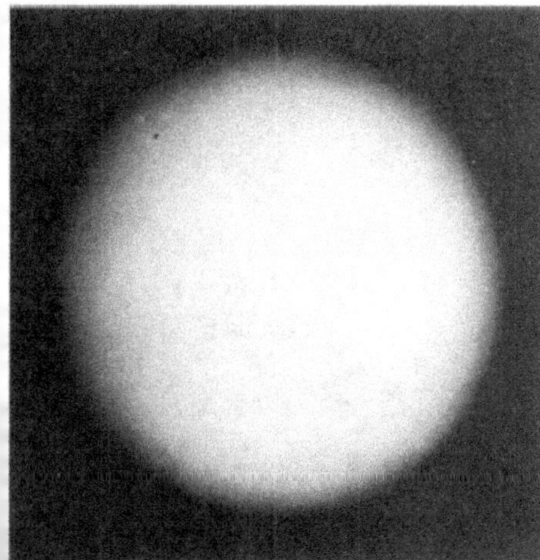

La granulation de la photosphère solaire. Sur ce cliché, qui représente la photosphère du Soleil, on observe, avec un contraste très accentué, les cellules convectives qui occupent les régions externes de la zone convective interne du Soleil (voir figure 1, page 342). Ces structures sont celles de la "granulation". Entre les granules et les régions intergranulaires, la différence de température n'est que de 100° environ. Les granules, plus chauds, sont en ascension. Les plus petits granules visibles sur ce cliché ont environ 300 km d'étendue. Un granule moyen à la dimension de la France. *(Cliché Sacramento Peak).*

Soleil calme, Soleil actif. A gauche, la photosphère d'un Soleil sans taches. A droite, la photosphère d'un Soleil actif. Les deux clichés sont obtenus en lumière blanche.
(Clichés Société Astronomique de France et Observatoire de Meudon).

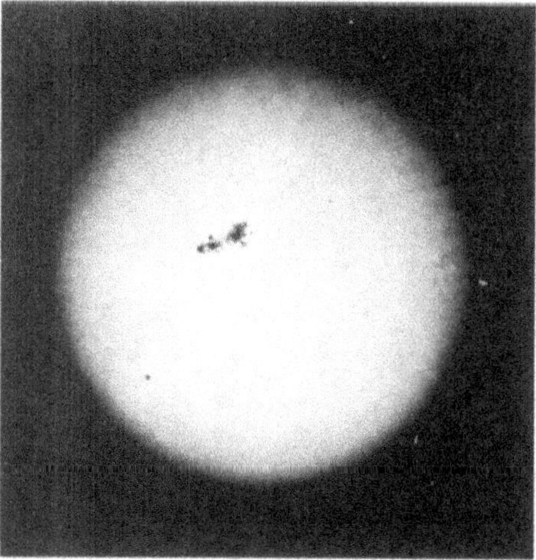

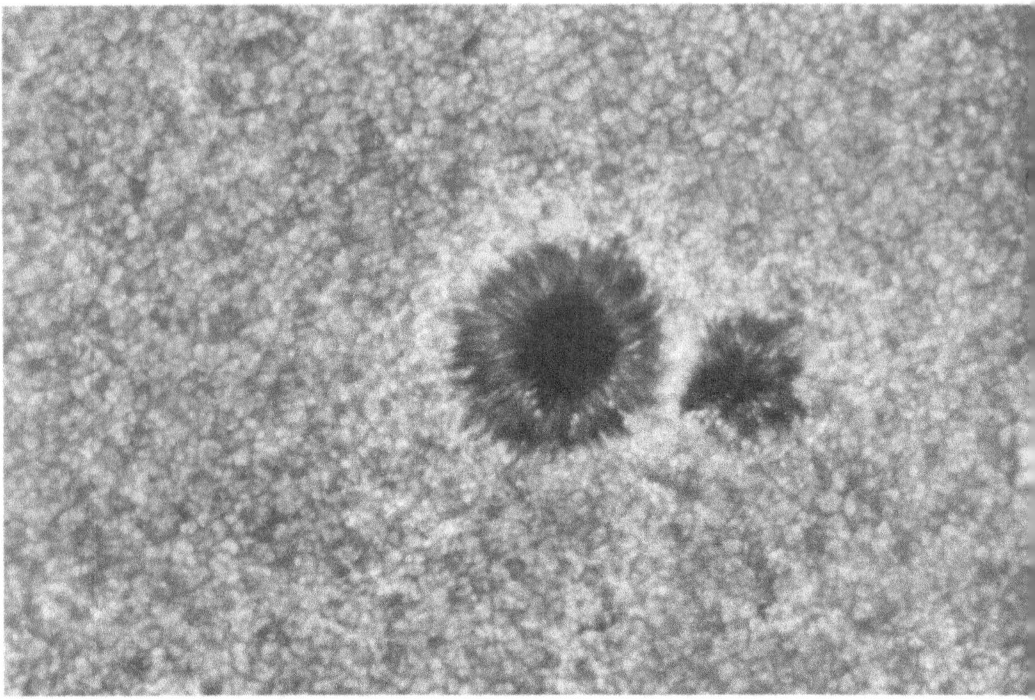

Une région tachée de la photosphère. On notera l'"ombre" de la tache (de 1000° plus froide que la photosphère calme), et les structures radiales, fibrées, de la "pénombre". Sur le disque solaire, autour de la tache, on voit la granulation, comme sur le cliché A, à une échelle différente. Entre les granules, des "filigranes" où règnent des champs magnétiques assez intenses et très localisés. *(Cliché S. Koutchmy)*

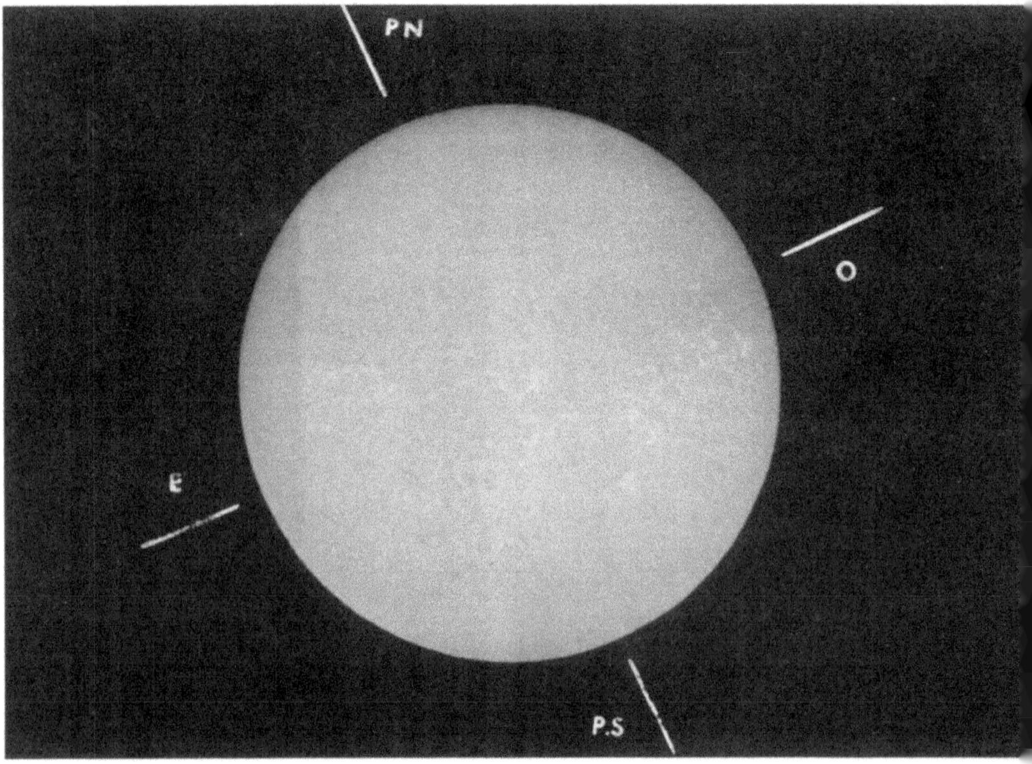

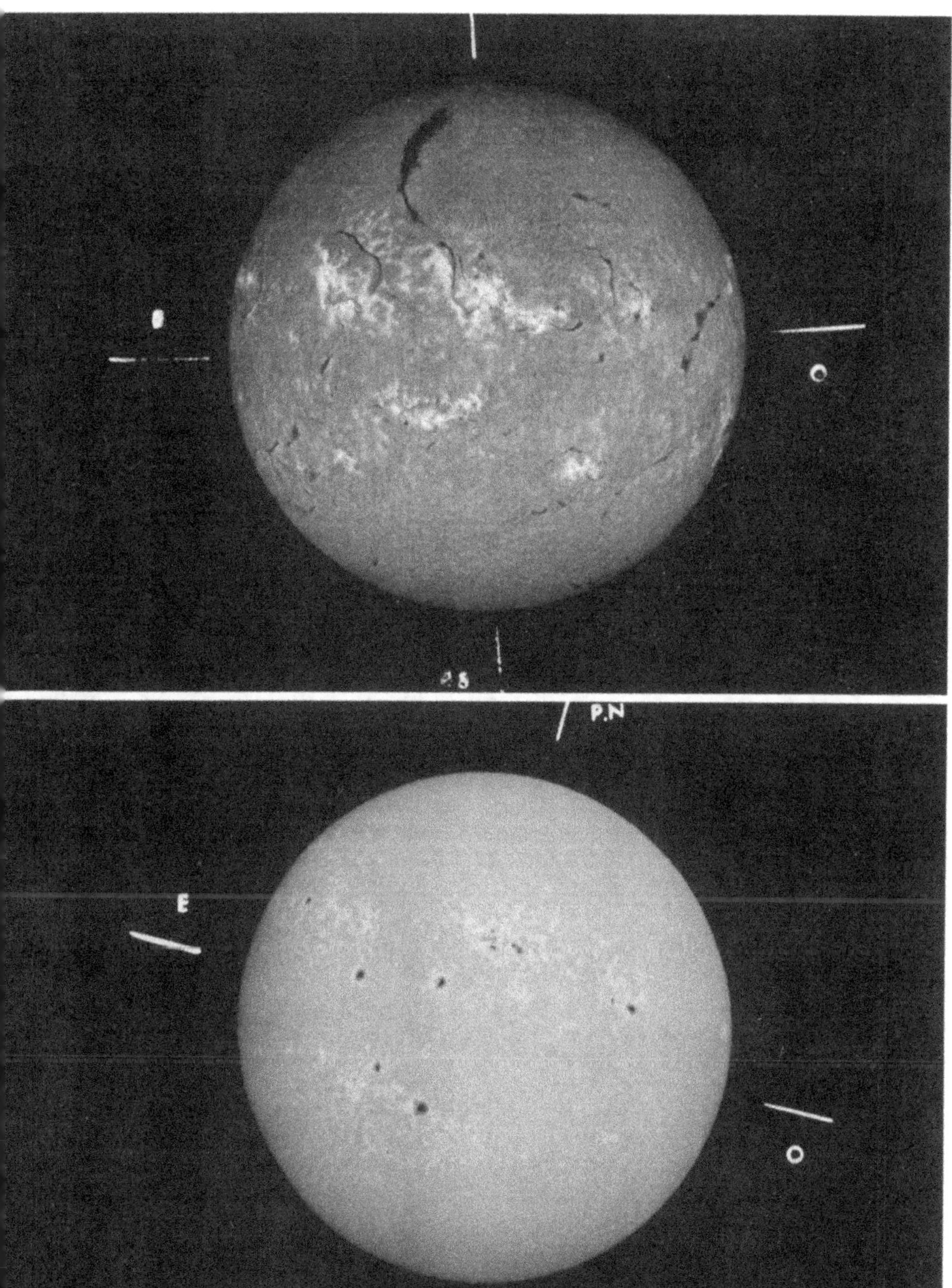

L'exploration en profondeur de la chromosphère. L'observation dans les raies K du Ca II (en bas ci-dessus et page ci-contre) et celle dans la raie Hα de l'hydrogène, permettent d'observer des couches différentes de la chromosphère. Dans l'aile de la raie K, on observe les taches, et, brillantes, les régions faculaires actives dont elles sont le cœur (en bas ci-dessus). Si le Soleil est calme (ci-dessus en bas), on observe les seules facules, – mais aucune tache n'est visible. A des altitudes plus grandes (ci-dessus en haut, cliché Hα), les taches du Soleil actif sont cachées par la chromosphère ; les régions actives de la chromosphère sont bien visibles. Vers le centre du cliché, une éruption chromosphérique se développe. Au voisinage des zones actives, ou plus près des pôles, les filaments obscurs sont, vus sur le disque chromosphérique, des protubérances.

(Cliché Observatoire de Meudon).

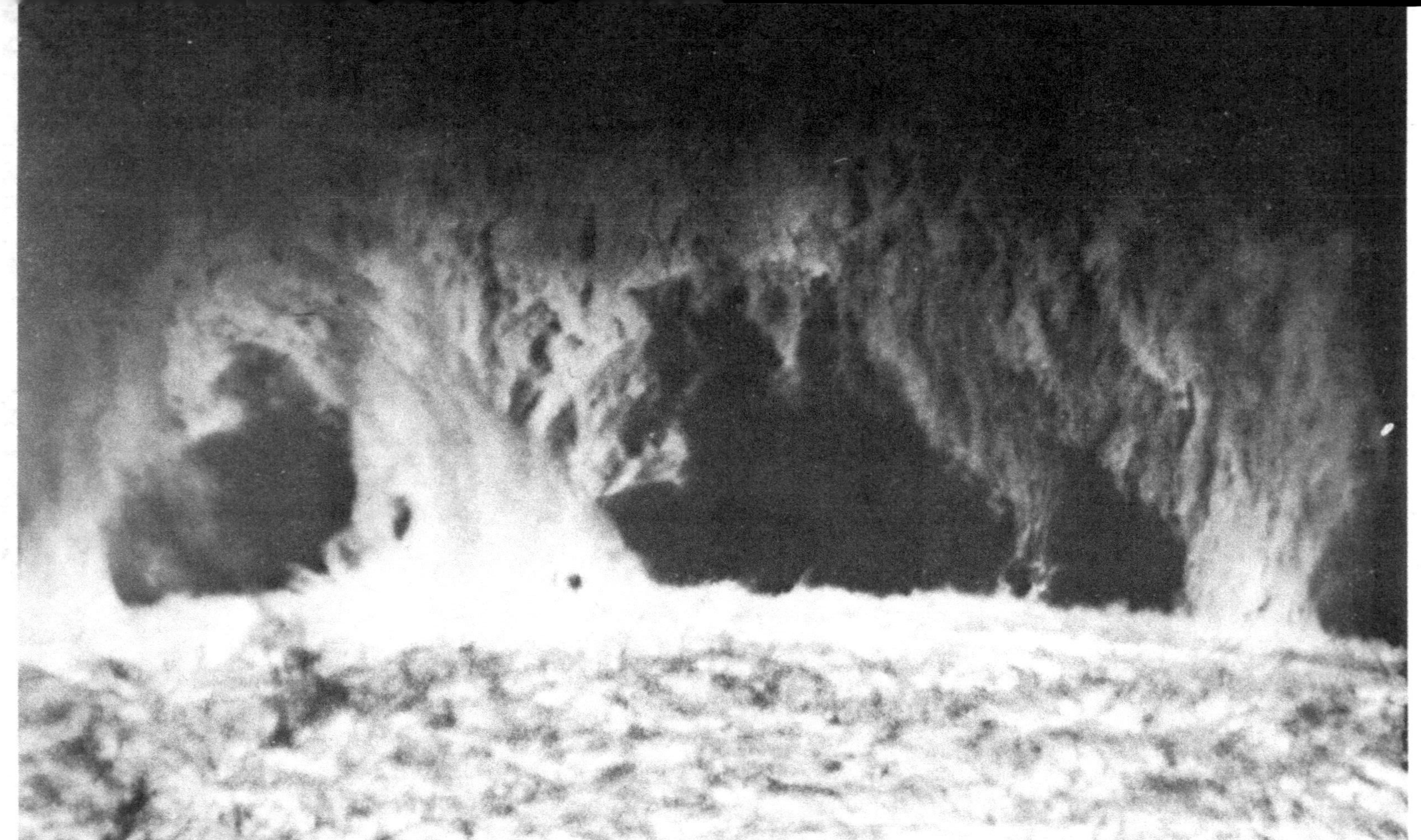

Une protubérance remarquable. Cette protubérance (100 000 km !) apparaîtrait sur le disque chromosphérique comme sur le cliché Dc, – en noir, comme un filament. Cette sorte de mur de matière est soutenue par une arche magnétique bien marquée vers laquelle descendent des gaz refroidis. *(Cliché Sacramento Peak Obs.)*

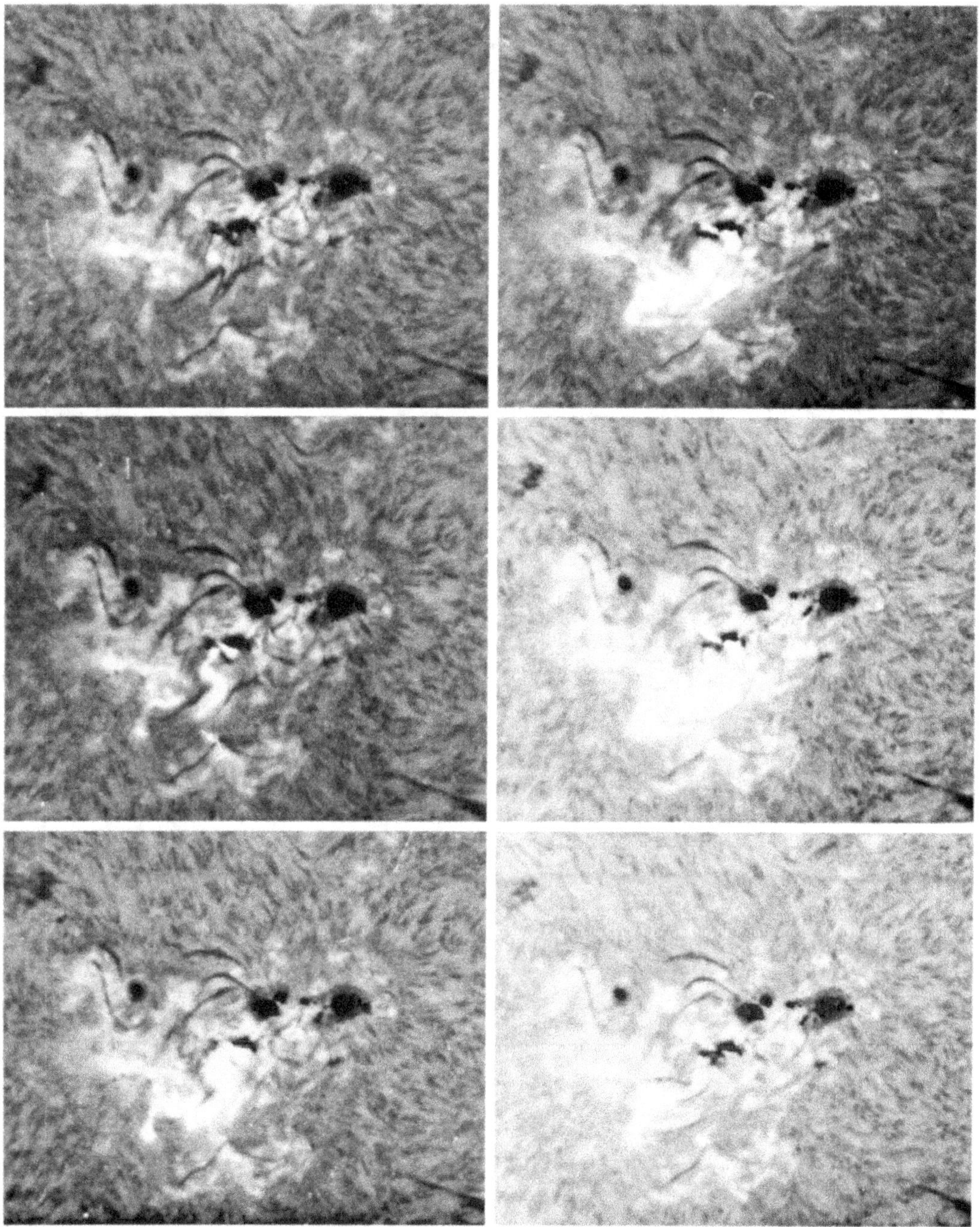

Développement d'une éruption. Entre ces six clichés, de haut en bas (1, 2, 3) puis à droite (4, 5, 6) s'écoule un temps de 52 minutes. On voit l'éruption s'allumer, l'embrasement se propager : une structure complexe du champ magnétique est devenue instable ; l'énergie magnétique libérée par son évolution s'est transformée en énergie thermique et mécanique ; les jets de matière issus de l'éruption iront semer le trouble dans le milieu interplanétaire, voire dans les atmosphères planétaires. *(Cliché Observatoire de Meudon).*

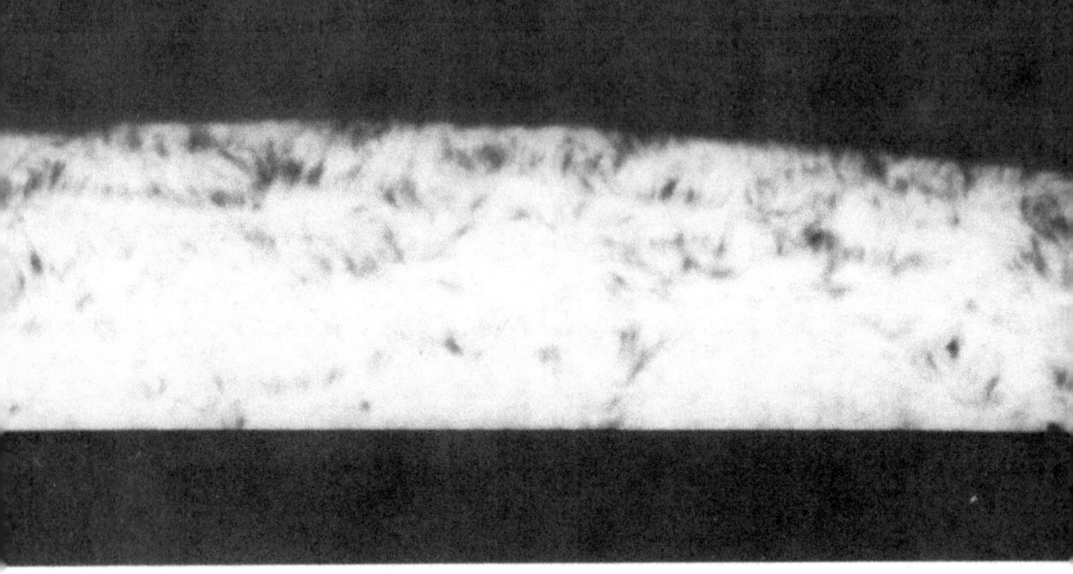

Les régions élevées de la chromosphère : les spicules. On voit sur ce cliché proche du bord solaire, les faisceaux de jets obscurs que sont les spicules chromosphériques. Ils forment comme des haies, entourant les grandes régions des supergranules, dont on devine la forme générale. *(Cliché Sacramento Peak Observatory)*

La couronne solaire. Cliché obtenu lors de l'éclipse totale de Soleil du 31 juillet 1981. On voit les grands jets coronaux, qui s'étendent si loin qu'ils perturbent la haute atmosphère de la Terre. Ils s'étendent préférentiellement dans des régions proches de l'équateur solaire. Les bulbes formés résultent des effets de magnétohydrodynamique : aux basses altitudes de la couronne, le champ magnétique l'emporte ; à de grandes altitudes, les effets dynamiques purs sont les plus forts. *(Cliché S. Koutchmy, Institut d'Astrophysique du CNRS)*

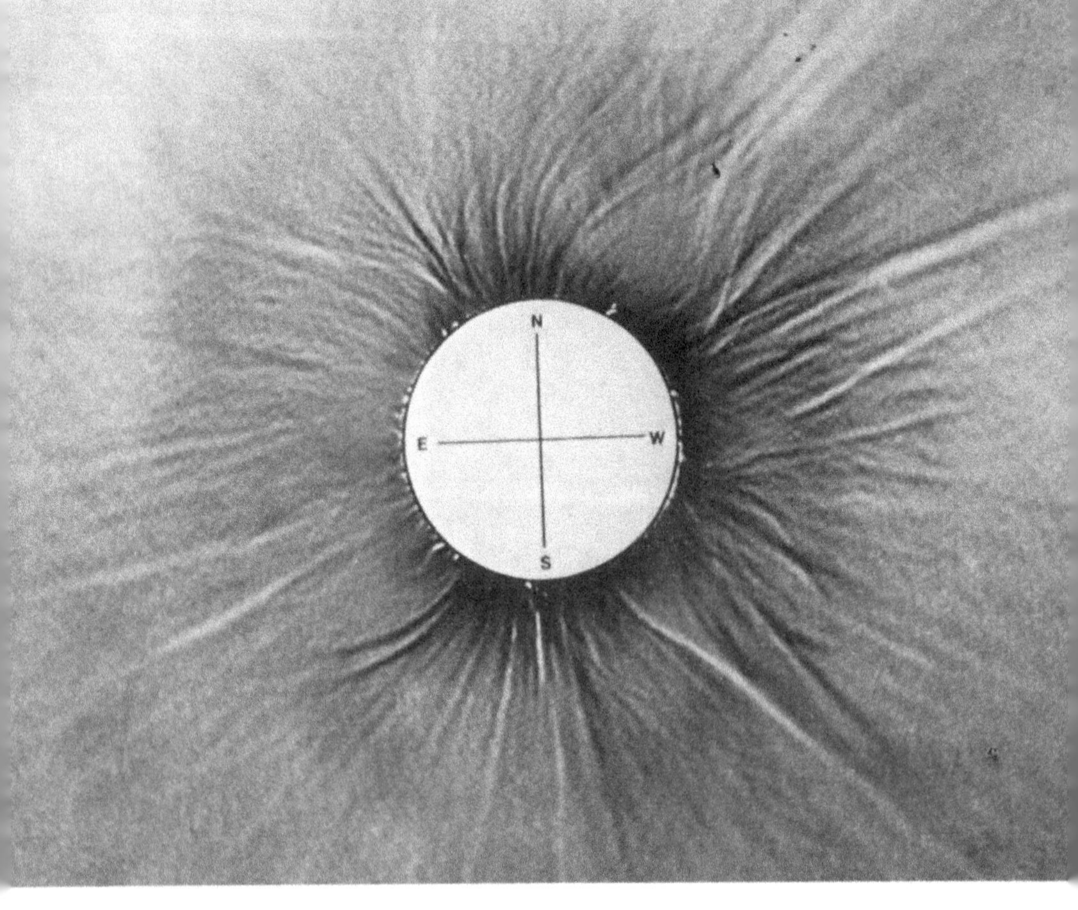

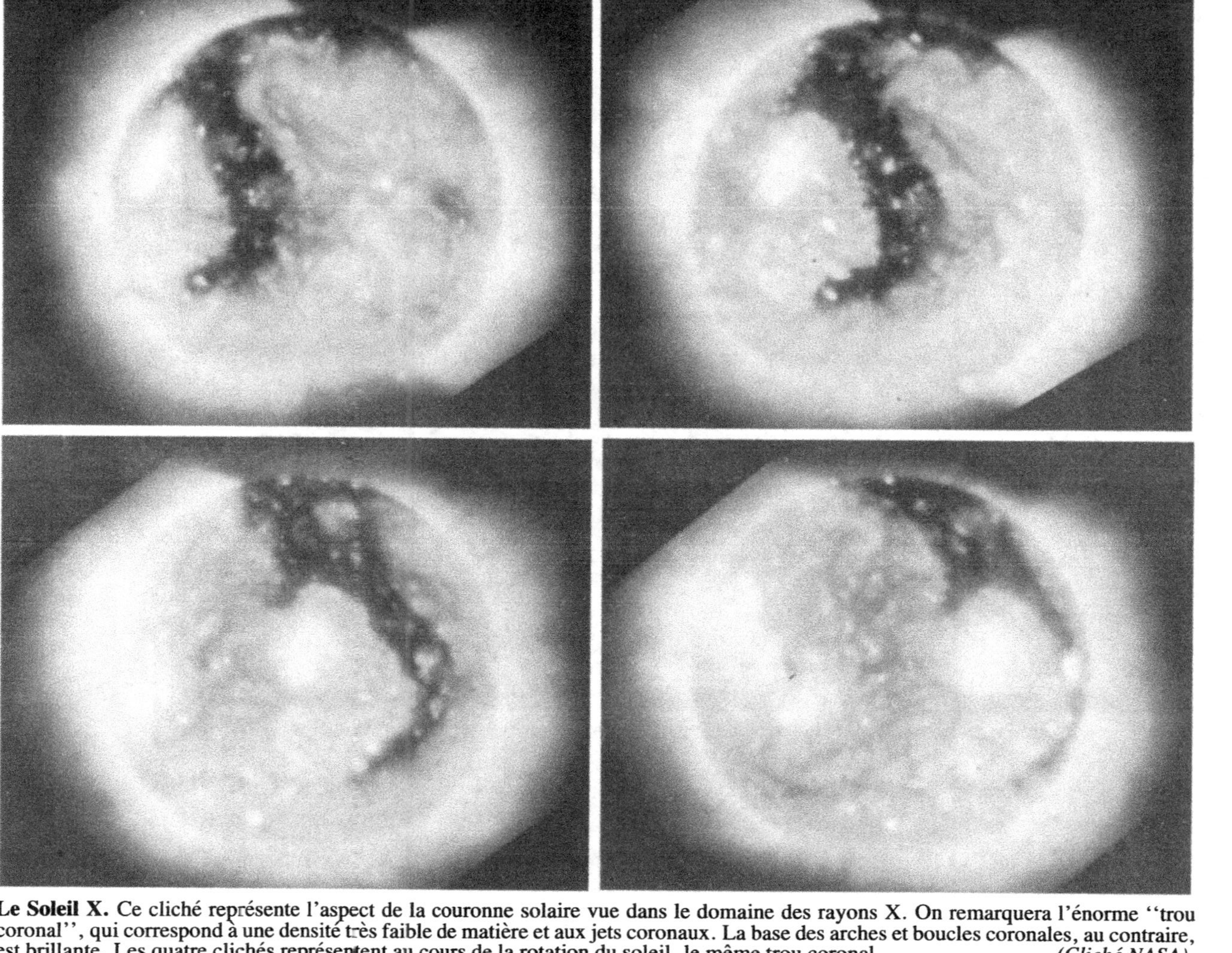

Le Soleil X. Ce cliché représente l'aspect de la couronne solaire vue dans le domaine des rayons X. On remarquera l'énorme ''trou coronal'', qui correspond à une densité très faible de matière et aux jets coronaux. La base des arches et boucles coronales, au contraire, est brillante. Les quatre clichés représentent au cours de la rotation du soleil, le même trou coronal. *(Cliché NASA).*

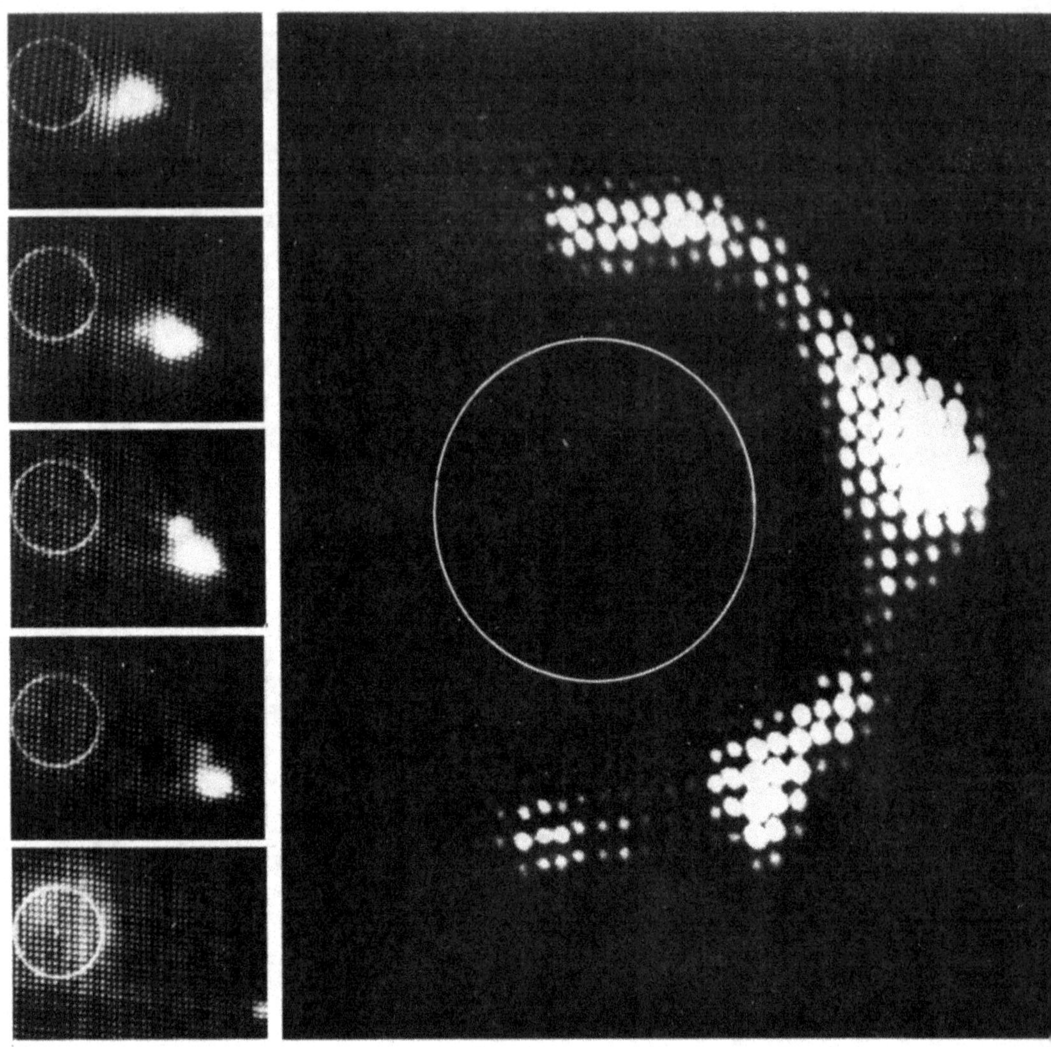

Le Soleil radioélectrique. Sur cette image radioélectrique du Soleil, on peut suivre l'ascension d'une régio[n] active, à une vitesse de l'ordre de plusieurs milliers de km par seconde, mesurée dans les ondes métrique[s]
(Cliché CSIRO, Australie[)]

médiaire de l'analyse des profils très complexes des raies spectrales dont l'aile bleue est déplacée par le vent et apparaît en absorption sur la raie d'émission issue de l'étoile dans son ensemble. On mesure donc le taux de masse éjectée et sa vitesse. Ainsi pour les étoiles Be le taux est-il de 10^{-7} $\mathcal{M}_\odot$/an, de 10^{-6} à 10^{-5} $\mathcal{M}_\odot$/an pour les étoiles de Wolf-Rayet, de 10^{-9} à 10^{-8} $\mathcal{M}_\odot$/an pour les T Tauri, de 10^{-5} à 10^{-4} $\mathcal{M}_\odot$/an pour les étoiles de type P Cygni. En revanche, la vitesse du vent, qui est de l'ordre de $1\,300$ km s^{-1} pour les Be, $1\,000$ à $2\,000$ km s^{-1} pour les WR, est seulement de quelque 100 à 300 km s^{-1} pour les T Tauri ou les P Cygni.

Mais une première remarque fondamentale doit être faite : si les vents stellaires ou solaires sont bien mesurés, la physique en reste peu connue et dépend de conditions mal déterminées, telles la température et la densité de la couronne stellaire. Un double progrès est donc nécessaire pour aller plus loin : connaître mieux les conditions physiques dans les atmosphères *stellaires*, préciser une théorie du vent valable dans le cas *solaire*. Aussi physiciens solaires et stellaires doivent-ils travailler de concert en évitant le « ghetto solaire » dénoncé à juste titre par un trop petit nombre de chercheurs.

Une autre remarque, non moins importante, est que l'analogie formelle des processus physiques entre le Soleil et telle ou telle étoile recouvre peut-être une diversité profonde entre ces mécanismes. Ainsi les novæ et les supernovæ, qui subissent une perte de masse de 10^{-3} $\mathcal{M}_\odot$/an, voire de toute la masse stellaire en quelques jours, à des vitesses de l'ordre de $1\,000$ km s^{-1}, procèdent-elles d'une instabilité affectant les régions centrales de l'étoile et les réactions nucléaires elles-mêmes ; dans le cas solaire, au contraire, celles-ci ne sont vraisemblablement pas affectées. La perte de masse des novæ, des supernovæ, a bien lieu par bouffées (une bouffée définitive, parfois !) qui ressemblent plus aux éruptions du Soleil qu'à son flux de masse régulier. A mi-chemin, faut-il dire que les P Cygni, par exemple, procèdent d'un mécanisme analogue à celui du vent solaire ? Ou s'agit-il au contraire d'étoiles affectées en permanence par les contrecoups d'une éruptivité du genre de celle des novæ ? C'est encore difficile à préciser. Il faut donc avancer dans l'exploitation des analogies avec une extrême prudence.

C'est dire que si nous sommes convaincus que l'étude simultanée du vent solaire et des vents stellaires nous permettra de mieux les comprendre, notre idée du phénomène reste imprécise.

Peut-on aller plus loin en d'autres domaines de la physique solaire et stellaire ? Le cas des oscillations est assez typique.

Le rayon solaire est variable : on l'a vu, les oscillations radiales ou non radiales du Soleil sont un phénomène d'une grande importance. Les mesures des oscillations donnent une amplitude qui se mesure en m s^{-1}. Mais des mesures directes de la variation globale du diamètre solaire (oscillations radiales, mode fondamental) ont été faites par les méthodes de l'astronomie de position, aussi bien que des mesures indirectes déduites de la sismologie solaire. On a même pu étudier, grâce aux données historiques, des mesures de diamètre effectuées depuis Aristarque (270 avant J.-C.) jusqu'à Laclare (1983) en passant par Gassendi, Scheiner, Gascoigne, Mutas, Cassini, Mouton, Einmart (XVIIe siècle), Bradley, de L'Isle, Lalande, Du Séjour (XVIIIe siècle) et bien d'autres au XXe siècle.

Il semble, d'après les premières analyses de ces données, que le diamètre soit affecté d'une décroissance séculaire de 1/1 000 de seconde d'arc par an (1″ sur le disque solaire équivaut à 700 km) et, en outre, d'une variation de ± 0,1 seconde d'arc au cours du cycle solaire, et de peut-être ± 0,2 seconde d'arc au cours du grand cycle de 76 ans ; des variations irrégulières du même ordre de grandeur semblent exister. Les dernières analyses de Laclare montrent, sur une période de 900 jours environ, une variation dont l'amplitude est de l'ordre de la seconde d'arc, et une dispersion irrégulière de l'ordre de ± 0″15. Mais nous devons prendre certaines de ces données (surtout celles concernant la variation séculaire du diamètre) avec de sévères réserves ; sans doute faudra-t-il encore beaucoup d'années d'observation avant de trouver une valeur de la variation séculaire du rayon solaire qui soit absolument fiable. Une remarque s'impose en effet : on est ici à la limite de la précision des mesures. Il faudrait en savoir beaucoup plus pour comprendre ; ainsi le rayon moyen du Soleil est-il bien déterminé ; mais quel est le rapport entre le rayon équatorial et le rayon polaire, l'*aplatissement*, en d'autres termes ? La variation de l'aplatissement ne serait-elle pas un facteur essentiel de la variation du rayon mesuré telle qu'elle est relatée par les observateurs ? Nous n'en savons strictement rien.

Dans le domaine stellaire, la variation du rayon stellaire est un phénomène connu, aux aspects multiples, et parfois d'une grande importance quantitative. Il se produit d'abord au cours des phénomènes évolutifs normaux ; la protoétoile s'effondre, le rayon de l'étoile qui tire son énergie de la contraction gravitationnelle décroît lentement, puis, plus tard, bien plus tard, le rayon stellaire augmente à nouveau quand l'épuisement de l'hydrogène central rend instable la structure d'ensemble de l'étoile, qui devient en quelques millions d'années une géante rouge.

Mais une variation périodique du rayon affecte aussi diverses classes d'étoiles variables qui, en quelque sorte, « pulsent » : c'est la vibration « fondamentale » qui l'emporte. L'étoile pulsante (les « céphéides », du nom de δ Cep, ou les étoiles de type « RR Lyrae », ou « Mira Ceti ») est profondément affectée par cette pulsation : la température effective, les propriétés spectrales suivent le mouvement. On peut montrer que les instabilités, créées par des zones convectives très anormalement étendues et sensibles à une faible variation de la température effective, donnent lieu à des oscillations « non amorties » et stabilisées seulement par des phénomènes typiquement « non linéaires ». De telles oscillations ne peuvent être observées que dans des zones relativement limitées du diagramme HR.

Une question essentielle se pose donc : le Soleil est-il une céphéide ? La découverte des oscillations solaires ne prouve nullement qu'il s'agisse d'oscillations de même nature physique. Afin de permettre d'aller plus loin, de ne pas seulement poser la question, la théorie des oscillations décelées par la sismologie solaire devra progresser. Parallèlement, grâce à des sondes spatiales, il faudra détecter des oscillations stellaires comparables à celles du Soleil. De telles perspectives sont aujourd'hui réalistes, à condition d'imposer à l'instrumentation des impératifs assez exigeants, mais non impossibles à réaliser. Des oscillations, sans doute de nature très analogue aux oscillations solaires, non radiales, ont été trouvées dans des étoiles B. Tout récemment, Fossat et ses collaborateurs ont mis en évidence des oscillations à 5 minutes de période dans α Centauri, étoile très semblable au Soleil.

Variation de la masse et flux de masse, variation du rayon et oscillations ou pulsations... Tout naturellement, la luminosité du Soleil est elle aussi variable. On peut même observer des variations affectant une portion limitée du spectre. Bien entendu, la cause première de cette variation est identifiable : il s'agit des taches du Soleil ; on déduit alors que les variations caractéristiques de la luminosité doivent suivre, jour après jour, minute par minute même, l'apparition ou la disparition de groupes de taches, soit sur place (nouvelles taches, taches se dissipant), soit au bord du disque, du fait de la rotation solaire. On peut prévoir de cette façon des affaiblissements momentanés de 0,1 à 0,3 % de la luminosité solaire. De plus, la variation globale doit avoir une composante liée aux variations de l'activité, avec une période de 11 ans.

Effectivement, les mesures montrent bien une corrélation de la luminosité avec la surface tachée. Mais si la corrélation entre les mesures de la variation de la luminosité et la surface tachée est élevée, elle n'est pas parfaite : en effet, les taches sont obscures dans le domaine visible, mais correspondent à des régions émissives dans le domaine radio ; la combinaison de ces deux effets explique bien les observations, dans la mesure où la luminosité est déterminée sur l'ensemble du spectre solaire. De ce fait, une variation de l'ordre de 0,1 %, due à l'influence du cycle solaire, est probable, sans que les observations aient encore permis de la détecter. Soulignons que les mesures de la variation de la luminosité du Soleil concernent la luminosité apparente, telle qu'on peut l'observer depuis la Terre. Est-on bien certain qu'elle traduise une variation du taux de production de l'énergie au centre du Soleil ? Une redistribution entre les régions équatoriales tachées, assez proches de l'équateur et facilement observables, et les régions polaires, dont le poids est faible dans l'observation, puisqu'on les voit de biais, n'est-elle pas possible ?

Il faut ici noter qu'Abbott, qui mourut centenaire en 1982, consacra un demi-siècle à établir des mesures de la variabilité de la « constante solaire » : il en trouva, fortement corrélées avec l'activité ; on soupçonna cependant ses mesures d'être en réalité des mesures directes de la transparence atmosphérique ; la « constante solaire » apparut bien alors comme « constante », à la précision des mesures d'Abbott ; et l'on songea sérieusement à chercher plutôt des corrélations entre les conditions météorologiques et l'activité solaire.

Des fluctuations d'éclat de 0,3 % correspondent à une différence de magnitude de 0,013, tout à fait décelable grâce aux mesures photoélectriques des magnitudes stellaires. La recherche d'étoiles « tachées » comme le Soleil est donc possible. De fait, ce phénomène a été découvert, mais plutôt par l'intermédiaire des vitesses de rotation déduites de la mesure de certaines raies caractéristiques de ces taches. Quel autre moyen en effet mettre en œuvre ? Face à des fluctuations assez rapides de l'éclat, de l'ordre de 1/100 ou même 1/10 de magnitude, on ne peut interpréter de façon certaine ces fluctuations par des taches.

Des phénomènes de variabilité affectant la luminosité totale de l'étoile, à plus grande échelle donc que la variabilité due aux taches, sont d'ailleurs connus : les étoiles pulsantes sont d'abord des étoiles *variables*. La variabilité est liée surtout à des phénomènes d'instabilité ; elle n'est pas, semble-t-il, de même nature que la variabilité de la luminosité solaire que nous venons d'évoquer. Mais des phénomènes tels que le cycle d'activité ont aussi été découverts sur des étoiles (Wilson, 1978), et leur étude sera d'un grand intérêt pour la compréhension de l'activité solaire. On notera que bien que la découverte de ces phénomènes à l'échelle quasi solaire, par l'intermédiaire de l'émission centrale de la raie K du calcium ionisé, soit récente, l'on connaissait depuis longtemps, grâce à l'effet Zeeman, des étoiles « magnétiques » — et notamment des étoiles A magnétiques. Leur champ bipolaire est beaucoup plus élevé que celui du Soleil ; souvent, ce sont des rotateurs de forte obliquité auxquels les théories de type « dynamo » s'appliquent fort mal.

Outre les mesures de $\mathcal{R}$, $\mathcal{M}$, $\mathcal{L}$ et de leurs variations, la détermination d'autres paramètres peut-elle nous apprendre à mieux comprendre la physique solaire et stellaire ? La composition chimique, par exemple, est-elle homogène ? Il semble bien que des différences de composition entre chromosphère et couronne solaires aient été mises en évidence ; elles existent certainement dans des couches profondes, au voisinage de la zone centrale des réactions thermonucléaires. En effet, lorsqu'un gradient thermique assez fort existe, les ions lourds, moins mobiles, ont tendance à s'accumuler du côté le plus chaud ; les ions légers, plus mobiles, auront tendance à quitter la zone plus chaude : ils sont, semble-t-il, moins abondants dans la couronne que, par exemple, le fer, élément « lourd ».

Cela peut-il être retrouvé dans les étoiles ? La structure interne de certaines d'entre elles est largement hétérogène ; cette déduction est imposée par l'étude des équations de la structure interne et par leur solution. Mais la connaissance des couronnes stellaires est encore très fragmentaire : seule leur émission dans le domaine X permet de les déceler ; elles sont nombreuses, certes ; mais il existe encore peu d'informations sur les conditions physiques précises qui y règnent, ou sur leur composition chimique. Cette découverte récente est néanmoins intéressante dans la mesure où elle révèle l'existence de couronnes dans des étoiles ; elle dément ainsi certaines théories qui associent étroitement le chauffage à l'existence d'une zone convective étendue, et l'éliminent par conséquent a priori pour des étoiles O ou B non convectives. Cette remarque vaut pour le Soleil, bien qu'il soit convectif : le chauffage de sa couronne n'est sans doute associé que de façon très vague à ce qui se passe dans la zone convective, du fait de cette convection.

De cette étude générale de l'étoile Soleil, il faut tirer quelques conclusions sur l'ensemble des étoiles. L'atmosphère solaire, avec ces régions chauffées autrement que par rayonnement, avec développement progressif vers l'extérieur des écarts aux équilibres du milieu physiquement isolé, est un « prototype ». Toutes les étoiles, comme le Soleil, présentent des phénomènes analogues d'écarts aux équilibres thermodynamique local, radiatif, hydrostatique ; toutes ont des vents, des champs magnétiques, une activité ; mais ces écarts par rapport à une physique qui était admise comme un dogme il y a cinquante ans, varient considérablement d'une étoile à l'autre. Ce sont parfois des phénomènes majeurs, connus depuis longtemps (céphéides, étoiles de Wolf-Rayet, étoiles A magnétiques, etc.) ; ce sont le plus souvent des effets inobservables sans des méthodes élaborées. Quoi qu'il en soit, ces écarts semblent bien peu liés aux paramètres essentiels ($\mathcal{L}$, $\mathcal{M}$, $\mathcal{R}$, X, Y, Z) et à la physique d'ensemble (énergie d'origine thermonucléaire, ER, EH, ETL) qui caractérisent l'étoile dans sa totalité. Tout se passe comme si le réservoir d'énergie qu'est l'étoile, et qui en fixe les propriétés les plus apparentes — éclat général, température superficielle —, n'était pas affecté par des « fuites d'énergie ». En revanche, des processus très sensibles à des paramètres non encore considérés, comme le moment angulaire, le champ magnétique initial, etc., se manifestent isolément, mais non indépendamment les uns des autres, dans les couches les plus périphériques. Une classification des étoiles selon ces nombreux et nouveaux paramètres ne ressemblerait en rien à l'ancienne, fondée sur $\mathcal{L}$, $\mathcal{M}$, $\mathcal{R}$. Pourtant, l'ancienne classification du diagramme Hertzsprung-Russell avait du bon : c'est elle qui a permis d'élucider l'essentiel des processus d'évolution thermonucléaire des étoiles. Elle n'est sans doute pas à rejeter. Les paramètres nouveaux jouent malgré tout un rôle moins important que les paramètres classiques dans les phénomènes qui commandent le taux de production d'énergie, et cela est essentiel.

La ressemblance entre le Soleil et les étoiles est en définitive souvent affaire de degré. L'épaisseur optique des couches où apparaissent nettement les écarts à l'ETL (haute photosphère, chromosphère, couronne), à l'ER (chromosphère, couronne), à l'EH (couronne, vent), est faible dans le Soleil. L'ordre dans lequel apparaissent, lorsqu'on s'enfonce dans l'étoile, les dégénérescences ETL, ER, EH, peut différer d'une étoile à l'autre, ainsi que la profondeur optique de la région où elles apparaissent . Quels sont les paramètres qui, au cours de la vie de l'étoile, ont déterminé ses actuelles propriétés ? Les paramètres classiques ? Ou bien ces paramètres nombreux que l'observation des atmosphères nous impose de prendre en considération ? Là est sans doute le problème majeur dont la solution complète fait encore défaut à notre connaissance de l'évolution des étoiles. Nous l'avons évoqué en mentionnant le moment angulaire du lambeau protostellaire, fragment de la matière interstellaire où l'étoile est née ; également en mentionnant le champ magnétique de ce lambeau... Mais il nous est impossible, à ce jour, d'en dire plus ; nous en sommes à peine au stade des intuitions ; une véritable théorie de l'évolution des couches extérieures des étoiles reste à élaborer. Insérer cette théorie de l'évolution dans un corps de doctrine plus vaste, concerné par l'évolution de l'étoile dans son ensemble, sera certainement aussi très difficile.

Classicisme et modernité ne se posent pas réellement en termes de choix. Les paramètres et les méthodes, qu'ils soient classiques ou nouveaux, ne sauraient en réalité être considérés comme indépendants. L'unification apportée à l'astrophysique stellaire par les hypothèses classiques, depuis bientôt un siècle, a constitué un succès remarquable ; mais il est hors de doute que la « nouvelle astrophysique » — qui émerge des efforts, souvent divergents naguère (faute de techniques appropriées), mais aujourd'hui très cohérents entre eux, des physiciens solaires et stellaires — apportera sur la physique des étoiles et sur leur évolution des idées neuves, et aura des conséquences importantes, quoique imprévisibles, sur nos conceptions de l'Univers lui-même.

LE SYSTÈME SOLEIL

I

Dans le vent solaire

Où l'on voit que le Soleil ne limite pas son rôle à animer sa couronne, pourtant suffisamment compliquée, et qu'à grande distance, son influence continue à s'exercer, par l'intermédiaire d'abord de son champ gravitationnel qui commande aux trajectoires régulières des planètes et des comètes ; par l'intermédiaire de son rayonnement qui chauffe les planètes proches plus que les planètes éloignées ; et enfin par l'intermédiaire des flots de particules ionisées qui constituent l'essentiel de ce qu'on nomme le vent solaire ; et où l'on voit donc que le système solaire, pour tout dire, constitue une banlieue où le trafic, la consommation, etc., sont commandés par les exigences de la capitale Soleil.

Vu de pas trop loin, disons d'une distance d'un mois de lumière, l'étoile Soleil n'apparaît pas simplement comme une étoile un peu plus brillante que la plupart des autres. Autour de l'étoile, l'observateur interstellaire discerne assez facilement une enveloppe en forme de disque, peu brillante. Au premier regard, elle lui paraît pâlotte, gazeuse, floue et blanchâtre. Armé de son équipement infrarouge, il verra que l'enveloppe contient une composante froide, poussiéreuse. Le radiotélescope indique que le Soleil lui-même émet du rayonnement radioélectrique. Mais dans les ondes décamétriques, un point de la nébuleuse semble bien émettre un rayonnement plus intense que celui du Soleil, et d'ailleurs très rapidement variable ; l'observation implique certaines régularités d'intensité d'ailleurs assez difficiles à discerner.

S'étant approché, le voyageur voit dans la nébulosité qui

entoure le Soleil et qui est le système Soleil, outre l'astre lui-même, une forte nodosité assez brillante, radiosource puissante et massive : c'est Jupiter. Jupiter est brillant, certes, mais la planète a une magnitude égale à celle du Soleil augmentée de 19,5 magnitudes — soit 160 millions de fois moins brillante que le Soleil lui-même.

Puis d'autres nodosités apparaissent : ce sont des masses condensées, solides peut-être, froides à coup sûr. Autour de ces planètes, d'autres nodosités, infimes grumeaux, apparaissent : les satellites... Entre ces masses minuscules, un nuage ténu de poussières et de gaz diffuse la lumière solaire. Ce nuage est intégralement tributaire du Soleil, de ses champs, de son rayonnement.

Le champ gravitationnel du Soleil exerce sur chaque planète une action proportionnelle à la masse de chacune et inversement proportionnelle au carré de la distance qui la sépare de son luminaire. C'est Newton, le premier, qui exprima cette loi de l'attraction universelle. Les lois de Kepler, connues d'ailleurs avant la loi de Newton, s'en déduisent par une logique simple : chaque planète décrit autour du Soleil une orbite elliptique, très proche en fait d'un cercle. La période de cette révolution — un an pour la petite Terre — est proportionnelle à la puissance 1.5 de la distance au Soleil, et d'autant plus lente que la planète est éloignée ; pour Jupiter, située à une distance du Soleil plus de 5 fois supérieure à celle de la Terre, la période est de l'ordre d'un peu plus de onze ans.

Kepler et Newton règnent en maîtres sur le système solaire : leurs lois régissent aussi la révolution des satellites autour des planètes, celle de la Lune autour de la Terre, celle des quatorze lunes de Jupiter... La planète l'emporte-t-elle pourtant sur le Soleil ? Pas nécessairement : sur la Lune, par exemple, l'attraction gravitationnelle du Soleil est 1,4 fois plus forte que celle de la petite Terre ; si proche la Terre soit-elle de la Lune, cette proximité ne suffit pas à compenser le rapport de la masse terrestre à la masse solaire. L'attraction solaire a pour effet une perturbation non négligeable sur le mouvement lunaire ; mais la Lune, de toute façon, suit la Terre dans son mouvement, traînée dans son orbite par celle-ci, poussée par l'effet de l'attraction du Soleil. En revanche, le mouvement des satellites autour de Jupiter est pour ainsi dire indépendant des forces exercées par la masse solaire.

De façon très générale, à la précision actuelle des mesures

astrométriques, les champs gravitationnels de toutes les masses du système solaire interviennent donc sur le mouvement de tous les autres, ne fût-ce parfois que de façon infime ; les lois de Kepler, valables pour des planètes supposées n'être soumises qu'à la force de l'attraction du Soleil, ne s'appliquent pas strictement. En effet, elles résultent de la solution d'un problème de seulement deux corps, alors qu'il nous faut résoudre un « problème de n corps ». Les mouvements sont observés à la seconde près, en chaque point de leur trajectoire, et pendant des années, voire des siècles. Pour en rendre parfaitement compte, il faut considérer comme une première approximation le mouvement déduit de l'application des lois de Kepler : le « calcul des perturbations » permet de faire intervenir ensuite, en approximations successives, le rôle de toutes les masses du système solaire autres que celle qui semble seule commander le mouvement de l'astre étudié, le Soleil pour une planète, la planète pour un satellite.

Nombreux sont les phénomènes liés d'abord aux perturbations et dont la compréhension impose au moins la solution d'un problème des 3 corps. Ainsi en est-il des irrégularités du mouvement d'Uranus ; on sait que c'est grâce au calcul des perturbations que l'on put les expliquer et, pour cela, « inventer » une planète. Le Verrier et Adams, indépendamment, firent ce calcul ; et Galle observa Neptune à quelques minutes d'arc de la position assignée à la nouvelle planète par Le Verrier. Quelques décennies plus tard, le mouvement de Neptune lui-même permit de mettre en évidence le petit perturbateur Pluton (calculs de Percival Lowell, observations de Clyde Tombaugh). Les irrégularités du mouvement de Mercure causèrent longtemps bien des difficultés aux mécaniciens qui recherchaient l'hypothétique planète située entre le Soleil et Mercure — et que l'on alla même jusqu'à appeler Vulcain ! Mais il ne suffisait plus de perfectionner les lois de Kepler en introduisant l'attraction newtonienne des autres corps du système solaire. Il fallait aller jusqu'à l'élargissement de la loi de Newton aux lois de la Relativité Générale.

Un autre exemple intéressant est le cas des petites planètes, dites « troyennes ». Elles sont localisées sur la même orbite que Jupiter, en deux groupes, l'un en avance, l'autre en retard, formant avec le Soleil et Jupiter deux triangles équilatéraux. Normalement, si Jupiter n'exerçait aucune action gravitationnelle, ces petits objets se disperseraient sur toute leur orbite, tout comme une comète qui explose donne lieu à un essaim météorique de plus en plus étiré avec le temps, et que la Terre croise chaque année à la même date. Mais l'action combinée de Jupiter et du Soleil contribue à donner à ce point précis (l'un des « points de Lagrange ») un rôle particulier. Un objet voisin tend à y revenir ; donc diverses petites planètes s'y accumulent ; parfois, et c'est sans doute le cas de l'astéroïde Hector, elles s'y agglutinent en des sortes d'haltères orbitantes.

Le calcul des perturbations gravitationnelles offre bien d'autres applications intéressantes. Ainsi explique-t-on par les perturbations dues à la masse de Jupiter l'absence d'astéroïdes dans les « intervalles de Kirkwood » ; ces zones vides correspondraient à des périodes de 1/2, 2/5, 1/3 de celle de Jupiter ; des phénomènes de résonance, liés à ce caractère commensurable des périodes, ont lieu, qui rendent les astéroïdes ayant de telles périodes plus sensibles aux perturbations : ils quitteront rapidement ces orbites. Cela peut se démontrer quantitativement par des calculs détaillés.

Nous avons donné quelques exemples simples et classiques d'applications du calcul des perturbations. Mais n'oublions pas que la mécanique céleste est infiniment plus riche : elle peut tenir compte non seulement des planètes, mais des déformations de ces planètes, en particulier de la complexité du potentiel gravifique de la Terre ; il est bien clair que notre planète n'est pas équivalente à un point massif ni même à un volume homogène et parfaitement sphérique.

Quoi qu'il en soit, le mouvement des masses solides dans le système solaire est compréhensible aujourd'hui dans sa totalité grâce à la loi de l'attraction universelle, et ce, avec une précision considérable.

On doit mentionner, à cette place, l'importance des forces (gravitationnelles elles aussi) de marée qui s'exercent sur les masses fluides qui entourent une planète, un satellite ou même le Soleil (que nous désignerons ci-après par le symbole P). Prenons ainsi l'atmosphère terrestre, ou les océans de la Terre, ou bien les masses nuageuses qui entourent Vénus ou Jupiter, ou encore l'atmosphère même du Soleil. Et considérons un astre A assez proche, la Lune de la Terre, les satellites galiléens de Jupiter, le Soleil de Vénus, et Vénus du Soleil. La force d'attraction de A est inversement proportionnelle au carré de la distance, plus faible donc sur les océans ou les nuages du corps P, « de l'autre côté que A », que sur ceux « du même côté que A ». Le calcul est simple. Supposons que la distance D de A à P soit plus grande que le diamètre $2R$ de P qui sépare ce qui est du côté de A de ce qui est de l'autre côté. Les deux forces sont respectivement proportionnelles $1/(D-R)^2$ et $1/(D+R)^2$; la différence est alors de l'ordre de $4R/D^3$, si on néglige les termes d'ordre supérieur, très petits. Une force de marée due à l'existence de cette différence s'exerce donc et crée des bourrelets qui tournent avec l'astre perturbateur A autour de l'astre perturbé P. Comme la force des marées est proportionnelle à l'inverse du *cube* de la distance, les astres lointains n'exercent que des effets insignifiants. On peut presque dire que les effets du Soleil sur le mouvement de la Lune sont des effets de marée qui perturbent son orbite légèrement, en la déformant d'une façon qui reste liée à la position du Soleil. Les marées océaniques sont bien connues sur Terre ; elles résultent des forces de marées : deux bourrelets, donc deux « marées » par jour ; mais l'amplitude de chacune varie fortement d'un point de la Terre à l'autre, à cause de l'influence des phénomènes de résonance induits par la forme des fonds sous-marins ; les plateaux continentaux, notamment, les accentuent nettement, comme au fond de la baie du Mont-Saint-Michel.

Les marées ont bien d'autres effets : au sein de chaque planète, telle la Terre, la matière n'est pas complètement solide : et sa fluidité, sa plasticité autorisent des marées planétaires de faible amplitude, mais dont les effets sur la stabilité des sols peuvent n'être pas négligeables. Les marées terrestres sont bien connues et régulièrement mesurées. L'effet des marées, qui se traduisent par des mouvements relatifs, donc des frictions et des frottements au sein de la masse plus ou moins visqueuse, est de ralentir la rotation — un peu comme agirait un frein sur le tambour d'une roue de voiture. A longue échéance, la marée mutuelle qu'exerce tel corps sur tel autre, et réciproquement, tend à contraindre la période de rotation de chacun d'eux à être identique à la période de révolution : chacun tourne alors toujours la même face à l'autre. C'est le cas de Mercure, figé dans son regard vers le Soleil, tournant toujours vers lui la même face — comme fasciné. C'est également le cas de la Lune, dont nous ne voyons depuis la Terre que 60 %, un peu plus qu'une moitié ; des oscillations apparentes ont lieu autour de cette position moyenne, notamment parce que la période de rotation est fixe, cependant que varie la vitesse de révolution sur une orbite elliptique, comme le prévoient les lois de Kepler. Les marées qu'exerce Jupiter sur ses satellites en brisent la croûte, trop fragile pour résister à la proximité d'un tel géant. Il n'est pas exclu que les marées, minimes pourtant (quelques millimètres d'amplitude !) que Vénus et Jupiter principalement induisent dans l'atmosphère du Soleil, aient un rôle déstabilisateur, et qu'elles contribuent à provoquer l'émergence de tubes magnétiques sous-jacents et, par suite, à faire naître des taches et des régions actives.

Le vent est un autre maître de l'environnement solaire, quoique d'une nature différente de celle des forces gravitationnelles dont nous avons parlé. D'une influence gravitationnelle faible, le vent est sans effet sur le mouvement des planètes. Cependant, sans cesse il balaie les détritus, petites poussières, gaz diffus, et les entraîne loin du système solaire. Il chasse la queue des comètes, plus vivement que la pression exercée par le rayonnement solaire. Il disperse dans l'espace, autour du Soleil, la masse, si infime soit-elle, que perd régulièrement celui-ci.

Les particules entraînées par le vent, particules neutres ou chargées, rencontrent parfois une planète. L'interaction est vive, soit que le champ magnétique planétaire les canalise et que se déclenchent alors aurores et orages, soit qu'il soit lui-même fortement perturbé par le flot irrégulier du vent.

Le vent solaire de gaz vient du Soleil. Mais le rayonnement véhicule beaucoup plus d'énergie que le vent. Certes, une très faible partie en est interceptée par les planètes, si bien qu'il traverse le système solaire et constitue l'unique messager du Soleil décelable pour l'observateur lointain.

Si peu que ce soit, le rayonnement solaire influence quand même les composantes du milieu interplanétaire. Les photons véhiculent une énergie et un moment cinétique : sur tout corps rencontré, ils exercent une action, que ce corps les absorbe intégralement (albédo nul) ou les réfléchisse complètement (albédo unité). Cette pression de radiation est d'autant plus faible que l'éloignement du Soleil est grand. Elle décroît, comme la force de l'attraction gravitationnelle exercée par le Soleil, d'une façon proportionnelle à l'inverse du carré de la distance.

Dans le champ solaire, le rapport de la force radiative à la force gravitationnelle est donc indépendant de la distance ; mais il dépend de la masse et de la dimension du corps soumis à ces deux forces. Un corps de masse m, de rayon a, est attiré vers le Soleil par une force proportionnelle à m, et repoussé par une force proportionnelle à la surface apparente s de ce corps. Mais m est proportionnel à a^3, s à a^2 : si a est plus petit qu'une certaine valeur critique, pour une densité donnée, c'est la force exercée par le rayonnement qui l'emportera donc. Pour une particule poussiéreuse d'une densité (moyenne) de $3,5\,\mathrm{g}\ \mathrm{cm}^{-3}$, d'un albédo nul, la dimension critique est de $a_c = 2\,10^{-5}$ cm. Les particules d'un rayon inférieur à a_c sont balayées par le rayonnement solaire en un mouvement uniformément accéléré ; les autres, plus grosses, tombent sur le Soleil ; ou, si elles ont une vitesse suffisante acquise au moment de leur formation, elles orbitent autour du Soleil et disparaissent peu à peu, au hasard des captures et des éclatements. Seules favorisées sont celles de ces grosses poussières qui, du fait d'une orbite presque circulaire, ont une stabilité plus grande : les planètes, grosses ou petites, et leurs satellites compagnons.

Les petites particules, d'une dimension proche de la dimension critique, ne sont donc soumises à aucune force résultant de la combinaison des effets de la gravitation et de la pression de radiation ; elles sont néanmoins soumises à d'autres forces : l'effet Poynting-Robertson est dû au fait que, pour ces particules, le trajet de la lumière a une composante le long de leur orbite circulaire ; cet effet est très comparable à celui de l'aberration de la lumière, découvert au XVIIIe siècle par Bradley ; cette composante exerce une pression de radiation dont l'effet est alors de freiner la particule, qui tombe donc lentement sur le Soleil. D'autres forces moindres agissent : toutes les forces de viscosité, liées aux collisions entre les grains de poussière et les ions ; également toutes les forces associées à la charge électrique... Elles n'ont d'importance qu'au voisinage de la dimension critique.

Le champ magnétique du Soleil est assez intense. Comme il s'agit essentiellement d'un dipôle, ou, si l'on veut, d'un aimant avec un pôle positif et un pôle négatif, ses effets sont à peu près inversement proportionnels au cube de la distance ; ce phénomène se comporte en effet un peu comme les effets de marée. Les actions du champ magnétique solaire décroissent donc très rapidement avec la distance. Si bien que le magnétisme solaire a peu d'influence *directe* sur les planètes. En revanche, son influence indirecte est considérable : la libération de l'énergie magnétique crée sur la surface solaire des régions actives d'où sont éjectées des composantes brutales du vent solaire, des jets souvent très rapides. De plus, le champ magnétique donne forme aux diverses composantes du vent : les formes des grands jets coronaux sont étroitement liées aux caractéristiques du champ magnétique solaire, dont la structure locale est très sensiblement différente de celle d'un champ dipolaire. De telle sorte que tous les phénomènes de l'activité solaire dépendent du magnétisme solaire et que tous affectent à des degrés divers, par les jets de particules messagers, ou par le flot des rayonnements énergétiques transitoires, les planètes, leur environnement et le milieu interplanétaire.

Dans les champs solaires — gravitation, vent, rayonnement —, on trouve un peu de gaz, une vingtaine de planètes et satellites importants, des milliers de gros rochers voyageurs et beaucoup de poussière. La masse de matière y est distribuée d'une façon maintenant bien connue.

Schématiquement, le nombre de protons, composants essentiels du vent, varie comme l'inverse du carré de la distance au Soleil. Au voisinage de la Terre, il est de l'ordre d'une dizaine par centimètre cube, parfois trois fois moins, parfois deux fois plus ; soit, grosso modo, une densité d'environ $2\,10^{-23}$ g par cm^{-3}. A la distance de la Terre, la quantité de matière qui migre ainsi vers l'extérieur est environ d'un centigramme par seconde, à une vitesse de l'ordre de 100 à $1\,000$ km s^{-1}.

Les grains de poussière sont nombreux, et très divers : les plus petits ont un centième de milligramme, les plus gros sont des planètes ! Les premiers tiennent une place importante dans le vent.

La masse se distribue assez étrangement dans le système solaire sous la forme de planètes et de satellites. Dans une unité astronomique, entre Soleil et Terre, les planètes (Mercure, Vénus, Terre) ont 15×10^{21} tonnes. Dans les quatre unités suivantes (Mars et les astéroïdes), la masse planétaire tombe à 1/10 de cette valeur. Puis, entre 5 et 10 unités astronomiques, Jupiter, Saturne et leurs satellites pèsent 400 fois plus que l'ensemble des planètes déjà nommées. Au-delà, entre 10 et 40 unités astronomiques, la masse des quelques planètes rencontrées est plus de 10 fois inférieure à celles de Jupiter et Saturne.

Ainsi, vu de loin, le système solaire est essentiellement constitué du Soleil et du couple Jupiter-Saturne. Le reste compte à peine. Le Soleil, source d'énergie, de lumière, de vent, maître des champs et des planètes, ses deux grosses planètes, et les plus petites, cohabitent intimement en une physique complexe, celle de la vie apparue, disparue, celle de la vie à venir, celle de notre vie quotidienne ; c'est un jeu sans gagnants ni perdants, indifférent à ce qui se passe ailleurs, qui se moque de l'Univers et qui continue, inlassable, de millions d'années en millions d'années.

II

Le grand tour dans les planètes

Où l'on voudra bien pardonner à l'auteur, un peu échauffé par le Soleil, cette promenade dans la diversité des villes banlieu-sardes, de la Terre-Neuilly à Neptune-Pantruche, en passant par Mars-banlieue rouge, ou par Jupiter-ville nouvelle ; et où le lecteur s'apercevra que si le Soleil règne bien sur ce petit monde, ledit petit monde garde quelques velléités d'indépendance, et que ces astres de banlieue manifestent leur personnalité avec énergie.

Il est impossible de concevoir un livre sur l'étoile Soleil sans consacrer un chapitre particulier aux planètes qui l'accompagnent, qui forment son environnement et dont on devrait même dire qu'elles en font partie intégrante.

Ce voyage dans le monde des planètes est une présentation d'objets très divers. Bien des auteurs l'ont entrepris ; et l'ont même accompli au moins en partie, grâce aux sondes spatiales. Il s'agit d'une visite à parcours multiples, un peu comme dans un musée. On peut visiter les objets par taille décroissante, depuis le géant Jupiter ; c'est alors le champ de gravitation de la planète qui apparaîtra comme le paramètre essentiel qui commande la structure de la planète. On peut aussi s'éloigner progressivement du Soleil et de Mercure en direction de Pluton et Charon : alors la décroissance de l'illumination par le Soleil, donc de la température moyenne de la planète, sera le facteur déterminant qui décidera du comportement biochimique des atmosphères et des océans.

Un tableau à double entrée serait sans doute souhaitable. Mais interviennent bien d'autres facteurs que la température moyenne et la gravité. Ainsi, pourquoi donc Jupiter est-il un émetteur radioélectrique si puissant, alors que Saturne, proche de Jupiter à tous égards, est une radiosource à peine détectable ?

Un autre facteur de grande importance est le rôle des impacts météoritiques qui modèlent le sol des planètes nues. Il dépend de la masse des planètes : les planètes les plus lourdes ont retenu une atmosphère où les météorites sont détruites par le frottement sur les couches de gaz, cependant que les plus petites planètes ont perdu cette atmosphère et sont donc plus vulnérables. Mais le rôle des chutes de météorites est également fonction de la distance au Soleil, ou de la proximité d'une grosse planète, dans le cas des satellites. En effet, les météorites résultent en partie de la fragmentation de comètes sous l'influence des terribles efforts qu'elles subissent au cours de la trajectoire très allongée qui, partant des confins du système solaire, les mène fort près du Soleil. De surcroît, les grosses planètes, de par leur présence même, servent d'écran aux flots météoritiques, tout en accentuant peut-être localement leur nombre.

Si bien qu'un classement alphabétique aurait tout autant de raison d'être qu'un classement prétendument rationnel ! A tout prendre, le parti le plus naturel est d'examiner les planètes dans un autre ordre encore, combinant l'ordre croissant de leur distance au Soleil et l'influence de leur masse, tout en sachant fort bien que, comme dans l'arche de Noé, toute espèce se trouve isolée et ne présente de ressemblance, si superficielle soit-elle, avec aucune autre. Les apparences sont d'une extrême diversité et c'est peut-être ce trait qui restera pour nous caractéristique de cette promenade.

L'organisation d'ensemble des planètes est simple : des orbites quasi circulaires, presque toutes dans le même plan et parcourues dans le même sens, celui de la rotation du Soleil. La quasi-totalité du moment angulaire du système solaire se trouve dans ces planètes, car le Soleil tourne 250 fois plus lentement que ne l'imposerait une éventuelle équipartition du moment angulaire. Les planètes pivotent autour d'un axe presque toujours perpendiculaire au plan moyen du système solaire (sauf Uranus qui est couché sur ce plan, et peut-être Pluton). Elles tournent dans le même sens que le Soleil et que sur leur orbite (sauf Vénus, dont le sol tourne de façon rétrograde). Elles sont accompagnées de satellites, plus nombreux pour les plus grosses planètes : au moins 17 pour Saturne, 16 pour Jupiter. Ces satellites gravitent autour des planètes en des orbites quasi circulaires et suivent, comme les planètes autour du Soleil, les lois de Kepler. Le plan de ces orbites parcourues en général dans le sens direct est aussi, en général, proche de celui de l'équateur de la planète ; les exceptions concernent les satellites les plus lointains de la planète centrale.

Nous ne ferons bien sûr qu'un bref examen de chacune des planètes. On sait tant de choses sur elles qu'un ouvrage par planète ne serait pas de trop ! Mais, de notre point de vue, elles sont d'abord les interlocuteurs privilégiés du Soleil : elles agissent sur lui de façon sans doute minime ; mais elles sont surtout soumises à son influence, et les conditions physiques qui y règnent sont commandées par leur immersion dans les champs multiples des influences solaires. C'est à cet égard leur *atmosphère* qui nous intéresse.

Mais leur sol, reflet à la fois des collisions avec les autres corps du système solaire (météorites) et de leur structure interne, et cette structure interne elle-même ont un autre intérêt : ils fournissent, sur l'histoire du système solaire et du Soleil, d'irremplaçables indications ; ce sont des *fossiles* de cette évolution, les souvenirs les plus anciens de notre archéologie astronomique.

Nous examinerons donc successivement deux groupes de planètes et de satellites, chacun en partant du Soleil : les planètes et les satellites au sol nu, sans atmosphère, d'abord, et puis celles qui, plus massives, ont pu conserver une atmosphère.

Voici Mercure : surface grêlée de cratères météoritiques, c'est ainsi qu'elle apparaît de prime abord. Proche du Soleil, cette petite planète reçoit dix fois plus d'énergie par cm² que la Lune dont elle évoque bien l'aspect. Les météorites nombreux qui rencontrent le sol de Mercure y creusent des cratères ; la matière qui en est éjectée retombe à proximité, la planète étant assez massive ; si bien que les cratères récemment creusés ne détruisent pas trop ceux qui existaient avant eux, en les couvrant de poussière ou de nouveaux petits cratères dus aux impacts des pierres qu'ils éjectent. De plus, les effets de la chaleur solaire sont évidents : de grandes falaises, hautes de centaines de kilomètres, hérissent la surface, sans doute dues à des dilatations et des refroidissements anciens. Une grande région de Mercure reste dans l'ombre : moins que la moitié, cependant ; en effet, si la rotation autour de son axe est couplée avec sa révolution, l'excentricité de l'orbite (0,21) a pour effet que Mercure semble osciller, vue du Soleil, autour d'une position moyenne. Le côté le plus souvent dans l'ombre semble presque dénué de cratères : cela prouve sans doute l'existence de plaines de formation récente — peut-être des mers de laves solidifiées d'origine volcanique. La théorie, plus encore que l'observation, indique que Mercure possède un noyau dense (10 à 14 g cm^{-3}) étendu à deux tiers du rayon, surmonté d'un manteau plus léger (3-5 g cm^{-3}). Le noyau de fer de Mercure comprendrait 80 % de la masse de la planète. Mercure, certes, n'a pas d'atmosphère : la masse pas assez importante, la température trop élevée (600°K du côté éclairé, 100°K du côté obscur) ne sauraient permettre à la planète de la conserver. Mais du noyau de fer résulte un important champ magnétique ; hors de tout support matériel, ce champ crée autour de la planète un casque magnétique (magnétosphère) qui la protège des particules chargées (protons, électrons) du vent solaire.

Survolons Vénus et la Terre sans nous y arrêter pour l'instant. La Lune, satellite de la Terre, ressemble, en plus petit et en plus froid, à Mercure. C'est un petit noyau sans atmosphère ni magnétosphère. La surface lunaire est criblée de cratères. Elle se divise grossièrement en « mers » plates, lisses, obscures, et en « terres » plus claires et rugueuses. Un tiers de la surface de la Lune qui fait face à la Terre est couvert de mers, mais il en existe à peine de l'autre côté : l'effet de la Terre est de protéger de certains impacts le côté qui nous fait face, qu'on appelle parfois la « face visible ». Les cratères sont plus nombreux dans les « terres » que dans les « mers ». Mais la surface lunaire, bien connue, explorée par l'homme, offre bien des détails intéressants : failles, falaises, sillons, révélant une histoire orogénique complexe. Les cratères ont parfois des dimensions de plusieurs centaines de kilomètres ; le plus souvent, ils sont petits, voire minuscules ; et ils se recouvrent les uns les autres. Les roches initialement formées dans des laves sont essentiellement des feldspaths (silicates d'aluminium). Les laves qui remplissent les mers sont des basaltes. Alors que les cratères d'impact météoritique sont souvent anciens, les mers, pour l'essentiel, sont de formation plus récente. Par quelque fissure, la lave monte des régions centrales presque fluides de l'astre et s'étale en mers qui se solidifient progressivement, plus vite au fond de ces cavités ; elles y forment des masses denses, les « mascons », que révèle l'exploration gravimétrique de la Lune.

Un petit nombre de cratères lunaires est d'ailleurs d'origine volcanique ; les plus petits sont dus à des retombées de pierres issues soit de cratères d'origine volcanique, soit de cratères météoritiques.

Laissons Mars au large, provisoirement ; mais abordons ses deux satellites, Phobos et Deimos, minuscules rochers de quelques kilomètres de diamètre, aux formes irrégulières. Des cratères aux proportions considérables couvrent leur surface, presque aussi obscure que celle des mers de la Lune, comparable aux « chondrites carbonées » des essaims météoritiques plutôt qu'à la lave des mers lunaires.

Entre Mars et Jupiter (et même en deçà de Mars et au-delà de Jupiter) gravitent des milliers de petites planètes ou astéroïdes. Les quatre plus gros, Cérès, Pallas, Junon et Vesta, connus dès la fin du XVIIIe siècle, sont comparables à la Lune, quoiqu'un peu plus petits. Les autres, de taille nettement inférieure, ont souvent des formes irrégulières : cassés par des collisions, ils sont d'une masse trop faible pour retenir les fragments. Ce sont des rochers de nature assez diverse ; les uns sont de nature basaltique, d'autres carbonés, d'autres en fer et en nickel, d'autre enfin, plus clairs, sont faits de silicates : leur « albédo » est mesurable et leur aspect varie du plus clair au plus sombre. Leur nature nous demeure obscure sur bien des points : comment, par exemple, Vesta, qui semble faite de lave, aurait-elle pu produire celle-ci ? La planète est trop petite pour que la radioactivité naturelle ait pu porter ses régions centrales à la température nécessaire. Sans doute des fragmentations successives d'objets plus lourds ont-elles dû se produire ; un indice en est la découverte des familles d'astéroïdes d'Hirayama : on peut en décrire les orbites à partir d'une localisation unique située à une époque bien déterminée ; il suffit de remonter le temps.

Passons sur Jupiter, Saturne, Neptune et Uranus, planètes dotées d'épaisses atmosphères. Mais, là encore, arrêtons-nous sur leurs satellites qui pour la plupart en sont dépourvus.

Ganymède est le plus grand satellite de Jupiter, le plus grand aussi du système solaire. Plus gros même que Mercure, il apparaît comme blanchâtre, taché de jaune. Sa surface est faite d'eau glacée mélangée à de la terre. Des cratères parsèment les régions les plus anciennes de la croûte ; on trouve aussi, dans ces régions, de longs sillons courbés (des kilomètres de large, des centaines de kilomètres de long) ; disposés en anneaux

autour des principaux cratères, ils sont peut-être dus à des craquements consécutifs à une chute météorique. Des réseaux de
crêtes et de sillons se superposent. Les calottes polaires blanchâtres — du givre ? — sont très étendues. Monde peu hospitalier, témoin d'une histoire complexe et dure...

Callisto, second satellite galiléen de Jupiter, est bleuâtre. Ses
cratères peu profonds sont entourés d'anneaux concentriques
plus nets que ceux de Ganymède. Peu modifié par les effets des
forces de marée dues à Jupiter, c'est un satellite sans grande
complexité, glacé, morose.

Io, plus proche de Jupiter que Callisto, est un satellite à part :
rouge, orange, sa surface est modelée, colorée, animée par un
volcanisme permanent. Ici et là, un volcan actif éjecte ses cendres bleues qui retombent dans le magma après une trajectoire
pure au-dessus de cette planète sans atmosphère. Des coulées
de laves sombres rayonnent autour du centre des caldeiras.
Paysage infernal où la température, localement, monte à plus
de 300 °C (contre —150 °C à la surface de Jupiter !). Pourquoi
cette activité permanente ? Les forces de marée qu'exerce Jupiter proche sur son satellite tordent sa surface et favorisent les
grandes poussées de lave, les craquements et l'échauffement.
Cette usine rouge a fondu son sol et l'a refondu, l'a recouvert de
débris volcaniques, l'a torturé au cours de sa vie rougeoyante
d'explosions.

Poursuivons. Europe nous montre une surface blanchâtre
légèrement teintée d'orange, craquelée, plate. La croûte de
glace est striée de rainures, de craquelures. Pas de cratères
météoritiques, la couche superficielle est sans doute récente.
Après l'enfer de feu d'Io, cet enfer de glace offre un contraste
saisissant. D'autres satellites de Jupiter (ils sont légion) sont
intéressants. On notera Amalthée, petit corps de couleur rouge,
très proche de la planète et de forme bizarre, comme un éclat
de satellite.

Et allons vers Saturne, ou plutôt vers ses satellites. Nous
reviendrons sur le cas de Titan — le seul satellite à atmosphère
du système solaire. Rhéa est, comme la Lune ou Mercure, un
désert de cratères. Mais, déjà, la chaleur solaire y est très faible. La surface est rocheuse, couverte en partie d'eau glacée,
sombre et sale. Japet, à l'étrange dissymétrie de coloration,
Téthys, Janus, Dioné, froids et lugubres, nous laissent bien
moroses. Aucun de ces satellites, petit ou grand, ne mérite une
étape dans un tour du système solaire, à l'exception peut-être

de Mimas qui, avec son cratère géant, tentera sûrement les astro-alpinistes.

Passons encore... et dépassons Neptune, Uranus, mondes glacés, escortés de quelques satellites de plus en plus nus, froids, sinistres... Nous reviendrons sur l'atmosphère de ces planètes. Et nous laisserons sans regret leurs satellites.

Nous touchons au terme de ce premier tour guidé : Pluton, et son satellite Charon, sont bien à l'image de leur distance du Soleil. Celui-ci n'est plus pour eux qu'une étoile très brillante, 1 600 fois plus faible que le Soleil vu de la Terre — mais encore des millions de fois plus brillante que, par exemple, Sirius. Sur la surface de glace de Pluton (de la glace de méthane ou d'éthane), des rochers d'ammoniaque miroitent au Soleil pâle ; la température au sol descend même, du côté éclairé par le Soleil, à —250 °C ! Et Charon, sa lune géante et unique, toute proche de la planète, n'est pas plus hospitalière.

A quelle distance du Soleil peut-on dire d'un rocher ou d'un atome qu'ils n'appartiennent plus au système solaire ? Déjà, sur Pluton, on doit se sentir bien peu enclin au chauvinisme solaire ; ce sont les mondes de la lointaine banlieue, la campagne ; mais une campagne sinistre, froide et obscure. Pourtant, c'est le Soleil qui commande encore les mouvements de Pluton, et même la lente physico-chimie de sa surface.

Continuons donc : aux confins, des pierres, semblables peutêtre aux astéroïdes rencontrés entre Mars et Jupiter, orbitent encore, liés de façon bien ténue au Soleil. Mais des perturbations, des collisions suffisent à déstabiliser les orbites de ces minuscules planétoïdes. Ils sont alors précipités vers le Soleil, centre du système, en une orbite elliptique très allongée. Ce sont les comètes : au voisinage du Soleil, la chaleur les ranime ; et des roches émanent des gaz ; des poussières se libèrent ; aussitôt ces gaz, ces poussières repoussés par le rayonnement solaire (poussières solides), par le vent solaire (gaz ionisé), forment deux queues ; la première est plus lente, courbée ; l'autre est rapide, fine, rectiligne, et plus bleue que la queue poussiéreuse. L'éjection des gaz n'est pas toujours très simple ; elle a lieu par à-coups, par sursauts ; si bien que la forme des queues, théoriquement simple, est en pratique assez tourmentée. Les astronomes lancent des satellites vers la queue des comètes pour les explorer : ainsi attend-on impatiemment le prochain passage de la comète de Halley pour la pénétrer.

Les comètes sont très affectées par le prodigieux champ de

forces gravitationnelles qu'exerce très brutalement sur elles le Soleil. Parfois, elles éclatent au cours de cette rapide plongée en petits cailloux ou en rochers qui s'étalent sur l'orbite elliptique : ce sont les *météorites*. Lorsque la Terre traverse un essaim de météorites, à certaines périodes de l'année, nous voyons une pluie d'étoiles filantes. Ainsi le magnifique feu d'artifice de nos nuits d'août (vers le 10 août) est-il dû aux Perséides, nommées d'après la constellation de Persée dont elles semblent venir ; cette direction, leur « radiant », est caractéristique de l'orbite qu'elles suivent dans le système solaire.

En suivant les comètes dans leur chute depuis les confins du système solaire jusqu'au voisinage immédiat de notre étoile, nous sommes passés d'un gros caillou froid et nu à une éblouissante atmosphère, fugitive mais bien réelle. La proximité du Soleil a joué assurément un rôle dans ce phénomène ; mais c'est de toute façon la masse de l'objet qui intervient pour retenir une atmosphère : d'une grosse planète, Jupiter ou Saturne, les gaz ne s'échapperont pas dans l'espace. Mercure ou la Lune, au contraire, ont depuis longtemps perdu leur enveloppe gazeuse. La durée de vie d'une atmosphère est d'autant plus longue que la masse de la planète est élevée ; elle est d'autant plus longue aussi que l'atmosphère est plus froide.

Reprenons donc le départ pour un second tour dans le système solaire. Nous visiterons les « planètes à atmosphère », en particulier les planètes grosses et froides (mais pas seulement).

Laissant de côté Mercure, nu, nous voici sur Vénus. Les conditions physiques qui y règnent ont de quoi faire frémir les cosmonautes ou astronautes les plus déterminés ; et la blonde déesse de l'amour serait bien marrie d'être la marraine de ces déserts nébuleux. Les astrologues auront désormais bien du mal à justifier leur portrait-robot des gens nés sous l'influence vénusienne ! Mais revenons à un regard purement scientifique : Vénus nous présente un sol rouge, rocheux, montagneux, porté à une température de l'ordre de 500 °C ; l'eau ne peut y exister qu'à l'état de vapeur brûlante. Mais ce sol est caché aux observateurs terrestres : ils ne peuvent l'examiner que grâce aux engins envoyés de la Terre, ou à l'exploration par les ondes des radars. Au-dessus de ce sol très inhospitalier, une épaisse atmosphère camoufle à nos yeux et à nos télescopes les déserts et les rochers. La pression exercée au sol par cette atmosphère est cent fois plus élevée que sur la Terre. L'érosion qu'elle provoque, notamment par ses terribles vents, a détruit ou comblé les cratères météoriques ; mais les structures volcaniques restent importantes. D'énormes plateaux dépassent 15 kilomètres d'altitude ; et les sols d'origine volcanique sont riches en basaltes. La pesante atmosphère occulte aussi bien le ciel pour la surface de Vénus que, pour nous, cette surface. Épaisse, opaque, elle est composée essentiellement de gaz carbonique. Brûlante au niveau du sol, elle se refroidit en haute altitude. Au-dessus de 50 km d'altitude, on trouve une épaisse couche de nuages à des températures descendant de $+100\,°C$ à $-130\,°C$. Ils sont assez comparables à ceux qui flottent dans la basse atmosphère de la Terre, à leur nature chimique près. Des zones de brume enveloppent ces épais nuages : toute cette brume, tous ces nuages sont composés d'acide sulfurique, en gouttelettes de l'ordre du micron de diamètre. Mais la météorologie vénusienne reste très particulière, en raison de la variation notable de la vitesse de rotation des nuages et des masses gazeuses en fonction de la latitude et de la longitude. La planète tourne dans le sens rétrograde (le Soleil s'y lève à l'ouest) à raison d'un tour en 243 jours. Il n'y a pas de saisons, en raison de la très faible inclinaison de l'axe de la planète sur son orbite. Mais les formations nuageuses semblent, elles, tourner avec une période de 4 jours, dans le sens direct. Cette apparence est liée au maintien de la forme de certaines structures, entraînées par des vents rapides, plus rapides à l'équateur qu'au pôle où d'énormes maelströms nuageux semblent se maintenir. L'atmosphère est donc animée par des vents de cisaillement intenses ; à 10 km d'altitude, les vents ont des vitesses de quelques mètres par seconde seulement ; mais à 70 km, dans la couche nuageuse, on atteint des vitesses de 150 m/s (60 nœuds) !

Comprendre tout cela ? Échanges énergétiques, chaleur solaire, dégazage des roches, effets de serre — on arrive à peu près à savoir quels effets physiques sont en jeu, à analyser les mécanismes. Le flux du rayonnement solaire reste un facteur déterminant, tout comme sur la Terre. C'est celle-ci qui est notre étape suivante, après Vénus et avant Mars. Mais cette planète, la nôtre, avec son atmosphère respirable et ses océans, est de surcroît favorable à la vie. Le paradis terrestre ! Nous en reparlerons plus longuement au chapitre suivant. Laissons pour l'instant le paradis, habité hélas par un certain nombre d'animaux qui ne sont pas tous d'un tempérament angélique, et brûlons l'étape pour nous approcher de Mars.

Mars est, dans l'ordre des distances croissantes au Soleil, la « dernière » des planètes moyennes, dites « telluriques ». Elle est pour l'observateur humain la « planète rouge ». Naguère, lorsqu'on était limité à la vision télescopique, les progrès de l'observation y mirent en évidence des calottes glaciaires. On ne connaissait d'ailleurs pas leur nature : était-ce de la glace comme sur la Terre ? De la neige carbonique ? On découvrit des structures sombres bien dessinées, baptisées Fontaine de Jouvence, Grande Syrte, Mer Érythréenne... ; la cartographie se compléta par des canaux ; mais les télescopes plus puissants montrèrent ultérieurement leur caractère subjectif. Les temps ont changé : on va sur Mars, on y dépose des engins, sismographes, usines d'analyse biochimique des sols... Mars a réservé bien des surprises à ses premiers visiteurs. Comme la Lune, cette planète, malgré des phénomènes atmosphériques évidents, est criblée de cratères météoritiques. L'érosion ne les a pas détruits : c'est donc que l'atmosphère est bien ténue, et de fait, la pression atmosphérique au sol est d'un centième seulement de ce qu'elle est sur la Terre. La température y décroît de — 60° au sol à —150° à 100 km d'altitude. Des variations saisonnières y sont bien marquées. Cependant, cette atmosphère ténue n'est pas calme pour autant : les saisons, l'alternance des jours et des nuits provoquent des vents ; ceux-ci, sans le frein que constitue ici-bas l'atmosphère épaisse de la Terre, entraînent, parfois à très grandes distances, des nuées de sable jaune-orange arraché au sol. Le volcanisme martien actif (on a observé l'éruption d'Ascraeus Mons) est comme inséré dans ces vents à longue portée ; et les éjections volcaniques sont balayées, soufflées. Il est difficile de ne pas admirer sur les magnifiques clichés du sol martien ces canyons splendides, gigantesques, comme Valles Marineris : seraient-ils, bien que secs aujourd'hui, liés à quelque érosion fluviale ancienne qui resurgirait peut-être parfois ? La vie ne semble pas — ou plus, ou pas encore — présente sur Mars. Si elle n'y est pas impossible, en raison des températures modérées, elle doit cependant y être difficile : il n'y a pas d'eau liquide en surface, et la pression atmosphérique y est très faible. L'atmosphère est constituée principalement de gaz carbonique. En hiver, un givre carbonique couvre les cailloux. Les calottes polaires (surtout de la glace d'eau, semble-t-il) sont recouvertes de ce givre qui s'étend en hiver et agrandit leur blanc domaine. Tout cet ensemble complexe est commandé en partie par le rayonnement solaire, en partie par les phénomènes orogéniques — volcanisme, tectonique des plaques — qui affectent la croûte solide. Une très faible magnétosphère rend Mars sans doute peu sensible aux particules énergétiques solaires : néanmoins, la vie éventuelle qui y serait soumise y réagirait sans doute fort mal.

Vénus, la Terre, Mars : trois planètes de taille très voisine dont les distances au Soleil sont comparables ; pourtant, les conditions y sont extrêmement différentes. Cela montre au moins que l'influence solaire sur les conditions physiques du sol et de l'atmosphère n'est pas seule à jouer : l'histoire interne du « corps » de la planète est aussi en cause. Mais cela signifie également que les conditions physico-chimiques locales sont très sensibles à une faible variation de la distance au Soleil. Sur Vénus, l'eau ne peut rester liquide, il y fait trop chaud ; sur Mars, elle ne peut rester liquide non plus, il y fait trop froid. Et c'est la vie qui illustre la coexistence terrienne des éléments liquide, solide et gazeux... Peu de choses suffiraient donc à rendre la vie sur Terre fort difficile, voire impossible.

Venons-en aux « grosses planètes », très grosses en vérité, et qui retiennent d'autant mieux une épaisse atmosphère (leur sol est encore inconnu !) qu'étant plus éloignées du Soleil, leur atmosphère est plus froide. Jupiter, monde immense, la seule planète que pourraient peut-être découvrir des astronomes circumsiriens, est de couleur orange. Cette couleur est due à d'épais nuages brun-rouge et brun sombre ; les plus élevés sont constitués de composés tels que NH_4SH, un sel d'ammoniac ; et les plus sombres sont riches en eau salée. Dans les régions les plus profondes à peu près bien connues par les mesures, la température moyenne dépasse 0 °C, la pression est élevée, environ 10 atmosphères. Ces couches sont situées à 40 km au-dessous des nuages rouges. A d'assez grandes altitudes au-dessus de ces nuages (150 km), la pression étant de 1/100 d'atmosphère, la température de —150° à —125°, l'atmosphère est composée principalement d'hydrogène moléculaire. On est là à un « minimum » de température, des cirrus d'ammoniac se condensent. Plus haut encore, la température croît à nouveau pour atteindre 1 500°K dans la très haute atmosphère.

La météorologie de Jupiter est d'une très grande complexité : nuages, orages, courants, bandes équatoriales, bandes tropicales, tourbillons ascendants, cyclones, anticyclones. Au nombre de ces phénomènes figurent les taches rouges ; la « grande tache rouge » est observée depuis des siècles : ce n'est qu'un nuage très stable, dont le sillage tourbillonnaire est impressionnant — taches blanches, volutes bleues, vents de cisaillement séparant les bandes équatoriales et tropicales... Mais la caractéristique la plus intéressante de Jupiter est sans doute sa prodigieuse magnétosphère qui fait de la planète la source radioélectrique la plus importante du ciel, aux longueurs d'onde kilométriques.

Il se trouve en effet que le satellite Io, dont nous avons vu le tempérament volcanique, éjecte dans l'espace des gaz et des poussières : le rayonnement ultraviolet du Soleil les ionise ; et ils forment une sorte de grosse bague gazeuse entourant la planète. Cette bague est un réservoir de particules, et le système qu'il constitue avec l'ionosphère de la planète fait de Jupiter un gigantesque accélérateur de particules : Jupiter est donc une source intense de rayonnements cosmiques d'énergie moyenne. Sa magnétosphère est elle-même source d'orages violents, provoqués sans aucun doute par des jets de particules actives solaires. On a pu établir sans aucun doute possible que le système des bandes équatoriales et tropicales de Jupiter, alternativement rouges et jaunes, est étroitement lié à l'activité du Soleil. On notera que le géant Jupiter a de nombreux satellites. Il est aussi entouré d'un anneau équatorial, comme Saturne. Mais c'est à propos de Saturne que nous discuterons de la physique de telles formations, rochers orbitants distribués en un disque extrêmement plat.

L'atmosphère de Saturne ressemble beaucoup à celle de Jupiter : un peu plus froide, des nuages de sulfure acide d'ammonium ou d'ammoniaque colorés en jaune, peut-être par la phosphine ; des grandes taches, des tourbillons, des cyclones... Une magnétosphère plus petite que celle de Jupiter, mais bien plus considérable que celle de la Terre, est source d'un intense rayonnement radioélectrique. Mais Saturne n'est pas une pâle réplique de Jupiter : ce qui fait la gloire de Saturne depuis Galilée, Huygens et Cassini, c'est le splendide anneau équatorial qui l'entoure. Il s'étend de 1/10 de rayon saturnien de la surface jusqu'à presque 2,5 rayons saturniens ; sa structure, d'une extraordinaire complexité, contient des milliers de divisions. Ces divisions sont groupées en grandes régions, les anneaux A, B, C, connus depuis deux siècles, et l'anneau de « crêpe » qui les borde vers l'intérieur. Les multiples divisions de ces 4 anneaux ont des formes non strictement circulaires : ellipses quasi circulaires, mais ellipses quand même. Des ondulations ou des irrégularités les affectent ; des ombres en forme de rayons, variables et fluctuantes, les traversent. La richesse des formes, des nuances, fait un spectacle permanent de l'examen attentif des clichés des anneaux obtenus par la sonde *Voyager*. La matière qui les compose est faite de rochers, de cailloux, de grains de sable. Le disque des anneaux, qui a plus de 300 000 km de diamètre, a seulement 1 km d'épaisseur ; toutes proportions gardées, c'est plus fin qu'une feuille de papier bible ! Le disque, légèrement gaufré, apparaît vu de la Terre d'une épaisseur de l'ordre de quelques kilomètres en raison même de ce gaufrage. La masse totale des anneaux est comparable à celle d'un satellite comme Encelade.

Les satellites de Saturne, comme ceux de Jupiter, sont nombreux et d'aspect sinistre ; nous en avons déjà évoqué la triste figure. Une exception remarquable est celle de Titan, l'un des plus grands satellites du système solaire, le plus grand du système de Saturne. Titan est le seul satellite du système solaire à être pourvu d'une atmosphère assez épaisse. Au sol, une température de −170 °C, montant à environ 0 °C dans la très haute atmosphère. La pression au sol est de presque deux atmosphères, très comparable à celle de la Terre. A une vingtaine de kilomètres, des nuages flottent, et sans doute crèvent en pluie. Mais quelle pluie ! Ce n'est pas de l'eau, mais sans doute de l'éthane. Des océans d'éthane liquide, peut-être des glaces d'éthane (on hésite encore entre éthane et méthane) flottent vers les pôles sur ces océans. Si l'on fait abstraction de sa composition chimique et de sa température, c'est l'astre de notre système solaire qui ressemble le plus à la Terre. Des brumes légères, poussiéreuses, ou d'aérosols, flottent à la surface de cette atmosphère modérée, tempérée, et peut-être vivable, sinon pour les hommes, du moins pour certains organismes. Nul doute que l'exploration de Titan ne soit l'un des buts les plus passionnants proposés aux astronautes de demain.

Nous quittons le royaume de Saturne. Les deux dernières grosses planètes (négligeons Pluton dont nous avons d'ailleurs déjà parlé) sont Uranus et Neptune. Astres froids (−220° !) couverts sans doute d'une atmosphère d'hydrogène moléculaire, ils n'ont pas encore reçu la visite des sondes terrestres et sont donc mal connus. Uranus est entouré de neuf anneaux très fins ; Neptune, semble-t-il, n'en a pas. L'un a cinq satellites, l'autre deux : on est loin des systèmes géants de Jupiter et de Saturne.

Notre tour s'achève. Il est clair que ces objets donnent l'impression d'une extrême diversité. On conçoit difficilement que le Soleil puisse les diriger autrement que dans leur orbite ; ses rayonnements certes les affectent ; mais les paramètres (pas tous solaires) sont trop nombreux à déterminer la physico-chimie de ces objets pour que l'on puisse aisément en isoler l'influence du Soleil. On en connaît cependant certains aspects. Si le Soleil était constant, son action serait elle aussi régulière et permanente ; à elle seule, la théorie permettrait de la reconnaître ; aussi est-ce au fait que le Soleil est variable que l'on doit d'en pouvoir détecter plus directement les effets : ceux du Soleil actif.

III

Le Soleil actif

Où, revenus à la surface du Soleil, nos voyageurs le voient sous un aspect fantasque, éruptif et pustuleux, et où, dans ce fatras de phénomènes disparates et étranges, l'auteur tente de trouver quelques régularités ; où le lecteur découvre que ces lois sont aussi remarquables du point de vue de l'évolution du Soleil que de celui de l'influence qu'il peut exercer sur les planètes, et singulièrement sur la Terre ; et où le lecteur se félicite enfin d'avoir eu l'heureuse idée d'élire domicile sur notre planète bleue, dans ce champ solaire qui se révèle à nous si complexe, si animé et si variable.

Le Soleil a été décrit dans ses grandes lignes au fil des chapitres antérieurs. Mais une remarque d'importance, tant philosophique qu'astronomique, s'impose ici.

Si le flux de lumière du Soleil et son flux de masse, le vent solaire, étaient isotropes et constants au cours du temps, les conditions régnant dans l'environnement solaire seraient invariables. Chaque planète pourrait être considérée comme étant soumise à des conditions inchangées ; un état d'équilibre aurait peut-être été atteint depuis très longtemps ; la climatologie, la météorologie seraient de simples exercices numériques, aussi sûrs que la prévision des éclipses de Soleil ou de Lune. On peut l'imaginer en tout cas dans le cadre d'un déterminisme macroscopique relativement simple.

Il suffit cependant de faibles perturbations dans le flot qui nous vient du Soleil pour que l'état d'équilibre ne soit jamais atteint. De ce fait, et même sans que l'on cherche à introduire les phénomènes solaires dans la prévision, les calculs des météorologistes sont limités à l'extrapolation dynamique de conditions aux limites bien mesurées, en un instant donné, sur toute la Terre ; ces extrapolations n'ont au mieux que quelques jours de validité. Quant à la prévision climatologique, mieux vaut n'en point parler ! Une quantité minime d'énergie est pourtant impliquée dans ces perturbations du flot solaire. Or, c'est précisément cette quantité minime qui provoque et déclenche les phénomènes les plus spectaculaires, et encore imprévisibles, du climat et des aspects météorologiques. On conçoit donc qu'en Terriens, nous ne puissions nous désintéresser de l' « activité » du Soleil, de son évolution, de ses variations. Mais en astronomes, cette activité doit aussi nous passionner : ne met-elle pas en évidence des instabilités qui éclairent la physique des phénomènes, et qui, magnifiées dans le cas d'autres étoiles, la commanderaient intégralement ?

On sait depuis longtemps que le Soleil n'est pas un astre parfait, à la surface régulière et permanente. Galilée découvrit la nature solaire des taches du Soleil, et Scheiner s'en servit aussitôt comme de repères de la rotation solaire. Mais ces taches ne sont qu'un aspect évident, simple et très limité de l'activité solaire.

Donner en quelques pages un aperçu clair de l'activité solaire n'est pas chose facile. L'histoire des découvertes nous y inciterait, à partir des phénomènes spectaculaires, taches, éruptions, protubérances que les progrès successifs des techniques ont permis de découvrir dans les couches de la photosphère, de la chromosphère et de la couronne. Les films — un cliché par seconde, et même davantage, depuis des décennies — permettent de suivre leurs splendeurs fulgurantes, gigantesques, majestueuses, dans leur évolution brutale ou prudente. Mais nous tenterons plutôt d'aborder le problème avec plus de recul, et de commencer par examiner les causes supposées de ces éblouissants feux d'artifice pour pyrotechniciens de génie.

La machine solaire est caractérisée par sa rotation différentielle, la zone convective profonde et un magnétisme permanent. On sait que la convection a pour conséquence la rotation différentielle ; celle-ci, en entraînant les lignes de force et les tubes de force du champ magnétique, a pour effet de transformer un champ poloïdal initial en un champ toroïdal, tant leur écheveau s'enroule autour du Soleil. Parfois, sous l'influence peut-être des marées planétaires, ou peut-être plus simplement de l'excessive tension imposée aux tubes de force, ceux-ci émergent de la photosphère ; deux taches, l'une de champ positif, l'autre de champ négatif (pôles) se forment ; tantôt elles sont très proches et forment un groupe dipolaire ; tantôt elles sont plus éloignées. Cette émergence se produit d'abord dans des régions de latitude moyenne, puis migre vers l'équateur au cours du cycle de l'activité.

Il existe des « indices » nombreux de l'activité générale du Soleil. Le plus ancien est le « nombre » R de taches ou *nombre de Wolf* ; il faut le corriger pour remédier à la médiocrité des images qui fait parfois se fondre plusieurs petites taches en une seule. Mais reste encore la possibilité d'utiliser A, « surface » tachée, les mesures de raies coronales, ou l'intensité de raies chromosphériques. Avant de décrire les aspects multiples des centres actifs, il convient de décrire le comportement dans le temps du nombre des taches.

Le caractère le plus remarquable est l'évidente quasi-périodicité de R. Toutes les onze années approximativement, R passe par un maximum (R_{max}). Deux maximums successifs sont séparés par une décroissance régulière et lente du nombre de taches, puis par une remontée rapide. A vrai dire, ce phénomène majeur comporte des irrégularités : un « *cycle* » de onze ans ne ressemble pas au précédent ni au suivant. Tout d'abord, d'un cycle à l'autre, les polarités des champs magnétiques s'inversent. Le temps écoulé d'un maximum à l'autre varie de 8 à 15 ans. L'alternance d'un cycle fort (R_{max} élevé) et d'un cycle faible est assez fréquente pour qu'on ait pu parler d'une périodicité de 22 ans. L'analyse des observations poursuivies depuis le XVIIe siècle et des chroniques antérieures suggère d'autres phénomènes, superposés au déroulement des cycles successifs. Un cycle de 75 à 80 ans pourrait contribuer à la modulation de R. De plus, il semble que pendant la seconde moitié du XVIIe siècle, un degré très faible d'activité ait prévalu : c'est le minimum de Maunder. D'autres phénomènes permettent même de penser qu'une période de 400 ans environ affecte le cycle solaire, depuis des millions d'années, et reproduit avec cette fréquence tous les phénomènes observés depuis Galilée.

Au cours d'un cycle solaire, la latitude d'apparition des taches — disons plus généralement des régions actives — varie. Au moment du maximum, cette latitude est de l'ordre de 30°-40° ; puis elle décroît ; au moment du minimum, les taches apparaissent alors au voisinage de l'équateur solaire. On doit noter qu'alors que des taches sont encore visibles près de l'équateur, d'autres se forment déjà à des latitudes élevées, qui appartiennent en quelque sorte au « cycle » suivant. Mais d'autres phénomènes apparaissant à de très hautes latitudes, par exemple les points brillants observables en rayonnement X dans les trous coronaux, semblent aussi manifester d'une autre façon l'émergence de régions actives. Aussi bien, si l'on observe leur dérive vers l'équateur, des indications assez claires montrent qu'elle est continuée directement, vers 40° de latitude, par l'apparition de taches à des latitudes de plus en plus faibles. De telle sorte qu'entre l'apparition des points X brillants les plus proches du pôle et celle des taches équatoriales, il s'écoule non pas 11 ou 12 ans, mais 17 ou 18 ans : le cycle observé résulterait alors d'une véritable superposition de deux cycles « réels » successifs. Ce cycle « réel » dure 18 ans, et tous les 11 ans environ apparaît un nouveau « cycle » ; le suivant, durant quelques années encore, décline vers l'équateur.

Le mécanisme du cycle d'activité solaire est difficile à comprendre dans tous ses détails. La théorie « dynamo » ne permet d'en décrire que les grandes lignes ; on en a souvent souligné les faiblesses et les ambiguïtés. Toujours est-il que ce vaste brassage organisé des lignes de force du champ magnétique se traduit par l'émergence de régions actives dont les manifestations photosphériques sont les taches — leur cœur —, mais dont les manifestations chromosphériques et coronales ont une importance considérable.

Il n'est pas dans nos intentions de pousser trop loin la minutieuse description de ces phénomènes. Cependant, nous aimerions dégager plusieurs idées clefs de l'énorme masse des observations disponibles.

Le tube de force qui émerge, serré, simple, est de petite section : la tache a quelque dix mille kilomètres de diamètre, voire 50 000 km au plus. Toutefois, dès la sortie de la photosphère dense, la boucle magnétique se complique. D'emblée, elle se traduit par des conditions physiques clairement contrastées. Le centre de la tache (son « ombre ») est sombre, et cela implique une température inférieure de 1000° à celle de la photosphère voisine. Ses franges (la « pénombre ») sont composées d'un réseau de très fines languettes convergeant vers la tache. Au sein de l'ombre, le champ est de l'ordre de $B = 3000$ gauss : les flux vont de 10^{20} à 10^{23} maxwells, des taches les plus petites aux plus grosses. Il semble que la pression soit plus faible dans les

taches, qui apparaissent alors comme des dépressions dans la
« surface » photosphérique : cet effet avait été observé, sans être
compris, par Wilson dès la fin du XVIIIe siècle.

L'abaissement de la pression et de la température dans une
tache correspond à une « conversion » en champ magnétique,
et aboutit à un équilibre entre le milieu extérieur et le milieu
intérieur au tube magnétique. Mais, numériquement, l'énergie
magnétique par cm³ est $B^2/8\pi$, et l'énergie thermodynamique
est $3/2\,kT$. Avec $B \simeq 3\,000$ G, on doit égaler $\Delta E_t = 3/2\,k\,\Delta T =$
$2\,10\,\Delta T$, à $9\,10^6/8\pi$; on obtient $\Delta T \simeq 2\,10^{21}$ K, ce qui est évidemment très excessif ! Une majeure partie de l'énergie magnétique
s'est donc produite surtout, plutôt que par un abaissement de
température, par l'inhibition des mouvements convectifs dans
la photosphère profonde, d'énergie $\dfrac{1}{2}\,\rho\,(\Delta v)^2 \sim 10^{-6}\,(\Delta v)^2$. Cela
donne $\Delta v = 6$ km/s. C'est en annihilant, en partie du moins, les
mouvements turbulents et convectifs, et, très accessoirement,
en abaissant la température, que le champ intérieur intense
peut assurer la stabilité de la région tachée. L'équilibre des
pressions montre un abaissement de pression dans la tache de
l'ordre de $\Delta p \simeq B^2/8\pi \simeq 2\,10^6$ cgs $\simeq \mathscr{R}\rho\,\Delta T$; donc, pour
$\rho \simeq 3\,10^{-5}$ (photosphère moyenne), on trouve $\Delta T \simeq 1\,000°$. C'est
donc essentiellement l'équilibre des pressions qui fixe la tempé-
rature, cependant que la conversion des énergies inhibe la
convection et la turbulence, peut-être seulement en partie. La
tension des tubes magnétiques maintient cet équilibre.

Autour de cette région dont la stabilité peut durer des mois,
et en son sein, des phénomènes plus rapides ont lieu. En effet,
au sortir de la photosphère, le tube de force s'épanouit, se
divise. Affectées par la rotation différentielle de la photosphère,
ses lignes de force se tordent, leurs arches s'allongent dans le
sens parallèle à l'équateur. Ces arches sont souvent élevées et
montent parfois à de grandes altitudes dans la chromosphère
et la couronne. Les aspects des régions actives sont donc multiples. Dans les couches élevées, elles apparaissent comme des
régions brillantes, les *facules,* ou « plages » chromosphériques :
le champ magnétique se reconvertit déjà et « activité » est alors
synonyme de « rayonnement ».

Au maximum de son développement, une région active est
d'une structure compliquée. Les taches, les facules sont organi-
sées le long d'une région allongée dans le sens de la rotation ;

les taches les plus proches de l'équateur correspondent à la zone avant de cette bande ; elles sont de plus grandes dimensions et moins nombreuses que les taches de queue, comme si l'émergence d'un tube de force simple pouvait se compléter par l'immersion d'un tube magnétique subdivisé. En général, la région active a une structure bipolaire ; au-dessus de l'ensemble de cette région bipolaire, une brillante condensation coronale est présente, plus dense et souvent plus chaude que les « régions calmes » de la couronne.

Les *protubérances* ont l'apparence de *filaments* obscurs sur les images de la chromosphère, d'*arches* ou de *jets* brillants hors du disque, observés pendant une éclipse ou au coronographe. Elles sont souvent associées aux régions actives. Ces nuages ont des formes très allongées et ressemblent à des lames verticales reposant sur des pieds dans la chromosphère. Elles atteignent des dizaines de milliers de kilomètres d'altitude et s'étendent sur des longueurs de l'ordre de 100 000 kilomètres ou plus, alors que leur épaisseur n'est que de 5 000 km. Ces protubérances souvent calmes, et de longue durée de vie, sont soutenues contre les effets de la gravité par la tension des lignes de forces magnétiques qui causent la forme arquée de leur soubassement. De ce fait, les protubérances se trouvent le plus souvent entre les régions de polarité opposées et comme juchées sur l'arbre magnétique qu'elles incurvent vers le bas comme pour y faire ancrage.

Mais demeurons attentifs ! Des protubérances calmes, dites « quiescentes », sont également observées assez loin des régions actives, en des régions de haute latitude héliographique : sans doute la matière, issue de régions actives et canalisée par des lignes de forces remontant vers les régions de haute latitude, s'est-elle accumulée au pied de ces arches, les régions polaires jouant dans ce mécanisme le rôle de région active monopolaire stable.

Dans des régions actives où le champ évolue assez vite, les protubérances suivent, en quelque sorte. Leurs mouvements, sans être de nature éruptive, si ce n'est de façon exceptionnelle, sont souvent très complexes ; ce sont des déplacements hélicoïdaux des nœuds de matière ionisée autour des lignes de forces, des pluies, des flammes, des torsions, de grandes langues mouvantes. Le caractère esthétique et spectaculaire de cette évolution est incontestable. Il existe peu de documents plus beaux, à l'état pur, que les films accélérés de ces gigantesques et grandioses mouvements.

Les régions actives durent quelques mois pour les plus grandes, quelques heures pour les plus petites. Les épiphénomènes, protubérances, régions pénombrales..., ont peu d'importance énergétique. L'évolution d'une région active est globalement assez simple. Des arches magnétiques se forment et s'ouvrent, dès qu'émerge un tube de force, en des points marqués par les taches et surtout par les éléments faculaires (plages) brillants des images chromosphériques. Après quelques jours, la région a atteint un développement maximum ; les premières protubérances se forment, collectrices de matière coronale refroidie. Les taches disparaissent assez vite, après quelques mois seulement, comme si l'équilibre magnétique — thermodynamique commençait à saisir toute occasion de se rompre. Mais la région faculaire chromosphérique s'étend : la boucle du champ, dans une certaine mesure, devient autonome à haute altitude, cependant que replongent dans la photosphère ses branches les plus basses. C'est à ce moment que le champ repousse vers l'extérieur les masses de matière jusqu'alors en équilibre, et que se forme la couronne polaire de protubérances quiescentes que nous avons évoquée.

Les régions actives et le champ magnétique qu'elles impliquent, énormes boucles magnétiques comme jaillies des fins fonds de la sphère solaire, se manifestent naturellement dans la couronne et dans le milieu interplanétaire. Il est aujourd'hui assuré que la structure de la couronne et du milieu interplanétaire est largement dominée par le champ magnétique du Soleil. C'est dans le domaine des rayons X que le diagnostic des régions basses de la couronne peut être mené avec le plus de sûreté, car on voit alors la couronne chaude devant le disque même du Soleil. On relève des caractéristiques intéressantes. Tout d'abord, les trous coronaux, sombres, surmontent de façon générale des régions magnétiques monopolaires, notamment celles des pôles du Soleil. A toutes les régions de tubes magnétiques convergents (régions actives en formation) correspondent les points magnétiques brillants. Toutes les régions actives bipolaires apparaissent comme des boucles brillantes dans le domaine des rayons X. Mais ces boucles connectent souvent, à travers l'équateur, et au-dessus des régions calmes, des zones de polarité opposées. Un phénomène symptômatique mis indirectement en évidence dès 1953 a été confirmé par l'étude des grands jets coronaux : c'est que ceux-ci sont souvent localisés au-dessus de telles arches, et surmontent des régions calmes alors que le casque magnétique surmontant les régions actives interdit ces structures libres du champ. Les grands jets coronaux sont donc « anticorrélés » avec les phénomènes actifs, plutôt que corrélés avec eux. Ce fait est essentiel à la compréhension de l'interaction des grands jets avec les planètes, la Terre notamment. Des considérations simples de magnétohydrodynamique en offrent une explication satisfaisante.

C'est de la couronne basse que part le vent solaire, dont les caractéristiques à grande distance dépendent fortement. On peut dire qu'à grande échelle, ses structures ne sont plus dominées par les petites boucles émergées du champ toroïdal qui donnent lieu aux régions actives, mais par la combinaison du magnétisme poloïdal et de l'éjection continue de masse par la surface solaire (par un mécanisme d'ailleurs encore mal compris). Une concentration équatoriale de matière qui ressemblerait à une sorte de robe équatoriale de vent se dessine et entoure le Soleil. Cette nappe dense n'a naturellement pas, en pratique, la forme exacte et symétrique que lui donne la théorie. Elle forme des plis, commandés par les accidents qu'imposent à la base de la couronne les régions actives et les trous coronaux qui les séparent. Ces plis font que les régions équatoriales sont tantôt d'un côté, tantôt de l'autre, leur polarité s'inversant alors ; que tout se passe comme si le plan équatorial était divisé en secteurs alternativement positifs et négatifs (en général, pas plus de quatre). Cette situation équivaut un peu à ce qui se passe pour un rotateur oblique dont l'inclinaison (angle de l'axe des pôles magnétiques avec l'axe de rotation) serait beaucoup plus forte (25°? 10°?) que celle déduite de la localisation des zones d'apparition des taches ($\simeq 0,5°$). La théorie de ces effets est encore difficile, car elle résulte d'une subtile statistique sur les différentes composantes des champs magnétiques induits les uns par les autres, tordus par la rotation différentielle et perturbés par les turbulences ou les jets de matière.

Dans ces jets, dans cette jupe quasi équatoriale dont ils sont les accidents, la vitesse du vent est, à la distance du Soleil où se trouve la Terre, de l'ordre de 500 à 600 km s^{-1} ; mais elle peut varier assez nettement (jusqu'à 750-800 km s^{-1}) au cours d'une même rotation solaire, car elle est plus forte à grande distance de la nappe quasi équatoriale, dans les régions du vent issues principalement des régions polaires du Soleil et qui balaient parfois la Terre, du fait des formes complexes de la « jupe » équatoriale. Le flux d'énergie contenue dans les jets, qui véhiculent aux confins du système solaire la masse perdue par la surface solaire, est de l'ordre de 1 à 5.10^5 ergs cm^{-2} s^{-1}. C'est ce flux qu'on peut mesurer au voisinage de la Terre. Il est assez régulier d'année en année et varie peu dans la durée — avec des temps caractéristiques de l'ordre de quelques jours.

Plus brutales, plus énergétiques sont les éruptions, phénomènes localisées au voisinage des régions actives. Leurs aspects sont nombreux, leurs effets multiples. L'énergie mise en jeu peut être considérable (10^{21} à 10^{25} joules par éruption !). Une éruption démarre dans la chromosphère, dans une région active. On a souvent identifié la naissance brutale d'une éruption à la rupture, à la simplification d'une sorte de nœud compliqué de lignes de force magnétiques. Souvent deux « pieds » d'éruption apparaissent d'abord de chaque côté d'une ligne d'inversion du champ magnétique, à l'occasion d'une brusque irruption dans la couronne d'une boucle magnétique : le taux d'augmentation de la surface de la tache est alors particulièrement élevé. L'irruption en est à sa phase première et correspond à un courant électrique induit, une décharge très intense est provoquée par la modification rapide des structures magnétiques. La libération d'énergie a d'abord lieu dans le domaine du rayonnement visible issu de la chromosphère, et dans le domaine des rayons X, couronne au voisinage de la « décharge » électrique. A très haute énergie (rayons X durs), le phénomène est brutal, rapide, et s'éteint vite. Mais l'énergie libérée se distribue, s'étend, se propage, et le phénomène continue, avec ses mille aspects observables dans tous les domaines du spectre, des rayons X aux ondes radioélectriques. On peut diviser les phénomènes en phénomènes chromosphériques froids (20 000 K-30 000 K) et coronaux (au-dessus de 100 000 K et jusqu'à plusieurs millions de degrés).

Après l'apparition des pieds de l'éruption dans les images de la chromosphère faites dans la raie Hα de l'hydrogène, un double ruban se forme brusquement de part et d'autre de la ligne d'inversion du champ ; bientôt une arche allongée devient brillante. La phase de l'éclair dure quelques minutes, la phase graduelle d'évolution plusieurs heures. Alors que l'émission X dure est déjà terminée, l'émission X venue de la couronne refroidie depuis l'éclair diminue graduellement, au-dessus des langues tordues de l'éruption en évolution des régions chromosphériques. Parfois, l'arche chromosphérique est comme soufflée par les événements électromagnétiques rapides ; associée à ce souffle, une sorte de bulle, éjectée à des distances considérables, accompagne alors dans la couronne, par un phénomène transitoire, cette éruption. La couronne est bien entendu le lieu privilégié où se développeront ces mutations : d'un phénomène électromagnétique solaire sortira vers le milieu interplanétaire une éjection rapide et énergétique, une sorte de considérable accentuation, brutale et locale, du vent solaire.

Les meilleures techniques d'étude sont celles des engins spatiaux (domaines gamma, X et ultraviolet) et des radiotélescopes, mais aussi celles que fournissent les détecteurs de rayonnement cosmique ionisé, en nous informant notamment sur les flux de protons d'énergie plus ou moins grande. Ces études permettent de suivre la propagation des phénomènes : ainsi, les régions les plus basses de la couronne émettent-elles des ondes radioélectriques de courte longueur d'onde ; les régions les plus élevées rayonnent dans le domaine des longueurs d'onde métriques ; les études radioastronomiques servent ainsi de « traceurs ». En radioastronomie, le mot « sursaut » équivaut à celui d'éruption ; les sursauts de différents types correspondent aux phases successives et aux divers aspects des éruptions ; leur étude permet de préciser les phases finales de l'évolution des phénomènes éruptifs lorsque les effets s'en propagent dans la couronne.

En même temps que l'éclair observé dans les rayons X durs, les phases graduelles commencent. Très vite monte dans la couronne un jet d'électrons rapides produits dans la décharge. Observé dans le domaine radioélectrique, c'est un sursaut de « type III » : la vitesse en est considérable ; elle est égale à un tiers de celle de la lumière ! Le changement rapide de la fréquence radioélectrique du sursaut en est une mesure. Des effets secondaires, causés dans la couronne par ce jet, se manifestent encore longtemps après son passage : ce sont les sursauts de « type IV ».

Il n'est pas rare que les éruptions d'une particulière intensité éjectent aussi des protons, que détectent alors les physiciens cosmiciens. Ainsi une éruption très intense peut éjecter jusqu'à 10^{33} ou 10^{34} protons, véhiculant une énergie de quelque 10^{21} joules.

On observe qu'une région active où est apparue brutalement une éruption donne lieu très fréquemment à d'autres éruptions, parfois comme en rafales. Le phénomène est explicable :

une situation électromagnétique compliquée et instable se dénoue localement ; une décharge a lieu, l'éruption éclate. Cependant, le substrat électromagnétique ne s'est guère modifié ; autrement dit, le condensateur déchargé se recharge jusqu'à ce que le seuil critique étant atteint, une nouvelle décharge se produise. Le phénomène est très analogue à celui que produisent les étincelles successives dans les bougies d'un moteur d'automobile. C'est un phénomène de « relaxation » dont les exemples sont nombreux dans la nature...

On constate combien l'activité solaire a de multiples aspects, combien sont justifiés les efforts des astronomes du sol, des radioastronomes, des cosmiciens, des spécialistes des sondes spatiales : leurs travaux coordonnés permettent de surveiller continuellement le Soleil, de mieux connaître les phénomènes et leurs mécanismes, et de les prévoir à plus ou moins long terme. La Terre, comme les autres planètes, est soumise à ces flots de rayonnement de particules plus ou moins réguliers. Comment n'en serait-elle pas affectée ? Aurores, orages magnétiques, tout cela vient du Soleil. Le climat ne peut manquer d'être plus ou moins soumis à son influence.

Mais toutes les particules reçues par les planètes ne viennent pas nécessairement du Soleil. Comment distinguer alors leurs influences des influences purement solaires ? Il convient d'examiner de près la nature du « rayonnement cosmique » avant d'être en mesure de discuter des effets de l'activité solaire sur les planètes.

IV

Les particules solaires
et les rayons cosmiques

Où une pause est nécessaire, ne serait-ce que pour éviter la germination d'une idée fausse ; et où l'on montre que les rayons cosmiques ne sont pas nécessairement d'origine solaire ; mais d'où il ressort néanmoins clairement que le Soleil perturbe nettement leur débit.

Le Soleil émet des particules d'énergie très diverses, on vient de le voir. La diversité de ces énergies entraîne des conséquences elles-mêmes très variées.

L'énergie du vent solaire est seulement de l'ordre de 60 à 100 eV par particule ; c'est assez peu. Le vent solaire est donc arrêté par le bouclier de la magnétosphère terrestre, et non observable dans le rayonnement cosmique. Toutefois, il contribue de façon considérable au plasma interplanétaire ambiant.

En revanche, les phénomènes éruptifs produisent des orages de plasmas contenant des protons d'énergie allant de quelques keV jusqu'à 10^5 eV (100 keV) à 10^7 eV (10 MeV) pour les plus énergétiques. On notera que ces énergies sont énormes : elles correspondent à des vitesses élevées des protons, de l'ordre de 5 000 km/s pour 100 keV, et 50 000 km/s — le sixième de la vitesse de la lumière — pour les plus énergétiques d'entre eux, de 10 MeV. Les électrons, animés de la même vitesse que les protons dans les jets de plasma solaire, ont des énergies 1 800 fois plus faibles, leur masse étant 1 800 fois plus petite que celle des protons. Les plus violents des événements solaires produisent également du rayonnement « cosmique » de 200 MeV — plus de la moitié de la vitesse de la lumière : ce sont des particules *accélérées* dans les champs magnétiques de la couronne, et plus ou moins associées aux sursauts radioélectriques de type III.

La différence entre les particules du rayonnement solaire dit cosmique (10 MeV à 200 MeV) et celles d'énergie plus faible vient essentiellement du fait que les moins énergétiques, déviées par les champs magnétiques terrestres, y sont piégés et y constituent les ceintures de particules assez stables (ceintures de Van Allen) qui entourent la Terre. Au contraire, les plus énergétiques sont peu affectées par le champ terrestre et peuvent être observées par les détecteurs de particules cosmiques à partir du sol. Ceux d'énergie moyenne enfin perturbent l'ionosphère, le champ magnétique, provoquent les aurores...

Mais que de soleils dans notre Galaxie, et autrement violents que le nôtre ! C'est le cas des pulsars, par exemple, qui font un tour par seconde et sont capables d'accélérer très fortement des protons et des électrons. Le milieu intergalactique et le milieu interstellaire sont remplis de particules. Mais les champs magnétiques sont partout aussi. Dans ces champs, les particules sont accélérées au voisinage des sources de particules ; mais seules les plus énergétiques sortent du milieu, car les champs jouent un rôle de piège, de trappe, de cuirasse si l'on veut. Les particules produites dans notre Galaxie peuvent y atteindre des énergies énormes ; la plupart s'en vont, trop rapides pour être stoppées par cette cuirasse. Mais d'autres restent, encore très énergétiques ; leur énergie atteint le GeV (10^9 eV), voire le TeV (10^{12} eV) : leurs vitesses sont très voisines de la vitesse de la lumière ; ce sont de véritables « particules relativistes ». Dans les particules du rayonnement cosmique, on observe même des particules de 10^{18} à 10^{20} eV — elles viennent de galaxies extérieures et sont évidemment insensibles aux très faibles champs galactiques, comme au faible champ interplanétaire, comme même au champ magnétique terrestre.

C'est de la distribution de l'énergie des particules que dérivent naturellement les méthodes d'observation des rayons cosmiques.

Le rayonnement extragalactique et galactique (de 10 MeV à 10^{20} eV) contribue au rayonnement dit « primaire ». Il arrive sur Terre directement, sans être dévié au voisinage de notre planète, de toutes les directions de l'espace. Les instruments élaborés des « cosmiciens », réseaux de compteurs et système de mesure des coïncidences, détectent les particules ionisées (protons, électrons, ions lourds) et neutres (neutrons). Mais il est difficile, pour les particules moins énergétiques, d'en connaître l'origine ; car la direction d'arrivée résulte de trajectoires compliquées par les champs magnétiques galactiques, et n'est pas celle de l'étoile-source. Ces champs sont faibles, mais ils s'exercent sur des distances considérables, ce qui explique cette difficulté. En revanche, les particules les plus énergétiques semblent associées à des galaxies bien déterminées : rien n'a modifié leur trajectoire depuis leur émission, — mais elles sont très peu nombreuses, malheureusement, pour les astronomes spécialisés dans l'étude des galaxies.

Le fait, pour la plupart des rayons cosmiques d'origine galactique, de ne pas dépendre de la direction d'une façon simple, met assez bien en évidence l'importance du champ magnétique interplanétaire qui affecte leur parcours sur de grandes distances. Si bien que le flux de rayons cosmiques galactiques que nous observons sur Terre est, de fait, modulé par les événements qui l'affectent. On constate donc une corrélation entre le nombre de particules d'énergie modérée reçues sur Terre et l'activité solaire ; et l'on a longtemps cru à l'origine solaire desdites particules. Il faut donc se garder d'en tirer des conclusions indues sur l'activité solaire.

L'observation directe des particules énergétiques du rayonnement cosmique (d'origine solaire ou galactique) est difficile. Elles sont en effet peu nombreuses. Ainsi, explorons l'ensemble de la gamme qui va de 10 MeV à 10^{18} MeV : on trouve, dans le domaine des protons solaires, 100 particules par cm² et par seconde ; à 10^9 eV, il n'y a plus qu'un proton par cm² et par seconde : à 10^{18} eV, ce sera une particule par cm² et... par décennie ! Certes, ces particules « primaires » déclenchent dans l'atmosphère des phénomènes « secondaires ». Les plus spectaculaires sont les *gerbes* de rayons secondaires : les grandes gerbes d'Auger, dispersées au sol sur des kilomètres carrés, qui contiennent des milliers de particules d'énergie modérée, sont la contrepartie d'une seule particule énergétique. Plus on monte en altitude, plus grande est la probabilité d'observer des particules primaires : d'où l'utilisation d'observatoires de haute montagne, de ballons stratosphériques, et, mieux encore, de satellites artificiels.

On notera avec intérêt la place de l'étude du rayonnement cosmique dans l'éventail des recherches scientifiques. A l'époque héroïque, ces travaux furent les seuls à permettre la connaissance des particules élémentaires présentes dans le rayonnement cosmique, notamment les mésons. C'était l'unique moyen d'accéder à des particules d'énergie élevée, produites et accélérées au voisinage des régions actives des étoiles. Puis vint, au laboratoire, l'ère des grands accélérateurs de particules, de plus en plus puissants : il devint plus facile de mener les recherches concernant les particules élémentaires, mésons de toutes sortes, mais aussi baryons (hypérions et nucléons) et leptons (neutrinos, notamment). Les installations des observateurs de rayonnement cosmique sont donc devenues désuètes ; elles ont cependant repris une importance, mais à un titre différent : à l'origine laboratoires de physiciens, elles sont devenues des observatoires astronomiques. L'origine galactique de la plupart des particules cosmiques, leur modulation par l'activité solaire sont des phénomènes passionnants, et d'une nature typiquement astronomique.

V

La recherche des relations Soleil-Terre

Où l'on s'aperçoit que, de même que l'homme est soumis à tant de multiples influences que celles des astres peuvent être négligées, le climat terrestre dépend des océans, des montagnes et des volcans — bien avant de dépendre du Soleil ; mais où cependant les flots de rayons et de particules énergétiques du Soleil perturbent les murs que leur opposent magnétosphère, ionosphère, atmosphère, d'une façon d'ailleurs parfois lente et tordue, si bien que, par suite, il est difficile de découvrir ces effets pourtant bien réels.

C'est une banalité que de souligner l'influence du rayonnement solaire sur la vie terrestre. Chaque centimètre carré de terre éclairé reçoit par minute en moyenne 2 calories. L'éclairement du sol, cependant, varie : la succession des jours et des nuits, comme celle des saisons, en sont autant de manifestations évidentes.

Pourtant, l'explication de ces phénomènes n'est pas tout à fait aussi simple qu'on pourrait le croire. Ce n'est pas, comme certains le croient encore aujourd'hui, la distance de la Terre au Soleil qui, variable au cours de l'année, commande la différence entre l'été et l'hiver. Certes, cette distance change un peu : en 1984, elle a atteint sa valeur maximum, 152 100 000 km, le 4 juillet : c'est à l' « aphélie » ; elle est réduite au minimum, 147 090 000 km, le 4 janvier : c'est au « périhélie » ; le Soleil est alors plus proche de nous. La variation de la distance Terre-Soleil n'est donc pas un phénomène déterminant ; ce qui est essentiel, c'est l'inclinaison de l'axe de l'orbite terrestre sur le plan de l'écliptique, qui est de 23°27' : c'est l'hiver que les nuits ont leur durée maximum dans l'hémisphère boréal et que les jours dans l'hémisphère austral sont les plus longs. Au moment du solstice d'hiver, le plan défini par l'axe des pôles de la rotation terrestre et sa projection sur le plan de l'écliptique contient le Soleil : le pôle Nord est le plus loin possible des régions éclairées, l'axe de la Terre est incliné de la façon la plus marquée possible par rapport au Soleil. Le solstice d'été correspond à la même inclinaison maximum : le pôle Nord est alors le plus proche possible des régions directement éclairées. Les équinoxes correspondent au cas où l'axe des pôles et sa projection définissent un plan perpendiculaire à la direction Soleil-Terre : les nuits et les jours ont une égale durée, du pôle Nord au pôle Sud.

L'axe de rotation de la Terre n'est pas tout à fait constant en direction ; certes, en moyenne, au cours de l'orbite terrestre, il fixe deux mêmes points du ciel, le pôle céleste boréal et le pôle céleste austral. Mais au cours de cette période, notre planète est soumise à divers mouvements : la *précession* est due à la rotation, autour du Soleil, des points « gamma » qui correspondent, sur l'orbite terrestre, aux deux équinoxes. L'angle de l'axe des pôles avec le plan de l'écliptique est pratiquement constant, mais il décrit un cône et le plan de l'écliptique tourne par rapport aux étoiles fixes. La période de la précession est de 26 000 ans ; au cours de cette période, le pôle céleste décrit un cercle dans le ciel, cercle dont le rayon est, on l'a dit, un peu supérieur à 23°. L'inclinaison de l'axe des pôles sur le plan de l'écliptique est presque parfaitement constante : son angle n'a décru, semble-t-il, que de 16′ en tout depuis l'époque d'Hipparque.

La *nutation* est l'oscillation de l'axe des pôles autour de son orientation moyenne au cours de l'année : le point gamma se déplace de façon périodique, et l'obliquité de l'axe de rotation est également affectée d'une variation périodique. L'amplitude en est de l'ordre de quelques centièmes de secondes d'arc ; la période est fixée par les mouvements de la Lune autour de la Terre et de celle-ci autour du Soleil ; elle est de 18,7 ans.

Précession et nutation sont la conséquence des actions gravitationnelles de la Lune et du Soleil sur les mouvements de la Terre. Des incidences secondaires de ces actions sont calculables ; la Terre est freinée, en raison des marées et du frottement consécutif des masses d'eau océaniques sur leur fond solide, d'environ 0,0015 seconde par siècle.

D'autres mouvements, liés notamment aux déplacements saisonniers de matière (fonte des neiges boréales, ou même croissance de la végétation), affectent aussi la direction des pôles et la vitesse de rotation diurne de la Terre. Si bien que lorsqu'on veut calculer la variation avec le temps de l'éclairement d'une surface de 1 cm² située quelque part sur la Terre, on trouve des variations périodiques, mais loin d'être régulières à courte échelle de temps. Les calculs font intervenir tous les changements connus ou soupçonnés dans les éléments orbitaux de la Terre.

Dès 1842, Adhémar avait pressenti l'importance de ces changements sur le climat ; Milankovitch (1930) a poussé les calculs assez loin ; et l'on a fait mieux depuis, en tenant compte des variations de l'excentricité de l'orbite, de son obliquité et de la rotation séculaire du périhélie, dues aux effets gravitationnels de l'ensemble des corps du système solaire. Les calculs portent sur des millénaires et même sur des millions d'années, et permettent de dresser les cartes de l'éclairement de la Terre en fonction du temps et en chaque point de sa surface.

Ces effets sont purement associés aux propriétés mécaniques du système solaire. Mais il faudrait tenir compte aussi de possibles variations du rayonnement solaire. Le débit d'énergie du Soleil est affecté d'une variation très lente, sans doute imperceptible sur des millions, des centaines de millions d'années. L'effet de cette évolution a été détecté par l'intermédiaire de l'analyse chimique des roches anciennes : leur « dégazage » est associé au chauffage par le rayonnement solaire. Mais, de plus, lorsque le Soleil est taché, le rayonnement provenant de la surface observable depuis la Terre est notablement diminué : ces modifications sont quotidiennes, elles ont une périodicité moyenne de onze ans, comme le cycle d'activité. On peut s'en étonner, car on ne voit pas pourquoi les taches, phénomène superficiel, affecteraient le débit d'énergie lié aux conditions physiques au centre du Soleil : mais ces variations apparentes traduisent peut-être une anisotropie variable du rayonnement, le rayonnement « bloqué » par les taches étant, on peut le supposer, compensé par un accroissement de l'éclat des régions des pôles du Soleil, régions que nous observons seulement de façon très oblique et qui ont donc une part réduite à l'éclairement de la Terre.

Le Soleil est de plus la source de rayonnements et de jets de matière plus ou moins réguliers, liés à son activité. La Terre est soumise à ces flots. La haute atmosphère les subit. Comment le climat terrestre y est-il sensible ? Comment les conditions météorologiques locales y réagissent-elles ?

Il est bien certain que peu de climatologistes (et encore moins de météorologistes) tiennent compte de ces phénomènes, dilués par tant d'autres. Les spécialistes du géomagnétisme sont sans doute les seuls à tenir systématiquement compte des effets de l'activité solaire.

Même si une « causalité » d'ensemble peut être ressentie, encore faut-il prouver la corrélation détaillée entre les phénomènes liés au Soleil — activité, éclairement — et leurs effets terrestres. Or un certain *temps de relaxation* retarde nécessairement les effets terrestres par rapport à leurs causes solaires, et ce, d'une façon différente d'un phénomène à l'autre. Si bien que ces effets se mélangent, se noient les uns dans les autres, et tous dans l'influence non négligeable des phénomènes purement terrestres que sont le volcanisme, l'orogenèse, la tectonique des plaques, voire la désertification due à l'action animale et humaine.

Les méthodes d'étude font donc, d'une certaine façon, abstraction de ces détails (dont l'étude ne viendra que dans une phase seconde de l'étude des relations Terre-Soleil). Pour ce faire, on recherche dans les phénomènes terrestres des périodes caractéristiques de phénomènes solaires connus. On cherchera d'abord une périodicité de 11 années, celle du cycle d'activité ; puis des périodes de 27 jours (rotation solaire) : une tache active disparaît et réapparaît avec une périodicité de 27 jours environ (différente cependant selon la latitude sur le Soleil) ; de même, les grandes structures coronales tournent avec une périodicité de 27 jours environ. On essaiera bien sûr d'associer, aux phénomènes les plus violents observés par les astronomes solaires, des phénomènes terrestres. Mais l'observation du Soleil ne remonte qu'à quelques siècles ; celle de la météorologie, de ses facteurs (température, pression, vents) et celle du magnétisme terrestre à un siècle tout au plus. Cela limite beaucoup les possibilités, compte tenu de la durée des périodes longues de l'activité solaire.

D'autres méthodes sont appliquées dès lors qu'on a déjà soupçonné une relation entre tel phénomène terrestre et tel phénomène localisé sur le Soleil. Ainsi la « méthode des époques superposées » est-elle d'usage courant : si un événement solaire est observé au jour J, on mesure, on analyse le phénomène terrestre supposé causé par l'événement solaire en question, aux jours J, J + 1..., puis on additionne les mesures faites après tous les phénomènes solaires de ce type, pour éliminer toute fluctuation accidentelle. S'il y a une relation, la mesure terrestre, sommée sur 10, 20, 100 événements, fera apparaître une variation régulière avec un extremum prononcé quelques jours après le jour J. On aura ainsi obtenu en même temps une preuve de la corrélation supposée et une mesure du temps de relaxation : 2 ou 3 jours par exemple. Ce genre de travaux est souvent décevant. Que de périodes bizarres, mal définies, laissant longtemps planer le doute ! Et que de coïncidences douteuses !...

Nous commencerons par les certitudes et par leur explication. La première évidence, c'est l'existence même des couches de l'*ozonosphère* et de l'*ionosphère*, formées et modulées par diverses composantes du rayonnement solaire. L'atmosphère terrestre a une constitution très différente d'une altitude à l'autre. Peut-être n'est-il pas inutile de rappeler ici les caractéristiques essentielles de cette stratification. Du sol à 12-15 km d'altitude, c'est la *troposphère*, l'atmosphère des météorologistes. La température décroît jusqu'à −150 °C. La densité décroît un peu ; la composition — azote moléculaire pour 4/5 et oxygène moléculaire pour 1/5 — reste inchangée. Au-dessus de la troposphère, c'est la *stratosphère*, jusqu'à 50 km environ, une couche dite « stratopause ». La température remonte jusqu'à 0 °C environ. Vers 15-30 km d'altitude, un composant quantitativement important de l'atmosphère, l'ozone, est fortement concentré : c'est une molécule triatomique de l'oxygène, un million de fois moins abondante que l'oxygène moléculaire usuel, biatomique. L'ozonosphère est opaque au rayonnement de l'ultraviolet proche (de 2 000 à 3 000 angströms environ de longueur d'onde). Au-dessus de la stratosphère vient la *mésosphère* où la température décroît de nouveau jusqu'à la « mésopause », vers 90 km d'altitude. Elle est alors égale à −100 °C.

Dans ces trois couches qui constituent l'*homosphère*, de composition chimique presque homogène, la densité décroît régulièrement vers le haut d'environ 510^{19} particules par cm³ (un milligramme par cm³) au sol à une valeur plus basse d'un facteur un million. La pression passe d'une atmosphère à un millionième d'atmosphère.

Au-dessus de la mésopause, la température augmente régulièrement dans la *thermosphère* jusqu'à 1 200° environ vers 150 km (thermopause), puis se stabilise à cette valeur dans l'*exosphère*. Ces deux régions constituent l'*hétérosphère*, en raison de la composition très différente de l'atmosphère dans ces couches élevées. Peu à peu, l'oxygène est dissocié en atomes ; les éléments légers — hydrogène, hélium — deviennent presque aussi abondants (vers 500 km) que l'azote. Les atomes et les molécules s'ionisent progressivement. La fraction ionisée de l'air reste encore faible (d'un millionième de millionième vers 50 km à 1/100 vers 500 km). Mais le nombre d'électrons passe par un maximum de 10^{12} par cm^3 et devient assez important. Ces électrons constituent l'*ionosphère* dont les différentes couches occupent les régions les plus élevées de l'homosphère et de la thermosphère.

L'ionosphère est constituée de 4 couches : la couche D dans la mésosphère vers 50-60 km, la couche E vers 100-150 km, la couche F1 vers 150-200 km et la couche F2 à 400 km d'altitude. On peut les étudier grâce à la réflexion sur elles de faisceaux d'ondes radioélectriques émises par les sondeurs ionosphériques.

L'ozonosphère, l'ionosphère, bien localisées dans l'atmosphère, sont dues à l'action constante des rayonnements réguliers issus du Soleil. En revanche, les variations de ces rayonnements, manifestations de l'activité solaire, modifient cette action.

Comment le rayonnement solaire impose-t-il ces couches à la Terre ?

Plusieurs réactions sont productrices d'ozone O_3 à partir de l'oxygène moléculaire ordinaire O_2 :

$$O_2 + h\nu \rightarrow O + O \text{ et} : O_2 + O + M \rightarrow O_3 + M$$

ou encore :

$$O_2 + O_2 \text{ excité} \rightarrow (O_2 + O) + O \rightarrow O_3 + O,$$

et :

$$O_2 + O + M \rightarrow O_3 + M$$

Dans les deux cas, une molécule quelconque M, non modifiée par la réaction, absorbe l'énergie et le moment produits. Un photon quelconque de fréquence ν et d'énergie $h\nu$ ne conduit pas nécessairement à cette réaction de décomposition ou d'excitation de la molécule ordinaire O_2 : il faut pour cela qu'il ait une énergie suffisante. On notera que les rayonnements capables de cette action sont donc absorbés par l'oxygène de l'air. Cela est manifeste si l'on étudie le spectre de l'atmosphère : le rayonnement est absorbé par les bandes de Hertzberg vers 2 400 Å (donc dans l'UV) ; les spectres continus et les bandes de Runge-Schumann entre 1250 et 1925 Å (dans l'UV lointain) jouent ce rôle. L'ozone a lui-même une importante bande d'absorption dans la région 2000-3200 Å ; cela a pour effet heureux de protéger les espèces vivantes des rayons solaires énergétiques non absorbés déjà par l'azote et l'oxygène atomiques et moléculaires de l'air.

Bien entendu, l'ozone est également détruit par la photodissociation et par des collisions : c'est une molécule peu stable, sensible notamment à l'action de diverses molécules lourdes fabriquées par l'industrie humaine, tel le fréon des « bombes » à aérosols.

Pris entre les mécanismes de la construction et de la destruction, l'ozone se maintient en équilibre dans une couche d'altitude de 30 à 40 km. L'épaisseur de la couche d'ozone et son altitude, qui dépendent de l'éclairement par les rayons UV du Soleil, sont naturellement soumises à une variation saisonnière plus importante aux latitudes élevées. L'abondance d'ozone influence les conditions thermiques dans la troposphère : plus l'ozone est abondant, plus la température y est basse, l'effet étant de quelques degrés ; ces effets sont plus fins que les effets saisonniers, la relation causale allant plutôt des phénomènes troposphériques aux variations de l'abondance d'ozone que l'inverse. On peut le comprendre si l'on admet qu'un front d'air chaud modifie les conditions physiques, notamment les propriétés absorbantes de l'air au-dessus de la tropopause, et donc affecte l'équilibre entre formation et dissociation de l'ozone.

Le rayonnement UV solaire utilisé à la synthèse de l'ozone a pu traverser les couches les plus élevées de l'atmosphère. Les rayonnements UV et X de plus courte longueur d'onde sont au contraire absorbés dans la haute atmosphère, entre 400 et 50 km d'altitude. *Ipso facto*, ces rayonnements ont des conséquences : comme dans les couches plus basses, tout rayonnement absorbé est utilisé. Le rayonnement de très courte longueur d'onde est composé de photons d'énergie élevée. Ceux-ci sont capables, une fois absorbés, de libérer par atome ou molécule absorbante une énergie suffisamment élevée pour ioniser un atome ou une molécule, l'énergie d'ionisation étant supérieure (en général) à celle qu'il faut pour la dissociation.

Or l'ionosphère, riche en électrons libres, correspond précisément à l'ionisation d'atomes et de molécules d'azote et d'oxygène. Elle a été découverte indirectement dès le début de ce siècle, puis plus clairement vers 1925 (Appleton) par la mesure d'échos radioélectriques réfléchis ; elle fut observée enfin directement *in situ* dès les débuts (environ 1945) de l'ère des fusées spatiales. Car toute couche ionisée a pour les ondes radio un indice de réfraction élevé ; sous incidence faible, l'effet d'une telle couche est de les réfléchir complètement. Les mesures régulières de l'ionosphère sont fondées sur le fait, facile à démontrer, que cette réflection, véritable écho, a lieu pour une valeur bien déterminée de la densité électronique, dépendant de la fréquence de l'onde radioélectrique réfléchie et du champ magnétique. On mesure alors l'altitude de la couche réfléchissante. Au-delà d'une certaine fréquence dite « critique », et donc fonction de la densité électronique, les ondes radio traversent l'ionosphère et aucun écho ne se produit.

L'origine des diverses couches est différente. La couche E, vers 85-110 km d'altitude, est due à l'ionisation des molécules O_2 et N_2 et de l'atome O par le rayonnement X ; la couche D, plus basse (environ 60 km), est causée par l'ionisation de l'oxygène moléculaire O_2, mais aussi par celle des métaux, le sodium notamment, et de la molécule assez abondante NO par la raie Ly α du spectre solaire. La couche F1 (130 à 300 km) est due à l'ionisation de l'azote moléculaire ; la couche F2 (160 à 600 km) à celle de l'oxygène atomique, principalement par les rayons X.

De ce fait, l'ionosphère absorbe pratiquement tous les rayonnements de longueur d'onde inférieure à 2 000 Å. Comme l'ozone absorbe ceux compris entre 2 000 Å et 3 200 Å, on voit que la haute atmosphère nous prive complètement de rayonnements X et ultraviolets. Ce fait a une conséquence importante : pour observer ces rayonnements dans la lumière des astres, il faut utiliser des fusées ou des satellites. Cette difficulté (pour les astronomes) est largement compensée par le fait que ces rayonnements, s'ils parvenaient jusqu'à nous, rendraient impossible toute vie sur Terre. L'ionosphère et l'ozonosphère jouent pour les conditions climatiques, météorologiques, biologiques, un véritable rôle de bouclier protecteur. Sans ces couches, nous serions brûlés vifs !

Des études modernes très fines ont permis de détailler les mécanismes de l'interaction complexe entre le rayonnement XUV et la formation-destruction de diverses molécules et ions moléculaires : ces mécanismes compliqués ne font pas seulement intervenir les molécules et atomes d'oxygène et d'azote, mais aussi l'ionisation de molécules stables ou instables comme CO, CO_2, CO_3, ou encore NO, NO_2, NO_3.

Une chimie complexe — une photochimie, devrions-nous dire — est née dans la haute atmosphère. Elle est l'embryon de la photochimie de la surface terrestre telle qu'elle se déroulait en des temps plus reculés où passait encore un peu de rayonnement de haute énergie : elle nous donne une idée élémentaire de ce qu'a pu être la photosynthèse des molécules lourdes, puis de la vie qui s'est protégée par les gaz qu'elle a elle-même sécrétés, dont l'ionisation a renforcé le bouclier ionosphérique et dont la contribution à la couche d'ozone a renforcé le bouclier ozonosphérique.

Le rayonnement ultraviolet et le rayonnement X du Soleil sont très sensibles aux variations de l'activité solaire dans la mesure même où les régions actives sont elles-mêmes, localement, la source de rayonnements de haute énergie. L'influence de l'activité solaire sur l'ionosphère en est la conséquence. Or, elle est depuis longtemps connue. La fréquence critique des couches est étroitement corrélée avec le niveau de l'activité solaire au cours du cycle. Elle l'est aussi, tout naturellement, avec les saisons, avec la latitude, comme avec l'heure de la journée : la fréquence est plus élevée, donc la densité électronique est plus forte en été, le jour, aux latitudes équatoriales et en période de forte activité solaire.

Les phénomènes actifs les plus violents, c'est-à-dire les éruptions, ont évidemment une influence majeure et perturbent l'ionosphère. Des perturbations brusques de l'ionosphère (SID — *sudden ionospheric disturbance*, en anglais) impliquent une augmentation de la densité électronique d'un facteur 10 dans la couche D, plus faible dans les couches E, F1 et F2. Elles se produisent quelques minutes seulement après le début du sursaut radioélectrique solaire indicateur de l'éruption ; cela montre bien que c'est le flux de rayons X (et non le flux de particules énergétiques) qui détermine les SID. Si l'ionosphère est perturbée, toute la météorologie l'est également par l'influence intermédiaire des couches ionosphériques. Le bouclier modifie des effets qui seraient insupportables pour l'homme et la vie en effets d'une importance énergétique comparable, quoique beaucoup moins dangereux. Mais les influences des phénomènes solaires se mêlent d'autant plus que leurs suites directes se produisent en une couche plus élevée de l'atmosphère : influences immédiates des sursauts de rayonnement, influences à plus long terme des particules d'énergie diverses, influences diverses se propageant par des effets de convection purement atmosphérique et se diluant avec une paisible lenteur...

L'ionisation joue donc, de toute évidence, un rôle essentiel dans les relations Soleil-Terre. Causées et modulées par le rayonnement solaire, l'existence et l'importance de l'ionosphère soulignent le rôle des phénomènes associant l'influence solaire aux phénomènes magnétiques terrestres. En effet, si la Terre est actuellement un aimant, une sorte de boule de fer aimantée où le magnétisme remonte à des milliards d'années, le *géomagnétisme* est dû en partie à l'existence de courants électriques parcourant l'ionosphère. On voit donc que toute action du Soleil sur l'ionosphère électrisée peut avoir une incidence sur le géomagnétisme.

Effectivement, les recherches de périodicités ont depuis longtemps mis en évidence une telle influence. La variation à 11 ans est claire : la composante variable du champ magnétique terrestre varie de plusieurs ordres de grandeur au cours du cycle ; à un maximum d'activité correspond un maximum du géomagnétisme. L'étude du géomagnétisme, en relation avec chaque « rotation » du Soleil, montre aussi plusieurs phénomènes importants. Tout d'abord, une périodicité à 27 jours est clairement observable. Les variations du géomagnétisme sont donc dues à quelque phénomène localisé sur la surface solaire. Que sont ces « régions M » du Soleil ? Et quelle est la physique des mécanismes de l'interaction ? Pour l'étudier, on construit des « diagrammes de Bartels ». Chaque ligne successive représente une rotation solaire ; et, sur chaque ligne, les jours successifs, donc les longitudes héliographiques, sont indexés par les indices géomagnétiques du jour, représentés de façon graphique, par exemple, par un trait plus ou moins long. Se manifestent alors quelques phénomènes nets : tout d'abord, régulièrement, au cours du mois de mars et de septembre, de larges zones de maximums persistants apparaissent dans les indices géomagnétiques et sont associées à certaines zones de longitudes solaires bien définies ; ces zones restent pratiquement inchangées pendant des années. En outre, les longitudes moyennes d'indice magnétique *faible* se maintiennent aussi des années durant, comme si, sur le Soleil, de telles régions étaient protégées contre les manifestations de l'activité créatrice du géomagnétisme. Dans les zones du diagramme de fort indice géomagnétique, des « pics » plus pointus indiquent des sursauts géomagnétiques. Ceux-là se déplacent en longitude, comme enracinés par la rotation différentielle, plus rapide aux basses latitudes et plus lente aux latitudes élevées que la rotation moyenne de Carrington (27,3 jours) qui définit les lignes des diagrammes de Bartels.

La recherche des régions M à partir de l'étude statistique de ces données connut des heurs et des malheurs. Corrrespondent-elles à chaque région active ? La corrélation n'était pas vraiment évidente. Comment alors spécifier celles qui jouent un rôle ? La méthode des époques superposées aboutit à quelques intéressantes remarques.

Tous les « pics » du géomagnétisme n'ont pas la même forme : c'est un premier constat. Les pics à début brusque et souvent intense — on les appelle des orages géomagnétiques — sont associés aux éruptions les plus intenses et ont lieu 1 à 2 jours après l'éruption, quelle qu'en soit la localisation sur le Soleil, au centre du disque ou au bord de la région active. Le délai de 1 à 2 jours peut être associé au temps de parcours des particules ionisées entre Soleil et Terre à la vitesse de 1000 à 2000 km/s.

Mais les maximums du géomagnétisme n'ont pas en général ce caractère brutal. On observe au contraire que, 3 jours après le passage au méridien central d'une région active, l'indice géomagnétique passe par un minimum ; ce minimum sépare deux maximums qui le suivent et le précèdent d'environ 2 à 3 jours. Tout se passe comme si la région active jouait le rôle d'un casque protecteur et, à distance, était surmontée d'une région évitée par les grands jets. Cette région ne serait-elle pas précisément liée aux trous coronaux, quelle qu'en soit l'origine ? On comprendrait alors pourquoi la récurrence d'ensemble est une récurrence moyenne de 27,3 jours. Aux accidents locaux du vent solaire, dévié par les régions actives vers les grands jets, se superpose une action de longue durée — des années ? — liée à la présence de trous coronaux étendus en latitude et non affectés, on l'a vu, par la rotation différentielle.

Les grands jets induisent des courants électriques dans l'ionosphère. Bien entendu, ces grands jets, qui sont rarement dans le plan précis de l'équateur solaire, mais qui n'en sont pas très éloignés, ont plus d'influence quand la Terre passe par des longitudes héliocentriques de l'ordre de 5 à 10°, c'est-à-dire précisément en mars et en septembre ; cela est lié à l'inclinaison de l'axe solaire par rapport à l'écliptique : la Terre traverse le plan de l'équateur solaire le 6 juin et le 5 décembre et passe aux longitudes héliographiques extrêmes (de $+ 7°25$) le 7 septembre et (de $-7°25$) le 6 mars.

L'existence des courants de l'ionosphère, prévue par la théorie, confirmée par la mesure *in situ*, confirme le rôle des grands jets solaires dans leur origine. Le magnétisme terrestre est donc localisé dans les régions de l'ionosphère, au moins pour sa partie variable. Cependant, il est bien évident que le champ magnétique de la Terre exerce son influence à une distance qui peut être grande.

Bien avant de perturber l'ionosphère, des flots de particules chargées se heurtent donc à la cuirasse magnétique de la Terre. Dans les régions encore relativement denses de l'ionosphère, la distribution des couches ionisées est peu affectée par le vent solaire, chargé électriquement. Mais dans le milieu interplanétaire, la Terre, elle, affecte déjà ce vent du fait de cette cuirasse, de ce bouclier magnétique. Le vent lui-même assigne à ce bouclier ses limites : il y a véritablement là une interaction *mutuelle* entre le vent solaire et le magnétisme terrestre. On appelle *magnétosphère* l'ensemble de la région où s'exerce le champ magnétique terrestre ; sa frontière extérieure est la « magnétopause ». La forme de la magnétopause est assez naturelle, quoique peu simple : dans l'ensemble, elle a l'air d'être comme la limite d'un sillage de la Terre s'étendant fort loin dans la région située derrière elle à l'opposé de la direction du Soleil, et d'une quarantaine de rayons terrestres de diamètre (environ 250 000 km). Du côté du Soleil, elle se termine par une sorte de bouclier arrondi dont l'avant est à quelque dix rayons terrestres de nous. Comme l'axe magnétique de l'aimant Terre est incliné par rapport au plan de l'écliptique, l'ensemble de la magnétopause est, dirait-on, en quelque sorte tordu ; cette torsion domine la configuration du champ magnétique au voisinage de la Terre. Des lignes de force partent du pôle positif (nord) et arrivent au pôle négatif (sud) : entre les deux, elles s'éloignent à de grandes distances de la Terre dans la queue de la magnétosphère ; si bien que cette queue se divise en deux régions où les lignes de force ont des orientations opposées et que sépare une surface (feuillet) neutre.

Le vent solaire arrivant vers ce bouclier subit, de part et d'autre, une déflection. La compression qui s'y produit se traduit par une onde de choc qui s'avance dans le vent : la combinaison des deux effets se traduit par une stabilisation de l'onde de choc en une sorte de bouclier agrandi, extérieur (de 3 à 4 rayons terrestres) à la magnétopause ; entre la magnétopause et l'onde de choc, le vent devient turbulent ; et cette zone turbulente entoure la magnétosphère. La vitesse limitée du flot a pour effet évident de conférer à la magnétosphère, vue en projection sur le plan de l'écliptique, une forme spirale très marquée dans sa queue et comparable à celle des structures en secteurs du vent solaire.

Le vent contient des jets de particules ionisées énergétiques qui pénètrent malgré tout les cuirasses successives et entrent dans la magnétosphère : ce sont ces particules énergétiques qui jouent le rôle majeur dans les interactions Soleil-Terre. A l'effet de filtrage de la magnétosphère (seules peuvent pénétrer les particules énergétiques) s'ajoute un effet de guidage : les moins énergétiques de ces particules seront vite tout à fait soumises aux lois de la distribution du champ magnétique terrestre ; les plus énergétiques elles-mêmes ne resteront pas complètement insensibles à l'existence des lignes de force de ce champ.

Quel est alors leur cheminement ? Quels sont leurs effets ? Suivons les particules : guidées tout naturellement vers les pôles, elles se traduisent par un accroissement de l'ionisation et une modification de l'ionosphère. Nous en avons déjà suffisamment parlé. Dans les régions polaires, des électrons de quelques dizaines de keV d'énergie au plus provoquent des *aurores* polaires, boréales ou australes. Ces événements fréquents dans la zone aurorale apparaissent comme d'immenses draperies rouges, qui pendant des heures semblent flotter en ondulant. Elles sont formées, vers 80-100 km d'altitude, par la recombinaison des atomes et molécules ionisées par l'impact électronique. Les aurores sont toujours plus ou moins associées à des phénomènes géomagnétiques.

En vérité, comment ne pas rêver sur ces immenses rideaux, spectacle inoubliable, fascinant comme un gigantesque et incontrôlable incendie, muraille rougeoyante de flammes du silence, feux d'une danse paisible, ronde infinie dans la nuit...

Le bouclier de la magnétosphère, les phénomènes ionosphériques, les aurores... Descendons encore : à mesure que l'on s'approche du sol, l'imagination du chercheur, paradoxalement, a du mal à préciser les mécanismes de l'interaction. Les effets des particules solaires sont dilués, étalés dans le temps, intégrés sur de longues périodes, en raison des chemins détournés et multiples que suit l'influence de protons et d'électrons d'énergies très différentes. De plus, des effets locaux jouent un rôle de plus en plus important : chaînes de montagnes, masses et fosses océaniques, grands courants de convection marine...

Si bien que la *météorologie* est suffisamment peu affectée par les influences solaires pour que les météorologistes oublient complètement qu'elle puisse l'être. Les techniques sont en principe très simples. Elles reposent sur la solution des équations dynamiques des masses d'air, à quoi l'on injecte un peu — oh, très peu, c'est bien assez difficile comme cela ! — des équations thermodynamiques ; cette solution s'appuie sur des mesures — aussi bien distribuées que possible sur le globe, aussi souvent que possible et à des altitudes aussi différentes que possible — de la température, de la pression, de la nébulosité, des vents, des pluies, de la teneur de l'air en vapeur d'eau... Depuis le début de l'ère spatiale, les moyens se sont accrus : des stations flottant sur les océans diffusent vers d'autres stations satellisées des informations « couvrant » une partie importante des océans (opération Éole) ; des satellites très élaborés, comme *Landsat* ou surtout *Météosat,* diffusent des photographies extrêmement précises de l'ensemble de la Terre, en lumière visible ou dans les bandes spectrales de la vapeur d'eau, ou encore dans l'infrarouge lointain.

On peut résumer les méthodes de la météorologie, de mieux en mieux outillée en données mesurées et bien sûr en moyens de calcul, en la définissant comme une extrapolation aussi raisonnable que possible, dans un champ solaire supposé immuable, des conditions météorologiques récentes. On connaît l'état de l'atmosphère : vents, pluies, nuages..., en tous lieux, au jour J, à la minute M même. Et l'on en déduit l'état de l'atmosphère aux jours J + 1, J + 2, J + 3... (de moins en moins bien à mesure que le temps s'écoule entre la date J de la prévision et la date pour laquelle on fait la prévision).

Ces études s'améliorent sans cesse ; elles aident à mieux comprendre un certain nombre de processus à l'œuvre dans l'atmosphère et qui dominent les caractéristiques générales du climat : effets de marées, effets de l'activité volcanique, grands systèmes de cellules convectives entre l'équateur et le pôle, vents alizés et effets des forces de Coriolis liées à la rotation, développements des cyclones (convergents) et des anticyclones (divergents), transport d'énergie par les courants océaniques, bilans d'énergie thermique... Nous ne pouvons bien sûr entrer ici dans le détail de cette science passionnante et difficile.

La qualité des prévisions météorologiques est souvent brocardée, notamment par les chansonniers : en effet, si dans l'ensemble les caractéristiques météorologiques globales sont assez bien prévisibles, il n'en est pas de même pour les caractéristiques locales, surtout dans des régions où des climats moyens de différents types (continental, océanique, méditerranéen) voisinent sur un espace restreint, et dans des régions de relief irrégulier, aux côtes découpées et complexes — autant de caractères que rassemble la France. En une région donnée, on peut estimer la « persistance » d'une situation météorologique ; on mesure au jour J tel ou tel caractère essentiel (l'altitude de la couche d'air où la pression est de 500 mbar, soit 1/2 atmosphère, par exemple) en une trentaine de stations distribuées sur cette région ; on peut alors calculer la corrélation entre le groupe de mesures faites aux jours J + 1, J + 2 et le groupe de mesures au jour J. Si la prévision est, de par la nature de la région étudiée ou de la période choisie, de bonne qualité, c'est la preuve que cette persistance, cette corrélation, mesurée donc a posteriori par un nombre bien précis, est bonne, de l'ordre de 0,6 ou 0,7. Notons que la persistance intégrale des conditions météorologiques aboutirait à une valeur de 1.

Les événements du Soleil affectent-ils les prévisions météorologiques ? Cette question reste encore très controversée. Il est vrai que certaines études mettent en évidence une périodicité de l'ordre de 11 ans dans les mesures de la pluviosité (par exemple) de stations proches des pôles. Cette corrélation est manifeste pour les latitudes situées entre 80° et 90°. Mais, en revanche, entre 70° et 80°, il semble bien qu'une *anti*corrélation soit évidente ! Et si l'on se déplace vers l'équateur, on trouve des régions où la périodicité est très marquée, mais sans rapport avec la périodicité solaire : à Entebbe, par exemple, elle est de 9,2 ans ; à Accra, de 5,8 ans ; en d'autres points, tels Colombo ou Singapour, elle est à peine détectable, sinon inexistante.

Ces résultats diminuent beaucoup le crédit qu'on peut accorder à la prise en compte de l'activité solaire dans les phénomènes météorologiques. Les études que nous venons d'évoquer montrent en outre que, s'il y a quelque corrélation entre l'activité solaire dans son ensemble et les conditions météorologiques, cette corrélation est meilleure si l'on tient compte d'un retard dans la manifestation météorologique de l'ordre de 3 ou 4 ans : on comprend, dans ces conditions, que les services de prévision météorologique jugent plus raisonnable de ne pas en tenir compte !

Certes, l'effet au sol des particules énergétiques venues du Soleil est très dilué. On pourrait considérer que l'effet global dont nous venons de parler, plus net aux pôles qu'ailleurs, est dû aux particules d'énergie moyenne, celles qui déterminent les aurores. Mais si tel était le cas, les particules de grande énergie, liées aux éruptions solaires intenses, n'auraient-elles pas des effets moins dilués, plus immédiats ? Il se trouve que 7 jours après un maximum de l'activité géomagnétique, soit 10 jours après le passage d'une région active au méridien central du Soleil, le coefficient de persistance diminue de façon sensible ; les études du genre « périodes superposées », menées dans des régions étendues comme l'Amérique du Nord, l'ont clairement montré. De même, de grandes périodes orageuses (en zone méditerranéenne ou en Europe centrale) suivent de quelques jours le passage au méridien central du Soleil de grands groupes actifs de taches ou de zones éruptives.

De nombreux auteurs ont ardemment discuté de la réalité de ces effets et des processus qu'ils impliqueraient. Il semble actuellement que le mécanisme le plus probable soit une modification de l'environnement électrique. Si alors des orages sont créés, si leur fréquence est accrue par suite de l'influence de tel phénomène solaire, l'énergie qu'ils libèrent altère les caractères de la circulation générale de l'atmosphère. Ce processus peut s'amplifier ensuite automatiquement, si bien qu'avec un retard plus grand que celui qui concerne les orages localisés, l'atmosphère dans son ensemble aura réagi à l'activité solaire.

La météorologie est la science qui étudie au jour le jour l'évolution des conditions atmosphériques. La *climatologie* est une sorte de météorologie intégrée à de grandes périodes où les effets locaux peuvent être dilués dans de grandes caractéristiques globales du climat terrestre. Nous ne mesurons les caractéristiques météorologiques locales que depuis environ 300 ans en Europe, quelques millénaires peut-être en Chine, sous une forme déjà assez précise. Et ce sont déjà, vues ainsi sur de grandes échelles de temps, des caractéristiques plutôt climatiques. Ainsi a-t-on noté des événements remarquables, sortant de la grisaille de la météorologie quotidienne, et d'ailleurs pas nécessairement atmosphériques : tremblements de terre et éruptions volcaniques, périodes exceptionnellement chaudes ou froides, sèches ou humides, gel de rivières importantes, avance ou recul des glaces, aussi bien que récoltes records. On peut remarquer que les observations astronomiques sont des indices de nébulosité : les découvertes de comètes sont particulièrement nombreuses quand le ciel est pur ! Mais d'autres indices du climat, indépendants des instruments de mesure des hommes, peuvent être trouvés dans la nature : épaisseur des strates des coquilles d'huîtres fossiles, dépôts de pollens, épaisseur des alluvions dans les grands lacs. Tous les accidents du climat ont eu une influence certaine sur la vie des hommes : grandes migrations, évolutions sociologiques...

Si l'on part de l'idée a priori que les grands changements du climat et ses excès sont associés à l'activité solaire, on peut considérer l'histoire du climat comme reflétant la variation à grande échelle de l'activité solaire. Un exemple très remarquable peut être donné : celui de la découverte surprenante, faite en 1982 par Williams, géologue australien. Il étudiait les dépôts d'alluvions au fond des lacs fossiles précambriens, vieux d'environ 700 millions d'années. Il trouva des couches successives — une par an. Or, surprise, le cycle de 11 ans est clairement décelable dans l'épaisseur de ces couches, comme l'est celui de 22 ans, celui de 80-90 ans, et le minimum de Maunder. Conformément aux soupçons de Link, à partir de l'examen des chroniques anciennes relatant les observations astronomiques (donc la nébulosité) depuis l'Antiquité, et comme le montre également ment la mesure de l'épaisseur des anneaux de croissance des arbres, Williams trouve aussi une périodicité plus longue, de 285-290 ans, d'autant plus convaincante qu'elle porte sur 157 cycles solaires — plus de 1 700 ans ! — d'alluvions superposées. Cette découverte, peut-être l'une des plus importantes du siècle en ce domaine, prouve incontestablement deux phénomènes essentiels : l'influence certaine et détaillée de l'activité solaire sur le climat, avec un étalement très inférieur à la période de 11 ans, et les caractéristiques détaillées des périodicités du cycle d'activité solaire.

On notera qu'heureusement, bien des problèmes restent à résoudre. Pourquoi les lacs précambriens indiquent-ils une période de 285-290 ans ? L'étude des niveaux des isotopes de l'oxygène, de l'hydrogène ou de celui du C^{14} (indicateurs d'activité) dans les couches de croissance des arbres, incite certes à admettre une période analogue, déterminée sur les cèdres du Japon, par exemple, depuis 1 800 ans (280 ± 10 ans). Mais Link, quant à lui, trouve des périodes assez irrégulières, il est vrai, mais plutôt de l'ordre de 400 ans, dans la fréquence des observations de comètes et d'aurores poursuivies depuis 42 siècles.

L'influence de l'homme sur le climat, au moins dans les dernières décennies, est évidente : augmentation de la teneur de l'atmosphère en gaz carbonique, liée à la combustion des carburants, et pollutions de diverses natures. D'autre part, les éruptions volcaniques jouent aussi un rôle. Mais quelle est l'origine des grandes périodes climatologiques qu'ont pu détecter les géologues ? Remontons dans le temps en prenant pour critère les indicateurs de température. Actuellement, la température moyenne de la Terre est en train de diminuer. Au cours du dernier siècle, elle est passée par un maximum vers 1940 ; en 1880, elle était inférieure de 1° ; en 1980, elle semble être redescendue d'un demi-degré depuis 1940.

Changeons d'échelle de temps : ce siècle figure au voisinage d'un maximum de température. Les années 1850 marquent la fin d'une période remontant à 1430 environ, que l'on a appelée le « petit âge glaciaire » et dont la température était de 1°,5 au-dessous de la température actuelle ; cela suffit à expliquer les rapports des anciennes chroniques sur les lacs et les rivières gelés, sur l'avance des glaciers détruisant des villages dans les Alpes. Les peintures de Breughel nous montrent bien les aspects de cette période froide, qui culmine entre 1610 et 1630.

Avant 1430 (depuis + 300 jusqu'à + 1200), des conditions plus douces ont prévalu : les températures ont pu être, sous nos latitudes, de 1° plus élevées qu'en 1940 ; cette différence a pu être plus significative encore (environ 4°) dans les régions polaires ; c'était l'époque des grands voyages des Vikings.

On peut remonter plus loin encore grâce aux chroniques historiques et aux données paléoclimatiques (mesures de rapports isotopiques dans les glaces, par exemple) : une période froide, il y a 3 000 à 2 400 ans (soit de 900 à 400 avant notre ère) ; une longue période de climat stable « optimum » (−5 000 à −7 000) ayant suivi un âge glaciaire notable il y a 13 milliers d'années ; un autre âge glaciaire plus marqué encore il y a 15 milliers d'années. Ces glaciations correspondent à une température plus faible de 10° qu'aujourd'hui ; elles expliquent bien les conditions de vie des « hommes des cavernes » en Europe à cette époque.

Les mesures des rapports isotopiques permettent de remonter plus loin encore. Parlons en termes de milliers d'années : de − 15 000 à − 60 000 années, c'est la « période glaciaire » dite du Wisconsin. Les glaciations, séparées par des périodes plus chaudes, se suivent sur les derniers milliers d'années avec une grande irrégularité ; mais une sorte de pseudo-période de cent mille ans peut être mise en évidence.

En remontant encore de 100 millions d'années en arrière, on note que la température se serait alors lentement abaissée d'environ 20 à 25°.

Le début, souvent abrupt, des périodes glaciaires peut avoir résulté de l'influence des volcans dont les poussières occultent le rayonnement solaire. Mais le rôle de l'éclairement de la Terre par le Soleil, variable pour les raisons astronomiques que nous avons évoquées, joue aussi à l'évidence un rôle très important.

VI

Planètes et Soleil

Où le lecteur verra sans trop d'étonnement qu'il y a des saisons sur Mars et que les orages joviens dépendent de l'activité solaire ; où il s'apercevra, sans doute avec quelque stupeur, qu'il n'est pas exclu que les planètes influencent, par un juste retour des choses, l'activité solaire ; mais il ne devra pas pour autant en conclure que l'astrophysique jovienne et solaire donne des armes à l'astrologie, dont il n'est pas difficile de montrer l'inanité et aux mystères de laquelle l'auteur, anti-astrologue de combat, avoue préférer les beautés de la nature et la joie de les comprendre.

Nous avons vu à quel point la haute atmosphère, et dans une certaine mesure la troposphère, sont sur Terre affectées par le rayonnement solaire, par les particules d'origine solaire et par leurs variations plus ou moins rapides, voire brutales, dans le temps.

Il paraît, a priori, évident que les autres planètes seront d'autant plus soumises aux influences solaires qu'elles en sont plus proches. Mais l'étude en est fort difficile. En effet, les observations télescopiques n'ont pas grande précision ; si elles ont un caractère continu et s'étendent sur de longues périodes de temps, depuis près d'un siècle, elles se sont surtout attachées à la nature des sols, des atmosphères et des nuages, à la rotation de l'astre et à sa cartographie, plutôt qu'à des modifications associées à l'activité du Soleil. D'autre part, les missions spatiales ont un caractère très ponctuel : elles n'ont pas de continuité et ne permettent pas de déceler des variations des phénomènes planétaires à l'échelle du cycle solaire, ni même à celle de la rotation solaire. L'étude de l'influence du Soleil sur les planètes est donc essentiellement une étude théorique qui associe aux rayonnements solaires les structures de l'atmosphère des planètes.

Pourtant, à partir d'observations menées depuis les observatoires du sol, on peut tirer des conclusions intéressantes. Tout d'abord, les effets saisonniers, notamment sur Mars, sont faciles à observer : les calottes polaires (givre de glace carbonique) sont alternativement étendues et réduites. Les teintes du sol varient. On avait naguère cru que, comme les nôtres, les printemps martiens étaient verts et les automnes rouges. Ces différences sont bien réelles ; mais on sait maintenant que la végétation, absente de Mars, n'y est pour rien. Les variations de couleur sont essentiellement dues au camouflage des régions sombres (vert sombre) du sol par les nuages de poussières et de sables rougeâtres apportés par les vents qui balaient la surface martienne d'un pôle à l'autre, et dont le sens dépend principalement des saisons. Les panoramas martiens évoluent : couleurs changeantes, dépôts mouvants de sable, givre superficiel sensible à toute élévation de température...

L'inclinaison de l'axe de rotation de Mars sur le plan de son orbite est un facteur d'inégalités saisonnières ; nous l'avons déjà dit en ce qui concerne la Terre. Mais le caractère assez excentrique de l'orbite martienne est également important. Or, les perturbations du mouvement de Mars, dues à l'action gravitationnelle de Jupiter et de Saturne, sont certainement élevées. On a d'ailleurs pu les calculer : l'inclinaison de l'axe varie de 15° à 35°, avec une période de 120 000 ans ; ce phénomène a dû se traduire par d'importantes variations de l'ensoleillement et a donc certainement affecté profondément la climatologie de Mars, son relief, l'action des érosions...

Les effets saisonniers affectent sans doute bien d'autres planètes. Sur Vénus, la couverture nuageuse est si forte, l'inclinaison de l'axe de rotation sur le plan de l'orbite si faible que ces effets sont minimes ; en revanche, sur Saturne, sur Neptune et surtout sur Uranus (presque couché sur le plan de son orbite), ils sont probablement importants, quoique non encore observés.

Sur Jupiter seul, on a pu mettre en évidence une relation entre les aspects des couches nuageuses et l'activité solaire. De nombreuses années d'observation visuelle au pic du Midi ont permis à J. Focas de montrer que la largeur des bandes qui strient la surface jovienne parallèlement à l'équateur varie au cours du cycle solaire, de même que le nombre et la structure des régions blanches cycloniques. Quel est le mécanisme de l'interaction ? Nous n'en savons rien ; mais il paraît vraisemblable que l'action du Soleil sur l'ionosphère et la magnétosphère de Jupiter est comparable à celle qui concerne la Terre ; par contrecoup, l'état électrique de l'atmosphère modifie la structure des cellules convectives zonales qui se manifestent dans l'aspect télescopique de Jupiter par les bandes, alternativement claires et sombres, qui couvrent sa surface de l'équateur aux pôles.

La magnétosphère jovienne, la plus importante de toutes celles du système solaire, est donc certainement sensible, comme la magnétosphère de la Terre, à l'activité solaire. Mais ces effets sont en partie camouflés par l'injection de particules d'origine volcanique (les volcans du satellite Io) et non pas seulement de particules d'origine solaire comme au voisinage de la Terre. Si bien que nous suspectons, mais sans vraiment l'avoir jamais démontré de façon directe, que le Soleil actif agit sur la magnétosphère et l'atmosphère joviennes.

La brièveté de cet aperçu — comment pourrait-il en être autrement ? — des influences variables du Soleil ne saurait faire oublier l'existence des magnifiques queues de comètes : la chaleur solaire contraint ces blocs de pierre à se dégager, à s'envelopper d'une atmosphère ténue ; le rayonnement du Soleil en chasse les poussières, et le vent solaire en balaie les atomes, les molécules, les ions, comme nous l'avons déjà dit. En outre, les forces de marée, dues à la force d'attraction solaire, exercent des actions disruptives telles qu'il n'est pas rare de voir des comètes se fragmenter en deux ou trois morceaux, puis en une myriade de cailloux qui se disséminent le long de son orbite initiale : les météorites.

Tout ce que l'on dirait de plus au sujet des influences solaires sur les planètes relèverait de l'imagination. Plus on s'éloigne du Soleil, plus profondément les conditions sont fixées par la structure interne de la planète, par l'action gravitationnelle de ses satellites ou par ses propriétés mécaniques (orbite, inclinaison de l'axe de rotation...) ; et cela ne concerne plus vraiment le Soleil...

Un autre problème, en retour, mérite peut-être plus d'attention qu'on ne lui en a en général apporté. C'est l'étude de l'influence des planètes sur le comportement de l'activité du

Soleil. Cette étude a été amorcée par la remarque que la période de révolution de la grosse planète Jupiter autour du Soleil est de 11 ans et 10 mois, alors que la durée moyenne du cycle solaire est de 11 ans (plus ou moins 2 ans et 6 mois). Cette coïncidence, sans doute fortuite, frappa les imaginations ; et l'on glissa vite vers l'idée d'une relation de cause à effet, la révolution de Jupiter étant considérée comme la « cause » de l'activité solaire.

Avant de regarder cette étonnante suggestion de plus près, nous devons remarquer qu'elle paraît de même nature que les influences astrologiques. Un astre lointain peut-il en effet, par un très faible apport d'énergie, déclencher des phénomènes aussi gigantesques que l'activité des régions actives du Soleil ?

Toujours est-il que deux groupes de chercheurs mirent en évidence deux phénomènes différents, mais peut-être corrélés l'un avec l'autre. Le premier, Trellis (vers 1950), montra — sans d'ailleurs convaincre les milieux scientifiques, mais de façon cependant fort pertinente, de l'avis de l'auteur de ce livre — que l'ampleur des « marées » déclenchées sur le Soleil par l'action combinée des planètes était liée à la fréquence d'apparition, à la surface du Soleil, de régions actives. L'influence de Vénus (planète assez grosse et très proche) et celle de Jupiter (très gros, bien qu'assez éloigné) dominaient dans ses calculs celle des autres planètes. Un autre travail, d'origine américaine celui-là, montra une corrélation entre la zone d'apparition des taches et la position du centre de gravité du système Soleil + planètes, où Jupiter et Saturne jouent le rôle essentiel par rapport au Soleil. Ce centre de gravité, notons-le, est parfois même extérieur à la surface solaire, la masse des planètes étant un peu supérieure à 1/1 000 de la masse solaire et la distance Soleil-Jupiter étant égale à 1 000 fois le rayon du Soleil.

N'entrons pas ici dans la discussion un peu vaine de la qualité des statistiques. Le calcul des effets de marées est simple : celles-ci sont de l'ordre de grandeur de quelques millimètres. Supposons même un centimètre... Cela paraît minuscule ! Mais l'énergie impliquée dans de telles marées est de l'ordre de $\Delta(G\mathcal{M}/\mathcal{R}) = (G\mathcal{M}/\mathcal{R}^2)\,\Delta\mathcal{R}$ où $\mathcal{M}$, $\mathcal{R}$, G sont respectivement la masse et le rayon du Soleil et la constante de gravitation universelle de Cavendish. Cette quantité minime est égale à 3.10^4 ergs seulement. Pendant un cycle solaire, cela correspond à 10^{13} ergs, des milliards de fois moins qu'une seule éruption ! Mais c'est l'énergie libérée qui compte, non l'énergie impliquée dans l'effet variable de ces marées. Or, on peut imaginer que ce très faible apport d'énergie modifie les conditions d'équilibre des régions sous-jacentes à la surface solaire. De même qu'une très faible pression de la main peut faire descendre ou monter le ludion dans une colonne d'eau, de même qu'une faible variation atmosphérique engendre d'énormes orages, on peut imaginer que les lignes de force du champ magnétique, qui flottent en quelque sorte entre deux eaux, comme le ludion, sont attirées à la surface par une faible décompression liée à l'effet de marée, et qu'elles y surgissent alors en une explosion d'activité. On « peut » imaginer... Il reste à justifier cette idée, qui n'est rien de plus, actuellement, qu'une hypothèse de travail, par des calculs difficiles de magnétohydrodynamique (MHD). L'hypothèse n'est pas incompatible avec certaines autres, et la théorie est véritablement dans l'enfance : il ne faut, à ce stade, rien éliminer de ces recherches marginales, trop audacieuses pour emporter d'emblée une adhésion sans limites.

Ce genre de travail s'apparente-t-il vraiment à l'étude des prétendues corrélations astrologiques ? Absolument pas, car l'on fait ici appel à des forces connues — celles de la gravitation universelle — supposées être cause du déclenchement des phénomènes actifs. A petites causes, grands effets ? Certes, mais cela ne suffit pas comme justification. Pourrait-on dire que les marées provoquées par Jupiter ont des conséquences sensibles sur ce qui se passe dans l'utérus de telle femme, future mère ? Mais les « marées » déclenchées par la présence d'une maison, par celle de l'accoucheur, sont d'une ampleur bien supérieure, et cela est calculable ! En un sens, le Soleil est plus « simple » que l'environnement du bébé dont on dresse l'horoscope ! De plus, l'influence de l'éducation, des gènes, du milieu, est énorme. La « théorie » de l'astrologie ne fait d'ailleurs pas appel à la gravitation, mais à des forces « encore inconnues », nécessairement « mystérieuses ». Malheureusement, la physique a fait un inventaire de toutes les forces possibles ; à envisager même que cet inventaire soit imparfait, il est certain que leurs effets dépendent peu ou prou de la distance. Si elles en dépendent comme la force de gravitation, l'effet d'objets terrestres de même nature que Jupiter est dominant : la nature des astres est en effet connue maintenant, et c'est la même physique et la même chimie qui s'appliquent partout, à des températures et des pressions très différentes. Si, au contraire, ces forces inconnues dépendent moins brutalement de la distance que la force de gravitation, alors d'innombrables planètes gravitant autour d'étoiles lointaines, dans les myriades de galaxies que connaît l'astronomie d'aujourd'hui, exerceraient une influence infiniment plus grande que celle de Jupiter. De quelque façon qu'on tourne et qu'on retourne les interprétations causales de l'astrologie, elles se retrouvent mises en pièces. Et ne reste donc que l'évidence des statistiques : le moins qu'on en puisse dire, c'est que, lorsqu'elles ne sont pas délibérément truquées, elles ne sont pas convaincantes. Il ne reste finalement rien à retenir de l'astrologie, hormis le souvenir d'un aspect fantasque et fragile des rêves de l'homme, avide de merveilleux et de mystère. Cette évidence est si souvent occultée de nos jours que nous croyons nécessaire de la répéter ici...

Dirons-nous qu'à ce type de merveilleux irrationnel, nous préférons celui qui naît tout simplement de la beauté des phénomènes naturels ? Le sentiment esthétique qu'éveille en nous la compréhension logique, physique, des phénomènes naturels, est d'une essence plus satisfaisante que les plaisirs troubles de ceux qui fréquentent les franges de l'ombre.

VII

L'évolution du système Soleil

Où l'auteur tente de confondre et d'humilier l'archevêque Usher en démontrant que le système Soleil est beaucoup plus vieux que l'Univers selon les Écritures ; et où il montre comment, depuis cette époque lointaine qui vit sa formation au sein de notre Galaxie, ledit système a dû évoluer et devenir cette complexe machinerie qui nous étonne aujourd'hui, selon ce que nous enseignent les théories les plus sûres, et contrairement aux moins sûres, comme il se doit ; après quoi, comme nous, il ira vers sa mort.

Le système solaire est vieux. Au XVIIᵉ siècle, l'archevêque Usher reconstitua d'après les Écritures la chronologie ancienne et fixa l'acte de création divine à l'an 4004 avant le Christ ; un érudit plus moderne la fixa très précisément au 23 octobre de cette année-là, à 9 heures du matin. On notera que la création des étoiles vint aussitôt après la création des luminaires Lune et Soleil, celui-ci n'étant donc pas une étoile comme les autres. Il est fort étonnant de voir encore cette étrange reconstitution enseignée dans maints établissements secondaires américains, voire justifiée par des scientifiques sérieux, avec des arguments totalement spécieux.

L'âge du Soleil est en vérité au moins égal à celui de la Terre, des planètes et des satellites, que l'on peut directement mesurer, nous allons voir par quelles méthodes.

Mais il importe au préalable de définir clairement ce qu'on appelle l' « âge » d'un astre. Clairement, les atomes qui le constituent existaient avant lui en grande majorité (sauf ceux qui ont été élaborés en son sein par les réactions thermonucléaires). Mais ils étaient disséminés dans l'espace galactique, vaguement condensés en un énorme nuage peut-être, et probablement assez froids — quelques dizaines de degrés au-dessus du zéro absolu.

On a pris l'habitude de compter l'âge des étoiles à partir du moment où se sont déclenchées les réactions thermonucléaires et où l'étoile (Soleil, donc) s'est mise à rayonner régulièrement. La période de formation antérieure à ce moment-là est brève, quelques centaines de milliers d'années ; l'étoile rayonnait déjà l'énergie empruntée lors de son effondrement à l'énergie gravitationnelle.

Dans ces conditions, on ne peut assigner au Soleil un âge donné, mais seulement situer cet âge dans une « fourchette ». Une étoile adulte comme le Soleil, d'une masse égale à celle du Soleil, a une structure comparable à la sienne pendant une durée qui peut être comprise entre zéro (moment d'apparition des réactions nucléaires en son sein) et dix milliards d'années environ. La Terre, les planètes ne sauraient donc être plus âgées, quelle que soit l'idée que l'on puisse avoir de la genèse du système solaire.

Les planètes ne rayonnent pas par elles-mêmes. Leur âge peut néanmoins se définir : on peut fixer leur « naissance » au moment où, constituées en corps solide, homogène, elles forment un milieu impénétrable aux radiations émises par les éléments radioactifs naturels. Ces rayonnements ne peuvent plus s'échapper dans le milieu dilué au sein duquel l'étoile s'est formée, voire peut-être dans un milieu encore plus dilué loin du lieu de formation de l'étoile, dans les vides intergalactiques. Ce sont les rapports de l'abondance des isotopes de divers métaux présents dans la croûte terrestre qui permettent la datation de la Terre, des météorites, de la Lune.

Prenons l'exemple du plomb. Le plomb des minéraux est un mélange de quatre variétés, les isotopes Pb^{204}, Pb^{206}, Pb^{207} et Pb^{208}, dont les proportions respectives sont de 1,36 %, 25,3 %, 21,2 % et 52,1 %. Le plomb 204 est certainement là depuis la formation de la Terre : on ne connaît aucune chaîne de désintégration radioactive naturelle aboutissant à la formation de cet isotope. En revanche, le plomb 206 provient de la désintégration de l'uranium 238, le plomb 207 de celle de l'uranium 235, le plomb 208 de celle du thorium 232 : leur teneur a donc pu varier au cours du temps. Ces désintégrations sont connues, et bien connues ; la durée de vie des atomes radioactifs a été mesurée au laboratoire. Chacun d'entre eux, selon le mot de Paul Couderc, est une « horloge » indépendante des autres, et qui mesure l'âge des minéraux analysés, l'enrichissement en chacune des espèces isotopiques mesurées augmentant régulièrement avec le temps.

Prenons un exemple spécifique, celui des granites. Un échantillon de granite contient de l'uranium et du plomb sous diverses formes isotopiques. Les rapports Pb 206/U 238 et Pb 207/U 235 sont des mesures de l'âge du minerai ; ils augmentent constamment. En remontant le cours du temps, on arrive à trouver l'époque à laquelle l'échantillon choisi s'est solidifié, figé ; auparavant, les atomes issus des radioactivités naturelles s'étaient distribués dans l'espace environnant, non « bloqués » au sein des roches. Bien entendu, dans le milieu où s'est formée la roche, au moment de cette formation, il existait déjà du Pb 206 et du Pb 207 ; mais leur concentration n'était que celle qui règne dans le milieu interstellaire ; elle était liée à celle du plomb 204, et fonction de l'âge de l'Univers ou de la portion d'Univers étudiée ; tandis que le surplus de Pb 206 et Pb 207 est étroitement associé à la présence, dans cette roche, d'uranium : dans certaines roches où il y a du plomb et pas d'uranium, les isotopes 206 et 207 sont moins abondants que dans celles où l'uranium est présent.

Bien entendu, certaines roches sont de formation récente, d'autres plus anciennes. Si bien que les analyses aboutissent, selon les échantillons, à des âges différents. Sur Terre, les échantillons les plus âgés n'ont que 3,8 milliards d'années environ : la Terre archaïque ne nous a guère laissé de quoi remonter vraiment à ses origines ; la dérive des continents et la tectonique des plaques, le volcanisme, la sédimentation, l'orogenèse ont tout bouleversé ; il est déjà remarquable que des terrains si anciens soient encore là pour témoigner. Mais il n'existe pas de roches antérieures au précambrien d'où proviennent les échantillons les plus âgés.

Ces déterminations nous fournissent donc une valeur minimum (3,8 milliards d'années) de l'âge de la Terre, donc du système Soleil. Mais on peut imaginer une détermination de son âge maximum. Prenons l'isotope 207 du plomb. Si nous négligeons la quantité initiale de cet isotope pour déterminer l'âge des échantillons, nous supposons que *tout* le plomb 207 observé s'y est formé depuis la formation de la Terre : pour les mêmes échantillons que ceux examinés ci-dessus, on trouve alors non pas 3,8 milliards, mais 5,4 millions d'années. L'âge réel est intermédiaire entre ces deux valeurs.

En réalité, on peut affiner encore cette détermination, même sans disposer de roches plus anciennes que les minéraux archaïques du précambrien. En effet, on peut mesurer séparément l'abondance des deux isotopes 206 et 207 du plomb. Chacune des deux déterminations est associée à une équation qui donne, en fraction du temps, cette abondance, pourvu que l'on connaisse l'abondance « initiale » de l'uranium 238 et de l'uranium 235 et le taux de désintégration de ces deux atomes. On peut éliminer entre les deux équations l'abondance de l'uranium (qui varie énormément d'un point à l'autre) et aboutir à une seule relation qui donne l'âge en fonction de l'abondance « initiale » de Pb 206, Pb 207, de leur abondance actuelle, mesurée, et du rapport actuel des abondances de U 238 et U 235 ; elle est supposée être une donnée universelle identique partout, dont la valeur actuelle est U 238/U 235 = 139. Mesurons trois échantillons d'âges assez différents ; nous avons trois équations qui fournissent la valeur de trois inconnues : l'abondance initiale des deux isotopes 206 et 207 du plomb, et l'âge de l'écorce terrestre.

C'est Arthur Holmes qui mit en œuvre cette méthode en 1946, en utilisant une collection de galènes d'origines très diverses et d'âges a priori fort différents. Il trouva alors un âge de 4,5 milliards d'années, et accessoirement l'abondance à l'époque des isotopes Pb 206 et Pb 207 dans le milieu primitif d'où a émergé la Terre : soit 9,4 et 10,3 pour un atome de Pb 204. Depuis lors, même le plomb commun s'est enrichi : les valeurs actuelles sont en effet respectivement de 18,7 et 15,6 pour un atome de Pb 204.

Ces techniques sont applicables à la Lune, aux météorites, et bientôt à Mars, peut-être à Vénus, ainsi qu'à d'autres astres du système solaire. Elles ont été appliquées et donnent des résultats d'autant plus remarquables que l'orogenèse, l'érosion, etc., ont moins profondément perturbé ces petits corps du système solaire, la Lune et les météorites (issus d'astéroïdes ou de comètes éclatés), que la Terre. On y trouve des roches quasiment primitives, datant des débuts de la « vie » de ces objets en tant qu'astres solides. Les mesures confirment, affinent même les résultats obtenus à partir de l'analyse des roches terrestres les plus anciennes.

L'analyse des météorites fournit d'étonnants résultats. Ainsi a-t-on découvert dans la météorite d'Allende (tombée au Mexique en 1969, dans le pueblito d'Allende) une abondance très anormale de l'isotope du magnésium : l'abondance normale de cet isotope dans les roches terrestres est de 11.*01* % par rapport à l'ensemble du magnésium stable ; or la météorite d'Allende en contient 11.*5* % ; la différence est faible, mais la précision des mesures telle quelle est néanmoins significative. Pourquoi une telle surabondance de Mg 26 ? Cet isotope ne peut se former qu'au cours de la désintégration naturelle de l'isotope 26 de l'aluminium, par radioactivité β^+. Or la durée de vie de cet isotope Al 26 n'est que de 720 000 ans : comme la météorite d'Allende est la plus ancienne connue (4,57 milliards d'années), il faut que de l'aluminium 26 ait été présent dans la nébuleuse primitive au moment de sa formation. Ce fait devra être expliqué : tout comme le fait que Mg 26 n'est pas aussi abondant en d'autres objets du système solaire.

Foin donc des chronologies bibliques ! La Terre existe depuis 4,54 milliards d'années, la Lune également, et sans doute toutes les planètes. Cet âge est très proche de celui du Soleil : il est vraisemblable, en effet, que les planètes se sont condensées alors même que le Soleil n'était pas encore une « étoile adulte », mais était lui-même encore en état d'effondrement gravitationnel.

Comment s'en convaincre ? Tout simplement en comparant le Soleil aux étoiles de masse et de composition comparables. Nous avons alors une idée plausible de ce qu'a pu être l'évolution initiale de notre Soleil, étoile et planètes confondues.

Il importe donc de nous transporter ailleurs, dans un monde plus vaste. Ici et là, dans notre Galaxie, on observe des amas d'étoiles. Ces étoiles sont nées ensemble ; leur famille reste longtemps serrée si elles sont assez nombreuses, et se disperse vite si elles sont peu nombreuses. Au sein de ces essaims, les étoiles ne diffèrent les unes des autres que par un seul paramètre, la masse. Or les étoiles les plus massives sont celles qui rayonnent le plus ; c'est Eddington qui a établi dans les années 20, de façon empirique, que la luminosité stellaire est proportionnelle à une puissance élevée de la masse (environ 4 : $\mathcal{L} \propto \mathcal{M}^4$). Cette relation est remarquablement vérifiée pour la grande majorité des étoiles. Des exceptions existent cependant : telles les naines blanches, résidus minuscules et ultradenses de l'évolution stellaire. Mais le fait reste généralement vrai : les étoiles massives lumineuses évoluent plus vite ; elles consument plus rapidement leur carburant hydrogène que les étoiles les moins massives. Dans un amas stellaire, les étoiles représentent donc, selon leur masse, les stades successifs de l'évolution. On peut tracer des diagrammes représentant la distribution des éclats des étoiles d'un amas en fonction de leur couleur, c'est-à-dire de leur température superficielle, ou encore de leur rayon (ce qui est presque équivalent). Ce diagramme couleur-éclat apparent est, à un facteur près, un diagramme couleur-luminosité absolue, dans la mesure où toutes les étoiles d'un amas sont à une même distance de nous et où, par suite, le rapport entre l'éclat apparent et la luminosité absolue est le même pour toutes. Le diagramme couleur-luminosité est caractéristique d'un amas : c'est en quelque sorte un cliché instantané de son état d'évolution. On peut le comparer à des diagrammes théoriques construits à l'aide de la théorie de la structure interne des étoiles. La comparaison aboutit à de si étroites coïncidences que la théorie s'en trouve justifiée *ipso facto* ; l'utilisation de ces diagrammes permet de déterminer l'âge des amas.

Les amas globulaires les plus vieux, l' « amas du Centaure » par exemple, ont de 18 à 20 milliards d'années ; les amas ouverts, plus jeunes (les Pléiades, par exemple), ont de 1 à 100 millions d'années. Il existe aussi des amas très jeunes (comme NGC 2264) qui contiennent encore des étoiles non arrivées à l'âge « zéro » — non adultes. Or, dans le diagramme couleur-luminosité, la dispersion des éclats de ces étoiles-nourrissons est grande : on l'a interprétée en imaginant l'étoile entourée d'une nébulosité aplatie qui obscurcit l'éclat de l'étoile naissante de sa masse de poussières froides. Vue tantôt de côté, tantôt de dessus, cette masse nébuleuse a un effet plus ou moins grand, en raison de son aplatissement : les étoiles dont la nébulosité est vue de côté sont plus obscurcies que celles dont la nébulosité est vue de dessus. Cela expliquerait la grande dispersion observée dans l'éclat de ces étoiles naissantes.

Si ce fait est général, il démontre deux choses : tout d'abord, les étoiles naissantes sont entourées de poussières distribuées en nuage aplati ; or les étoiles nées ne sont plus accompagnées de ce nuage ; si bien que la formation éventuelle de planètes au sein de ce nuage a dû intervenir dans la phase initiale de condensation stellaire, très rapidement, en quelques centaines de milliers d'années au plus. En d'autres termes, les planètes et l'étoile se forment essentiellement en même temps. Deuxièmement, le phénomène planétaire n'est pas un phéncmène accidentel : il est lié à l'évolution normale de toute étoile.

Cette vision des choses a été récemment confortée grâce à l'observation infrarouge. L'étoile Véga est en effet entourée d'une enveloppe ténue, invisible, mais qui rayonne dans le domaine de l'infrarouge. Véga, comme le Soleil, est une étoile adulte : cette enveloppe est peut-être condensée dans sa plus grande partie en planètes. Vu de Véga, le Soleil aurait sans doute un aspect très analogue à celui de Véga vue de la Terre : on détecterait son enveloppe froide et ténue, bien plus ténue que celle de Véga sans doute, émettant donc seulement du rayonnement infrarouge.

On voit que, sans entrer dans des considérations trop complexes, nous faisons ici nôtre l'idée selon laquelle les planètes sont nées d'une nébuleuse, la nébuleuse primitive. A vrai dire, l'idée est ancienne. Depuis qu'au XVIIIᵉ siècle on a abandonné, à la suite de Kant notamment, les idées fixistes, et que l'on a estimé plausible l'évolution des astres avant de se préoccuper de celle des espèces, les théories cosmogoniques ont fleuri. La cosmogonie, c'est la science qui décrit la formation des mondes — essentiellement des systèmes planétaires. Deux types d'hypothèses cosmogoniques se sont développées avec des alternances d'heurs et de malheurs : les « hypothèses nébulaires », qui font naître les planètes d'une nébuleuse primitive, progressivement organisée, et qui impliquent que le phénomène soit général ; les « hypothèscs catastrophiques » qui font naîtrc lcs planètcs dc quelque accident survenu au Soleil, éjection sous l'effet de forces notables de marée de masses importantes, par la faute de quelque agent perturbateur, par exemple une étoile passant à proximité.

Le premier défenseur des théories « catastrophiques » fut Buffon. Mais cette rubrique rassemble des théories très diverses. Ainsi, selon T.J.J. See (cosmologiste américain), les planètes ont été capturées à divers moments par le Soleil, et les satellites par les planètes : la nébulosité primitive, en freinant les astres venus à passer au voisinage solaire, aurait permis cette capture. Cette hypothèse contredit l'identité d'âge de la Terre, de la Lune et des météorites, telle qu'elle est mesurée par les rapports d'abondances isotopiques. Elle contredit aussi le fait que toutes les planètes soient entraînées dans le même sens (dit direct) autour du Soleil, ou encore la distribution de moment angulaire : il faudrait en effet, pour l'expliquer, que la nébuleuse ait entraîné les planètes captées et que la rotation de cette nébuleuse ait suivi la troisième loi de Kepler ; mais alors, le moment angulaire serait resté dans le Soleil, et l'arrivée des planètes venues de toutes les directions aurait même statistiquement contraint le moment angulaire de la nébulosité circumsolaire à décroître.

Un autre type de théorie « catastrophique » est celle de Buffon, élaborée ensuite par George Darwin. Buffon supposait que des comètes tombant dans le Soleil pouvaient en arracher un torrent de matière fluide constituant au loin divers globes, devenus solides par refroidissement. G. Darwin, conscient de la petite énergie véhiculée par les comètes, imagina des effets de marée provoqués par un astre voisin : la Lune aurait pu ainsi se détacher de la Terre. Mais l'analyse de Darwin ne pouvait quantitativement expliquer l'éjection de planètes par le Soleil. Une telle hypothèse est pourtant restée longtemps dans l'arsenal des théories, défendues par des savants aussi prestigieux par exemple que Jeans ou Jeffreys. L'une des pierres d'achoppement de ces hypothèses est qu'elles ne pouvaient prédire le grand nombre de systèmes planétaires — sans doute 5 ou 7 parmi les 20 étoiles les plus proches du Soleil, selon Van de Kamp.

Le sort des théories nébulaires est plus heureux. Après Kant, Laplace développa un modèle assez semblable, mais plus physique. Le problème posé est de savoir comment évolue la nébuleuse primitive. Mais il faut bien préciser ce qu'on veut, de quelles propriétés la théorie se doit de rendre compte : bien entendu, toutes les propriétés mécaniques, physiques, etc., actuellement connues des planètes, de leurs satellites, des comètes... Cela fait beaucoup ! Aussi les théoriciens ont-ils tenté de dresser une liste minimum des propriétés à considérer comme « essentielles ».

La première d'entre elles est la distribution des masses planétaires en fonction de leur distance au Soleil ; plus importante encore est peut-être la distribution même de ces distances. Il est remarquable de noter que le système solaire, presque plat, comporte, à 5 unités astronomiques de distance, une sorte de maximum de densité, concrétisé si l'on peut dire par Jupiter et Saturne, les deux géants du système. De plus, si l'on admet que la « cinquième planète » (planète d'Olbers) a jadis explosé pour donner lieu aux milliers d'astéroïdes de toutes dimensions qui circulent entre Mars et Jupiter, la distance des planètes du Soleil suit la « loi » (très grossièrement vérifiée) de Titius-Bode : $r = 0,4 + 0,3\,2^{n-2}$ (distance r, numéro d'ordre n). Mais une loi d'une forme différente peut bien décrire de façon aussi bonne, voire supérieure, la distribution des 10 planètes : Mercure, Vénus, Terre, Mars, « Olbers », Jupiter, Saturne, Uranus, Neptune et Pluton.

Une seconde propriété essentielle est la distribution du moment angulaire dans le système Soleil. Alors que toute la masse (99,9 %) est concentrée dans le Soleil, presque tout le moment angulaire [1] est au contraire dans les planètes (98 %).

Les propriétés mécaniques du système solaire doivent être comprises de façon quantitative ; ainsi doit-on expliquer le fait que planètes et satellites tournent dans le sens direct, autour de leur axe comme autour du Soleil ; mais on doit aussi justifier les anomalies, telle l'inclinaison forte de l'axe d'Uranus, et les satellites rétrogrades. On doit rendre compte des anneaux de Jupiter, de Saturne, d'Uranus, et de leur structure. On doit expliquer pourquoi les planètes telluriques et les « grosses » planètes semblent former deux familles distinctes ; et comprendre pourquoi il y a des météorites et des astéroïdes. Les propriétés physico-chimiques — atmosphère, composition... — des planètes doivent aussi être comprises. Enfin, il faut que les lois de la physique restent vérifiées tout au long de l'évolution du système solaire, qu'en définitive elles commandent.

Ces exigences sont assez lourdes. Ainsi la distribution du moment angulaire exclut toute origine catastrophique : les éjections par le Soleil d'une masse de matière ne peuvent emporter qu'une quantité limitée de moment angulaire, même si le Soleil a été naguère beaucoup plus rapide dans sa rotation qu'il ne l'est maintenant.

Presque toutes les théories qui ont survécu sont donc des théories nébulaires ; mais, là encore, rendre compte de la distribution du moment angulaire n'est pas une exigence facile à satisfaire. Ainsi, la théorie de Laplace suppose-t-elle une concentration progressive, le Soleil laissant derrière lui, en

---

1. Ce moment angulaire est la somme, sur toutes les planètes, des quantités $m_i r_i^2 \omega_i$, où m_i est la masse de chaque planète, r_i sa distance au centre du Soleil et ω_i la vitesse angulaire de révolution, égale à $2\pi/T$ si T est la période de révolution.

quelque sorte, les planètes. Une telle théorie donnerait au Soleil une vitesse de rotation énorme, des centaines de fois supérieure à celle de sa rotation réelle.

Il importe donc de préciser l'origine de la nébuleuse, les processus physiques agissant en son sein et qui y forment des planètes, et d'étudier ensuite les processus de différenciation de ces planètes.

On peut s'inspirer, dans ces recherches, des observations du milieu interstellaire ou de l'enveloppe de gaz et de poussières de certaines étoiles. La nébulosité protosolaire doit en effet ressembler à celle qui paraît encore entourer Véga, ou plus encore à celles qui entourent les étoiles du type T Tauri ; ce sont des étoiles très actives, éruptives, dont on a pu montrer qu'elles sont encore adolescentes — qu'elles n'ont pas encore l'âge « zéro ». Ces étoiles de masse solaire ont un rayon plusieurs fois supérieur à celui du Soleil. Leurs enveloppes sont riches en poussières froides, qui rayonnent du rayonnement infrarouge ; elles sont animées de mouvements de chute vers l'étoile, et, en même temps, de vents issus de la même étoile, les différentes latitudes astrocentriques se comportant sans doute différemment. Y a-t-il complète identité entre le cas du Soleil et celui des étoiles T Tauri ? C'est possible, mais ce n'est pas sûr, car ces étoiles ont de nombreuses propriétés assez étonnantes.

N'entrons pas trop dans le détail très difficile de la physique — ou plutôt de la mécanique — des régions nébulaires où naissent les planètes : la turbulence et le chaos mécanique y règnent dans un premier temps en un milieu visqueux ; les mouvements ne sont d'abord pas circulaires, et ne sont pas situés dans un même plan. Les collisions fréquentes entre grains de poussière, atomes ou molécules du gaz, et rochers déjà plus ou moins planètes, transfèrent à ce milieu, par viscosité, le moment angulaire stellaire et contribuent à son organisation.

Une évolution mécanique est sans doute l'élément le plus important de toute théorie cosmogonique. Mais, en même temps que s'organise la nébuleuse, sa composition chimique évolue. Nous sommes partis d'un vaste nuage d'hydrogène presque pur, mélangé d'impuretés ayant la même composition que celle, nous le savons, du milieu interstellaire. Ce nuage contient des gaz. Mais il est froid, de quelques degrés absolus : si bien que des radicaux comme OH, CH..., des molécules simples comme NH^3, CH^4, et les oxydes se forment. L'observation, dans les nébulosités interstellaires, de molécules constituées d'un assez grand nombre d'atomes (jusqu'à 11) suggère que cette idée est probablement juste. L'observation montre qu'aux nuages moléculaires interstellaires sont associées des masses poussiéreuses en quantité considérable, bien visibles sur les clichés. Cela est logique : à ces températures, les molécules s'agglutinent et les grains de poussière se forment, de quelques millions d'angströms de diamètre. On notera que ces grains et des conglomérats de ces grains existent dans le système solaire : certaines météorites (cailloux, typiquement de quelques tonnes) sont curieusement assez homogènes dans leur constitution ; ce sont des masses de fer ou de silicates. Ils contiennent cependant des sortes de petites billes de verre — silicates fondus en goutte, puis resolidifiés ? — qui sont vraisemblablement des indices très anciens, véritables fossiles remontant aux phases initiales de formation des grumeaux de la nébuleuse primitive.

On a noté, à propos de la météorite d'Allende, que les météorites présentent dans leur composition isotopique des anomalies par rapport à la croûte terrestre. Pour les expliquer, il faut admettre que l'isotope instable Al 26, de faible durée de vie (de l'ordre du million d'années), a donc dû être très anormalement abondant dans la nébuleuse protostellaire. Cameron a suggéré que cette circonstance est due à l'exposition, au voisinage du Soleil naissant, d'une supernova qui a injecté dans le système solaire des éléments métalliques instables comme Al 26. Ceux-ci peuvent en effet exister en abondance dans le cœur de ces étoiles très évoluées qui explosent en éjectant dans l'espace la quasi-totalité de leur masse, ce qui reste devenant alors une étoile hypercondensée, un pulsar sans doute.

La supernova en question a donc injecté dans la nébuleuse protoplanétaire de l'Al 26. Mais elle a contribué aussi à comprimer, dans l'onde de choc qui lui est associée, la matière protoplanétaire et à provoquer ainsi son effondrement gravitationnel. Le nuage, donc — gaz, molécules, grains de poussière —, va se condenser en étoiles — souvent en plusieurs étoiles. Une fragmentation a lieu — mais un amas stellaire peut-il avoir des planètes ? Non, sans doute ! Si le nuage est isolé au contraire, s'il a une masse de l'ordre de grandeur de celle du Soleil, la condensation peut donner lieu à un aplatissement des régions les moins denses ; en outre, la condensation est plus rapide au centre : l'étoile Soleil se forme avant que le nuage ne soit encore condensé à la dimension du système Soleil.

Si bien que la nébuleuse protosolaire est donc devenue, avec la formation de son cœur stellaire, une nébuleuse circumsolaire ; elle est riche en grains de poussière, en cailloux issus du milieu interstellaire préexistant. Tout cela s'agglomère progressivement, probablement assez vite.

La condensation du nuage protoplanétaire en planètes est-elle spontanée ? Certes, les forces de la gravitation tendent à l'effondrement ; mais une faible turbulence suffit à s'y opposer ; les régions chauffées par cette turbulence auront même tendance non à s'effondrer, mais à fuir ; si bien que la nébulosité s'appauvrit vite en gaz et que seuls des anneaux de matière restent, entre la zone intérieure de chute et la zone extérieure de fuite, anneaux qui tendent à se briser en protoplanètes encore diluées, gaz poussiéreux dont les collisions mutuelles conduisent à des objets plus ou moins gros, par « accrétion » de l'un par l'autre. Dans cette nébuleuse déjà en cours d'organisation, la température a dû atteindre, avant l'étape actuelle plus froide, des valeurs de l'ordre de 1 500°, comme il est démontré par l'étude de la composition chimique des chondrites, météorites carbonées fort anciennes : les processus chimiques nécessaires impliquent qu'il a dû y avoir, sous forme gazeuse, au moment de leur formation, des éléments comme Mg, Si, Fe, qui en sont aujourd'hui absents. La nature physico-chimique des météorites pierreuses est complexe : elles contiennent des petits grains, des morceaux de gros cailloux, et sont très hétérogènes ; on peut supposer qu'alors que la masse nébuleuse protosolaire était déjà très appauvrie, des gouttes liquides de matière réfractaire existaient : ce qui implique aussi une température « élevée » de 1 500° K. C'est ensuite que l'accrétion a eu lieu vers les corps solides et froids.

Les arguments apportés par les météorites à la théorie du système solaire sont nombreux. L'étude de leur aimantation permet de montrer qu'à cette époque, elles ont été plongées dans un champ d'au moins 1 gauss. Le Soleil, plus rapide dans sa rotation, devait alors être un puissant aimant, animé par un effet dynamo important affectant peut-être aussi les régions nébulaires. Ce champ magnétique est un élément essentiel de la théorie d'Alfvén et Arrhenius, dont beaucoup d'aspects semblent actuellement très convaincants ; le transfert de moment angulaire des corps primaires (Soleil, planètes) aux corps secondaires (planètes, satellites) se fait assez simplement dans un plasma, contraint à une rotation par le corps central, avec une vitesse angulaire presque égale en raison de la contrainte exercée par le champ magnétique du corps central. Ce n'est qu'après la diminution du champ magnétique et de la densité du plasma qu'assez vite, les mouvements suivent les lois de Kepler, celles de la mécanique newtonienne, sans forces de friction.

Dans les régions du système solaire où l'état dispersé règne encore, avec les forces de friction qu'il comporte (anneaux de Saturne, anneau des astéroïdes), le mouvement est d'ailleurs encore celui de la théorie d'Alfvén-Arrhenius : l'énergie cinétique est alors égale aux 2/3 de l'énergie cinétique képlérienne, loi qui semble assez bien vérifiée et qui commande la distribution de la masse dans ces régions.

Combien de temps les planètes mettent-elles à émerger de ce magma-plasma en cours de condensation progressive ? Les conditions d'agglutination des petites protoplanètes dépendent de leur situation dans le système solaire ; cela devient affaire de mécanique et de géométrie. La Terre, proche du Soleil, ne saurait agglutiner autant de protoplanètes élémentaires que Jupiter avec son orbite longue — 5 fois plus longue — et sa dimension acquise dès que les planètes prennent figure : si bien que celles qui étaient grosses au départ accentuent ce caractère plus efficacement que celles qui ont commencé modestement leur course.

A ce stade, la différenciation se poursuit. Les planètes, qui ne sont plus entraînées par la matière dense de la nébuleuse protoplanétaire, ont des orbites képlériennes pratiquement circulaires. Leur évolution ultérieure est liée à la proximité du Soleil qui en commande la température, éventuellement les marées et en partie la climatologie, et à leur propre masse, les atmosphères s'échappant vite des moins massives des planètes.

L'apparition de la vie est évidemment un événement important dans l'évolution planétaire. On sait que la vie existe sur la Terre. Sans doute, et l'expérience menée sur la Lune et sur Mars le confirme, la Terre est-elle seule à porter actuellement des organismes vivants. De tels organismes ne pourraient certes subsister sur des planètes trop nues, exposées aux rayons cosmiques, aux rayonnements de haute énergie. Une atmosphère, une ionosphère sont nécessaires ; une coexistence de liquides, de solides, de gaz est assurément nécessaire aussi. Il fait trop chaud pour cela sur Vénus, encore que, dans les nuages où des gouttelettes d'acide sulfurique cohabitent avec des molécules gazeuses de l'atmosphère vénusienne, la température et la pression soient modérées. Sur Mars, il a dû exister, à diverses périodes, de l'eau liquide ; actuellement, cependant, la planète est sèche. Jupiter, Saturne semblent bien froids et peu hospitaliers. Les satellites divers et autres astéroïdes sont nus et dévastés par ce qui tombe sur eux, météorites et rayonnements. Seul Titan, avec son étrange atmosphère d'éthane et de méthane, pourrait peut-être abriter une vie présentant quelques ressemblances avec la vie sur Terre.

La constatation que l'homme semble actuellement seul dans l'Univers a inspiré des théories combinant un finalisme douteux à un subjectivisme inspiré de la critique faite par Bohr, Heisenberg et d'autres de la notion même de mesure : l'observateur perturbe l'objet mesuré au point que nos observations sont des reflets de nous-mêmes plus que d'un univers objectif où notre rôle est indifférent. L'apparition dans la littérature, sous diverses formes, de ce « principe anthropique », me semble à vrai dire une sorte de construction artificielle, vague remords de l'ère précopernicienne attribuant à l'homme un rôle très exclusif, très sélectif, et donc créateur.

D'autres se consacrent à la recherche (par la radioastronomie) de la vie intelligente dans l'Univers, d'autres encore à l'étude des mécanismes physico-chimiques, photochimiques, de l'origine de la vie sur Terre. Ces travaux sont dans l'enfance. Mais toutes les avenues possibles sont ouvertes ; et nul ne peut dire aujourd'hui si ces recherches difficiles, qu'il importe de mener avec toute la rigueur de la physico-chimie de laboratoire, pourront aboutir.

Les planètes continuent à évoluer, affectées par les perturbations et les marées, plongées dans le champ solaire dont nous avons vu l'extrême complexité, soumises à l'évolution chimique et aux radioactivités, torturées par le choc des météorites. Sans doute fort différentes alors de ce qu'elles sont aujourd'hui, elles disparaîtront un jour, absorbées dans le Soleil et brûlées par son rayonnement, quand notre luminaire, devenu instable, une fois ses carburants appauvris, sera parvenu, d'ici une dizaine de milliards d'années, à l'état de « supergéante rouge » : son diamètre sera alors plus grand que celui de l'orbite de Jupiter, voire de Pluton...

Et nous mourrons alors avec la Terre — si l'humanité n'a pas commis la sottise de se suicider à plus brève échéance.

Quatrième partie

LE LABORATOIRE SOLEIL

I

Les conditions physiques
du laboratoire

Où, convaincu sans peine que l'Univers est un bon laboratoire, puisqu'il les renferme tous, on s'apercevra que le Soleil, en particulier, permet au physicien de se livrer à quelques expériences spectaculaires et néanmoins sans danger, puisqu'il peut se payer le luxe d'observer une explosion qui dure cinq milliards d'années au lieu de faire sauter son laboratoire par le mélange abusif du contenu de deux tubes à essais plus ou moins bien choisis.

Que les conditions physiques sur le Soleil soient bien différentes de celles que l'on peut réaliser dans les laboratoires de physique de nos universités, cela est bien clair. Mais si l'on considère l'immensité de l'Univers, on y rencontre bien des lieux encore plus différents, et qui offrent aux physiciens un champ d'expérimentation d'une incomparable richesse. En effet, pour ce qui est de la matière aux très hautes densités, les naines blanches, les étoiles à neutrons sont un terrain d'expérience infiniment plus stimulant que les régions centrales du Soleil. Pour ce qui concerne au contraire les milieux dilués, la nébuleuse d'Orion, ou telle région de l'environnement galactique ne seraient-elles pas plus riches d'enseignements que la couronne solaire ? Les millions de degrés du centre solaire font pâle figure à côté des milliards de degrés qu'atteint la température au moment de l'explosion d'une supernova... Et le champ gravitationnel du Soleil est bien petit, comparé à celui des trous noirs.

Pourquoi donc cette exagération permanente des astronomes à propos du laboratoire Soleil ? C'est que le Soleil est très proche de nous, et sa proximité magnifie les possibilités d'investigations. Il nous met sur la voie, comme par un clin d'œil, de phénomènes affectant de façon minime notre étoile, mais essentiels pour d'autres, et son étude nous permet notamment de mettre à nu des mécanismes qui sont certes plus actifs en d'autres objets de l'Univers, mais qui, à coup sûr, sont pratiquement impossibles à découvrir sur Terre. Le laboratoire terrestre, à vrai dire, en est un admirable complément : le laboratoire Soleil nous oriente, et l'expérimentation amorcée par l'observation se poursuit au laboratoire terrestre jusqu'aux applications pratiques, ou, plus généralement, vers une vue synthétique des processus à l'œuvre dans les milieux physiques. Le laboratoire terrestre peut en effet réaliser des conditions très extrêmes, mais seulement sur demande et au prix d'efforts considérables.

En ce qui concerne la *gravitation* — c'est là que les limitations sont les plus sérieuses —, on atteint des accélérations importantes (dans les centrifugeuses, par exemple), de l'ordre de 10 000 fois l'accélération de la pesanteur. Les expériences spatiales en orbite libre permettent au contraire de réduire l'accélération de la pesanteur à une valeur pratiquement nulle : mais l'environnement (le laboratoire spatial) crée encore une attraction gravitationnelle beaucoup plus considérable que celle qui règne, par exemple, dans le milieu intergalactique. Et de toute façon, le volume ou la masse affectés par ces conditions dites « extrêmes » sont on ne peut plus réduits — des centimètres, des mètres cubes... Ce n'est rien !

La *pression* au centre du Soleil est de l'ordre de grandeur de 10^{12}-10^{18} dynes par cm², soit 10^{11}-10^{13} atmosphères. Dans les laboratoires terrestres, les chimistes atteignent des pressions en vérité considérables : quelques dizaines de milliers d'atmosphères. Au fond de l'océan, les bathyscaphes et autres explorateurs des fonds sous-marins atteindront quelques milliers d'atmosphères, mais dans des conditions d'expérimentation très particulières. C'est en vérité énorme ; mais c'est encore trop peu.

Au centre du Soleil, la *température* atteint 15 millions de degrés et s'y maintient sur des masses de l'ordre de cent mille fois celle de la Terre. Dans la couronne solaire, dans un volume grand comme plusieurs fois celui du Soleil, la température se maintient à environ un million de degrés ; elle atteint plusieurs fois cette valeur dans les régions actives. Sur Terre, il est difficile de construire des fours dépassant 4 000°K. Dans des circonstances exceptionnelles, sur des volumes assez grands, mais pendant un temps bref (explosions atomiques), on atteint des températures comparables à celles du centre du Soleil. Mais les conditions dans lesquelles se déroulent ces expériences ne permettent guère d'étudier la physique des hautes températures ; elles sont en effet menées dans une optique purement militaire ou industrielle.

La *densité*, au centre du Soleil, est de 160 g cm^{-3}. C'est près de dix fois celle de l'or ; mais, malgré ce faible facteur, il est impossible de réaliser sur Terre de telles densités, le tassement des atomes exigeant des pressions bien plus considérables que celles que nous savons réaliser. Inversement, la densité dans la couronne est de l'ordre de 10^4-10^9 protons par cm^3, soit de l'ordre de 10^{-20}-10^{-15} g cm^{-3} ; le meilleur « vide » que l'on puisse réaliser sur Terre est encore de quelques ordres de grandeur plus élevé : les pompes à diffusion, les jauges à ionisation, les spectrographes de masse descendent en effet péniblement à des pressions de 10^{-17}-10^{-18} atmosphères à la température du laboratoire. Ceci correspond à une densité de l'ordre de celle de la couronne, voire plus faible : mais elle n'est pas stable ; on ne la réalise que pour obtenir pour les particules des libres parcours moyens assez longs, plus grands que les dimensions de l'instrument ; cela permet d'étudier ces particules, par exemple pour en déterminer la composition : c'est le cas du spectographe de masse. Mais, là encore, cela ne signifie pas qu'on puisse étudier facilement au laboratoire le comportement de la matière à de si faibles densités, notamment en présence de champs magnétiques et de rayonnements divers.

La *dimension* du laboratoire solaire est peut-être ce qu'il a de plus remarquable. Il est considérablement plus grand que le libre parcours de toutes les particules qui s'y déplacent (sauf les neutrinos). De ce fait, il est adapté à l'étude des conversions d'énergie de toutes sortes : transfert de radiation, dissipation des ondes mécaniques ou hydromagnétiques, phénomènes éruptifs, etc. Certes, on ne peut expérimenter sur le Soleil ; on doit étudier son spectre et les jets de particules qui en parviennent ; mais on ne peut modifier les paramètres, ce qui est l'apanage des sciences expérimentales. Pourtant, un certain type d'expérimentation est possible : en effet, un « événement » solaire diffère d'un autre événement analogue. Suivre le déroulement des phénomènes actifs nous offre une collection d'expériences non contrôlées, mais où les paramètres physiques prennent de nombreuses valeurs et couvrent une vaste gamme. D'autre part, le Soleil est une étoile parmi les autres : d'une étoile à l'autre, les paramètres fondamentaux changent ; même si on ne peut les étudier aussi bien et avec autant de détails que notre étoile, leur examen, à côté du Soleil, fournit également une collection d' « expériences » non contrôlées mais où les paramètres physiques couvrent un immense domaine.

Si bien que l'étude du Soleil, indispensable aux astronomes stellaires, l'est aussi aux physiciens de laboratoire. Nous allons le montrer à partir de quelques exemples caractéristiques.

<h1 style="text-align:center">II</h1>

Réactions thermonucléaires

Où l'on voit que ce sont les astronomes qui ont poussé les physiciens à inventer la chimie nucléaire ; et où l'on voudrait convaincre le lecteur que si ces derniers ont fabriqué la bombe atomique, ce sont d'autres personnages qui l'ont fait exploser.

Nous avons vu que l'équivalence entre la masse et l'énergie, presque aussitôt que proposée par Einstein, avait été invoquée par Jean Perrin pour expliquer le formidable et durable débit d'énergie du Soleil.

Faut-il voir dans cette découverte fondamentale de la physique de ce siècle, dans cette équation $E = mc^2$ tant citée, tant reproduite, tant galvaudée, le point zéro de la terreur atomique ? La confusion règne en un tel domaine. Un jour, au musée de cire de Sydney où des hôtesses conduisaient les visiteurs, j'ai vu, siégeant entre la reine Élisabeth et des scènes de carnage marin, un petit homme en blouse blanche devant une table couverte de papiers. De grosses moustaches blanches, des lunettes cerclées de métal, un tableau noir avec, à la craie, l'inévitable $E = mc^2$. « C'est le professeur Einstein », dit l'hôtesse, « un très grand savant. » « Ah ? », dis-je. Et elle : « C'est lui qui a inventé la bombe atomique !... »

Soyons clairs : les progrès de la science procurent parfois à l'armée ses armes ; mais la rage de destruction et les politiques suicidaires se développent sans que la connaissance scientifique y soit impliquée. Certes, naguère, une guerre ne pouvait affecter le destin de la planète ; les moyens nucléaires peuvent au contraire anéantir l'humanité. Mais les progrès de la connaissance sont inévitables. Ils sont la gloire de l'esprit humain, qu'il s'agisse du noyau, des cellules ou de l'Univers. Il est évident que la « connaissance » n'entraîne pas nécessairement les abus ; au contraire, la conscience de ce qui est hélas possible doit éclairer les décisions et les réflexes des uns et des autres. La peur atomique a peut-être repoussé un conflit désastreux ; l'accumulation actuelle des armes nucléaires au-delà des limites concevables il y a 40 ans comporte cependant des risques graves ; nous voyons quotidiennement des bavures, des réactions capables de déclencher une catastrophe dont nous ne nous relèverions pas : il est nécessaire que les savants, capables d'évaluer les risques avec précision, mettent les gouvernants en garde contre cette accumulation. Tous efforts des « grands » vers une réduction de la course aux armements, voire vers une destruction des armes entreposées, doivent être encouragés ; nous devons être à la fois vigilants et exigeants... Tout est en jeu.

Mais cela n'a aucun rapport avec Einstein ni avec le Soleil.

Commençons d'ailleurs par dissiper une idée fausse mais fréquente. La transformation d'une certaine quantité de matière en énergie (se manifestant par le maintien d'une température élevée, par la production de rayonnement et de particules de haute énergie) ne peut guère se produire de façon spontanée.

Certes, depuis les travaux de Becquerel et des Curie, on connaît l'existence de la radioactivité naturelle. Elle se traduit pas la lente transformation des noyaux radioactifs présents dans certains minerais comme la pechblende, essentiellement faite d'oxyde d'uranium, étudiée par les Curie. Ces noyaux radioactifs sont métamorphosés en noyaux d'autre espèce, avec émission spontanée de particules α, ou noyaux d'hélium (radioactivité α), d'électrons (radioactivité β), de photons de rayonnement électromagnétique de très haute énergie (radioactivité γ). Les propriétés médicales du radium, par exemple, tout comme ses dangers biologiques, sont connus depuis près d'un siècle ; et les divers types de radioactivité naturelle ont eu des applications très diverses, dont l'une fut la détermination de l'âge des minéraux solidifiés de la croûte terrestre. La datation des documents archéologiques par le carbone 14 est bien connue et permet la reconstitution de séquences d'événements historiques, préhistoriques et paléohistoriques.

La radioactivité naturelle peut être « imitée » par l'homme : c'est la radioactivité artificielle, découverte par Frédéric Joliot et Irène Curie, et beaucoup étudiée depuis les années 30. En bombardant certains noyaux par des particules énergétiques, on les transforme en noyaux spontanément radioactifs : on peut alors provoquer l'un des trois types de radioactivité déjà écrits. Mais dans les cas étudiés jusqu'à la période 1939-1945, la transformation affectait des masses faibles et n'entraînait pas une libération d'énergie : on récupérait d'un côté l'énergie fournie de l'autre, qui avait servi à rendre radioactifs les noyaux étudiés.

C'est à ce stade que l'interaction se produit entre l'astrophysique (théorique !) et les travaux de laboratoire. Les transformations de noyaux en d'autres noyaux peuvent en effet libérer une énergie considérable en peu de temps, sous l'influence de phénomènes « catalyseurs » impliquant un faible apport d'énergie. Or, le premier exemple connu en fut celui du cycle du carbone, introduit par le physicien Bethe, précisément pour expliquer le formidable rayonnement du Soleil. L'idée de Bethe était assez simple. Elle impliquait un cycle de réactions utilisant le carbone comme catalyseur. La présence du carbone est nécessaire pour que les réactions aient lieu ; et il est d'ailleurs reconstitué à la fin du cycle, après quelques avatars ; le bilan réel et unique du cycle de réactions est la transformation de 4 protons (noyaux d'hydrogène) en un atome d'hélium, avec perte de la fraction 0.7 % de la masse transformée, et une libération d'énergie équivalente. L'idée, certes, suffit à expliquer le débit d'énergie solaire. Mais elle ne saurait satisfaire le physicien.

En effet, toute réaction nucléaire, impliquant diverses particules plus ou moins simples, a une certaine probabilité de se produire dans un milieu de densité et de température données. Si le cycle $4\,H^1 \rightarrow He^4$ se produisait très vite, s'il était beaucoup plus probable qu'il ne l'est en réalité, alors le Soleil serait explosif, bien plus brillant qu'il ne l'est ; sa « combustion » ne serait qu'un feu de paille, ultrarapide et d'un insoutenable éclat...

L'évaluation des différentes phases du cycle est donc nécessaire. Et le problème posé par Jean Perrin, la solution de principe donnée par Bethe, ou les travaux de von Weiczäcker sur l'énergie solaire ont sans doute été déterminants. Ils le furent plus peut-être que les progrès de la physique de laboratoire pour contraindre les physiciens à étudier au laboratoire les propriétés des noyaux et la probabilité des réactions : c'est de ces interrogations que sortit la construction d'une part des accélérateurs de particules puissants, d'autre part des théories de la structure du noyau atomique.

Tout noyau est un assemblage de protons et de neutrons ; la charge électrique est une mesure du nombre Z de protons ; la masse atomique A est la mesure de la somme $Z + N$, N étant le nombre de protons. Les progrès de la connaissance de la structure de la matière ont connu bien des étapes : ce fut d'abord la construction progressive de la classification des éléments selon les idées de Mendeleiev. Puis vint la mesure, par des méthodes chimiques ou l'utilisation du spectrographe de masse, des masses atomiques. On put aussi déterminer la charge des noyaux atomiques, mesurée aussi par le nombre d'électrons du cortège électronique périphérique qui accompagne le noyau, que ce soit dans le cas des atomes neutres ou dans celui des atomes ionisés d'une façon connue. Si bien que nous connaissons presque parfaitement, pour chaque noyau connu, stable ou instable, les membres A, Z et donc N. La stabilité d'un noyau en est une caractéristique évidemment essentielle ; elle est définie par son « énergie de liaison » :

$$E_{\text{liaison}} = (Zm_{\text{p}} + Nm_{\text{n}} - m_{\text{nucl}})\, c^2$$

où m_{p}, m_{n}, m_{nucl} sont respectivement la masse exacte « au repos » du proton, du neutron, du noyau étudié. L'énergie de liaison d'un atome stable est positive. En moyenne, elle est de l'ordre de 7 MeV par nucléon (un proton et un neutron sont des nucléons) ; elle atteint 8,5 MeV pour le Fer 56, le noyau le plus stable qui soit connu.

Qu'entendons-nous par atome « stable » ? L'édifice complexe des protons et des neutrons, quel que soit le noyau étudié, n'est pas éternel, même si rien ne vient l'agresser. La stabilité d'un atome est définie par l'énergie de liaison et se mesure aussi par la durée de vie d'un noyau. Au-delà de 10^{12}-10^{14} années, on peut dire qu'un atome est stable : en effet, cela veut dire que sa durée de vie est beaucoup plus longue que la durée de vie de la Terre (4,6 milliards d'années), voire que celle le plus communément attribuée à l'Univers (20 milliards d'années, — aujourd'hui). Si bien que les noyaux stables reflètent les conditions de formation des objets astronomiques où ils sont présents ; la composition d'un astre en noyaux stables indique notamment la quantité de ces atomes produite depuis la formation de l'Univers. Aucun ne s'est détruit progressivement ; leur étude ne permet donc pas de déterminer l' « âge » d'un minéral ou d'une planète. Les noyaux ayant un nombre de neutrons ou de protons (ou de protons *et* de neutrons) égal à 2, 8, 20, 28, 50, 82 et 126, sont plus stables que les noyaux de masse comparable. Ces nombres, dits (bizarrement) « nombres magiques », jouent un rôle analogue à ceux des électrons du cortège électronique des atomes ; ainsi les atomes possédant 2 (He), 8 (Ne) électrons, etc., sont-ils très stables, et ne se combinent que difficilement. L'analogie entre noyaux et atomes ne s'arrête pas là : les électrons atomiques peuvent gravir des niveaux d'énergie et ces niveaux d'énergie atomique sont « discrets », distincts et séparés les uns des autres. De même, protons et neutrons peuvent acquérir de l'énergie et porter de ce fait le noyau à un niveau excité d'énergie : les niveaux d'énergie du noyau sont discrets, comme ceux de l'atome. Les principes d'exclusion de Pauli, qui limitent le nombre d'électrons sur des niveaux discrets donnés de l'énergie d'un atome, s'appliquent aussi aux noyaux ; ils permettent de comprendre que les nombres de neutrons et de protons d'un noyau soient du même ordre de grandeur.

L'instabilité d'un noyau se traduit par l'éjection de certains de ses neutrons ou protons, opération qui (comme l'ionisation des atomes) exige quelque dépense d'énergie, voire par sa rupture en deux autres noyaux. Mais certaines instabilités sont plus probables que d'autres : ainsi le lithium Li^5 est-il instable vis-à-vis de son éventuelle rupture entre He^4 et H^1, parce que la masse de Li^5 est supérieure à la somme de celle de He^4 et de celle de H^1 ; mais He^4 est stable vis-à-vis de son éventuelle rupture en $4H_1$, parce que la masse de He^4 est moins grande que celle de 4 protons. Pour les atomes plus lourds, différents schémas de désintégration sont possibles, mais inégalement probables, et fonction de la perte de masse impliquée. C'est d'ailleurs la mesure du « défaut de masse » des noyaux stables impliqués dans diverses réactions de désintégration qui donne la démonstration la plus convaincante de l'équivalence einsteinienne entre masse et énergie.

Dans le contexte astrophysique, comme dans le contexte militaire ou énergétique, on part toujours de noyaux stables ; on les transforme en noyaux instables, et l'énergie se libère. Le facteur de la transformation est aussi bien un accélérateur de particules qu'une température élevée. Les réactions qui interviennent sont décrites usuellement par l'équation :

$$a + A \longrightarrow b + B$$

où A et B représentent respectivement le noyau stable et celui auquel la réaction aboutit, a étant la particule incidente, b la particule éjectée au cours de la réaction.

Citons quelques exemples classiques : $H^1 + N^{15} \rightarrow C^{12} + He^4$; et : $He^4 + C^{13} \rightarrow O^{16} + n$, réactions intervenant dans le cycle de Bethe, ou cycle CNO. On les représente par la notation abrégée A [a, b] B, donc ici : N^{15} [p, α] C^{12} et C^{13} [α, n] O^{16} — p, α, n étant respectivement le proton H^1, la particule α (He^4) et le neutron.

Nous n'entrerons pas dans le détail des diverses réactions possibles. On notera que leur théorie, leur description plutôt, leur diagnostic pourrait-on dire, implique la connaissance des niveaux d'énergie nucléaire et des probabilités respectives de toutes les réactions possibles. Pour franchir la « barrière » de potentiel d'un noyau donné, une particule incidente devra avoir une certaine énergie minimum. On comprend alors pourquoi le pas initial de toute chaîne de désintégration nucléaire implique l'accélération de particules (protons, par exemple) soit par un champ magnétique important, soit par une élévation de température.

Suivant que la réaction contribue à aller vers la stabilité en cassant des noyaux de grande masse (noyaux plus lourds que le noyau de Fer) ou qu'au contraire on édifie des noyaux à partir de noyaux plus légers (plus légers que le noyau du Fer), on aura affaire à des réactions de « fission » ou à des réactions de « fusion ». Sur la fission (celle de la « bombe A » ou des réacteurs producteurs d'énergie « nucléaire »), l'astronomie solaire ne nous apprend rien. Sur la fusion, elle nous apprend tout, puisque nous ne savons pas la réaliser en laboratoire.

Les réactions de fusion sont essentiellement « thermonucléaires », c'est-à-dire qu'elles dépendent de la température et n'ont lieu qu'à des températures élevées. Les réactions du cycle CNO de Bethe, par exemple, dépendent de la température selon une loi en T^{17} (aux alentours de 15 à 20 millions de degrés). Au contraire, les réactions de fission sont déclenchées par un processus de production de neutrons. Dans un nombre N de processus élémentaires de fission de l'uranium U^{235}, 2.5 N neutrons sont produits, mais il suffit d'un neutron pour provoquer chacun de ces processus.

La réaction de fission de l'uranium U^{235} est globalement la suivante : $n + U^{235} \rightarrow (X + Y) + 2.5\,n$ (+ énergie : 200 MeV), où X et Y sont les « produits de fission ». Il se peut par exemple que X soit l'étain Sn, où Z a la valeur « magique » 50, et Y le molybdène Mo, où Z a la valeur 42 (on a bien 50 + 42 = 92, valeur de Z pour l'uranium) ; mais l'étain formé sera Sn^{118} ou Sn^{120}, stable ; et le molybdène formé sera Mo^{96} ou Mo^{98} : on a

120 + 98 = 218, ce qui est très inférieur à 235 et devrait libérer de nombreux neutrons (17 !). Une autre possibilité est que X soit du plomb ($Z = 82$, nombre magique de protons : $A = 206$, 207 ou 208) et Y du néon ($Z = 10$, $A = 20$) ; il y a alors aussi forte libération de neutrons : 12 à 14. Mais une proportion importante des neutrons formés ont des effets secondaires et, *en moyenne*, 2.5 neutrons y échappent ; 1.2 à 1.3 s'échappent peut-être si la masse est supérieure à la masse critique : ce faible rendement — 1.2 neutron seulement est utilisable sur une vingtaine de neutrons produits — suffit cependant pour que s'amorce la *chaîne* explosive des réactions thermonucléaires.

Il se produit ainsi une sorte d'amplification du nombre de neutrons, donc du nombre de fissions, pourvu que ne s'échappe pas un trop grand nombre de neutrons. Si la masse d'uranium traitée excède une certaine masse critique, elle sera d'une opacité suffisante aux neutrons pour que ceux-ci déclenchent la chaîne explosive. Si la masse traitée est au contraire inférieure à la masse critique, les neutrons s'échappent : ils sont alors directement utilisables à d'autres fins, notamment dans les réacteurs de production d'énergie nucléaire.

On voit qu'il est difficile de distinguer précisément, en ces progrès parallèles et un peu erratiques de la théorie astrophysique et de la connaissance physique des noyaux, le rôle et l'impact respectifs de chacune.

Sans aucun doute, les découvertes de Jean Perrin, von Weiczäcker et Bethe ont-elles donné à la physique des Gamow, Lawrence *et alii*, un stimulus irremplaçable. Il ne fait non plus aucun doute que la stimulation s'est aujourd'hui inversée. Ce sont les travaux des physiciens des grands accélérateurs qui précisent les propriétés des noyaux et des particules élémentaires, la probabilité des réactions possibles, les caractéristiques de ces réactions, le taux de production d'énergie, etc. Ce sont des données qui permettent à l' « astrophysique nucléaire » de se développer. Ces études ne concernent plus seulement le centre du Soleil ou des étoiles, mais aussi les conditions auxquelles s'échafaudent les noyaux, dans les phases d'extrême densité et d'extrême température qu'a pu traverser tout ou partie de l'Univers. On ne s'étonnera pas que ce soit un spécialiste des réactions thermonucléaires, George Gamow, qui a développé le plus vigoureusement l'hypothèse cosmologique de la grande explosion dans un milieu hyperdense et hyperchaud, suivie de la grande expansion traduisant le décalage spectral des objets lointains de l'Univers (phéno-mène de Slipher), et les lois auxquelles obéit ce décalage spec-tral (loi de Hubble).

La production de particules énergétiques dans les labora-toires a ouvert une phase nouvelle dans l'ère des recherches sur les réactions à haute énergie. Jusqu'alors, on faisait appel aux particules du rayonnement cosmique issues principalement de la Galaxie, mais dont le flux est en partie modulé par les influences solaires. Si bien que les physiciens des particules de haute énergie travaillaient dans les observatoires de montagne (par exemple à Climax, Colorado, ou au pic du Midi). Sans que l'on puisse dire que la physique solaire ait eu alors une grande influence sur la physique de laboratoire, les survivants de cette époque (qui dura jusqu'aux années 1950) ont gardé de ces contacts des souvenirs enrichissants. Les physiciens suivaient l'activité solaire dans leurs propres observations, et les astro-nomes solaires la suivaient jusque dans les confins de l'atmo-sphère terrestre.

Les relations entre physique de laboratoire et physique solaire autour des réactions thermonucléaires connaîtront cer-tainement bien des vicissitudes. Espérons en tout cas que la folie des hommes ne les poussera pas, dans leurs jeux nucléaires, à faire de la Terre un mini-Soleil, le temps d'une explosion.

III

La spectrographie
des milieux semi-transparents

*Où l'on voit que l'optique de l'astrophysique, qui offre quoti-
diennement à l'astronome un mystère à déchiffrer, met en évidence la profonde unité des milieux traversés par la lumière et
aide le physicien à préciser ses idées sur les interactions, tout à
fait pacifiques en général, entre les atomes de matière et les photons de lumière.*

Au laboratoire de physique ou de chimie, la spectrographie
n'est pas un moyen de diagnostic. Tout au plus peut-on, grâce
aux spectres d'arc et d'étincelle (selon la vieille nomenclature),
calibrer (plutôt que mesurer) la composition chimique de
divers gaz ou minéraux. Mais la température, la pression, la
densité sont déterminées par d'autres méthodes.

C'est en 1859 que Kirchhoff découvrit que les corps absorbent les mêmes raies spectrales que celles qu'ils émettent:
c'était le cas pour le sodium. On le constatait en faisant le spectre d'une source émettrice de la raie D du sodium, constituée
d'un bec Bunsen surmonté d'une cupule remplie de sodium, et
en le comparant avec le spectre de cette même source obtenu
en interposant entre le bec Bunsen et le spectrographe un tube
plein de vapeur de sodium. La raie d'absorption apparaît alors
au milieu de la raie d'émission, plus étroite; il se produit ce
qu'on appelle un « renversement » des raies.

Le spectre solaire apparut, il y a un siècle, comme d'une
nature très analogue à la source de lumière de Kirchhoff. Aussi
sépara-t-on longtemps, comme l'avait fait Kirchhoff, la source
de lumière, « photosphère » caractérisée essentiellement par

son spectre continu, et les régions contenant les éléments responsables des raies de Fraunhofer, globalement nommées « couche renversante ». Si bien que le spectre continu nous renseignait, semblait-il, sur la structure de la photosphère, cependant que le spectre de raies d'absorption nous renseignait sur la composition chimique.

De fait, les astronomes étaient encore, à l'époque, contraints par les habitudes du laboratoire. Au laboratoire, il y a des sources de lumière et des milieux absorbants. De plus, ces milieux ont en général une profondeur optique arbitraire, que l'on préfère choisir faible pour éviter les phénomènes de saturation du spectre : ceux-ci, en effet, empêchent d'observer les détails fins du spectre, à cause de l'élargissement des raies importantes.

Mais dans l'atmosphère solaire ou stellaire, le problème est tout autre. Partout les atomes se désexcitent, les ions se recombinent, et de la lumière est produite ; partout les atomes s'excitent et les ions s'ionisent. L'absorption et l'émission ont lieu partout et tout le temps. Certes, les deux processus ne se compensent pas, pour des raisons déjà évoquées. On peut paraphraser ce que nous avons déjà exprimé en disant que dans l'atmosphère stellaire, l'absorption est fortement anisotrope, du fait que le rayonnement venant de l'extérieur de l'étoile est très faible ; au contraire, l'émission a lieu de la même façon dans toutes les directions. En outre, l'absorption est commandée par la distribution des niveaux d'énergie des atomes et par l'intensité du rayonnement incident ; l'émission dépend certes de la population des niveaux, mais ne tient pas compte de la façon dont ces niveaux ont été peuplés, donc de l'intensité du rayonnement. Dans l'équilibre stationnaire atteint, le jeu subtil entre ces processus de peuplement et de dépeuplement des niveaux d'énergie des atomes et des ions est au cœur de ce qu'on nomme la « théorie des atmosphères ». Il définit l'interaction, dans les couches responsables des spectres observés, entre la matière et le rayonnement ; et l'on ne doit pas oublier qu'il est fortement influencé par les champs magnétiques, par les champs de vitesse, etc., qui affectent les régions concernées de l'atmosphère stellaire.

Lorsqu'on plonge dans la théorie des atmosphères et que l'on cherche à faire localement le bilan de tous les processus qui peuplent et dépeuplent les niveaux d'énergie, on est amené à écrire diverses équations. Les astrophysiciens savent les manier avec une dextérité remarquable, — souvent même exagérée.

Ces équations peuvent être simplement définies. Ce sont les équations de l'état stationnaire : elles expriment que le bilan de tous les processus peuplant et dépeuplant chaque niveau d'énergie de chaque atome (par collision, spontanément, sous l'influence du rayonnement) est, niveau par niveau, *exactement* équilibré. L'équation de transfert du rayonnement exprime en outre que l'énergie absorbée au détriment du rayonnement incident dans un élément de volume donné est restituée au volume ambiant sous forme de rayonnement. L'intensité du rayonnement intervient dans les équations d'équilibre stationnaire des niveaux d'énergie ; en retour, la population des niveaux définit l'opacité du milieu qui intervient dans l'équation de transfert radiatif. Si bien que l'ensemble de ces équations décrit localement l'interaction entre le rayonnement et la populations des niveaux ; l'anisotropie du champ de rayonnement impose un écart à l'équilibre thermique (ET) ; le fait qu'il provienne de régions de caractéristiques physiques différentes de celles de la région considérée impose un écart à l'équilibre thermodynamique local (ETL). On se trouve, *mutatis mutandis*, dans une situation analogue à celle que les physiciens obtiennent en pratiquant le « pompage optique ». Cette technique récente (années 1960), due à Kastler et Brossel et très largement développée depuis, a pour effet de surpeupler certains niveaux d'énergie de certains atomes en faisant absorber certains rayonnements par l'atome non excité. Ces inversions de population conduisent à des désexcitations en cascade, donc à l'émission de rayonnements différents du rayonnement incident. Grâce à de telles inversions de populations, le *laser* ou le *maser* peuvent servir d'amplificateurs de rayonnement électromagnétique. Les processus en jeu sont fort simples : si la population du niveau excité est assez grande et si celle du niveau bas de la transition émise est faible, le milieu sera incapable d'absorber le rayonnement émis ; on peut l'amplifier en multipliant l'épaisseur du milieu traversé par des réflections successives et nombreuses entre deux miroirs. Continuellement, le rayonnement excitant porte les atomes au niveau le plus élevé, et les photons issus de la désexcitation s'échappent : le pompage se traduit par une amplification, celle qui implique la lettre *a* des mots « laser » et « maser » (*l*ight ou *m*icrowave *a*mplification by *s*timulated *e*mission of *r*adiation). Mais, dès les années 1935, Menzel travaillait hors équilibre thermodynamique local (hors ETL), et analysait ainsi le spectre des nébuleuses planétaires. Dans les années 1940-1950, Giovanelli, puis Thomas s'attaquaient hors ETL aux problèmes des atmosphères stellaires, de la chromosphère solaire et de la couronne. Ce faisant, ils ont amorcé toutes les recherches développées en physique 15 et 20 ans plus tard grâce au pompage optique, au laser et au maser.

La différence essentielle entre ces deux groupes de chercheurs, astrophysiciens et physiciens, venait de ce que ces derniers peuvent expérimenter et que lasers et masers ont des applications pratiques importantes, alors que les astrophysiciens, aux prises avec le pompage optique naturel à l'œuvre dans les masers astrophysiques (comme le sont les nuages moléculaires des nébuleuses gazeuses), s'en servent essentiellement pour effectuer le diagnostic des conditions physiques dans les milieux étudiés.

Une autre différence, semble-t-il, joue un rôle très important en astrophysique : l'équation de transfert du rayonnement issu de l'atmosphère solaire comporte une intégrale dont les bornes sont zéro et l'infini. On intègre les propriétés locales (résultant des interactions locales entre matière et lumière) entre l'œil de l'observateur et les couches les plus profondes où puisse pénétrer l'observation. L'inhomogénéité de ce trajet est évidente ; l'intensité du rayonnement observé dépend de toutes les couches de l'atmosphère, aussi différentes les unes des autres qu'elles puissent être, par leur température, leur pression, leur densité, etc. Si bien que les équations écrites expriment un autre couplage, celui des couches superficielles et des couches profondes de l'étoile. Le spectre est la signature, l'image de toutes les couches traversées ; il les soude en un tout unique : l'atmosphère stellaire.

Le travail du théoricien des atmosphères stellaires est donc double : il doit en quelque sorte « inverser » les mesures et tirer le modèle physique de l'atmosphère étudiée de son image, le spectre. Dans cette opération de diagnostic, il se borne à prendre les couplages tels qu'ils sont, et à déduire des mesures les quantités physiques : températures, vitesses, pressions..., qui caractérisent les régions de l'étoile responsables du spectre.

Son autre tâche est d'étudier depuis le fond, pourrait-on dire, du Soleil, jusqu'à ses couches les plus externes, la *cohérence physique* de ce tout que lient tant d'interactions complexes.

Leur écheveau pose des problèmes mathématiques et numériques presque insolubles, et impose par suite un recours aux intuitions physiques qui guident parfois vers la méthode numérique performante en évitant les divergences incongrues de solutions rebelles.

Le spectre du rayonnement varie du fond de l'atmosphère aux couches extérieures, celles dont on observe directement le spectre. Il est déterminé par les couches dont il commande le comportement. Il est intéressant à cet égard de noter que nombre d'efforts faits pour résoudre les difficiles équations de l'équilibre radiatif se sont longtemps orientés vers des voies sans issue ; cela, dans la mesure même où elles introduisaient d'arbitraires découplages qui ne permettaient pas d'accrocher fermement les modèles calculés, lesquels dérivaient en quelque sorte, au fil des itérations successives du calcul, comme un bateau non ancré.

On peut illustrer ces difficultés par quelques exemples simples.

Le calcul de la distribution de la température (du modèle) dans une atmosphère stellaire (ou dans l'atmosphère solaire) n'est pas simple. L'équation du transfert, évoquée plus haut, est écrite à chaque longueur d'onde ; mais la température diminuant vers l'extérieur (au moins jusqu'à $\tau \simeq 0.001$, base de la chromosphère), une redistribution en longueur d'onde de l'énergie dans le spectre est naturelle. Elle est en principe assurée par l'équation de conservation du flux d'énergie, intégré sur l'ensemble du spectre. La combinaison de ces équations (même si on suppose l'ETL réalisé) n'est pas facile. On dut longtemps se contenter de l'hypothèse du « cas gris » : l'opacité est supposée indépendante de la longueur d'onde (mais non infinie — comme dans un vrai corps noir théorique). Connaissant l'opacité moyenne, on peut alors traiter le problème en le décomposant. D'un côté, on trouve la température T en fonction de τ, profondeur optique moyenne, de l'autre, on calcule l'intensité dans le spectre à l'aide de cette loi $T(\tau)$, mais en réintroduisant des opacités « réalistes » dans les équations monochromatiques du transfert. Ce procédé, à vrai dire, est peu cohérent ; il introduit d'emblée une dissociation, un découplage entre les différentes régions du spectre ; et il « sépare » très artificiellement le comportement de la température de celui de la densité et de la pression ; pour appliquer la méthode, il n'est besoin de rien connaître sur la relation entre la profondeur optique et la profondeur géométrique ; cette constatation souligne l'insuffisance de la technique.

D'anciennes tentatives supposaient la lumière transférée non par absorptions et émissions successives, mais par diffusion : la lumière incidente change de distribution angulaire, pas de longueur d'onde. Ce cas n'est pas physiquement aberrant : dans les étoiles chaudes, la diffusion Thomson par les électrons libres l'emporte de beaucoup sur l'opacité des atomes. Mais cette hypothèse déconnecte complètement les différentes régions du spectre ; là encore, trouver une fonction $T(\tau)$ comme solution du problème résulte de l'introduction, sans cohérence interne, d'autres hypothèses. En réalité, l'absorption « non grise » par les atomes, si faible soit-elle, doit être prise en compte pour assurer les couplages nécessaires entre la matière et le rayonnement, entre les couches superficielles et les couches profondes, entre les différentes portions du spectre. Un terme très faible, et prouvé comme tel, ne peut donc être négligé, car c'est par ce faible terme que tout tient ensemble...

L'atmosphère solaire, cet ensemble optique complexe, est donc une source de lumière bien différente, de par les techniques d'analyse imposées, des sources de lumière du laboratoire.

Un problème fondamental, de ce fait, se pose aux astronomes : c'est celui de la calibration, de l'étalonnage des sources astronomiques de lumière. On devra tout d'abord tenir compte de l'absorption atmosphérique, que l'on élimine par exemple en travaillant en très haute montagne, ou, mieux encore, mais c'est plus difficile, en satellite. On mesure l'éclat du Soleil à différentes hauteurs, au cours de sa trajectoire apparente diurne dans un ciel pur. Il faudra ensuite, à l'aide de systèmes optiques dont l'absorption sera directement comparable à celle des télescopes, spectrographes, etc., utilisés, comparer la réponse instrumentale du rayonnement solaire ou stellaire à celle d'une source étalon. Mais la source étalon elle-même doit être calibrée par rapport au corps noir ; et le corps noir lui-même doit être étalonné à l'aide des « points fixes » de l'échelle des températures, tel le point de fusion de l'or. Ces opérations sont toutes difficiles et minutieuses. Mais le plus malaisé reste la détermination des points fixes de cette échelle dans l'échelle des températures thermodynamiques ; la température d'un rayonnement au laboratoire est déterminée par ses effets ; on mesure des ergs reçus par centimètre cube d'un « récepteur » et émis par centimètre carré d'une surface rayonnante. D'une étape à l'autre de cette nécessaire cascade de calibrations, la précision disparaît : on ne connaît la température effective du Soleil qu'à 10° près, ce qui est assez peu satisfaisant.

Ajoutons une difficulté essentielle à ce genre de travaux : le spectre solaire (ou stellaire) diffère beaucoup du spectre (plus froid) du corps noir de comparaison, et a fortiori du spectre des sources étalons secondaires qui sont des étapes intermédiaires de la calibration. On devra donc atténuer l'une des deux sources à comparer et procéder à la mesure à une longueur d'onde bien définie ; la comparaison faite à une autre longueur d'onde exigera une atténuation relative différente.

Ces techniques délicates mettent les techniques du laboratoire au service de la photométrie astrophysique. Ce n'est que justice si, en retour, le ciel nous offre une source de lumière comme le Soleil, complexe et profonde. Grâce à des calculs précis, appliqués à une physique cohérente des interactions matière-lumière, l'exemple du Soleil nous apprend à déterminer la structure des couches responsables des rayonnements observés.

IV

Magnétohydrodynamique et plasmas

Où l'on voit que, si Maxwell a concrétisé en de belles équations les couplages entre l'électricité et le magnétisme, Alfvén fit mieux encore en étendant l'arsenal des équations disponibles, permettant ainsi de tenir compte du couplage entre l'électromagnétisme et la mécanique des milieux continus; et où l'on voit que ces travaux subtils débouchent sur la production, que l'on aimerait pacifique, de l'énergie de fusion, ce qui suffit à expliquer l'engouement des physiciens et des ministres pour cette science nouvelle, la MHD.

La magnétohydrodynamique — ou MHD — est à elle seule une science, inventée vers 1950 par Hannès Alfvén; elle était destinée à l'origine à répondre aux exigences de l'étude des milieux astrophysiques.

Pour en comprendre les justifications, il nous faut remonter quelques siècles, ceux qui virent l'élaboration de la physique classique de l'électromagnétisme.

Depuis Gilbert (1600), le physicien connaît les aimants et joue avec la limaille de fer et les spectres magnétiques. Le physicien du XVIIIe siècle, armé de peau de chat, de baguettes de verre et de tout un attirail amusant, tirait des étincelles de n'importe quoi et découvrait, avec l'électrostatique, l'idée de « charge » électrique isolée et ses propriétés (loi de Coulomb, 1785). Bien sûr — voir aimants, éclairs, étincelles... —, les charges se déplacent et entraînent de la matière — voir encore étincelles, aimants, éclairs... D'où l'idée de chercher les relations entre charge et mouvement, d'étudier le mouvement des charges, le courant : courant électrique mais aussi, souvent, mouvement, courant de matière. Tout naturellement, on s'interrogea sur la cause de ces courants, les champs de force, eux-mêmes créés par des charges et des courants... Là encore, une idée domine : celle d'un couplage naturel entre charges et courants, par l'intermédiaire des charges, des forces électriques et magnétiques.

La nature de l'électricité et des charges électriques est différente de celle du magnétisme et des couples magnétiques. On en voit la preuve dans la façon différente que l'on a de faire apparaître ces charges ou ces couples ; mais la différence essentielle vient surtout à l'évidence de ce que l'on peut définir la « charge » électrique d'un objet donné, alors que tout objet a une « charge » magnétique nulle : tout aimant se casse en mini-aimants ; chacun d'eux a une « charge » magnétique nulle mais peut être considéré comme composé de deux charges, séparées par la longueur de l'aimant, de « signe » contraire (les « pôles » magnétiques) et de valeur absolue strictement égale.

Un certain nombre de découvertes ont bouleversé la physique dans la première moitié du XIXe siècle, et relégué quelque peu peaux de chats et aimants en fer à cheval au musée de la « physique amusante ». En 1790, grâce à la vivisection des grenouilles, Galvani découvrit un peu par hasard le courant électrique. Grâce à la pile de Volta, on sut créer (1800) des sources durables de courant électrique. Ainsi était-on enfin à même d'expérimenter d'une façon sérieuse.

Oersted découvrit (1820) que le courant électrique créait un champ magnétique capable d'orienter (ou plutôt de désorienter !) l'aiguille aimantée d'une boussole (de la déboussoler). La voie royale de l'électromagnétisme s'ouvrait.

Ampère découvrit corrélativement que le champ magnétique créé par un aimant ou bien — et ceci est essentiel — par un courant électrique exerce une force sur le courant, ou plus exactement sur le fil conducteur. C'est à la suite de ces travaux qu'Ampère proposa d'expliquer les champs magnétiques par l'existence de « courants », de mouvements des charges au sein des corps aimantés : il n'y avait pas de différence entre la physique des charges et des courants, d'une part (électricité), et, d'autre part, celle des couples (ou moments) magnétiques des aimants (magnétisme).

Vint ensuite Faraday : continuant une célèbre expérience d'Arago, il découvrit en 1931 les lois de l'induction : un courant électrique, s'il se déplace ou s'il varie localement, crée du fait de cette variation un champ magnétique. Henry, presque en même temps, fit la même découverte.

Les découvertes de Faraday complètent celles d'Ampère : le champ magnétique déplace un courant ; le déplacement d'un courant crée un champ magnétique ; de plus, le champ magnétique développe, dans un circuit électrique, un courant. Le couplage entre phénomènes électriques et magnétiques est très fort, et commande de nombreux phénomènes : c'est ce couplage qu'expriment les nouvelles découvertes.

La voie était ouverte aux applications : le premier électro-aimant fut construit par Arago et Ampère. La voie était surtout ouverte à l'unification des phénomènes, à une vision théorique quantitative de l'ensemble des phénomènes de couplage découverts : ce furent les équations de Maxwell (1865). Sous forme très simplifiée, ces équations peuvent s'écrire :

$$\text{rot } \mathbf{E} = -\frac{1}{c}\frac{\partial \mathbf{B}}{\partial t}$$

$$\text{rot } \mathbf{B} = \frac{1}{c}\frac{\partial \mathbf{E}}{\partial t} + \frac{4\pi}{c}\mathbf{J}$$

$$\text{div } \mathbf{E} = 4\,\pi\rho$$

$$\text{div } \mathbf{B} = 0$$

Dans ces équations, $\mathbf{B}$ et $\mathbf{E}$ désignent respectivement le vecteur champ électrique et le vecteur champ magnétique, $\mathbf{J}$ la densité de courant électrique, et ρ la densité des charges électriques. Les symboles « rot » et « div » désignent des opérations vectorielles connues : Si X, Y, Z sont les trois composantes d'un vecteur $\mathbf{A}$, rot $\mathbf{A}$ est un vecteur de composantes :

$$\frac{\partial Z}{\partial y} - \frac{\partial Y}{\partial z}\,;\,\frac{\partial X}{\partial z} - \frac{\partial Z}{\partial x}\,;\,\frac{\partial Y}{\partial x} - \frac{\partial X}{\partial y}\,;$$

et div $\mathbf{A}$ est la quantité, non vectorielle,

$$\frac{\partial X}{\partial x} + \frac{\partial Y}{\partial y} + \frac{\partial Z}{\partial z}$$

La première équation est la loi de l'induction de Faraday. Le champ électrique $\mathbf{E}$ et le champ magnétique $\mathbf{B}$ interviennent, respectivement, $\mathbf{E}$ par sa structure non uniforme et $\mathbf{B}$ par sa variation temporelle. La seconde équation exprime les découvertes d'Ampère et de Faraday : un champ magnétique (non uniforme) est associé à la variation temporelle du champ électrique, et, si une matière conductrice est présente, à l'existence de courants électriques. La troisième équation, qui associe la densité de charge et le champ électrique, est la loi de Coulomb ; la quatrième exprime l'idée que l'on ne peut isoler des charges magnétiques : seuls des « courants » peuvent engendrer des champs magnétiques.

Il est clair que les équations de Maxwell ont de nombreuses implications. L'une d'elles est le fait que la variation temporelle d'un champ électrique crée des ondes ; les champs E et B se propagent dans l'espace entourant un milieu où existent des champs variables. Ce sont les « *ondes électromagnétiques* » — de vitesse c. C'est Maxwell qui eut le premier l'idée que la lumière était une onde électromagnétique : un champ magnétique oscillant et un champ électrique oscillant se propagent de concert ; l'un est perpendiculaire à l'autre et ils sont tous deux perpendiculaires à la direction de propagation.

Revenons à la seconde équation et aux lois d'Ampère : le champ magnétique déplace le courant, le courant déplace le champ magnétique. En pratique, on rencontre l'une ou l'autre des deux situations. Le courant, matérialisé par un fil conducteur, se déplace dans les branches d'un aimant puissant ; mais l'aimant n'en est pas sensiblement affecté. Ou bien un courant agit sur une aiguille aimantée, mais l'aiguille peut tourner : elle n'affecte pas sensiblement le courant.

En d'autres termes, si l'on écrit les équations de la dynamique et qu'on les applique aux phénomènes en question, la force exercée sur le fil (ou, dans l'autre cas, le moment exercé sur l'aiguille aimantée) entre dans un terme de l'équation et ne dépend que de B (ou de E dans l'autre cas, donc aussi de J) ; mais B ne dépend pas des mouvements des conducteurs (pas plus que E ou J ne dépendent de l'aimant). De façon symétrique, les forces agissantes ne sont pas magnétiques ; si, par exemple, il s'agit de celles gouvernant la physique d'un aimant qui tombe de son poids, ces forces ne sont pas perturbées par les effets de ce déplacement de l'aimant : les courants créés ne sont en général pas assez forts pour agir comme des freins détectables.

On peut imaginer des situations intermédiaires, gouvernées par une combinaison des équations du mouvement et des équations de Maxwell. Cette extension, à la fois de la mécanique classique et de l'électromagnétisme, vers une science englobant les deux cas extrêmes, est la *magnétohydrodynamique* — la MHD.

Dans les cas usuels du laboratoire, cette synthèse ne s'impose pas. Un découplage est facile à établir. Ce sont soit les forces électriques ou magnétiques, ou les forces électromagnétiques (dans le cas du couplage inductif impliqué par les découvertes de Faraday-Maxwell) qui agissent, soit les forces usuelles, la gravitation évidemment, ou son cas particulier, la pesanteur.

Nous n'écrirons pas les équations compliquées de la MHD. Notons d'abord qu'elles s'appliquent au sein d'un gaz ionisé : un tel gaz, s'il est complètement ionisé et de charge totale neutre, est dit un « plasma ». En chaque point d'un plasma, à chaque instant, existent : un champ électrique qui exerce une force sur toute particule chargée, sur toute partie de la matière douée d'un moment magnétique ; une force de gravitation qui s'exerce sur toutes les particules massives ; et d'autres forces, telle celle qu'exerce la pression de radiation. Si nous considérons — rappelons-nous que nous sommes astrophysiciens — un milieu gazeux, celui de la couronne solaire, par exemple, ou d'une nébuleuse gazeuse ténue, ou encore des régions internes d'une étoile, nous simplifions certes le problème, mais les équations n'en restent pas moins d'une très grande complexité.

Aussi peut-on, doit-on revenir, pour mieux comprendre et faire comprendre ce qu'impliquent ces équations, à quelques calculs d'ordres de grandeur et à quelques images. Au sein du gaz, l'énergie mécanique (nous ne parlons ici que de l'énergie cinétique) est de l'ordre de $\Sigma\ (1/2)\ mv^2$, la somme étendant le calcul à toutes les particules contenues dans un élément de volume donné ; en l'absence de mouvements turbulents, cette énergie est de l'ordre de grandeur, par particule, de $(1/2)kT$, puisque l'agitation désordonnée des particules est mesurée par la température ; l'énergie mécanique est alors de l'énergie thermique. Dans la couronne solaire (nous suivrons cet exemple), l'énergie thermique d'un cm³, qui contient environ $n = 10^9$ particules, est donc de l'ordre de 0,1 erg. Gardons à l'esprit l'idée que le champ électrique dans le plasma étant en moyenne nul, l'énergie électrique est uniquement celle associée aux courants, aux déplacements des électrons et des ions ; il est prouvé qu'elle est négligeable par rapport à l'énergie magnétique. Quelle énergie magnétique est donc contenue dans le même volume d'un cm³ de couronne solaire ? Elle est mesurée par la quantité

$B^2/8\pi$: avec un champ de 0.1 gauss (très banal dans ce milieu), on trouve une énergie de 30 ergs cm^{-3}, très supérieure à l'énergie thermique.

Mais supposons qu'une énergie cinétique anime ce milieu : issu de la photosphère ou d'une région plus profonde, c'est le vent solaire qui anime la couronne. L'énergie cinétique véhiculée par le vent, par cm^3, est de $1/2\,\rho\,V^2 \simeq 30$ ergs cm^{-3}, du même ordre de grandeur que l'énergie magnétique calculée.

C'est la comparaison de ces deux quantités qui permet en fait de décider si l'on doit considérer que le champ magnétique impose sa loi au mouvement des particules chargées sans en être affecté, ou bien, au contraire, si c'est le vent mécanique (quelle qu'en soit d'ailleurs la cause) qui entraîne avec lui le champ magnétique en le faisant en quelque sorte « éclater ».

La MHD est en somme la discipline qui décrit de façon unifiée ces deux cas extrêmes, et surtout les cas intermédiaires. L'exemple ci-dessus en est une très bonne illustration. En l'absence du vent, ou dans des régions à champ magnétique élevé, les structures de la couronne suivent les lignes de force du champ magnétique. On y constate de grandes arches d'une région active à une autre : l'une est un pôle magnétique négatif, l'autre un pôle positif. Les images des films d'activité solaire sont probantes : on y voit souvent des éruptions violentes détruire ces arches ; le casque magnétique qu'elles matérialisent est crevé par le mouvement de matière. Le vent agit de même, et la conservation d'énergie mécanique, de la basse couronne à l'extérieur, a pour effet qu'à grande distance des régions actives, c'est le vent qui l'emporte ; les grands jets coronaux ont une forme de bulbe ; leurs parties basses, larges, suivent encore le champ magnétique, cependant qu'à grande distance le champ importe peu et c'est le vent qui domine.

De fait, la description précédente, comme la théorie, tend à montrer les lignes de force du champ magnétique comme des cordes élastiques. Soumises à une force de nature mécanique, elles s'écartent de leur position d'équilibre. Si cette force est peu importante, la résistance de la corde élastique suffira à s'y opposer ; sinon, cette résistance sera vaincue et la corde se tendra, jusqu'à une éventuelle rupture.

La plupart des phénomènes actifs de l'atmosphère solaire, de toute évidence, relèvent de la MHD.

La physique connaissait sur Terre peu de plasmas. Peu à peu, cependant, la discipline qui s'est créée avec les études solaires s'est étendue à des recherches terrestres. Sans parler des phénomènes de la haute atmosphère (aurores, géomagnétisme), on sait fabriquer des plasmas au laboratoire : il s'agit d'une opération délicate, car, dans un milieu restreint aux parois matérielles et exiguës, les plasmas sont naturellement instables. On les confine grâce à un champ magnétique qui les canalise et qui évite ainsi les collisions désionisantes avec les parois. Les techniques de mesure des ondes centimétriques et millimétriques (hyperfréquences) ont permis de sonder les plasmas ; l'exemple est déjà connu d'ailleurs des astronomes : c'est la radioastronomie. L'intérêt des physiciens, vers les années 1950-1960, s'est donc accru pour les plasmas, en raison de leur importance pratique dans toutes les études concernant les réactions de fusion contrôlée susceptibles de produire de l'énergie nucléaire à partir, par exemple, de l'hydrogène de l'eau de mer. Mais la domestication de l'énergie de fusion reste encore un rêve. Il deviendra bientôt peut-être réalité, et, à condition de prendre des précautions, comportera moins de risques que l'utilisation de l'énergie de fission de l'uranium. Mais cela est une autre histoire.

Notons que l'impressionnante cohorte des physiciens des plasmas sait ce qu'elle doit à l'astrophysique solaire. Le nombre d'ouvrages sur la physique des plasmas est grand : presque tous se réfèrent, dès les premières pages, aux publications des astrophysiciens.

V

Les « preuves » de
la Relativité Générale

Où l'on voit enfin que, pour décrire l'Univers, il n'est pas très bon de s'adresser à un trop petit laboratoire, et que seul (jusqu'à récemment) le champ gravitationnel du Soleil a permis de vérifier des phénomènes prévus par Einstein, dont les implications cosmo-logiques sont gigantesques, — ce qui prouve définitivement que le Soleil et Einstein font bien partie du même Univers.

C'est peu dire que la théorie einsteinienne de la Relativité Générale a dominé le siècle scientifique : elle commande à l'Univers, et de toute éternité. Mais, sans l'astronomie, par exemple sur une planète couverte de nuages opaques (comme l'est par exemple Vénus), il aurait été très difficile, presque impossible de vérifier ses prévisions...

La Relativité Générale est née en 1915 d'une sorte de fusion entre la gravitation newtonienne et la relativité restreinte. Remontons cependant plus loin, en 1905, quand Einstein aborde, après Lorentz et Fitzgerald, le problème posé par le résultat négatif de l'expérience de Michelson et Morley.

Après la synthèse maxwellienne, l'assimilation de c (rapport des unités électromagnétiques aux unités électrostatiques) à la vitesse de la lumière pose un problème évident : si la lumière se propage, si elle est une onde, elle doit avoir un support maté-riel, comme le son qui traduit un ébranlement matériel se pro-pageant de proche en proche. Ce support, c'est ce qu'on nom-mait alors l' « éther », substance matérielle infiniment ténue, présente partout : la Terre se déplace dans l'éther, à moins qu'elle n'en entraîne une fraction ; la composition des vitesses, celle de la lumière et celle de l'observateur par rapport à l'éther, doit aboutir à des valeurs différentes selon la façon dont le déplacement de la Terre affecte l'éther. Mais le c des équations de Maxwell serait-il alors fonction du mouvement du laboratoire où l'on applique ces équations ?

D'autre part, depuis Newton, on s'interrogeait sur l'existence d'un système de référence absolu auquel serait alors associé l'éther. On peut alors concevoir que, dans tout système mobile par rapport au système de référence, la valeur mesurée c' de la vitesse de la lumière doit différer de sa vitesse réelle par rapport à l'éther. Si la vitesse de la Terre par rapport au système de référence absolu était de l'ordre de 300 km/s, valeur obtenue si l'on suppose que son terme principal vient de la rotation galactique, la différence, énorme, serait de $\Delta c/c' \simeq 1/1\,000$; si l'on ne prend au contraire en compte que la seule vitesse d'un point de la Terre autour de l'axe des pôles, de l'ordre de 0,5 km/s, la différence serait alors $\Delta c/c' \simeq 1/1\,000\,000$; si l'on tient compte du mouvement du Soleil vers son apex, la vitesse serait de 30 km/s, et $\Delta c/c' \simeq 1/10\,000$. Il s'agit donc d'un effet de toute façon considérable : soit il peut être mis en évidence, et les lois de Maxwell sont alors universelles ; soit il ne le peut pas, et l'éther est donc entraîné par la Terre ; mais l'universalité des lois de Maxwell est alors sérieusement remise en cause, et notamment leur applicabilité à l'astrophysique.

A la fin du XIXe siècle, la spectrographie astrophysique n'avait pas encore permis de montrer l'universalité des lois de Maxwell ; il était même difficile de concevoir une telle détermination que seule l'étude spectrographique d'astres variables lointains a permis de faire plus tard, au cours du XXe siècle.

Aussi se concentra-t-on sur la mesure de la vitesse de la lumière. L'étude, classique depuis 1676 (Roemer), de la propagation de la lumière issue des satellites de Jupiter n'avait qu'une précision très modeste. Les physiciens modernes (Fizeau, Hoek, puis Michelson) mirent au point des méthodes précises de détermination, au millionième ou davantage, de la vitesse de la lumière. Ils s'attaquèrent au problème en tenant également compte de l'indice de réfraction du milieu où la lumière se propage. L'expérience différentielle montée par Michelson et Morley utilisait des techniques interférométriques ; elle aurait dû détecter la vitesse absolue de la Terre par rapport à l'éther. La sensibilité atteinte permet de détecter une telle vitesse si elle dépasse 10 km/s, soit une vitesse inférieure à celle de la Terre par rapport aux étoiles proches, et très inférieure à celle de la Terre par rapport aux galaxies lointaines. L'expérience fut négative. Diverses variantes modernes furent expérimentées. En 1958, celle de Cedarholm, Bland, Haven et Townes, avait atteint une précision susceptible de détecter une différence beaucoup plus petite que celle de Michelson, soit un millième de km/s! Mais le résultat en fut encore *négatif.*

Pourquoi un tel résultat négatif? L'hypothèse de l'entraînement total de l'éther s'opposait à l'universalité des lois de Maxwell, et à toute l'astrophysique; l'hypothèse (Fitzgerald) de contraction des objets en mouvement dans un milieu immobile, l'éther, permettait de rendre compte des observations : mais alors la longueur d'un objet mobile est une caractéristique dépendant de sa vitesse. Lorentz établit un jeu d'équations décrivant ces phénomènes et exprimant les valeurs des longueurs, des intervalles de temps, en fonction de la vitesse du mobile rapportée à celle de la lumière, c'est-à-dire en fonction du rapport non dimensionnel $\beta = v/c$.

La théorie des groupes s'empara de ce problème, et Poincaré introduisit un « groupe de transformations » rendant compte des transformations de coordonnées suggérées par Lorentz.

Mais tout cela était mathématique. Où était la physique du problème? Einstein suggéra, dans la ligne des travaux antérieurs, que le groupe de Poincaré avait une grande généralité, et que les lois de la physique — celles de Maxwell en premier lieu — devaient être nécessairement invariantes d'un système de référence en mouvement à un autre. Cette « invariance », qui définit la relativité restreinte (RR), s'applique à des mouvements relatifs uniformes de translation. La vitesse de la lumière, invariant absolu, est une vitesse limite qu'aucun corps matériel observable ne peut dépasser. Ces hypothèses, généralisables à n'importe quel mouvement, n'impliquaient rien sur la stabilité des corps rigides, contrairement à la contraction de Fitzgerald-Lorentz : de ce fait, elles apparurent vite comme les plus satisfaisantes.

Une conséquence des hypothèses de la RR fut qu'au lieu de définir les mesures dans l'espace et le temps, séparément, par des intervalles (fonction de la quantité β) *dr* et *dt*, c'est un intervalle *ds* d'espace-temps qu'il faut définir et qui est le véritable « invariant » ; c'est l'espace-temps plat de Minkowski, où *ds* est défini par :

$$ds^2 = dx^2 + dy^2 + dz^2 - c^2dt^2$$

La RR eut des applications nombreuses qui dépassent le propos de cet ouvrage. Nous noterons qu'elle ne tient aucun compte des phénomènes de gravitation, qui sont comme extérieurs aux phénomènes auxquels s'applique la RR.

L'invariance relativiste était donc un postulat amplement vérifié par l'expérience en laboratoire. En 1915, Einstein se préoccupa de la généralisation de cette idée à tout mouvement relatif, y compris ceux impliquant non plus seulement une vitesse relative, mais une *accélération* relative. La métrique minkowskienne devenait elle-même une donnée qui n'était pas nécessairement invariante.

Les idées qui conduisirent Einstein à la formulation de la Relativité Générale (RG) furent les suivantes. Tout d'abord, l'idée de Newton, précisée par Mach, de l'existence d'un système de référence absolu, défini par l'ensemble des masses contenues dans l'Univers, donnait à l'inertie (force centrifuge, par exemple) un sens précis et devait être conservée. On pouvait déduire de cette constatation que, si les effets inertiels sont une manifestation directe de la géométrie de l'espace-temps, le ds^2 de Minkowski doit être influencé par la distribution des masses dans l'Univers. Le raisonnement de Mach suggérait que la géométrie des masses dans l'Univers et la gravitation sont associées, l'accélération due à la gravitation se référant à un mouvement par rapport à la distribution des masses. Cela implique un principe d'équivalence. Or on savait (depuis les idées de Galilée, mais surtout depuis les mesures d'Eötvös) que la masse gravitationnelle et la masse inertielle sont proportionnelles l'une à l'autre ; leur rapport est une constante universelle que l'on peut bien choisir égale à l'unité (ce que fit Mach). D'une façon plus générale que ce principe « restreint » d'équivalence entre les deux quantités, Einstein exprime que les mesures des accélérations faites dans n'importe quel système de référence aboutissent à des résultats identiques. C'est le principe d'équivalence « large ». Imaginons un homme dans une cabine d'ascenseur fermée. Il tient une pomme (ô Newton !) et la lâche. Si l'ascenseur se rompt et si la cabine tombe en chute libre (avec l'accélération de la pesanteur), la pomme ne tombe pas. Mais si l'on transporte la cabine dans un lieu de l'espace sans gravité, l'ascenseur ne tombe pas, la pomme non plus. Accélérons cette cabine : la pomme va être projetée sur le plancher et apparaître accélérée à l'observateur — comme la pomme de la cabine en mouvement de translation uniforme dans la cage de l'ascenseur terrestre. Il y a équivalence... Cette expérience permet aussi à Einstein de montrer que, dans le cas de l'ascenseur accéléré mais dans un lieu de l'espace sans gravité, le rayon de lumière, de la pomme à l'observateur, est incurvé. Le trajet de la lumière est affecté obligatoirement par le principe d'équivalence. Sur la base d'expériences locales, il est impossible de distinguer un mouvement uniforme d'un observateur dans un champ de gravitation, d'un mouvement accéléré mais éloigné de tout champ de gravitation.

Le troisième principe suggéré par Einstein fut alors celui de l'invariance générale de toutes les lois de la physique, ou plutôt de leur expression mathématique écrite dans un système de référence quelconque ; ce principe concerne notamment les équations de Maxwell, mais aussi celles de Newton.

N'entrons pas plus avant dans l'exposé de ces questions classiques. La Relativité Générale, qui s'appuie sur ces idées, aboutit à des équations dynamiques qui font intervenir la distribution des masses dans l'Univers. Celle-ci impose localement une expression de ds^2 qui fait intervenir ces masses, représentée par une courbure générale, variable d'un point à l'autre, de l'espace-temps.

Tout se passe alors comme si le mouvement des masses était déterminé par leur distribution. Il y a en quelque sorte équivalence entre la dynamique des masses et la géométrie de l'espace-temps.

On notera que les équations complexes qui expriment la dynamique einsteinienne dépendent de deux constantes de la nature : la constante gravitationnelle G de Cavendish et la vitesse c de la lumière. Si l'on y annule G, on retrouve la RR ; si on rend c infini, on retrouve la gravitation newtonienne.

Einstein a lui-même décrit quelques solutions de ces équations dynamiques ; il a cherché à prévoir si des variations locales de courbure de l'espace n'imposaient pas des écarts par rapport aux lois de la physique classique de Newton ou de Maxwell. La vérification de certains de ces « écarts » était possible, et l'on tenta donc de les mesurer pour vérifier la RG ; cela n'excluait évidemment pas l'idée de nouvelles généralisations éventuelles, englobant la RG comme la RG englobe la RR et la gravitation newtonienne.

Certes, les expériences d'Eötvös et de ses successeurs, comme celles de Michelson, donnent a priori à la synthèse einsteinienne une force évidente. Mais cela ne suffit pas, car les équations d'Einstein contiennent beaucoup plus que cela. Lui-même en avait prévu trois conséquences nouvelles :

La première concerne le mouvement des planètes. Une planète unique, Mercure par exemple, est soumise, dans la théorie newtonienne, à la force d'attraction solaire, perturbée par celle des autres planètes. Seule, elle décrirait une ellipse immobile par rapport aux systèmes fixes de référence (étoiles). La perturbation imposée par les planètes a pour conséquence que cette ellipse tourne dans son plan. Le calcul relève de la mécanique céleste la plus classique, celle de Newton (et de Lalande, Lagrange, Laplace, Le Verrier et autres, Newcomb principalement dans le cas de Mercure). L'axe de l'orbite de Mercure se déplacerait ainsi de $5\,558,02''$ par siècle (soit $1°32'38'',02$). Or la mesure (les astronomes sont gens précis) aboutit à $5\,602,13''$; la différence est de $43'',11$. Cette différence est significative ; l'erreur des mesures estimée par Duncombe en 1956 n'est que de $0,45''$. Or le calcul d'Einstein aboutit, de façon relativement simple, à $43,03''$; la coïncidence est remarquable. On conservera à l'esprit (pour situer la précision de ces déterminations) que la précession des équinoxes impose à toutes les planètes une avance par siècle de $5\,025''$; le terme lié aux perturbations est donc de $533''$, celui de la RG à $43''$.

Une remarque s'impose ici, même si elle peut paraître un tant soit peu pernicieuse. On a souvent tendance, dans les milieux de l'astrophysique, à regarder de haut l'acharnement montré par les astrométristes à mesurer à l'aide d'instruments souvent modestes, tels les cercles méridiens, les astrolabes, ou les tubes zénithaux astrométriques, et avec une lassante continuité, la position précise des étoiles et des planètes pour en déduire les mouvements de celles-ci. Ces techniques anciennes et routinières, d'une nécessaire assiduité, imposent à leurs spécialistes une vie de dévouement à la fraction de seconde d'arc près ; elles sont pourtant essentielles aux progrès actuels et futurs de la physique universelle, de l'astrophysique de l'infini, de la cosmologie la plus vaste. Il faut défendre contre vents, marées et tourbillons d'idées modernes le fastidieux labeur des astronomes de position ou astrométristes. C'est à juste titre que leur discipline s'appelle aussi l' « astronomie fondamentale ».

On a proposé d'appliquer la théorie d'Einstein à d'autres orbites que celle de Mercure. La plus adaptée serait sans doute celle de l'astéroïde Icarus ; l'angle de rotation relativiste du grand axe de l'orbite serait seulement de 8"3 par siècle ; mais la précision des mesures dépasserait peut-être d'un ordre de grandeur celle qui convient à Mercure. Les perturbations dues aux autres corps du système solaire seraient cependant fort difficiles à calculer. Des satellites artificiels de la Terre ou des sondes spatiales (planètes artificielles) pourraient peut-être aider à collecter de nouveaux arguments, à condition de préciser encore notre connaissance de la forme exacte de la Terre, qui détermine leur mouvement.

D'autres théories ont cherché à rendre compte de l'avance du périhélie de Mercure. Ainsi Dicke (1965) a-t-il proposé une théorie englobant la RG, qui tient compte de la distribution du moment angulaire dans l'Univers. Pour expliquer la différence de 0"08 entre la théorie d'Einstein et la mesure des astronomes, différence à vrai dire assez peu significative, il faudrait alors tenir compte de l'aplatissement solaire ; or celui-ci, mesuré par Dicke, aurait une valeur très élevée, ce qui impliquerait une rotation rapide (un tour en 4 ou 5 jours) des régions centrales du Soleil. Mais d'autres auteurs que Dicke trouvent un aplatissement solaire négligeable : les théories en question sont donc tout à fait incertaines.

Le second argument important en faveur des idées d'Einstein, celui qui, dans les années qui suivirent la Première Guerre mondiale, imposa définitivement la RG, est la courbure d'un rayon lumineux dans un champ de gravitation. A vrai dire, la mécanique newtonienne permet une telle prévision : Einstein l'avait lui-même démontré en 1912, et cette démonstration ne faisait que préciser une prévision ancienne faite par Soldner dès 1802. Mais si la masse déviante est $\mathcal{M}$, la distance entre son centre et le faisceau de lumière R, alors la déviation newtonienne est $\theta = 2 \dfrac{G}{c^2} \dfrac{\mathcal{M}}{R}$. Au contraire, le calcul relativiste exact aboutit à une valeur double : $\theta = 4 \dfrac{G}{c^2} \dfrac{\mathcal{M}}{R}$. Ce calcul implique le choix d'une métrique correcte au voisinage de la masse déviante ; Schwarzschild avait proposé quelques années auparavant la forme de cette métrique. Le calcul montrait alors qu'au bord du Soleil ($\mathcal{M} = \mathcal{M}_\odot$, $R = \mathcal{R}_\odot$), on devait observer une déviation des rayons lumineux de 1"75. A la distance $r = \mathcal{R}_\odot + h$ du centre solaire, la déviation du rayon lumineux est de $1{,}75" \times \dfrac{\mathcal{R}_\odot}{\mathcal{R}_\odot + h}$.

La mesure de si petits angles est possible en astrométrie. Mais si l'on voit le Soleil, quelle serait la source observable, en son voisinage, depuis la Terre ? Le ciel bleu camoufle les étoiles. C'est pourquoi il faut attendre une éclipse au cours de laquelle on photographie le ciel ; on compare ce cliché à un cliché obtenu six mois plus tôt, avec le même instrument, de la même région du ciel, et à la même hauteur au-dessus de l'horizon ; la coïncidence n'étant pas toujours possible, de nombreuses corrections doivent être appliquées ; il faut tenir compte en particulier du fait que la distance focale d'une lunette utilisée de jour, et alors chaude, diffère sensiblement de la distance focale de la même lunette utilisée au cours d'une nuit froide : cette différence introduit un changement d'échelle des clichés.

Or une éclipse fut observée, dès 1919, par deux équipes britanniques. L'une trouva $\theta = 1''98 \pm 0''12$; l'autre, $\theta = 1''61 \pm 0''30$. Eddington se chargea de faire connaître au monde ce résultat, prévu par Einstein et jamais observé auparavant. Du jour au lendemain, Einstein devint aux yeux du monde le Newton de ce siècle.

On notera que le calcul (qu'il soit relativiste ou newtonien) suppose que le photon de lumière n'est pas doué de « masse au repos » : toute son énergie est liée au mouvement. D'autre part, les mesures accumulées depuis 1919 aboutissent à des déviations de l'ordre de $2''$ plutôt que de l'ordre de $1''75$. La différence (qui semble significative) a conduit certains auteurs (Vigier, Mérat et l'auteur de cet ouvrage) à supposer que l'on pouvait l'interpréter comme due à l'interaction des photons issus des étoiles étudiées avec le « bain » entourant le Soleil, bain de rayonnements, de particules, de champs. Toutefois, la précision des données ne permettait pas de conclure. Aucune ne s'approche très près du bord solaire : il fallait donc extrapoler les données vers le bord, grâce à la théorie ; or, si la théorie d'Einstein fournissait l'extrapolation à $1''75$, la nouvelle suggestion fournissait une autre extrapolation à $2''$ environ. Il n'est pas sûr que ce procédé n'introduise pas automatiquement l'accord qu'il recherche entre mesures et théories ! L'extrapolation est toujours une opération hasardeuse... Aussi nous bornerons-nous à garder en tête la possibilité d'effets supplémentaires, liés à une masse au repos non nulle du photon, et à considérer que les mesures de déplacement des images stellaires pendant les éclipses sont un argument très fort en faveur des idées nées de la RG.

Le troisième domaine important où la prévision d'Einstein

s'avéra justifiée est la spectrographie des sources de lumière massives, ou situées presque derrière des masses notables. Comme le champ solaire courbe les rayons lumineux, il en diminue l'énergie. Le décalage spectral vers le rouge, par le Soleil, est de $\Delta \nu/\nu = -K \, \mathcal{M}_\odot/(\mathcal{R}_\odot + h)$ (K étant une constante connue). Pour $h = 0$ (au bord du Soleil), il est de $2.12 \, 10^{-6}$ (en valeur relative). Un tel déplacement est inférieur (et de beaucoup!) à la largeur naturelle des raies, et plus nettement encore à la largeur des raies élargies par effet Doppler et par collisions avec les électrons, atomes et ions, du milieu astrophysique. Autant dire que sa mesure est impossible dans le spectre des étoiles (faibles) observées au cours d'une éclipse. Cependant, l'étude soigneuse de la modification des profils de raies spectrales entre le centre et le bord du disque solaire permet de mesurer le décalage spectral. Ce que vérifia Roddier (vers 1960) à l'aide d'un spectrographe à jet atomique de strontium (d'un exceptionnel pouvoir de résolution spectrale), qui lui permit de mesurer, entre le centre et le bord du disque solaire, l'évolution du profil de la raie de résonance à 7 070 Å du strontium. Certes, la raie n'a pas un profil symétrique, et elle est fortement élargie, mais son axe peut être déterminé avec précision. Les mesures aboutissent à un décalage de l'ordre de 5 % plus élevé que celui indiqué par Einstein. D'autres auteurs, Snider ou Brault, utilisant d'autres raies, ont trouvé un meilleur accord ; d'autres, Adam et ses collaborateurs notamment, aboutissent à un désaccord plus notable que celui mesuré par Roddier. Là encore, on peut considérer la prévision d'Einstein comme vérifiée. Là encore, l'excès d'effet peut être dû (Vigier, Mérat et l'auteur l'ont suggéré) à l'existence de la masse non nulle du photon et à son interaction avec le « bain » complexe qui entoure le Soleil ; cette interprétation semble confirmée par l'observation, dans les ondes radio, de décalages spectraux de l'émission de certaines raies issues de radiosources éclipsées par le Soleil ; c'est un effet que ne prévoit pas la RG. Néanmoins, ces mesures ont été très contestées et l'on voit que, là encore, un programme important de recherches peut se développer au voisinage du Soleil ; dépassant la RG, il peut aboutir à une nouvelle description de la lumière et de ses interactions avec l'espace non vide traversé.

L'astronomie joua donc un rôle décisif pour asseoir la RG. Son apport peut être déterminant pour la généraliser encore, si nécessaire.

Il est juste de dire que ces « trois tests classiques » sont aujourd'hui dépassés en précision par les expériences menées sur Terre ou sur les satellites artificiels. Ainsi, le décalage spectral gravitationnel fut-il déterminé au sol par Pound et Rebka : le décalage obtenu est compris entre 0.95 et 1.15 fois la valeur prédite.

D'autres tests ont été proposés : le comportement d'un gyroscope en orbite sur un satellite artificiel de la Terre, ou la détection d'ondes gravitationnelles, conséquence de la théorie. Ces prévisions, à la limite des possibilités expérimentales, ouvrent un domaine nouveau aux physiciens. Quel que soit le résultat de ces mesures, il est d'ores et déjà certain qu'elles déboucheront vers une généralisation de la RG, en aucun cas vers son abandon. La RG fait aujourd'hui partie des nécessités de notre pensée scientifique, comme, depuis trois siècles, la théorie newtonienne, qui en est une première approximation. L'astronomie, dans cet élargissement de la physique, a joué, on vient de le voir, un rôle essentiel.

En conclusion

Où le lecteur fatigué s'aperçoit qu'il n'est pas au bout de ses peines, relancé par l'auteur, décidément espiègle, dans le silence éternel des espaces infinis, sous le fallacieux prétexte qu'il n'y a qu'un Univers, que tout est dans tout et réciproquement, et que les lois de la physique gouvernent la Terre, le Soleil, et cet Univers gigantesque que la lumière met des milliards d'années à traverser.

Nous sommes nés sous l'étoile Soleil. Grains de vie, peut-être les seuls dans l'Univers, peut-être pas, nous sommes les témoins de l'immensité.

En vérité, l'Univers est un tout unique. Le Soleil en fait partie et reste un indice du tout, comme nous-mêmes faisons partie du Soleil et en respirons les rayons.

Le Soleil est l'une des cent milliards d'étoiles de notre Galaxie (on n'en voit que 2000 à l'œil nu !). Celle-ci est l'une des milliards de galaxies de l'Univers (à l'œil nu, on en discerne trois). La lumière met 8 minutes à nous parvenir du Soleil, quelques jours à sortir du système solaire, cent mille ans à traverser la Galaxie, dix milliards d'années à venir des confins de l'Univers exploré. Là-bas, c'est la même physique qui régit matière et énergie, le même que dans notre coin d'Univers.

La cosmologie est la science de l'Univers. Elle emprunte certains de ses arguments les plus forts à la physique terrestre et aux observations solaires. Sans entrer dans trop de détails, on peut par exemple évoquer les fameuses expériences de Michelson, ou encore plus classiquement celles de Galilée, pour imaginaires qu'elles aient été. Galilée avait montré l'existence des forces d'inertie qui « résistent », liées à la masse des corps, aux mouvements imposés par d'autres forces : elles signifient que l'Univers agit en quelque sorte sur chaque objet. Michelson montra qu'on peut mettre en évidence le mouvement relatif de la Terre par rapport à l'éther, support des ondes lumineuses ; le sens en est aussi que, dans tout mouvement de translation relative de deux corps, la composition des vitesses comprend un terme de couplage par la lumière.

L'idée de ces couplages universels, de cette unité universelle, trouva sa forme la plus vigoureuse dans les idées d'Ernst Mach, qui devaient si profondément influencer celles d'Einstein. On se souvient des difficultés (soulevées par Newton) de la rotation relative de deux corps. La force centrifuge est liée à l'existence d'un système absolu de référence : celui-ci est — comment pourrait-il en être autrement ? — lié à la distribution générale des masses dans l'Univers ; la rotation d'un seau d'eau dépend donc des galaxies lointaines.

Le développement historique des principes d'équivalence entre masse gravitationnelle et masse inertielle, entre action de la gravité et accélération, conduit directement à la Relativité Générale qui, par essence, est une théorie de l'Univers.

Les faits dits d'importance cosmologique sont le plus souvent des faits déduits d'observations poursuivies sur Terre et à notre voisinage immédiat. Le paradoxe d'Olbers, selon lequel le ciel de nuit ne devrait pas être noir, est un fait cosmologique : l'éliminer impose de concevoir l'Univers comme fini, hiérarchisé. Le paradoxe de Seeliger implique que la Galaxie devrait être soumise à d'énormes forces disruptives : ce n'est pas le cas ; la solution « finie » ou « hiérarchisée » de l'Univers reste une façon d'échapper à ce paradoxe. La déviation observée des rayons lumineux au voisinage du Soleil, le décalage vers le rouge des raies solaires, l'avance du périhélie de Mercure... sont des arguments majeurs en faveur de la théorie de la Relativité Générale.

Le Soleil fait partie d'un tout. Son évolution est liée à l'évolution des étoiles et de la Galaxie, celle-ci à l'évolution des amas de galaxies, celle-ci enfin à celle de l'Univers. Tout se tient. A l'inverse, la connaissance du Soleil nous éclaire sur les processus physiques à l'œuvre dans l'Univers entier.

Il n'y a qu'une astronomie.

Sous l'étoile Soleil, notre vie explose, jaillit, se multiplie dans ses splendeurs et ses misères. Sous l'étoile Soleil, notre vie est née et mourra : sous l'étoile Soleil — et dans l'immense Univers ! —, l'apparition de la vie est un phénomène physico-chimique inhérent à l'évolution de notre Univers. Nous n'en connaissons pas les mécanismes. Pas encore. Mais nous savons que l'apparition de la vie autour du Soleil n'est pas un événement nécessairement unique, non plus que banal. Le fait d'exister nous permet d'en disserter et d'observer ce qui, dans l'Univers, nous est accessible. La logique universelle fait que tous les processus nous sont en principe accessibles. Il n'y a qu'une physique.

Sous l'étoile Soleil, la vie des minuscules êtres que nous sommes reste d'une extrême richesse, car nous sommes plongés dans l'Univers gigantesque de nos observations et de nos théories. Mais dans cet Univers, nous n'occupons pas n'importe quelle place : nous sommes les voyageurs du Soleil — nés à jamais sous une seule étoile et dans un même devenir ; nous, hommes et femmes solidaires par nécessité, nés sous l'étoile Soleil.

APPENDICES

APPENDICE A

Images du Soleil

(dossier photographique)

L'auteur tient ici à remercier très vivement les personnes et les observatoires qui lui ont confié les documents reproduits, tout spécialement le Dr. McLean (C.S.I.R.O., Australie), Mme M.-J. Martres et M. G. Servajean (observatoire de Meudon), et M. Koutchmy (I.A.P. du C.N.R.S., Paris).

APPENDICE B

Notations, unités et constantes
Index des symboles

(à l'exception des valeurs caractérisant le Soleil et les planètes)

1. Unités

On utilise actuellement les unités du système international SI. Mais les astronomes sont restés fidèles à des unités plus classiques pour eux, notamment celles du système cgs (centimètre, gramme, seconde, dyne, erg). Les points et virgules décimales sont utilisées indifféremment (points, — comme dans la littérature internationale ; virgules, — comme l'indique la tradition scolaire française). On définira les relations entre ces diverses unités comme suit :

Longueur : unité SI : mètre (m)
                 unité astronomique (UA) : 1 UA $= 1,49597870 \ 10^{11}$ m
                 année de lumière (al) : 1 al $= 9,4605 \ 10^{15}$ m
   — parsec (pc) et unités dérivées : mégaparsec (Mpc)
      1 pc $= 3,26$ al $= 2,06 \ 10^5$ UA $= 3,0857 \ 10^{16}$ m
   — Angström (Å) : 1 Å $= 10^{-10}$ m $= 0,1$ nm (nanomètre)
   — Micron (μm) : 1 μm $= 10^{-6}$ m (noté actuellement μm, et désigné par le mot « micromètre » dans le système SI ; noté anciennement μ).

Masse : unité SI : kilogramme (kg)
En astronomie, on se réfère souvent à la masse du Soleil ou de la Terre.

Temps : unité SI : la seconde (s)
En astronomie, on utilise aussi l'année (a), le jour (j), l'heure (h), la minute (mn). On doit prévenir le lecteur contre l'utilisation aberrante, trop courante, du mot « année-lumière », pour désigner un temps ou une durée : c'est, on l'a dit, une longueur.

Fréquence : à une seconde, correspond le s^{-1} (ou Hz, pour Hertz)
On utilise les unités dérivées kHz, MHz — autrefois désignées par les mots kilocycles ou mégacycles.

Unités sans dimension
On utilise le degré d'angle °, divisé en minutes d'arc (') et en secondes d'arc ("), et le radian (1 rad = 57,29578 degrés). Ne jamais utiliser les symboles ' et " pour des minutes et des secondes de temps !

Énergie
unité SI : joule (J) : 10^7 ergs
calorie : 1 cal = 4,1854 J
électron-volt : 1 eV = 2,1602 10^{-5} J (et multiple : keV, MeV, ...)

Force
unité SI : 1 newton (N) = 10^5 dynes

Puissance
unité SI : J s^{-1} (watt)

Charge électrique
unité SI : 1 coulomb (C)
1 C = 0.10 unités emu (électromagnétiques)
1 C = 2,997925 10^9 unités esu (électrostatiques).

La définition des autres unités utilisées dans ce livre est facile et ne pose pas de problème. Il y a bien entendu équivalence entre, par exemple, le symbole : km s^{-1}, et le symbole km/s ou km/sec : il s'agit de « kilomètre(s) par seconde » — une vitesse.

2. CONSTANTES

Vitesse de la lumière	$c = 2,99792458\ 10^8$ ms^{-1}
Constante de Cavendish de la gravitation universelle	$G = 6,6720.10^{-11}$ m^3 kg^{-1} s^{-2}
Constante de Planck	$h = 6,626\ 176\ 10^{-34}$ J
Constante de Boltzmann	$k = 1,380\ 662\ 10^{-23}$ J K^{-1}
Constante de Stefan	$\sigma = 5,67032\ 10^8$ J m^{-2} K^{-4} s^{-1}
Masse de l'électron	$m_e = 9,1096\ 10^{-31}$ kg
Charge de l'électron	$e = 1,602\ 189\ 2.10^{-19}$ C (10^{-20} unités emu)
	$e = 4,80325\ 10^{-10}$ unités esu
Masse du proton	$m_P = 1,6726\ 10^{-27}$ kg
Nombre d'Avogadro	$\mathcal{N} = 6,022045\ 10^{23}$ mole^{-1}
Constante des gaz parfaits	$\mathcal{R} = 8,31441$ J K^{-1} mole^{-1}

3. INDEX ALPHABÉTIQUE DES UNITÉS ET NOTATIONS UTILISÉES DANS CE LIVRE

Alphabet romain

A	A	désigne un astre (sur une carte, dans un schéma...)
	A	symbole de l'Argon
	A	masse atomique
	A	type stellaire
	A	Angström
	A	Abondance d'un atome quelconque

	a	rayon d'un grain de poussière
	a	constante intervenant dans l'expression de la pression de radiation
	amu	unité de masse atomique
	a	symbole de l'année
	Al	symbole de l'Aluminium
	al	symbole de l'année de lumière

B	B	symbole du Bore
	B	désigne le niveau « bas » d'une transition atomique
	B	couleur bleue (magnitude dans le bleu)
	B	type stellaire
	B, *B*	champ magnétique (vecteur, ou module du vecteur-champ)
	B	Flux de rayonnement d'un corps noir.
	Be	type stellaire (étoiles B à raies d'émissio)
	Be	symbole du Béryllium

C	C	Coulomb
	C	symbole du Carbone
	C	degré centésimal, degré Celsius
	c	vitesse de la Lumière
	Ca	symbole du Calcium
	cal	calorie
	cgs	système d'unités (centimètre, gramme, seconde)
	Cl	Symbole du Chlore
	CNO	désigne le cycle de réactions nucléaires de Bethe
	CO_2	symbole du gaz carbonique (dioxyde de carbone)
	cos	fonction cosinus
	Cr	symbole du Chrome

D	D	symbole du deutérium
	D	raie spectrale (du Sodium)
	D	distance de deux astres
	D	couche de l'ionosphère
	D	diamètre d'un miroir de télescope
	d	affecté d'un indice : niveau atomique
	d	symbole de la différenciation
	∂	symbole de la dérivée partielle
	dyn	dyne
	div	opérateur divergence

E	*E*	champ électrique (vecteur : **E** ; intensité : *E*)
	E	Couche de l'ionosphère
	E	énergie
	E	désigne un équilibre (ET : éq. thermodynamique ; ETL : éq. therm. local EH : éq. hydrostatique ; ER : éq. radiatif)
	e	nombre e = 2,71828... (base des logarithmes népériens)
	e	symbole de l'électron (e^+ ou e^- ; suivant le signe de la charge)

	e	charge de l'électron
	e	excentricité d'une orbite
	eV	électron-volt
	eff	abréviation pour effectif(ve) (ex. : T_{eff} : température effective)
	emu	unité électromagnétique
	esu	unité électrostatique
F	F	couche de l'ionosphère (F_1, F_2)
	F	Force
	F	composante (Fraunhofer) de la couronne solaire
	F	type stellaire
	F	flux de rayonnement
	Fe	Symbole du fer
G	G	gauss
	G	type stellaire
	G	Constante de Cavendish de la gravitation universelle
	G	Raie spectrale (bande du radical CH)
	g	poids statistique d'un niveau atomique (g_H ou g_B par exemple)
	g	gramme
	g	accélération de la pesanteur
H	H	échelle de hauteur
	H	Symbole de l'hydrogène
	H	Raie spectrale (du calcium ionisé)
	H	niveau « haut » dans une transition atomique
	$H\alpha$, $H\beta$, $H\gamma$...	raies spectrales de l'hydrogène (série de Balmer)
	h	hauteur ou profondeur géométrique
	h	constante de Planck
	h	symbole de l'heure
	He	symbole de l'hélium
	Hz	Hertz
I	I	moment d'inertie
	I	Intensité d'un rayonnement
	i	inclinaison d'un plan sur un autre
	IR	infra-rouge
J	J	joule
	J	courant électrique (vecteur)
	J	courant électrique (intensité)
	j	symbole du jour
K	K	type stellaire
	K	degrés Kelvin
	K	raie spectrale (du Calcium ionié)
	K	composante (« continuum ») de la composante solaire
	k	symbole du préfixe kilo (kpc : kiloparsec ; kg : kilogramme)
	k	constante de Boltzmann

L	L	désigne la Lune (dans un graphique, une construction...)
	$\mathcal{L}$	luminosité
	l	un des nombres caractérisant les oscillations non radiales d'un astre
	Li	Symbole du Lithium
	Lyα, Lyβ, ...	raies spectrales de l'hydrogène (série de Lyman)
M	M	préfixe méga (ex. : Mpc : mégaparsec ; Mhz : Megahertz...)
	M	type stellaire
	M	région du Soleil à effet géomagnétique
	M	magnitude absolue
	$\mathcal{M}$	masse d'un astre ($\mathcal{M}_\odot$: soleil ; $\mathcal{M}_\oplus$: Terre ; $\mathcal{M}_\mathbb{C}$: Lune ; $\mathcal{M}_*$: étoile)
ou	M ou m	masse d'un objet en général (m_e : m. de l'électron ; m_p : masse du proton)
	m	magnitude (ou grandeur) apparente d'un astre
	m	préfixe milli (mm : millimètre ; mHz : millihertz)
	m	mètre
	m	un des nombres caractérisant les oscillations non radiales d'un astre
	MHD	magnétohydrodynamique
	Mg	symbole du Magnésium
	mn	minute *(de temps)*
N	N	symbole de l'azote
	N, ou n :	nombre de particules, d'atomes, d'étoiles... dans un volume déterminé
	N	type stellaire
	N	nombre de neutrons d'un noyau atomique
	N	newton (unité)
	$\mathcal{N}$	nombre d'Avogadro
	n	préfixe nano — (ex. : nm : nanomètre)
	n	symbole des métaux (négatifs) dans une jonction
	n	neutron
	NASA	
	NB	naine blanche
O	O	symbole de l'oxygène
	O	type stellaire
P	P	désigne un astre perturbé, ou une planète, — dans un diagramme, une figure, une discussion
	p	pression
	p	(affecté d'un indice) niveau atomique
	p	poids d'un objet (en général)
	p	symbole des métaux (positifs) dans une jonction
	p	moment d'un mobile (vecteur) ;

	p	valeur absolue du moment
	p	proton
	Pb	symbole du Plomb
	PP	(et P1, P2, P3) symboles des réactions nucléaires de type proton-proton
	pc	symbole du parsec
R	R	rayon d'un miroir de télescope
	R	nombre de Wolf des taches solaires
	$\mathscr{R}$	constante des gaz parfaits
	r ou R	distance de deux astres (précisés parfois par un indice double : $r_{\odot\oplus}$: distance Terre-Soleil)
	$\mathscr{R}$	rayon d'un astre (R est parfois utilisé aussi) (ex. : r. du Soleil : $\mathscr{R}_{\odot}$; de la Terre : $\mathscr{R}_{\oplus}$; d'une étoile : $\mathscr{R}_{*}$)
	R	symbole de la rotation rétrograde (dans les tables)
	rad	radian
	rot	opérateur rotationnel
	RR	Relativité Restreinte
	RG	Relativité générale
S	S	désigne le Soleil dans un diagramme, une construction...
	S	type stellaire
	S	fonction-source
	s	coordonnée d'espace-temps (ds : intervalle d'espace-temps)
	s	surface apparente d'un grain de poussière interplanétaire
	s	seconde (de temps)
	s	paramètre intervenant dans l'expression de l'opacité du mélange de Russell
	Si	symbole du silicium
	SI	système international d'unités
	sin	fonction sinus
T	T	désigne la Terre dans un diagramme, une construction...
	T	période d'un phénomène périodique
	T	température ($Teff$: température effective)
	t	temps, ou durée
	t	profondeur optique (lorsqu'il faut un autre symbole que τ)
	Ti	symbole du Titane
U	U	symbole de l'Uranium
	U	couleur ultraviolette (magnitude en ultraviolet)
	U	fonction de partition d'un atome ou d'un ion
	UA	unité astronomique de longueur ou de distance
	UV	ultra-violet

V	V	couleur (ou magnitude) « visible » ou « visuelle »
	V	vecteur vitesse
	V ou *v*	valeur absolue d'une vitesse
W	W	symbole du Watt
	WB	(white dwarf) naine blanche
X	X	symbole du rayonnement X
	X	proportion (en masse) d'hydrogène dans un milieu
	x	coordonnée
	x	différence de longueur d'onde (dans une raie, avec la longueur d'onde au centre de la raie)
Y	*Y*	proportion (en masse) d'hélium dans un milieu
	y	coordonnée
Z	*Z*	nombre de protons dans un noyau (numéro atomique)
	Z	proportion (en masse) des éléments autres que H ou He dans un milieu
	z	coordonnée

Alphabet grec (limité aux symboles utilisés dans l'ouvrage)

A, α (alpha)	α	Nom de l'étoile la plus brillante d'une constellation (dans cet ouvrage : α du Dragon (ou α Dra) ; α du Centaure (ou α Cen))
	α	Nom de la première raie spectrale d'une série de raies correspondant au même niveau inférieur (raie $H\alpha$, $Ly\alpha$...)
	α	désigne le noyau d'Hélium (particule α)
	α	radioactivité α
	α	paramètre intervenant dans l'opacité du mélange de Russell
B, β (bêta)	β	désigne des raies spectrales (ex : $H\beta$, $Ly\beta$...)
	β	rapport de la vitesse d'un mobile à la vitesse de la lumière (en RR, et EG)
	β	radioactivité β
Γ, γ (gamma)	γ	symbole du rayonnement gamma, des rayons gammas
	γ	symbole (plus généralement) des photons
	γ	radioactivité γ
	γ	point de l'écliptique correspondant à l'équinoxe
Δ, δ (delta)	Δ	symbole indiquant une différence (ΔT par exemple, désigne une différence de température)
	δ	nom d'étoile (ex : δ de Céphée, ou δ Cep)

E, ε (epsilonn)	ε	coefficient d'émissivité
	ε	énergie produite par seconde et centimètre cube
Θ, θ (thêta)	θ	dimension apparente du Soleil, d'un astre.
	θ	pouvoir de résolution angulaire d'un instrument d'optique
	θ	angle du rayon d'observation avec la verticale solaire.
	θ	déviation des rayons lumineux au voisinage d'un astre
K, κ (kappa)	κ	coefficient d'absorption
Λ, λ (lambda)	λ	longueur d'onde
M, μ (mu)	μ	préfixe micro (ex : μm micromètre, ou micron ; μHz : microhertz)
	μ	masse molaire moyenne
N, ν (nu)	ν	symbole du neutrino
	ν	fréquence
Π, π (pi)	π	nombre $\pi = 3,14159...$
P, ρ (rho)	ρ	densité
Σ, σ (sigma)	σ	constante de Stéfan
	Σ	symbole d'une sommation de termes
T, τ (tau)	τ	profondeur optique
Ω, ω (oméga)	Ω	angle solide
	ω	vitesse angulaire de rotation

Symboles divers

<x> ou x̄	valeur moyenne de x
<x	inférieur à x
>x	supérieur à x

$\leqslant x$	inférieur ou égal à x
$\geqslant x$	supérieur ou égal à x
$\lll x$	très inférieur à x
$\ggg x$	très supérieur à x
$\cong x$ ou $\simeq x$	approximativement égal à x
$\displaystyle\int_a^b \!\!\!-\!\!-\, \mathrm{d}x$	symbole des intégrales sur x entre x = a et x = b

$\odot$	Soleil
$\oplus$	Terre
$\mathbb{C}$	Lune
$\star$	Étoile (quelconque)
☿	Mercure
♀	Vénus
♂	Mars
♃	Jupiter
♄	Saturne
♅	Uranus
♆	Neptune
♇	Pluton
☄	comète (quelconque)

APPENDICE C

Fiche signalétique de l'étoile Soleil

I. Éléments numériques de référence
(en unités du système international SI)

a) Rayon du Soleil $\mathcal{R}_\odot = 6{,}960\ 10^8$ m
Masse du Soleil $\mathcal{M}_\odot = 1{,}9891\ 10^{30}$ kg
Densité moyenne du Soleil $\rho_\odot = 1{,}409\ 10^{+3}$ kg m^{-3}
Luminosité du Soleil $\mathcal{L}_\odot = 3{,}827\ 10^{26}$ J S^{-1}
Vitesse de rotation (à la latitude 16º) : $2{,}865\ 10^{-6}$ rad s^{-1}
Inclinaison de l'équateur solaire sur
l'écliptique   7º,15′
Magnitude absolue du Soleil (bolomé-
trique) $M_B = +4{,}75$
Magnitude apparente (visuelle) du
Soleil $m_v = -26{,}74$
Température effective du Soleil $T_{eff\,\odot} = 5\ 770$ K
Distance moyenne Terre-Soleil
(unité astronomique de distance) $1\ \text{UA} = 1{,}49597870.10^{11}$ m
Rayon équatorial de la Terre $\mathcal{R}_\oplus = 6\ 378\ 140$ m
Aplatissement de la Terre $0{,}00335281$
Masse de la Terre $\mathcal{M}_\oplus = 5{,}976\ 10^{24}$ kg

II. Modèle du Soleil (1)

A) *Au centre*

Température $T_c = 15.10^6$ K
Pression $\rho_c = 160$ g cm^{-3} = $1{,}60\ 10^5$ kg m^{-3}
Proportion de la masse d'hydrogène $X = 0{,}38$

---

(1). Essentiellement d'après Allen, *Astrophysical Quantities*, voir appendice
G, section D.

Figure 1 — *Structure du Soleil*

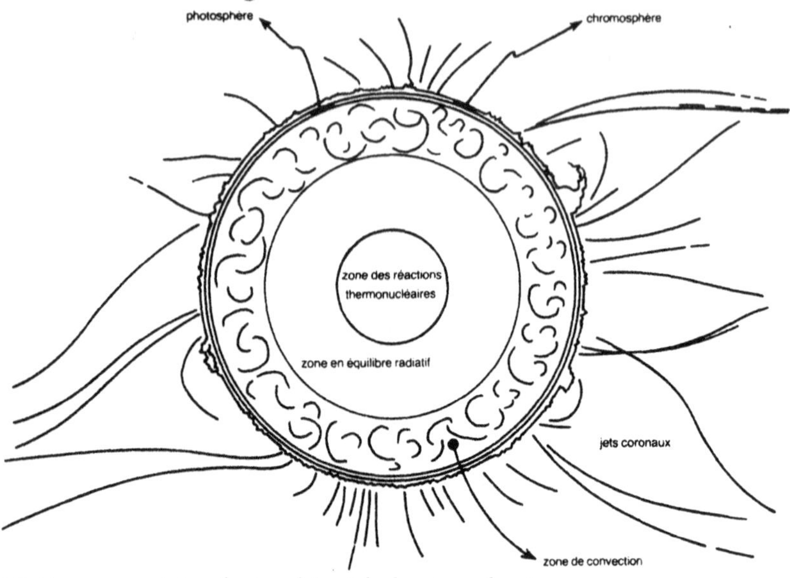

B) *Du centre à la photosphère* (de haut en bas)

r		T	ρ	$\mathcal{M}(r)$	$\mathcal{L}(r)$	$\log p$
$\mathcal{R}_\odot$	10^3 km	10^6 K	g cm^{-3}	$\mathcal{M}_\odot$	$\mathcal{L}_\odot$	en dyn cm^{-2}
0.00	0	15.5	160	0.000	0.00	17.53
0.04	28	15.0	141	0.008	0.08	17.46
0.1	70	13.0	89	0.07	0.42	17.20
0.2	139	9.5	41	0.35	0.94	16.72
0.3	209	6.7	13.3	0.64	0.998	16.08
0.4	278	4.8	3.6	0.85	1.00	15.37
0.5	348	3.4	1.00	0.94	1.000	14.67
0.6	418	2.2	0.35	0.982	1.000	14.01
0.7	487	1.2	0.08	0.994	1.000	13.08
0.8	557	0.7	0.018	0.999	1.000	12.18
0.9	627	0.31	0.0020	1.000	1.000	10.94
0.95	661	0.16	0.0^34	1.000	1.000	9.82
0.99	689	0.052	0.0^45	1.000	1.000	8.32
0.995	692.5	0.031	0.0^42	1.000	1.000	7.68
0.999	695.3	0.014	0.0^61	1.000	1.000	6.15
1.000	696.0	0.006	0.0	1.000	1.000	—

r distance au centre

T température

ρ masse spécifique

$\mathcal{M}(r)$ masse intérieure au volume de rayon r

$\mathcal{L}(r)$ énergie engendrée à l'intérieur du volume de rayon r (par rapport à la luminosité totale).

p pression

Les unités sont soit les valeurs du rayon, de la masse, de la luminosité du Soleil, soit en unités (attention !) du système cgs.

C) *La photosphère et la basse chromosphère* (de bas en haut) (unités : attention cgs !).

Notations :
τ_5 profondeur optique comptée depuis l'extérieur, à la longueur d'onde 500 nm (ou 5000 Å).

T : température — p_g : pression du gaz — p_e : pression partielle des électrons — N : nombre d'atomes neutres ionisés par cm^3.
N_e : nombre d'électrons par cm^3 — h : hauteur au-dessus de la couche $\tau_5 = 1$ — ρ : densité.
* : « base » de la chromosphère ($\tau_5 = 0{,}005$; $h = 320$ km).

	τ_5	T	$\log p_g$	$\log p_e$	$\log N$	$\log N_e$	h	$\log \rho$
		°K	dyn cm^{-2}		cm^{-3}		km	g cm^{-3}
chromosphère	0.0^71	9000	—0.9	—1.4	11.01	10.51	2000	—12.54
	0.0^61	8400	—0.8	—1.4	11.11	10.51	1900	—12.46
	0.0^51	7150	—0.4	—1.2	11.61	10.81	1580	—11.99
	0.0^52	6500	$+0.2$	—1.2	12.25	10.85	1350	—11.35
	0.0^55	5750	$+1.3$	—1.15	13.40	10.95	1004	—10.24
	0.0^41	5280	$+1.9$	—1.25	14.04	10.89	840	— 9.60
	$0.0.^42$	4870	$+2.28$	—1.36	14.45	10.81	690	— 9.19
	0.0^45	4400	$+2.71$	—1.36	14.93	10.86	610	— 8.71
	0.0^31	4180	$+2.96$	—1.20	15.20	11.04	560	— 8.44
	0.0^32	4190	$+3.15$	—1.02	15.39	11.22	520	— 8.25
	0.0^35	4300	$+3.38$	—0.79	15.61	11.44	460	— 8.03
	0.001	4370	$+3.54$	—0.63	15.76	11.59	420	— 7.88
	0.002	4460	$+3.71$	—0.47	15.92	11.74	375	— 7.72
	0.005*	4560	$+3.93$	—0.24	16.13	11.96	320	— 7.51
	0.01	4640	$+4.10$	—0.07	16.29	12.12	278	— 7.35
	0.02	4760	$+4.27$	$+0.10$	16.45	12.28	235	— 7.19
	0.05	4950	$+4.49$	$+0.35$	16.66	12.52	178	— 6.98
	0.1	5140	$+4.67$	$+0.56$	16.82	12.71	136	— 6.82
	0.2	5410	$+4.83$	$+0.81$	16.96	12.94	91	— 6.68
	0.5	5920	$+5.01$	$+1.28$	17.10	13.37	36	— 6.54
	1.0	6430	$+5.13$	$+1.76$	17.18	13.81	0	— 6.46
photosphère	2	7120	$+5.18$	$+2.32$	17.19	14.33	—27	— 6.45
	5	8100	$+5.26$	$+2.99$	17.21	14.94	—56	— 6.43
	10	8650	$+5.30$	$+3.38$	17.22	15.30	—72	— 6.42
	20	9200	$+5.32$	$+3.64$	17.22	15.54	—88	— 6.42

D) *De la chromosphère à la couronne* (de haut en bas).

h	r	T	$\log N$	$\log N_e$	$\log p_e$
km	$\mathcal{R}_\odot$	°K	en cm^{-3}		en dyn cm^{-2}
0	1.0000	4560	16.13	11.96	—0.24
200	1.0003	4180	15.35	11.18	—1.16
500	1.0007	5230	14.08	10.88	—1.26
1000	1.0014	6420	12.25	10.87	—1.18
1500	1.0022	8000	11.17	10.54	—1.42
1900	1.0027	11000	10.82	10.49	—1.33
1990	1.0028	28000	10.40	10.10	—1.32
2000	1.0029	100000	10.11	9.81	—1.05
2010	1.0029	190000	9.77	9.47	—1.11
2100	1.0030	470000	9.32	9.02	—1.17

(Il s'agit de valeurs *moyennes* des quantités déjà définies ci-dessus en [C].) L'apparente contradiction avec (C) vient de l'inhomogénéité (spicules) de la chromosphère : en (C) modèle des régions froides, qui atteignent $h = 700$ km ; en (D), modèle de la couche de transition entre ces régions et la couronne chaude qui descend jusqu'à 2 000 km environ, entre les spicules.

E) *Températures et densités dans la couronne.*

r	$\log\left(\dfrac{r}{\mathcal{R}_{\odot}} - 1\right)$	T (moyenne)	Log N_{e}		
			Maximum d'activité	Minimum d'activité	
				Équateur	Pôle
$\mathcal{R}_{\odot}$		10^6 K	en cm^{-3}		
1.003	−2.5	0.5	9.0	9.0	9.0
1.005	−2.3	0.6	8.8	8.7	8.6
1.01	−2.0	0.8	8.6	8.4	8.3
1.03	−1.5	0.9	8.45	8.25	8.12
1.06	−1.2	1.0	8.36	8.10	7.98
1.10	−1.0	1.1	8.23	7.96	7.81
1.2	−0.7	1.2	7.90	7.67	7.30
1.4	−0.4	1.5	7.44	7.18	6.64
1.6	−0.2	1.7	7.05	6.83	6.13
1.8	−0.1	1.8	6.78	6.56	5.78
2.0	0.0	1.8	6.52	6.31	5.50
2.2	0.1	1.8	6.28	6.10	5.25
2.5	0.2	1.8	6.00	5.81	5.00
3.0	0.3	1.7	5.65	5.45	4.7
4	0.5	1.6	5.18	4.97	4.3
5	0.6	1.4	4.90	4.70	4.0
10	1.0	1.1	4.1	4.0	—
20	1.3	0.8	3.2	3.2	—
50	1.7	0.5	2.2	2.2	—
100	2.0	0.3	1.5	1.5	—
215	2.3	0.2	0.7	0.7	—
(symboles définis en C)					

III. L'ACTIVITÉ SOLAIRE

La figure 2 représente la variation depuis le XVIe siècle du nombre des taches solaires R, mesuré avec précision (trait plein) ou déduit de l'interprétation des chroniques anciennes. On notera la périodicité à 11 ans, l'alternance des cycles très actifs et peu actifs, et enfin le « minimum » de Maunder, au XVIIe siècle.

La latitude des taches évolue au cours de chaque cycle, comme l'indique le « diagramme papillon » (figure 3) qui représente (au cours, ici, de deux cycles successifs) la latitude des taches des deux hémisphères solaires en fonction du temps.

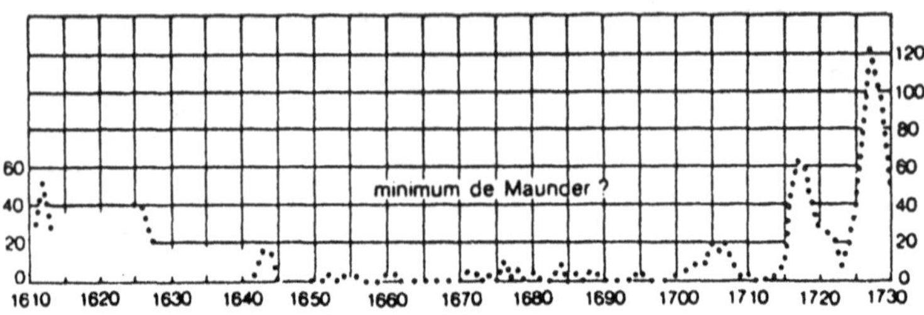

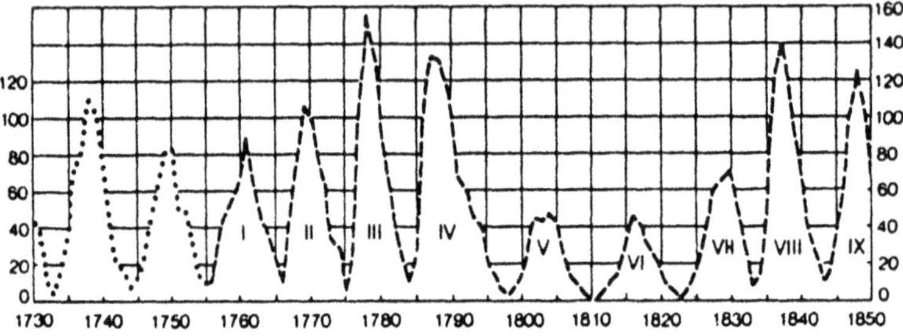

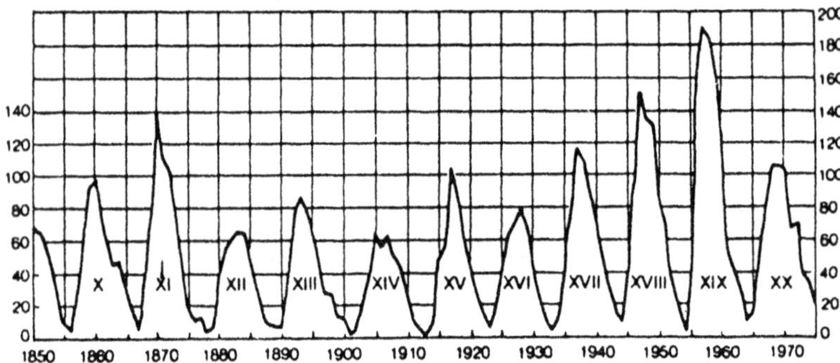

Figure 2 :

L'activité solaire d'après les cycles undécennaux. En pointillé (1610-1755), données épisodiques ; en tireté (1755-1850), données très incomplètes, cycles reconstitués par Wolf ; en trait plein, moyennes annuelles établies à partir de données quotidiennes (selon l'Encyclopédie du Bureau des Longitudes).

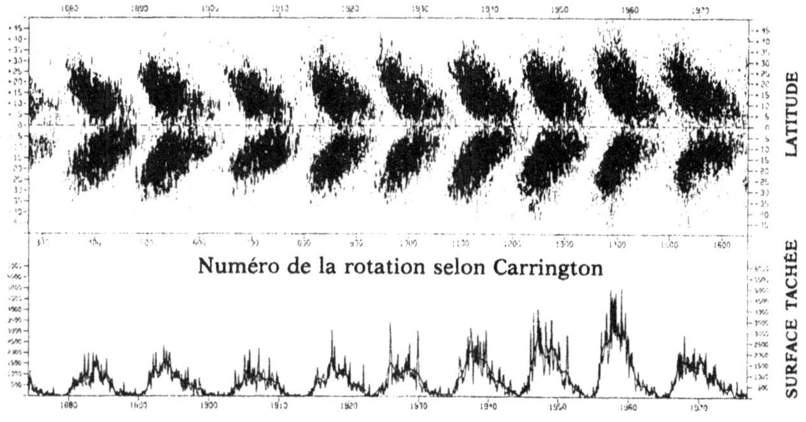

Figure 3

Le diagramme de Spörer. *Si on compte le nombre de taches observées chaque jour, que l'on en fasse une moyenne — dite de Wolf — et que l'on porte la valeur obtenue année par année, on constate la présence de minimums et de maximums, avec une périodicité d'environ 11 ans (en fait, la période varie entre 9 et 12,5 ans).*

En outre, si on trace dans un diagramme la latitude de chacune des taches observées en fonction du temps, on obtient le diagramme dit papillon. *Le diagramme qui est présenté rassemble les données recueillies depuis que les taches sont systématiquement observées, soit depuis un siècle environ. Chaque tache (ou groupe de taches) est repéré par un trait vertical de 1º. On remarque la périodicité de 11 ans, avec deux temps caractéristiques : un maximum (avec des taches aux diverses latitudes, par exemple en 1969) et un minimum qui peut durer deux ou trois ans (par exemple en 1975-1976) : on va d'un papillon au suivant. Ce diagramme est très riche en informations. En premier lieu, les ailes ne s'étendent pas au-delà de 45º, c'est-à-dire que les taches ne se forment pas plus haut que 45º de latitude ; c'est ce que l'on appelle la zone royale. En second lieu, les ailes sont en forme de V renversé : les taches, qui apparaissent d'abord à une latitude de 30 à 40º, « descendent » ensuite vers l'équateur. Enfin, pas plus que les pôles, l'équateur ne semble guère être prisé.*

L'aire totale couverte par les taches est également représentée ; elle est exprimée en millimètres de la surface du disque solaire, quantité peu différente du nombre de taches ou nombre de Wolf. On constate que la périodicité de 11 ans est perturbée par des variations d'un cycle à l'autre (comparer 1958 et 1969), et que, à l'intérieur du cycle, la montée est assez brutale et la descente plus douce.

Il est tentant de savoir ce qu'il y avait avant 1980, et ce qu'il aura « après »...
(Science Research Council, Royal Greenwich Observatory).

IV. La carte d'identité des planètes et des comètes

Les tables ci-après fournissent les éléments principaux des planètes, de leurs principaux satellites et de quelques comètes.
Les figures 4, 5, 6, définissent certains de ces éléments.

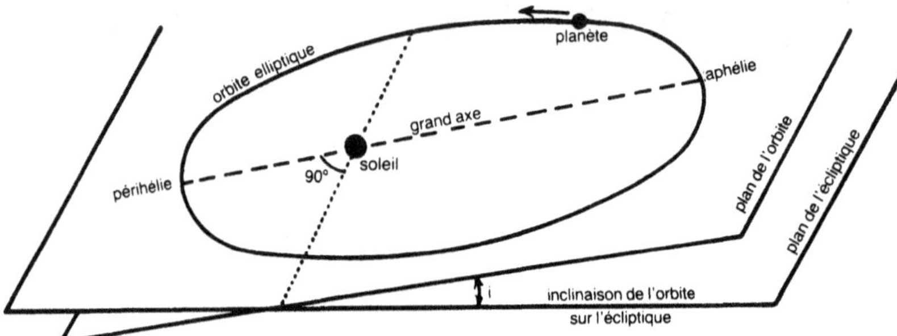

Figure 4 — *Orbite des planètes*

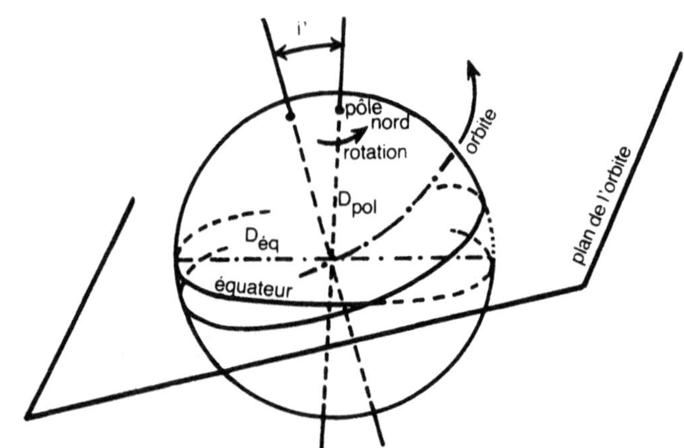

Figure 5 — *Figure des planètes*

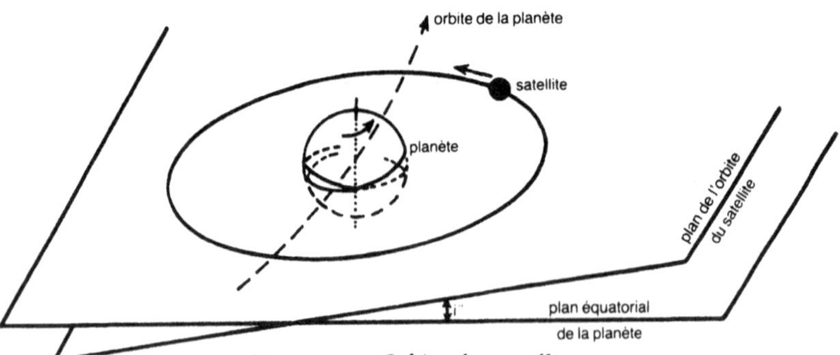

Figure 6 — *Orbite des satellites*

On notera la différence entre les angles i, i', i'', respectivement : inclinaison de l'orbite planétaire (ou cométaire) sur le plan de l'écliptique (plan de l'orbite de la Terre autour du Soleil) ; inclinaison de l'équateur planétaire sur le plan de son orbite ; inclinaison de l'orbite du satellite sur le plan de l'équateur de la planète.

La lecture des figures impose de plus la remarque suivante : une orbite circulaire ou elliptique, dans son plan, se projette selon une ellipse dans le plan de la figure ; mais le grand axe de l'orbite dans son plan se projette selon un axe de l'ellipse du plan de la figure qui n'est pas le grand axe de cette ellipse dessinée sur la figure ; les deux axes de l'orbite dans son plan sont perpendiculaires l'un à l'autre ; les projections de ces axes sur le plan de la figure ne sont pas perpendiculaires.

On notera enfin que si la rotation d'une planète a lieu dans le même sens que son parcours sur son orbite, cette rotation a lieu dans le sens « direct ». Dans le cas contraire, la rotation a lieu dans le sens « rétrograde » (indiqué par la lettre R sur les tables après l'indication de l'inclinaison). Une définition analogue concerne la révolution des satellites autour de la planète. Le sens des flèches marquées sur la figure indique le sens direct.

A) *Planètes*

Nom	Symbole	Demi-grand axe de l'orbite (UA)	Excentricité de l'orbite	Inclinaison de l'orbite sur l'écliptique	Révolution sidérale	Diamètre rapporté à la Terre	Masse rapportée à la Terre	Densité (eau = 1)	Durée de la rotation sidérale	Inclinaison de l'équateur sur l'orbite	Albédo moyen
Mercure	☿	0,387 1	0,206	7°00	87,969[1]	0,38	0,056	5,55	58,646 2[1]	0°	0,055
Vénus	♀	0,723 3	0,007	3,39	224,701	0,96	0,817	5,07	(243)[2]	2,10	0,64
Terre	⊕	1,000 0	0,017		365,256	1	1	5,52	23,934 4[3]	23,44	0,39
Mars	♂	1,523 6	0,093	1,85	686,980	0,53	0,108	3,93	24,623 1	24,0	0,154
Jupiter	♃	5,202 6	0,048	1,31	4 332,59	11,26	318,37	1,31	9,38 à 9,93	3,07	0,42
Saturne	♄	9,554 7	0,056	2,49	10 759,2	9,46	95,23	0,69	10,23	26,73	0,45
Uranus	♅	19,218 1	0,046	0,77	30 688,4	3,70	14,58	1,67	10,70	98 (R)	0,46
Neptune	♆	30,109,6	0,009	1,78	60 181,3	3,50	17,26	2,25	15,80	29	0,53
Pluton	♇	39,44	0,250	17,17	90 469,7	0,35	0,03	10,1	?	?	(0,50)
Lune	☾					0,27	0,0123	3,34	655,72	6,68	
Soleil	☉					1091	332946,0	1,41	600 à 696	7,25	

1. En jours.
2. En jours, rotation rétrograde.
3. En heures jusqu'à la fin de la colonne.

B) *Satellites principaux des planètes* (valeurs incertaines entre parenthèses)

Nom	No	Demi grand axe de l'orbite (en unités d'un rayon de la planète)	Demi grand axe de l'orbite (10^3 km)	Excentricité de l'orbite	Inclinaison de l'orbite[1,2]	Révolution sidérale	Diamètre	Magnitude
De la Terre :								
Lune		60,268	384,40	0,055	$5°8',7$	27,322	3 476	$-12,7$
De Mars :								
Phobos	I	2,76	9,38	0,017	$[1°1]$	0,319	15	11,5
Deimos	II	6,91	23,48	0,003	$[0°9]$ à $[2°7]$	1,262	10	12,0
De Jupiter :								
anneau		1,70 à 1,79	121 à 128		$[0]$			
Amalthée	V	2,52	180,99	0,003	$[0°4]$	0,498	(190)	13,0
Io	I	5,87	421,81		$[0',11]$	1,769	3550	5,5
Europe	II	9,34	671,14		$[1'03]$	3,551	3100	5,7
Ganymède	III	14,91	1070,5	0,002	$[5'22]$	7,155	5600	5,0
Callisto	IV	26,22	1882,9	0,007	$[25'75]$	16,69	5050	6,3
	VI	159,8	11478	0,158	$28°4$	250,6	(140)	13,7
	X	163,2	11720	0,107	$28°8$	260,0	(20)	19,0
	VII	163,4	11737	0,207	$27°8$	260,1	(40)	17,0
	XII	295,3	21209	0,169	$146°7$ (R)	631,0	(25)	19,0
	XI	314,2	22564	0,207	$163°4$ (R)	692,5	(20)	19,0
	VIII	326,6	23457	0,410	$148°2$ (R)	743,7	(30)	18,0
	IX	330,3	23725	0,317	$153°0$ (R)	746,6	(20)	19,0

1. Inclinaison de l'orbite du satellite sur celle de la planète ou (entre crochets) sur l'équateur de la planète.
2. Le symbole R indique ici une révolution rétrograde.

B) *Satellites principaux des planètes* (valeurs incertaines entre parenthèses)

Nom	N°	Demi grand axe de l'orbite (en unités d'un rayon de la planète)	Demi grand axe de l'orbite (10³ km)	Excentricité de l'orbite	Inclinaison de l'orbite[1,2]	Révolution sidérale	Diamètre	Magnitude
De Saturne :								
anneau		1,48 à 2,26	89,18 à 136,12		[0]	0,17 à 0,58		
Janus	X	2,65	160	0	[0]	0,749	(350)	14
Mimas	I	3,08	185,59	0,020	[1°5]	0,942	(600)	12,1
Encelade	II	3,95	238,10	0,004	[0]	1,370	(600)	11,6
Téthys	III	4,89	294,75	0,000	[1°1]	1,888	1000	10,5
Dioné	IV	6,26	377,52	0,002	[0]	2,737	(1200)	10,7
Rhéa	V	8,74	527,20	0,001	[0°4]	4,518	1300	10,0
Titan	VI	20,25	1221,6	0,029	[0°3]	15,95	4950	8,3
Hypérion	VII	24,58	1482,8	0,104	[0°4]	21,28	(500)	13,0
Japet	VIII	59,01	3560,1	0,028	18°4	79,33	(1800)	10 à 12
Phoébé	IX	214,7	12954	0,166	175°1 (R)	550,4	(200)	14,5
D'Uranus :								
anneau		1,76 à 2,07	4,19 à 51,2	0	[0]			
Miranda	V	5,49	130	0,017	[3°4]	1,41	(200)	19,0
Ariel	I	8,14	191,8	0,003	[0]	2,520	(900)	15,2
Umbriel	II	11,35	267,2	0,004	[0]	4,144	(700)	15,8
Titania	III	18,61	438,4	0,002	[0]	8,706	(1700)	14,0
Obéron	IV	24,89	586,2	0,001	[0]	13,46	(1600)	14,3
De Neptune :								
Triton	I	15,9	355,3	0	[160°] (R)	5,877	(5000)	13,6
Néréide	II	249	5560	0,749	[27°5]	359,4	(300)	19,5
De Pluton :								
Charon		0,3	0,8	0	—	6,387	(1200)	17,5

1. Inclinaison de l'orbite du satellite sur celle de la planète ou (entre crochets) sur l'équateur de la planète.
2. Le symbole R indique ici une révolution rétrograde.

C) *Quelques comètes périodiques*

Comète	Période (années)	q (distance périhélie-soleil) (en UA)	Q (distance aphélie-soleil) (en UA)	e excentricité	i inclinaison (°)
Encke	3,30	0,34	4,10	0,85	12
Temple 2	5,26	1,37	4,69	0,55	12
Schwassmann-Wachmann 2	6,52	2,15	4,83	0,38	4
Biéla (A)	6,62	0,86	6,19	0,76	13
Wirtanen	6,65	1,62	5,48	0,54	13
Reinmuth	6,72	1,94	5,16	0,46	7
Finlay	6,88	1,08	6,12	0,70	4
Borrelly	7,00	1,45	5,89	0,60	31
Whipple	7,44	2,46	5,14	0,35	10
Oterma	7,89	3,39	4,53	0,14	4
Schaumasse	8,18	1,20	6,90	0,70	12
Wolf 1	8,42	2,50	5,80	0,40	27
Comas Sola	8,58	1,78	6,60	0,58	13
Väisälä	10,5	1,74	7,84	0,64	11
Schwassmann-Wachmann 1	16,1	5,5	7,3	0,13	10
Neujmin 1	17,9	1,54	12,1	0,77	15
Crommelin	27,9	0,74	17,7	0,92	29
Olbers	69	1,20	32,4	0,93	45
Pons-Brooks	71	0,78	33,8	0,96	74
Halley	76,1	0,59	35,0	0,97	162(R)

APPENDICE D

Les réactions thermonucléaires

1. *Réactions de la chaîne CNO*

$$C^{12} + H^1 \rightarrow N^{13} + \gamma \qquad (+\ 1{,}95\ \text{MeV})$$
$$N^{13} \rightarrow C^{13} + e^+ + \nu \qquad (+\ 1{,}51\ \text{MeV})$$
$$C^{13} + H^1 \rightarrow N^{14} + \gamma \qquad (+\ 7{,}54\ \text{MeV})$$
$$N^{14} + H^1 \rightarrow O^{15} + \gamma \qquad (+\ 7{,}30\ \text{MeV})$$
$$O^{15} \rightarrow N^{15} + e^+ + \nu \qquad (+\ 1{,}76\ \text{MeV})$$
$$N^{15} + H^1 \rightarrow C^{12} + He^4 \qquad (+\ 4{.}96\ \text{MeV})$$

(25,02 MeV + 7 % en deux neutrinos)

2. *Réactions de la chaîne PP*

(P1) (x2) $H^1 + H^1 \rightarrow D^2 + e^+ + \nu$ $(+\ 2 \times 1{,}18\ \text{MeV})$
  (x2) $D^2 + H^1 \rightarrow He^3 + \gamma$ $(+\ 2 \times 5{,}49\ \text{MeV})$
  $He^3 + He^3 \rightarrow He^4 + 2\,H^1$ $(12{,}86\ \text{MeV})$

(26,20 MeV + 2 % en neutrinos)

(P2) $H^1 + H^1 \rightarrow D^2 + e^+ + \nu$ $(+\ 1{,}18\ \text{MeV})$
  $D^2 + H^1 \rightarrow He^3 + \gamma$ $(+\ 5{,}49\ \text{MeV})$
  $He^3 + He^4 \rightarrow Be^7 + \gamma$ $(+\ 1{,}59\ \text{MeV})$
  $Be^7 + e^- \rightarrow Li^7 + \nu$ $(+\ 0{.}06\ \text{MeV})$
  $Li^7 + H^1 \rightarrow 2\,He^4$ $(+\ 17{,}35\ \text{MeV})$

(25,67 MeV + 4 % en deux neutrinos)

(P3) $H^1 + H^1 \rightarrow D^2 + e^+ + \nu$ $(+\ 1{,}18\ \text{MeV})$
  $D^2 + H^1 \rightarrow He^3 + \gamma$ $(+\ 5{,}49\ \text{MeV})$
  $He^3 + He^4 \rightarrow Be^7 + \gamma$ $(+\ 1{,}59\ \text{MeV})$
  $Be^7 + H^1 \rightarrow B^8 + \gamma$ $(+\ 0{,}13\ \text{MeV})$
  $B^8 \rightarrow Be^8 + e^+ + \nu$ $(+\ 10{,}78\ \text{MeV})$
  $Be^8 \rightarrow 2\,He^4$ $(+\ 0{,}09\ \text{MeV})$

(19,26 MeV + 20 % en deux neutrinos)

3. *Flash de l'hélium*

$$He^4 + He^4 + He^4 \rightarrow C^{12} + 2\,\nu\ (\text{ou} : e^+ + e^-) \qquad (+\ 7{,}275\ \text{MeV})$$

APPENDICE E

Les équations du Soleil

Nous avons évoqué, principalement dans la seconde partie de cet ouvrage, l'importance des recherches théoriques qui s'appuient sur la résolution d'un certain nombre d'équations physiques. Les plus classiques de ces équations sont reproduites ci-dessous, avec leur signification.

Rayonnement de corps noir

En tout point P, au sein d'un corps noir, l'intensité I du rayonnement, à chaque longueur d'onde λ (et par intervalle unité $d\lambda$ de longueur d'onde) I_λ, ou à chaque fréquence $\nu = c/\lambda$ (et par intervalle $d\nu$ unité de fréquence) I_ν, est isotrope. Le flux total de rayonnement, F (F_λ ou F_ν selon les cas), est égal à l'intensité intégrée sur toutes les directions. Si T est la température, et en utilisant pour les constantes physiques les symboles décrits dans l'appendice B, la loi de Planck s'écrit :

$$(1) \quad F_\lambda = B_\lambda = 2\pi hc^2\,\lambda^{-5}\,(e^{hc/k\lambda T} - 1)^{-1}$$
$$= 3{,}74\,\lambda^{-5}\,(e^{1{,}44/\lambda T} - 1)^{-1}\ \mathrm{erg\,cm^{-2}\,s^{-1}}\ (\lambda\ \text{en cm})$$

$$(1^{\,bis})\quad F_\lambda\,d\lambda = -\,F_\nu\,d\nu\,;\ \text{ou}\ F_\lambda = F_\nu\left|\frac{d\nu}{d\lambda}\right| = F_\nu\,\frac{c}{\lambda^2}$$

$$(1^{\,ter})\quad F_\nu = B_\nu = 2\pi h\,\nu^3\,c^{-2}\,(e^{h\nu/kT} - 1)^{-1}$$
$$= 4{,}63\ 10^{-47}\,\nu^3\,(e^{4{,}80.10^{-11}\,\nu/T} - 1)^{-1}\ \mathrm{erg\,cm^{-2}\,s^{-1}}\ (\nu\ \text{en cm}^{-1})$$

Le flux intégré sur l'ensemble du spectre, F, dépend simplement de la température, par la loi de Stefan :

$$(2)\quad F = \int_0^\infty F_\lambda\,d\lambda = \int_0^\infty F_\nu\,d\nu = \sigma T^4 = 5{,}7\ 10^{-5}\,T^4\ \mathrm{ergs\,cm^{-2}\,s^{-1}}$$

Équations d'équilibre dans les régions photosphériques

L'intensité du rayonnement n'est plus isotrope. Si l'on suit le cheminement de la lumière, le long d'une direction $x'x$, l'intensité est affaiblie par les processus d'absorption, augmentée par les processus d'émission. Si $I_\lambda = I_\lambda$ est le coefficient d'absorption par unité de longueur (à la longueur d'onde λ ou à la fréquence v), et $\varepsilon_\lambda \neq \varepsilon_v$ le coefficient d'émission par unité de volume et par intervalle de fréquence ou de longueur d'onde, l'équation du transfert de rayonnement s'écrit :

$$(3) \qquad \frac{dI_\lambda}{dx} = - \varkappa_\lambda \, I_\lambda + \varepsilon_\lambda$$

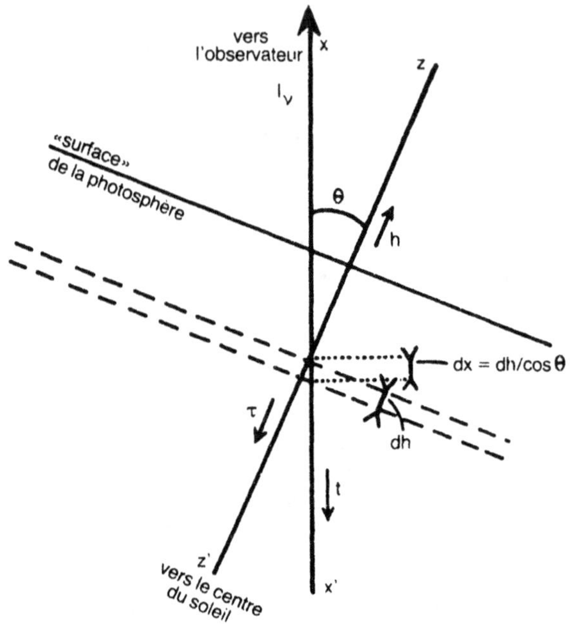

On suppose en général (figure 7) que le Soleil a une symétrie sphérique, et que les couches traversées de faible épaisseur par rapport au rayon du Soleil sont planes et parallèles. La direction $z'z$ est la normale à ces couches, et $x'x$ fait avec $z'z$ un angle θ.

La hauteur h est mesurée le long de $z'z$ à partir de la surface de la photosphère (donc négative dans les régions plus profondes, positive dans les régions extérieures) ; la profondeur optique, le long de $z'z$ et de $x'x$ respectivement, augmente si h décroît, et est définie par les deux équations :

$$(4) \qquad d\tau_\lambda = d\tau_v = - \varkappa_\lambda dh = - \varkappa_\lambda dh$$

$$(4\,bis) \qquad dt_\lambda = dt_v = - \varkappa_\lambda dh/\cos\theta = - \varkappa_\lambda dh/\cos\theta$$

En chaque point, on peut décrire le flux par la relation

$$(5) \qquad F_\lambda d\lambda = \int_{\text{volume}} I_\lambda \cos\theta \, d\Omega \, d\lambda = 2\pi \int_{-1}^{+1} I_\lambda \cos\theta \, d(\cos\theta) \, d\lambda$$

(où l'on peut remplacer λ par v).

L'équilibre radiatif s'exprime par la conservation du flux total, intégré à toutes les longueurs d'onde, qui reste égal à $\sigma\,T_{\text{eff}}^4$, où T_{eff} est la température effective du Soleil.

$$(6) \qquad F = \int_0^\infty F_\lambda\,d\lambda = \int_0^\infty F_\lambda\,d\nu = \sigma\,T_{\text{eff}}^4 = \text{constante}$$

L'équilibre hydrostatique fait intervenir la gravité dans les régions où l'on résout le système d'équations. Dans la photosphère, on a :

$$(7) \qquad g = G\mathcal{M}_\odot/\mathcal{R}_\odot{}^2$$

Et l'équilibre hydrostatique s'écrit alors, si p est la pression du gaz et ρ la densité :

$$(8) \qquad dp = -\,g\rho dh$$

L'équation d'état des gaz parfaits introduit une relation entre la température T, la pression p, la densité ρ :

$$(9) \qquad p = NkT = (\rho/\mu)\,\mathscr{R}kT = (\rho/\mu)\,\mathscr{R}T$$

où N est le nombre de particules (atomes, électrons, etc.) et où μ est la masse molaire moyenne du gaz, de l'ordre de l'unité : les autres symboles renvoient aux tables de constantes usuelles de l'appendice B.

L'équilibre thermodynamique (loi de Planck), s'écrit naturellement :

$$(10) \qquad S_\lambda = \varepsilon_\lambda/\varkappa_\lambda = B_\lambda(T)$$

ou :

$$(10\,\text{bis}) \qquad S_\nu = \varepsilon_\nu/\varkappa_\nu = B\nu(T)$$

La fonction S s'appelle la *fonction-source* du rayonnement.

Cette hypothèse, introduite dans l'équation (3), exprime l'équilibre thermodynamique local.

L'équation (3) peut être résolue, si l'on connaît S_λ, ou S_ν, à la surface de la photosphère ($\tau = 0$). On trouve :

$$(11) \qquad I_\lambda = \int_0^\infty S_\lambda\,e^{-t_\lambda}\,dt_\lambda = \int_0^\infty S_\lambda\,e^{-\tau_\lambda/\cos\theta}\,d\tau_\lambda/\cos\theta$$

Les équations microscopiques de l'équilibre thermodynamique

Un atome peut occuper (figure 8) des états 1, 2,... B, H... d'énergie E_1, E_2,... E_B, E_H... et le passage de l'un à l'autre correspond à l'émission ou à l'absorption d'un photon de fréquence ν, de longueur d'onde λ :

$$(12) \qquad h\nu = hc/\lambda = E_H - E_B = E$$

(les indices B et H signifient, respectivement, *bas* et *haut*)

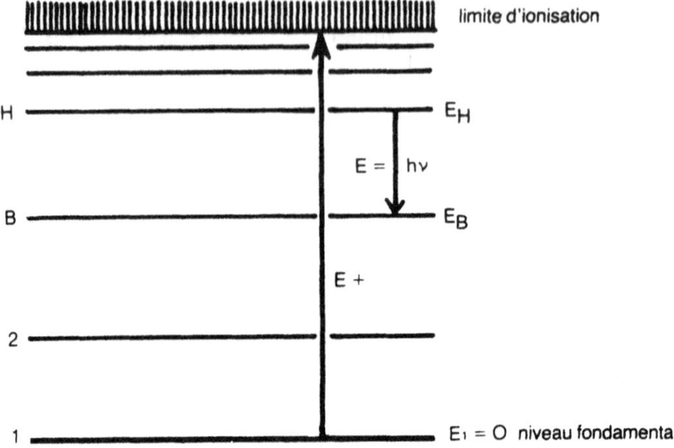

Figure 8 — *Niveaux d'énergie d'un atome ; énergie d'ionisation*

Les nombres d'atomes N_1, N_2... N_H, N_B... (par unité de volume) se trouvant respectivement dans les états 1, 2... H, B... sont commandés par l'équation de Boltzmann :

$$(13) \qquad N_H/N_B = (g_H/g_B)\, e^{-E/kT}$$

où les nombres g_H et g_B représentent les *poids statistiques* des niveaux d'énergie, et sont donnés par la physique quantique pour chaque atome.

Un atome peut être ionisé, et donner lieu à un ion et à un électron ; inversement, un électron et un ion positif peuvent se recombiner. Si N_e est le nombre d'électrons par unité de volume, et N_0 et N_+ respectivement le nombre d'atomes et d'ions positifs, leur équilibre est régi par la loi de Saha :

$$(14) \qquad \frac{N_e\, N_+}{N_0} = \frac{(2\pi\, m_e\, kT)^{3/2}}{h^3}\; \frac{2U_+}{U_0}\; e^{-E_+/kT}$$

$$= 1{,}3\; 10^5\; T^{3/2}\; 2\frac{U_+}{U_0}\; e^{-E_+/kT}$$

où E_+ est l'énergie nécessaire à l'ionisation, à partir du niveau fondamental, de l'atome considéré et où les fonctions U_0 et U_+, *fonctions de partition*, qui dépendent des poids statistiques des niveaux d'énergie de l'atome et de l'ion, et de la température, sont données par la physique quantique.

Deux atomes A et B (en nombre N_A et N_B par unité de volume) peuvent se combiner en une molécule AB (en nombre N_{AB} par unité de volume) ; les lois de cette combinaison sont fixées, à l'équilibre, par la loi d'action de masse (ou de Guldberg-Waage) :

$$(15) \quad \frac{N_A\,N_B}{N_{AB}} = \frac{(2\pi M\,kT)^{3/2}}{h^3}\,\frac{U_A\,U_B}{U_{AB}}\,e^{-D/kT}$$

$$= 8{,}8\ 10^{55}\,M^{3/2}\,T^{3/2}\,\frac{U_A\,U_B}{U_{AB}}\,e^{-D/kT}$$

où M est la *masse réduite* $M_A\,M_B/(M_A + M_B)$, D l'énergie de dissociation et où U_A, U_B, U_{AB}, fonctions de partition, respectivement, des atomes A et B et de la molécule AB, sont fournies par la physique quantique.

Les équations ci-dessus ne sont plus valables dans les régions de la chromosphère ou de la couronne ; nous renvoyons pour plus de détails aux ouvrages spécialisés signalés dans la bibliographie de l'appendice G.

Équations d'équilibre de l'étoile dans son ensemble

On ne peut plus (figure 9) supposer les couches stellaires comme planes et parallèles.

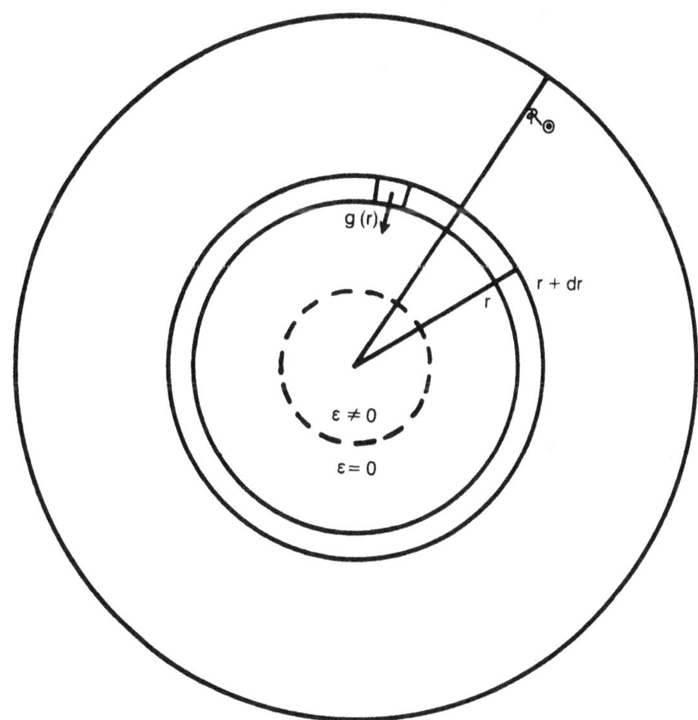

Mais les hypothèses physiques sont les mêmes que celles de l'équilibre, ci-dessus décrites dans le cas de la photosphère. La plus simple reste celle de l'équilibre hydrostatique :

$$(16) \qquad dp = -\, g(r)\, \rho\, dr$$

qui dépend, ici, non plus de *la* masse $\mathcal{M}_\odot$, par *la* gravité g, mais d'*une* gravité et d'*une* masse fonction de la distance r au centre du Soleil. L'équation (7) est donc remplacée par :

$$(17) \qquad g(r) = G\mathcal{M}(r)\, \frac{1}{r^2}$$

Une équation supplémentaire exprime la façon dont $\mathcal{M}(r)$ dépend de r :

$$(18) \qquad d\mathcal{M}(r) = 4\, \pi\, r^2\, \rho\, dr$$

L'équation de l'équilibre radiatif est identique à l'équation (6). Mais on peut la transformer en admettant (cela est valable et a été démontré) que l'opacité, fonction de la longueur d'onde, peut être représentée valablement par sa valeur moyenne, calculée selon l'expression de Rosseland :

$$(19) \qquad \overline{x} = \left(\int_0^\infty \frac{dS_\nu}{dT}\, d\nu \right) \Big/ \left(\int_0^\infty \frac{1}{x_\nu}\, \frac{dS_\nu}{dT}\, d\nu \right)$$

La luminosité $\mathcal{L}(r)$ est indépendante de r s'il n'y a pas production d'énergie dans les couches considérées ; alors on peut utiliser la température effective comme une mesure de la luminosité $\mathcal{L} = 4\pi r^2\, \sigma\, T_{\mathrm{eff}}^4$.

L'équation de l'équilibre radiatif devient alors :

$$(20) \qquad dT = \frac{1}{T(r)^3}\, \overline{x}\, \rho\, \frac{3}{4}\, T_{\mathrm{eff}}^4\, dr$$

avec

$$(21) \qquad S = B = \frac{\sigma}{\pi}\, T^4$$

(on utilise parfois la notation $\sigma = \frac{1}{4}\, ac$)

L'équation des gaz parfaits (9) reste valable au sein du Soleil, pour la pression du gaz (atomes, ions, électrons). Mais il faut y ajouter la pression de radiation, égale, dans les régions différentes de l'atmosphère :

$$(22) \qquad p_{\mathrm{rad}} = \frac{4}{3}\, \frac{\sigma}{c}\, T^4 = \frac{a}{3}\, T^4$$

La masse molaire moyenne peut (en raison du fort niveau d'ionisation) devenir plus faible que l'unité dans les région centrales. Si X, Y et Z (avec $X + Y + Z = 1$) sont les proportions respectives, en masse, de chaque espèce atomique, Hydrogène, Hélium, et tous les autres éléments, respectivement, on a :

$$(23) \quad \mu = 4/(2 + 6\,X + Y)$$

à un très bon degré d'approximation.

La solution des équations nécessite de connaître l'opacité moyenne. On obtient, en admettant qu'elle est due à un mélange « standard » d'éléments (mélange de Russell), l'expression :

$$(24) \quad \overline{\varkappa} = \frac{130\,N_e}{T^{7/2}\,t}\,(1 - X - Y) \sim \varkappa_0\,\rho^\alpha\,T^{-3+s}$$

avec, dans le cas solaire, $\alpha = 0{,}75$, $s = 3{,}5$ (approximation de Schwarzschild), où K_0 est une constante, et où t est un facteur voisin de l'unité, qui varie entre 1 et 3 000 dans les conditions solaires, et que l'on connaît en fonction de T et de N_e.

L'équation (20) a été écrite dans les régions où il n'y a pas production d'énergie. Dans les régions où la température est assez élevée pour qu'il y ait production d'énergie par les réactions thermonucléaires, on doit remplacer

$$\mathcal{L}(r) = \sigma\,T_{\mathrm{eff}}^4\,4\pi r^2$$

par :
$$(20^{\,bis}) \quad d\mathcal{L}(r) = 4\pi r^2\,\rho\,\varepsilon\,dr$$

où ε désigne le taux de production d'énergie nucléaire par gramme et par seconde (si l'on travaille en unités cgs). On doit donc disposer d'une équation complémentaire qui fournit ε. Elle est donnée par la théorie des réactions thermonucléaires. Une assez bonne approximation dans le cas solaire (réactions PP) est
$$(25) \quad \varepsilon = \varepsilon_0\,\rho^m\,T^n$$
avec $m = 1$, $n = 4$, et où ε_0 est une constante.

On peut, bien entendu, calculer ε avec une bien meilleure précision.

APPENDICE F

Les fleurs de Soleil

(Anthologie de poésies sur le Soleil
... et la nuit)

Guillaume APOLLINAIRE (1880-1918)

IL Y A

(a) Et te voilà revenue, pantelante, ô ma sœur !
De ce pays de feu où les femmes vont nues,
Où les membres sont noirs aux hommes qui t'aimèrent,
Où de longs corps se pâment au coin des carrefours,
Où l'on tranche la tête au soleil chaque jour
Pour qu'il verse son sang en rayons sur la terre.

(b)　　　　*L'ignorance*

Icare :
Soleil, je suis jeune et c'est à cause de toi,
Mon ombre peut être fausse je l'ai jetée.
Pardon, je ne fais pas plus d'ombre qu'une étoile
Je suis le seul qui pense dans l'immensité.

(...) Et j'ai pris mon essor vers ta face splendide
Les horizons terrestres se sont étalés
Des déserts de Libye aux palus méotides
Et des sources du Nil aux brumes de Thulé.

Soleil, je viens caresser ta face splendide
Et veux fixer ta flamme unique, aveuglement.
Icare étant céleste et plus divin qu'Alcide
Et son bûcher sera ton éblouissement.

Un pâtre :
Je vois un dieu oblong flotter sous le soleil,
Puisse le premier dieu visible s'en aller
Et si c'était un dieu mourant cette merveille
Prions qu'il tombe ailleurs que dans notre vallée.

Icare :
Pour éviter la nuit, ta mère incestueuse,
Dieu circulaire et bon je flotte entre les nues
Loin de la terre où vient, stellaire et somptueuse,
La nuit cette inconnue parmi les inconnus.

Et je vivrai par ta chaleur et d'espérance,
Mais, ton amour, soleil, brûle divinement
Mon corps qu'être divin voulut mon ignorance
Et ciel ! Humains ! je tourne en l'éblouissement.

Bateliers :
Un dieu choit dans la mer, un dieu nu, les mains vides
Au semblant des noyés il ira sur une île
Pourrir face tournée vers le soleil splendide.
Deux ailes feuillolent sous le ciel d'Ionie.

POÈMES A LOU

(c) Au soleil
    J'ai sommeil
    Lou je t'aime

(d) Tu me demandes trop d'aimer sans être aimé
        Tu me demandes trop peut-être
    Disait en souriant le doux soleil de mai
    A la belle fenêtre
    Tu veux que chaque jour
    Les longs rayons de mon amour
    T'illuminent mon cœur ainsi qu'une caresse
        Et toi toi que me donnes-tu
            Turlututu
        Dit la fenêtre
    Écoute-moi soleil mon maître
        Je ne suis belle que par toi
        J'existe par ta lumière
    A part l'obscurité de la chambre ma foi
    Je ne possède rien de rien pénètre-moi
    Et tout à coup je deviens belle et je suis claire

    Ainsi ma tendre Lou parlèrent le Soleil
        Et l'ombreuse fenêtre
    Soudain ce fut la nuit Il vint à disparaître
        Elle mourut aussi dans un obscur sommeil

LE GUETTEUR MÉLANCOLIQUE

Stavelot

(e) Jamais les crépuscules ne vaincront les aurores
Étonnons-nous des soirs mais vivons les matins
Méprisons l'immuable comme la pierre ou l'or
Sources qui tariront Que je trempe mes mains
    En l'onde heureuse

Le printemps

(f) Villages au soleil vous avez des jardins
Où les œillets sont gris parmi les autres plantes
Où les lézards avec dédain
Laissent passer presque maudites les tarentes

(...) Puis tout à coup l'horizon vert s'est déchiré
Montrant le violet des mers impétueuses
Le naufrage solaire aux princesses heureuses
De voir mourir un dieu qui dût les adorer

(g) Venez venez fillettes
Faut pas rester sur terre
Vaut mieux vaut mieux mourir

Et dardant un rayon
Tandis qu'elles trois courent
Après un papillon

Il enflamme les filles
Les trois fillettes brunes
Soleil Faut-il mourir

On vit trois étincelles
Et puis plus rien le rêve
Le rêve et le soleil

POÈMES RETROUVÉS

(h)   ### Au ciel

O ciel, vétéran vêtu de défroques,
Après cinq mille ans tu nous sers encor,
Les nuages sont les trous de tes loques
Le grand soleil est ta médaille d'or !

(i)   ### Aurore d'hiver

L'aurore adolescente
Qui songe au soleil d'or,
— Un soleil d'hiver sans flammes éclatantes
Enchanté par les fées qui jouent sous les cieux morts, —
L'Aurore adolescente

Monte peu à peu
Si doucement qu'on peut
Voir grelottante
Rosir l'aurore pénétrée
De la fraîcheur de la dernière vêprée.
Et le soleil terne, enchanté,
Se montre enfin, sans vie,
Sans clarté,
Car les fées d'hiver les lui ont ravies,
Et l'aurore joyeuse
Heureuse,
Meurt
Tout en pleurs
Dans le ciel étonné
Quasi honteuse
D'être mère d'un soleil mort-né.

(j)　　　*Nocturne*

Le ciel nocturne et bas s'éblouit de la ville
Et mon cœur bat d'amour à l'unisson des vies
Qui animent la ville au-dessous des grands cieux
Et l'allument le soir sans étonner nos yeux

Les rues ont ébloui le ciel de leurs lumières
Et l'esprit éternel n'est que par la matière
Et l'amour est humain et ne vit qu'en nos vies
L'amour cet éternel qui meurt inassouvi

Louis ARAGON (1897-1982)

(a) BROCÉLIANDE, *La nuit d'août* :

Belle nuit d'août couleur du danger
Je ne demande rien que de vivre assez pour
Voir la nuit fléchir et le vent changer

(b) LE CRÈVE-CŒUR, *Tapisserie de la grande peur*

Le paysage enfant de la terreur moderne
A des poissons volants sirènes poissons-scies
Qu'écrit-il blanc sur bleu dans le ciel celui-ci
Hydre-oiseau qui fait songer à l'hydre de Lerne
Écumeur de la terre oiseau-pierre qui coud
L'air aux maisons oiseau strident oiseau-comète
Et la géante guêpe acrobate allumette
Qui met aux murs flambants des bouquets de coucous

Ou si ce sont des vols de flamants qui rougissent
Ô carrousel flamand de l'antique sabbat
Sur un manche à balai le Messerschmidt s'abat
C'est la nuit en plein jour du nouveau Walpurgis,
Apocalypse époque Espace où la peur passe
Avec son grand transport de pleurs et de pâleurs
Reconnais-tu les champs la ville et les rapaces
Le clocher qui plus jamais ne sonnera l'heure
Les chariots bariolés de literies
Un ours un châle Un mort comme un soulier perdu
Les deux mains prises dans son ventre Une pendule
Les troupeaux échappés les charognes les cris
Des bronzes d'art à terre Où dormez-vous ce soir
Et des enfants juchés sur des marcheurs étranges
Des gens qui vont on ne sait où tout l'or des granges
Aux cheveux Les fossés où l'effroi vient s'asseoir
L'agonisant que l'on transporte et qui réclame
Une tisane et qui se plaint parce qu'il sue
Sa robe de bal sur le bras une bossue
La cage du serin qui traversa les flammes
Une machine à coudre Un vieillard C'est trop lourd
Encore un pas Je vais mourir va-t'en Marie
La beauté des soirs tombe et son aile marie
A ce Breughel d'Enfer un Breughel de Velours

Matsuo BASHO (1644-1694)

HAÏKAÏ

Sur le chemin du Soleil
Les roses trémières s'inclinent
dans les pluies de Mai

(...) Encore cuisant dans sa descente
le Soleil, indifférent
Au vent d'automne.

Charles BAUDELAIRE (1821-1867)

LES FLEURS DU MAL

(a)   *L'Invitation au voyage*

Mon enfant, ma sœur,
Songe à la douceur
D'aller là-bas vivre ensemble !

Aimer à loisir,
Aimer et mourir
Au pays qui te ressemble !
Les soleils mouillés
De ces ciels brouillés
Pour mon esprit ont les charmes
Si mystérieux
De tes traîtres yeux,
Brillant à travers leurs larmes.

Là, tout n'est qu'ordre et beauté,
Luxe, calme et volupté.

Des meubles luisants,
Polis par les ans,
Décoreraient notre chambre ;
Les plus rares fleurs
Mêlant leurs odeurs
Aux vagues senteurs de l'ambre.
Les riches plafonds,
Les miroirs profonds,
La splendeur orientale,
Tout y parlerait
A l'âme en secret
Sa douce langue natale.

Là, tout n'est qu'ordre et beauté,
Luxe, calme et volupté.

Vois sur ces canaux
Dormir ces vaisseaux
Dont l'humeur est vagabonde ;
C'est pour assouvir
Ton moindre désir
Qu'ils viennent du bout du monde.
— Les soleils couchants
Revêtent les champs,
Les canaux, la ville entière,
D'hyacinthe et d'or ;
Le monde s'endort
Dans une chaude lumière.

Là, tout n'est qu'ordre et beauté,
Luxe, calme et volupté.

(b)   *Spleen*

Rien n'égale en longueur les boiteuses journées,
Quand sous les lourds flocons des neigeuses années
L'ennui, fruit de la morne incuriosité,
Prend les proportions de l'immortalité.
— Désormais tu n'es plus, ô matière vivante !
Qu'un granit entouré d'une vague épouvante,
Assoupi dans le fond d'un Sahara brumeux ;

Un vieux sphinx ignoré du monde insoucieux,
Oublié sur la carte, et dont l'humeur farouche
Ne chante qu'aux rayons du soleil qui se couche.

(c) *Les bijoux*

...
— Et la lampe s'étant résignée à mourir,
Comme le foyer seul illuminait la chambre,
Chaque fois qu'il poussait un flamboyant soupir,
Il inondait de sang cette peau couleur d'ambre !

(d) *Recueillement*

Sois sage, ô ma Douleur, et tiens-toi plus tranquille.
Tu réclamais le Soir ; il descend ; le voici :
Une atmosphère obscure enveloppe la ville,
Aux uns portant la paix, aux autres le souci.

Pendant que des mortels la multitude vile,
Sous le fouet du Plaisir, ce bourreau sans merci,
Va cueillir des remords dans la fête servile,
Ma Douleur, donne-moi la main ; viens par ici,

Loin d'eux. Vois se pencher les défuntes Années,
Sur les balcons du ciel, en robes surannées ;
Surgir du fond des eaux le Regret souriant ;

Le Soleil moribond s'endormir sous une arche,
Et, comme un long linceul traînant à l'Orient,
Entends, ma chère, entends la douce Nuit qui marche.

(e) *Le coucher de soleil romantique*

Que le Soleil est beau quand tout frais il se lève,
Comme une explosion nous lançant son bonjour !
— Bienheureux celui-là qui peut avec amour
Saluer son coucher plus glorieux qu'un rêve !
Je me souviens !... J'ai vu tout, fleur, source, sillon,
Se pâmer sous son œil comme un cœur qui palpite...
— Courons vers l'horizon, il est tard, courons vite,
Pour attraper au moins un oblique rayon !

André BRETON (1896-1966)

CLAIR DE TERRE

(a) *Le Soleil en laisse*

A Pablo Picasso

Le grand frigorifique blanc dans la nuit des temps
Qui distribue les frissons à la ville

Chante pour lui seul
Et le fond de sa chanson ressemble à la nuit
Qui fait bien ce qu'elle fait et pleure de le savoir
Une nuit où j'étais de quart sur un volcan
J'ouvris sans bruit la porte d'une cabine et me jetai aux pieds de la
                                                            [lenteur

Tant je la trouvai belle et prête à m'obéir
Ce n'était qu'un rayon de la roue voilée
Au passage des morts elle s'appuyait sur moi
Jamais les vins braisés ne nous éclairèrent
Mon amie était trop loin des aurores qui font cercle autour d'une
                                                      [lampe arctique

Au temps de ma millième jeunesse
J'ai charmé cette torpille qui brille
Nous regardons l'incroyable et nous y croyons malgré nous
Comme je pris un jour la femme que j'aimais
Nous rendons les lumières heureuses
Elles se piquent à la cuisse devant moi
Posséder est un trèfle auquel j'ai ajouté artificiellement la
                                                   [quatrième feuille

Les canicules me frôlent
Comme les oiseaux qui tombent
Sous l'ombre il y a une lumière et sous cette lumière il y a deux
                                                            [ombres

Le fumeur met la dernière main à son travail
Il cherche l'unité de lui-même avec le paysage
Il est un des frissons du grand frigorifique

(b)   *Le Lavoir noir*

Papillons de nuit, petits toits de la nécessité naturelle à l'œil de
paille, à l'œil de poutre! Et vous, toits humains qui vous envolez chaque nuit aussi pour revenir vous poser les ailes jointes sous le compas
des dernières étoiles : il va falloir vivre encore.

(...) Je reconnais celle qui répand chaque nuit sa grande plainte
voluptueuse sur le monde, je sais la saluer à travers tous ces êtres qui
me poursuivent de leurs courbes contrariantes et augurales comme les
loups seuls visibles d'un bal masqué. Ce qui fut ne demande encore
qu'à s'assombrir dans les yeux de l'Argus aveugle et brillant qui veille
toujours. Mais le guidon de plumes ne lance pas en vain contre le lus-
tre de ce que nous rêvons logiquement d'établir la petite machine parfois incendiée, toujours incendiaire. Entends-tu, mais entends-tu, dis-
moi, la voix de cette jeune fille...? Le soleil vient seulement de se
coucher.

CADRANS SOLAIRES

« Je n'éclaire que les beaux jours »
« Sol ibi signa dabit fausta » (ici le soleil te les marquera sereines)
« Post tenebras spero lucem » (après les ténèbres, j'espère la lumière)
« Nil novi sub sole » (sous le soleil rien de nouveau)
« Sole horam do » (par le soleil je donne l'heure)
« Solem quis discere falsum audeat ? » (le soleil, qui ose dire qu'il ment ?)
« Solis mendaces arguit horas » (mon horloge me prouve que l'heure du soleil est trompeuse)
« Nulle sine sole umbra » (pas d'ombre sans soleil)
« Phoebo absente nil sum » (Phœbus absent, je ne suis rien)
« Nihil sine sole » (rien sans le soleil)
« Da mi il sole, ti daro l'ora » (italien : donne-moi le soleil, je te donnerai l'heure)
« Si sol silet sileo » (si le soleil se tait, je me tais)
« Do si dol » (je donne si le soleil donne)
« Sol lucet omnibus » (le soleil luit pour tout le monde)

Ou encore celle de l'auteur : « Soli solis solium », qui complète, d'un jeu l'autre, son ex-libris, « Liber inter libros ».

Aimé CÉSAIRE (né en 1913)

LES ARMES MIRACULEUSES

Soleil serpent œil fascinant mon œil
et la mer pouilleuse d'îles craquant aux doigts des roses
lance-flammes et mon cœur intact de foudroyé

René CHAR (né en 1907)

LES MATINAUX

(a)   Le soleil tourne, visage de l'agneau, c'est déjà le masque funèbre.

(b)   *Rougeur des matinaux*
        L'état d'esprit du soleil levant est allégresse malgré le jour cruel

et le souvenir de la nuit. La teinte du caillot devient la rougeur de l'aurore.

(c) *Ils sont privilégiés*

Ils sont privilégiés ceux que le soleil et le vent suffisent à rendre fous, sont suffisants à saccager !

LA PAROLE EN ARCHIPEL

(d) *Chant d'Insomnie*

Amour hélant, l'Amoureuse viendra,
Gloria de l'été, ô fruits !
La flèche du soleil traversera ses lèvres,
Le trèfle nu sur sa chair bouclera,
Miniature semblable à l'iris, l'orchidée,
Cadeau le plus ancien des prairies au plaisir
Que la cascade instille, que la bouche délivre.

(e) *Transit*

Insouciants, nous exaltons et contrecarrons justement la nature et les hommes. Cependant, terreur, au-dessus de notre tête, le soleil entre dans le signe de ses ennemis.

(f) *L'inoffensif*

Je n'ai pleuré en vérité qu'une seule fois. Le soleil en disparaissant avait coupé ton visage. Ta tête avait roulé dans la fosse du ciel et je ne croyais plus au lendemain.

(g) *La bibliothèque est en feu*

Par la bouche de ce canon il neige. C'était l'enfer dans notre tête. Au même moment c'est le printemps au bout de nos doigts. C'est la foulée de nouveau permise, la terre en amour, les herbes exubérantes.

(...) Frais soleil dont je suis la liane.

(h) *Sur une nuit sans ornement*

Regarder la nuit battue à mort ; continuer à nous suffire en elle.

(...) Au regard de la nuit vivante, le rêve n'est parfois qu'un lichen spectral.
Il ne fallait pas embraser le cœur de la nuit. Il fallait que l'obscur fût maître où se cisèle la rosée du matin.
La nuit ne succède qu'à elle. Le beffroi solaire n'est qu'une tolérance intéressée de la nuit.
La reconduction de notre mystère, c'est la nuit qui en prend soin ; la toilette des élus, c'est la nuit qui l'exécute.

(i)   *Déclarer son nom*

J'avais dix ans. La Sorgue m'enchâssait. Le soleil chantait les heures sur le sage cadran des eaux. L'insouciance et la douleur avaient scellé le coq de fer sur le toit des maisons et se supportaient ensemble. Mais quelle roue dans le cœur de l'enfant aux aguets tournait plus fort, tournait plus vite que celle du moulin dans son incendie blanc ?

(j)   *Nous avons*

Poésie, unique montée des hommes, que le soleil des morts ne peut assombrir dans l'infini parfait et burlesque.

André CHÉNIER (1762-1794)

L'AMÉRIQUE

Salut, ô belle nuit, étincelante et sombre,
(...) Accours, reine du monde, éternelle Uranie,
Soit que tes pas divins sur l'astre du Lion
Ou sur les triples feux du superbe Orion
Marchent, ou soit qu'au loin, fugitive emportée,
Tu suives les détours de la voie argentée,
Soleils amoncelés dans le céleste azur
Où le peuple a cru voir les traces d'un lait pur ;
Descends, non, porte-moi sur ta route brûlante ;
Que je m'élève au ciel comme une flamme ardente,
Déjà ce corps pesant se détache de moi.
Adieu, tombeau de chair, je ne suis plus à toi.
Terre, fuis sous mes pas. L'éther où le ciel nage
M'aspire. Je parcours l'océan sans rivage.
Plus de nuit. Je n'ai plus d'un globe opaque et dur,
Entre le jour et moi d'impénétrable mur.
Plus de nuit, et mon œil et se perd et se mêle
Dans les torrents profonds de la lumière éternelle...

Jean D. De l'ISLE (1672-1719)

TROISIÈME ÉPÎTRE SUR LA PHILOSOPHIE DE NEWTON

(...) Tous les hommes sont nés sous l'étoile Soleil
Vivant de sa chaleur, baignés dans sa lumière ;
Et ce sont les saisons qui gouvernent la Terre,
Humble esclave à jamais d'un astre sans pareil.
Il nous donne le jour, et ses mille bienfaits,
Il engendre la vie ; il nourrit la Nature ;

Comme la Terre suit les chemins qu'il lui fait,
Jupiter et Saturne, et Mars, Vénus, Mercure
Sont soumis à ses lois, prostrés à ses genoux...
Nous savons aujourd'hui notre astre gigantesque ;
Et l'on voit, Monseigneur, combien il est grotesque
D'asservir les humains aux lois de ces cailloux :
Combien l'astrologie entraîne de chimères,
Il faut bien en parler... J'eus préféré me taire !...

Robert DESNOS (1900-1945)

(a)   FORTUNES. *The night of loveless nights*

Nuit putride et glaciale, épouvantable nuit,
Nuit du fantôme infirme et des plantes pourries,
Incandescente nuit, flamme et feu dans les puits,
Ténèbres sans éclairs, mensonges et roueries.

(...) Le soleil ce jour-là couchait dans la cité.

(...) Nuit des nuits sans amour étrangleuse du rêve
Nuit de sang nuit de feu nuit de guerre sans trêve
Nuit de chemin perdu parmi les escaliers
Et de pieds retombant trop lourds sur les paliers
Nuit de luxure nuit de chute dans l'abîme
Nuit de chaînes sonnant dans la salle du crime
Nuit de fantômes nus se glissant dans les lits
Nuit de réveil quand les dormeurs sont affaiblis.
Sentant rouler du sang sur leur maigre poitrine
Et monter à leurs dents la bave de l'angine
Ils caressent dans l'ombre un vampire velu
Et ne distinguent pas si le monstre goulu
N'est pas le cœur battant sous leurs côtes souillées.
Nuit d'échos indistincts et de braises mouillées
Nuit d'incendies étincelant sur les miroirs
Nuit d'aveugle cherchant des sous dans les tiroirs
Nuits des nuits sans amour, où les draps se dérobent,
Où sur les boulevards sifflent les policiers
Ô nuit ! cruelle nuit où frissonnent des robes
Où chuchotent des voix au chevet des malades,
Nuit close pour jamais par des verrous d'acier
Nuit ô nuit solitaire et sans astre et sans rade !

(...) Quant au ciel, plus fané qu'une photographie
Usée par les regards, il n'est qu'un long loisir.

(...) Ô Révolte !

(b)   *Bacchus et Apollon*

... Chaque matin le soleil se lève
L'ombre se dissout dans l'ombre
L'homme réfléchit l'homme...

D. DIOP (né en 1927)

CELLE QUI A TOUT PERDU

Le soleil brillait dans ma case
Et mes femmes étaient belles et souples
Comme les palmiers sous la brise des soirs
Puis un jour, le Silence...
Les rayons du soleil semblèrent s'éteindre
Dans ma case vide de sens.

Paul ÉLUARD (1895-1952)

POÉSIE ININTERROMPUE

(a) Par toi je vais de la lumière à la lumière
     De la chaleur à la chaleur
     C'est par toi que je parle et tu restes au centre
     De tout comme un soleil consentant au bonheur

(b) Cette petite tache de lumière dans la campagne
     Ce feu du soir est un serpent à la tête froide
     La tache de la bête dans un paysage humain
     Où tous les animaux sont les mouvements
     De la terre bien réelle
     Du soleil maigre et pâle
     Du soleil gros et rouge
     Et de la lune sans passé
     Et de la lune à souvenirs

     Cette petite tache de lumière cette fenêtre
     Éclaire les épaules adorables d'un ours
     Et d'un loup de Paris vieux de mille ans

(c) Sur la courbe du jour le soleil de la mort
     Tisse un épais vitrail de beautés bien vêtues
     Nous n'avons que deux mains nous n'avons qu'une tête
     Car nous avons appris à compter à réduire

(d) La joie de vivre est un fruit mûr
     Que le soleil glace de sucre

(e) J'en vins pour me sauver à rêver d'animaux
     De chiens errants et fous de nocturnes immenses
     D'insectes de bois sec et de grappes gluantes
     Et de masses mouvantes
     Plus confuses que des rochers
     Plus compliquées que la forêt d'outre-chaleur
     Où le soleil se glisse comme une névrite

POÉSIES, 1913-1926

(f)   Le soir, le soleil qui se couche
Comme un fardeau glisse d'une épaule.

(g) Aussi naïve qu'un miroir,
    Elle n'a pas de toit,
    RIEN QU'UN SOLEIL
Et l'ombre chaude sans les murs.

(h)   *Imbécile habitant*

            Le soleil développe
         Jeune et femme et du mur
            De peinture immobile
            Sortent des pierres.

         Sur les pierres, de gauche à droite,
      Un enfant est assis à côté d'un vieillard,
            Un visage.

               Au loin,
               Ma mère
         Danse comme une poussière.

(i)   *Ah !*
   Ah ! Mille flammes, un feu, la lumière,
         Une ombre !...
         Le soleil me suit.

(j) Où es-tu ? Tournes-tu le soleil de l'oubli dans mon cœur !

G. GRATIANT (né en 1901)

LA PETITE DEMOISELLE

En me levant
De grand matin,
De ma chambre j'ai vu
Un soleil tout de sang,
Neuf et pimpant, qui se levait
A l'autre bord de la Martinique

Victor HUGO (1802-1885)

(a)   *Soleils couchants*

   ... Le soleil s'est couché ce soir dans les nuées.
   Demain viendra l'orage, et le soir, et la nuit ;
   Puis l'aube, et ses clartés de vapeurs obstruées ;
   Puis les nuits, puis les jours, pas du temps qui s'enfuit !

LA LÉGENDE DES SIÈCLES

(b)   *Plein ciel*

Vers l'apparition terrible des soleils,
Il monte ; dans l'horreur des espaces vermeils,
Il s'oriente, ouvrant ses voiles ;
On croirait, dans l'éther où de loin on l'entend,
Que ce vaisseau puissant et superbe, en chantant,
Part pour une de ces étoiles

(c)   *Abîme*

                La voie lactée :
Millions, millions et millions d'étoiles !
Je suis, dans l'ombre affreuse et sous les sacrés voiles,
La splendide forêt des constellations.
C'est moi qui suis l'amas des yeux et des rayons,
L'épaisseur inouïe et morne des lumières,
Encor tout débordant des effluves premières,
Mon éclatant abîme est votre source à tous.
Ô les astres d'en bas, je suis si loin de vous
Que mon vaste archipel de splendeurs immobiles,
Que mon tas de soleils n'est, pour vos yeux débiles,
Au fond du ciel, désert lugubre où meurt le bruit,
Qu'un peu de cendre rouge éparse dans la nuit !
Mais, ô globes rampants et lourds, quelle épouvante
Pour qui pénétrerait dans ma lueur vivante,
Pour qui verrait de près mon nuage vermeil !
Chaque point est un astre et chaque astre un soleil.
Autant d'astres, autant d'humanités étranges,
Diverses, s'approchant des démons ou des anges,
Dont les planètes font autant de nations ;
Un groupe d'univers, en proie aux passions,
Tourne autour de chacun de mes soleils de flammes ;
Dans chaque humanité sont des cœurs et des âmes,
Miroirs profonds ouverts à l'œil universel,
Dans chaque cœur l'amour, dans chaque âme le ciel !
Tout cela naît, meurt, croît, décroît, se multiplie.
La lumière en regorge et l'ombre en est remplie.
Dans le gouffre sous moi, de mon aube éblouis,
Globes, grains de lumière au loin épanouis,
Toi, zodiaque, vous, comètes éperdues,
Tremblants, vous traversez les blêmes étendues,
Et vos bruits sont pareils à de vagues clairons,
Et j'ai plus de soleils que vous de moucherons.

(d)   LA FIN DE SATAN
           ...
Le soleil était là qui mourait dans l'abîme.

L'astre, au fond du brouillard, sans air qui le ranime,
Se refroidissait, morne et lentement détruit.

On voyait sa rondeur sinistre dans la nuit ;
Et l'on voyait décroître, en ce silence sombre,
Ses ulcères de feu sous une lèpre d'ombre.
Charbon d'un monde éteint ! flambeau soufflé par Dieu !
Comme si par les trous du crâne on eût vu l'âme.
Au centre palpitait et rampait une flamme
Qui par instants léchait les bords extérieurs,
Et de chaque cratère il sortait des lueurs
Qui frissonnaient ainsi que de flamboyants glaives,
Et s'évanouissaient sans bruit comme des rêves.
L'astre était presque noir. L'archange était si las
Qu'il n'avait plus de voix et plus de souffle, hélas !
Et l'astre agonisait sous ses regards farouches.

    ... Satan, égaré, sans haleine,
La prunelle éblouie et de cet éclair pleine,
Battit de l'aile, ouvrit les mains, puis tressaillit
Et cria : — Désespoir ! Le voilà qui pâlit ! —

Et l'archange comprit, pareil au mât qui sombre,
Qu'il était le noyé du déluge de l'ombre ;
Il reploya son aile aux ongles de granit
Et se tordit les bras. — Et l'astre s'éteignit.

Takahama KYOSHI (1874-1959)

Sur les collines lointaines
le Soleil fait une prise :
l'étendue morne de la lande

Sur le fond large du ciel
Se tendent et se penchent
les arbres de l'hiver

... Dans les yeux du vieil homme
Le Soleil pénétrant
semble brouillé

Jean de LA FONTAINE (1621-1695)

UN ANIMAL DANS LA LUNE

J'aperçois le soleil : quelle en est la figure ?
Ici-bas ce grand corps n'a que trois pieds de tour,
Mais, si je le voyais là-haut dans son séjour,
Que seroit-ce à mes yeux que l'œil de la Nature ?
Sa distance me fait juger de sa grandeur ;
Sur l'angle et les côtés ma main la détermine
L'ignorant le croit plat : j'épaissis sa rondeur ;
Je le rends immobile, et la terre chemine.

Alphonse de LAMARTINE (1790-1869)

L'AUTOMNE

Salut, bois couronnés d'un reste de verdure !
Feuillages jaunissants sur les gazons épars !
Salut, derniers beaux jours ! le deuil de la nature
Convient à la douleur et plaît à mes regards.

(...) Terre, soleil, vallons, belle et douce nature,
Je vous dois une larme aux bords de mon tombeau !
L'air est si parfumé ! la lumière est si pure !
Aux regards d'un mourant le soleil est si beau !

(...) La fleur tombe en livrant ses parfums au zéphire ;
A la vie, au soleil, ce sont là ses adieux :
Moi, je meurs ; et mon âme, au moment qu'elle expire
S'exhale comme un son triste et mélodieux.

LECONTE de LISLE (1818-1894)

MIDI

Midi, roi des étés, épandu sur la plaine,
Tombe en nappes d'argent des hauteurs du ciel bleu.
Tout se tait. L'air flamboie et brûle sans haleine ;
La terre est assoupie en sa robe de feu.

L'étendue est immense, et les champs n'ont point d'ombre,
Et la source est tarie où buvaient les troupeaux ;
La lointaine forêt, dont la lisière est sombre,
Dort là-bas, immobile, en un pesant repos.

Seuls, les grands blés mûris, tels qu'une mer dorée,
Se déroulent au loin, dédaigneux du sommeil ;
Pacifiques enfants de la terre sacrée,
Ils épuisent sans peur la coupe du soleil.

Parfois, comme un soupir de leur âme brûlante,
Du sein des épis lourds qui murmurent entre eux,
Une ondulation majestueuse et lente
S'éveille, et va mourir à l'horizon poudreux.

Non loin, quelques bœufs blancs, couchés parmi les herbes,
Bavent avec lenteur sur leurs fanons épais,
Et suivent de leurs yeux languissants et superbes
Le songe intérieur qu'ils n'achèvent jamais.

Homme, si le cœur plein de joie ou d'amertume,
Tu passais vers midi dans les champs radieux,
Fuis ! la nature est vide et le soleil consume ;
Rien n'est vivant ici, rien n'est triste ou joyeux.

Mais si, désabusé des larmes et du rire,
Altéré de l'oubli de ce monde agité,
Tu veux, ne sachant plus pardonner ou maudire,
Goûter une suprême et morne volupté,

Viens ! Le soleil te parle en paroles sublimes ;
Dans sa flamme implacable absorbe-toi sans fin ;
Et retourne à pas lents vers les cités infimes,
Le cœur trempé sept fois dans le néant divin.

Stéphane MALLARMÉ (1842-1898)

SOUPIR

Mon âme vers ton front où rêve, ô calme sœur
Un automne jonché de taches de rousseur,
Et vers le ciel errant de ton œil angélique
Monte, comme dans un jardin mélancolique,
Fidèle, un blanc jet d'eau soupire vers l'Azur !
— Vers l'Azur attendri d'Octobre pâle et pur
Qui mire aux grands bassins sa langueur infinie
Et laisse, sur l'eau morte où la fauve agonie
Des feuilles erre au vent et creuse un froid sillon,
Se traîner le soleil jaune d'un long rayon.

Gérard de NERVAL (1808-1855)

a)   *El Desdichado*

Je suis le Ténébreux, — le Veuf, — l'Inconsolé,
Le Prince d'Aquitaine à la Tour abolie :
Ma seule *Étoile* est morte, — et mon luth constellé
Porte le *Soleil* noir de la *Mélancolie.*

Dans la nuit du Tombeau, Toi qui m'as consolé,
Rends-moi le Pausilippe et la mer d'Italie,
La *fleur* qui plaisait tant à mon cœur désolé,
Et la treille où le Pampre à la Rose s'allie.

Suis-je Amour ou Phébus ?... Lusignan ou Biron ?
Mon front est rouge encore du baiser de la Reine ;
J'ai rêvé dans la Grotte où nage la Sirène...

Et j'ai deux fois vainqueur traversé l'Achéron :

Modulant tour à tour sur la lyre d'Orphée
Les soupirs de la Sainte et les cris de la Fée.

b)   *Le point noir*

Quiconque a regardé le soleil fixement
Croit voir devant ses yeux voler obstinément
Autour de lui, dans l'air, une tache livide.

Ainsi, tout jeune encore et plus audacieux,
Sur la gloire un instant j'osai fixer les yeux ;
Un point noir est resté dans mon regard avide.

Depuis, mêlée à tout comme un signe de deuil,
Partout, sur quelque endroit que s'arrête mon œil,
Je la vois se poser aussi, la tache noire ! —

Quoi, toujours ? Entre moi sans cesse et le bonheur !
Oh ! c'est que l'aigle seul — malheur à nous, malheur !
Contemple impunément le Soleil et la Gloire.

Raymond QUENEAU (1903-1976)

PETITE COSMOGONIE PORTATIVE

(...) la verdure des eaux la verdure des branches
l'appât pour ces rayons tombés d'un soleil roux

(...) si le soleil se casse en le biréfringeant
c'est des bouts de soleil ces glaviots minuscules
les taches du grand homme ont fait leurs petits gènes
Dans l'espace homogène impose un homuncule
le rayon jaunissant effondrant tétraèdre
tisonné par le noir aqueux et cosmogène
sur la digue tangente en brisures plumées
le gluant hélicule étend des convulsions
en panaches géants couronnes pseudopécs

(...) Lorsque l'épais soleil revenant de sa course
émerge de la nuit du froid et de l'hiver
alors dans la campagne on constate ébahi
que d'autres animaux vont naître après coï

(...) oh jeunesse oh jeunesse oh ce soleil voilé
du viol de l'indigo des volets du violet
et des pleins de l'azur et des touches de rouge
et des chaleurs du jaune oh lumière oh jeunesse

oh soleil il se hisse imbibé de fardauds
des fardauds chauds d'un astre en loi d'évolution
il se hisse au-dessus de la ligne horizon

(...) soleil couperosé chevelu tacheté
semé de grains de son roux glaiseux jeune et sot
Père très modéré d'une tribu docile

Arthur RIMBAUD (1854-1891)

LE BATEAU IVRE

(...) J'ai vu le soleil bas, taché d'horreurs mystiques,
Illuminant de longs figements violets,
Pareils à des acteurs de drames très antiques
Les flots roulant au loin leurs frissons de volets !

(...) Toute lune est atroce, et tout soleil amer...

Pierre de RONSARD (1524-1585)

a)   *Sonnets pour Hélène*

Te regardant assise auprès de ta cousine,
Belle comme une Aurore et toi comme un Soleil,
Je pensai voir deux fleurs d'un même teint pareil,
Croissantes en beauté, l'une à l'autre voisine.

b)   *Sonnets posthumes*

Apollon et son fils, deux grands maîtres ensemble,
Ne me sauraient guérir ; leur métier m'a trompé,
Adieu, plaisant Soleil ! mon œil est étoupé,
Mon corps s'en va descendre où tout se désassemble.

Edmond ROSTAND (1868-1918)

CHANTECLER

Hymne au Soleil

Toi qui sèches les pleurs des moindres graminées,
Qui fais d'une fleur morte un vivant papillon,
Lorsqu'on voit, s'effeuillant comme des destinées,
        Trembler au vent des Pyrénées
        Les amandiers du Roussillon,
Je t'adore, Soleil ! ô toi dont la lumière,
Pour bénir chaque front et mûrir chaque miel,
Entrant dans chaque fleur et dans chaque chaumière,

Se divise et demeure entière
    Ainsi que l'amour maternel!

Je te chante et tu peux m'accepter pour ton prêtre
Toi qui viens dans la cuve où trempe un savon bleu,
Et qui choisis souvent, quand tu vas disparaître,
    L'humble vitre d'une fenêtre
    Pour lancer ton dernier adieu!
Tu fais tourner les tournesols du presbytère,
Luire le frère d'or que j'ai sur le clocher,
Et quand, par les tilleuls, tu viens avec mystère,
    Tu fais bouger les ronds par terre
    Si beaux qu'on n'ose plus marcher!

Tu changes en émail le vernis de la cruche;
Tu fais un étendard en séchant un torchon;
La meule a, grâce à toi, de l'or sur sa capuche,
    Et sa petite sœur la ruche
    A de l'or sur son capuchon!
Gloire à toi sur les prés! Gloire à toi dans les vignes!
Sois béni parmi l'herbe et contre les portails!
Dans les yeux des lézards et sur l'aile des cygnes!
    Ô toi qui fais les grandes lignes
    Et qui fais les petits détails!

C'est toi qui, découpant la sœur jumelle et sombre
Qui se couche et s'allonge au pied de ce qui luit,
De tout ce qui nous charme as su doubler le nombre,
    A chaque objet donnant une ombre
    Souvent plus charmante que lui!
Je t'adore, Soleil! Tu mets dans l'air des roses,
Des flammes dans la source, un dieu dans le buisson!
Tu prends un arbre obscur et tu l'apothéoses!
    Ô Soleil! toi sans qui les choses
    Ne seraient que ce qu'elles sont!

Girard de SAINT-AMANT (1594-1661)

LE SOLEIL LEVANT

Jeune déesse au teint vermeil,
    Que l'Orient révère,
Aurore, fille du Soleil,
    Qui nais devant ton père,
Viens soudain me rendre le jour,
Pour voir l'objet de mon amour.

La Lune, qui le voit venir,
    En est toute confuse;

Sa lueur, prête à se ternir,
 A nos yeux se refuse,
Et son visage, à cet abord,
Sent comme une espèce de mort.

(...) Mais, au contraire, les oiseaux
 Qui charment les oreilles
Accordent au doux bruit des eaux
 Leurs gorges non pareilles
Célébrant les divins appas
Du grand astre qui suit tes pas.

Léopold Sédar SENGHOR (né en 1906)

ÉTHIOPIQUES

(...) Je dis KAYA-MAGAN je suis ! Roi de la lune, j'unis la nuit et le jour
Je suis prince du Nord du Sud, du Soleil-levant prince et Soleil-
 [couchant
La plaine ouverte à mille ruts, la matrice où se fondent les métaux
 [précieux.
Il en sort l'or rouge de l'Homme rouge — rouge ma dilection à moi
Le Roi de l'or — qui a la splendeur du midi, la douceur féminine de la
 [nuit...

William SHAKESPEARE (1564-1616)

TROÏLUS ET CRESSIDA

(...) And therefore is the glorious planet, Sol,
In noble eminence enthron'd and spher'd
Amidst the other...

(Et, de ce fait, la radieuse planète, Sol,
Est intronisée en une noble prééminence, et incluse
A sa place parmi les autres)

Percy Bysshe SHELLEY (1792-1822)

HYMN OF APOLLO

I stand at noon upon the peak of heaven ;
Then with unwilling steps I wander down
Into the clouds of the Atlantic even ;

For grief that I depart they weep and frown.
What look is more delightful than the smile
With which I soothe them from the western isle ?

I am the eye with which the universe
Beholds itself, and knows itself divine,
All harmony of instrument of verse,
All prophecy, all medecine, are mine,
All light of art or nature — to my song
Victory and praise in its own right belong.

(Je me tiens à midi en haut du firmament
Puis d'un pas indécis, je descends en errant
Au profond des nuages de l'Atlantique plat ;

Navrés de mon départ ils pleurent de tristesse.
Mais quel aspect plus délicieux que le sourire
Dont je les calme enfin, des îles du couchant ?

Je suis l'œil par lequel l'univers
Se regarde lui-même, et se connaît divin ;
Toute harmonie de l'instrument ou du poème,
Toute prophétie, toute médecine, sont à moi,
Et toute lumière de l'art ou de la nature — C'est à mon chant
Que revient de plein droit la victoire et l'éloge.)

Paul VALÉRY (1871-1945)

a)   *Ébauche d'un serpent*

... Soleil, soleil !... Faute éclatante !
Toi qui masques la mort, Soleil,
Sous l'azur et l'or d'une tente
Où les fleurs tiennent leur conseil ;
Par d'impénétrables délices,
Toi, le plus fier de mes complices,
Et de mes pièges le plus haut,
Tu gardes les cœurs de connaître
Que l'univers n'est qu'un défaut
Dans la pureté du Non-être !...

b)   *Le cimetière marin*

(...) Quel pur travail de fins éclairs consume
Maint diamant d'imperceptible écume,
Et quelle paix semble se concevoir !
Quand sur l'abîme un soleil se repose,
Ouvrages purs d'une éternelle cause,
Le Temps scintille et le Songe est savoir.

(...) Oui ! Grande mer de délires douée,

Peau de panthère et chlamyde trouée
De mille et mille idoles du soleil.

André VERDET (né en 1904)

LE CIEL ET SON FANTÔME

Ô CENTRE Ô CŒUR
Tant de chaos en toi
Tant d'explosions d'arrachements tant
De catastrophes et tant
     De renaissances ô SOLEIL
     Et tant d'ordre
     Autour de toi

De qui es-tu la proie sinon
De toi-même
De qui es-tu la possession sinon
De ton feu
De qui détiens-tu le pouvoir sinon
De tes gaz et plasmas

     Mais l'OMBRE
     Est-elle tienne
       L'OMBRE DE L'OBSCUR

Que gardent en réserve
Les immenses chambres froides du Soleil

Le Soleil actionne
La Terre pense.

(...) La Terre se souvient
Du temps où elle fut
Fraction de soleil

Parfois elle immole
Une part de soi
Par le feu

Beau Soleil notre
Bien avant que tu sois né
Il s'en est passé des choses
Dont peut-être tu n'as plus
La moindre souvenance

Des choses qui ne te font plus
Ni chaud ni froid

(...) Pour le Soleil
Avec ses deux milliards de milliards de milliards
De tonnes de gaz

Les quelques lentes milliards d'années encore à vivre
C'est dans l'instant même
De maintenant qu'il les assume
Assure et fixe contre soi-même
Sa propre flamme et contre
Sa propre ardeur à se nier
Or la lumière naît
De l'héroïque contrainte

(...) Ô Soleil

Dans le cœur blanc de sa fournaise
Une orange nouvelle
Précise son futur
Avec ses pépins
Son écorce
Et son goût

(...) Toute étoile porte en rêve
Un soleil dans le cœur

Paul VERLAINE (1844-1896)

LA BONNE CHANSON

Donc, ce sera par un clair jour d'été ;
Le grand soleil, complice de ma joie,
Fera, parmi le satin, et la soie,
Plus belle encor votre chère beauté ;

Le ciel tout bleu, comme une haute tente,
Frissonnera somptueux à longs plis
Sur nos deux fronts heureux qu'auront pâlis
L'émotion du bonheur et l'attente ;

Et quand le soir viendra, l'air sera doux
Qui se jouera, caressant, dans vos voiles,
Et les regards paisibles des étoiles
Bienveillamment souriront aux époux.

Théophile de VIAU (1590-1626)

LE MATIN

L'aurore sur le front du jour
Sème l'azur, l'or et l'ivoire,

Et le soleil, lassé de boire,
Commence son oblique tour.

(...) Cette chandelle semble morte,
Le jour la fait évanouir ;
Le soleil vient nous éblouir :
Vois qu'il passe au travers la porte !

Il est jour : levons-nous, Philis ;
Allons à notre jardinage,
Voir s'il est, comme ton visage,
Semé de roses et de lys [1].

1. Les poèmes ci-dessus ont été reproduits avec l'autorisation des Éditions Seghers (Louis Aragon), Gallimard (André Breton, Césaire, René Char, Robert Desnos, Paul Eluard, Raymond Queneau, Paul Valéry), Presses Universitaires de France (G. Gratiant), Le Seuil (Léopold Sédar Senghor), Présences Africaines (David Diop), et Galilée (André Verdet).

APPENDICE G

Lectures solaires
(Bibliographie)

A) Sur le soleil

Parmi les « *classiques* » que l'on peut consulter avec fruit, mais aussi avec un certain recul, il faut citer :
A. Secchi, *Le Soleil*, Gauthier-Villars, 1877.
G. Abetti, *Le Soleil*, 1963. Faberand, Faber, London.
G. Bruhat, *Le Soleil*, Alcan, 1931, revu par L. d'Azambuja, Alcan, 1951.
D'un accès *simple,* on pourra lire :
J.-C. Pecker, *Du modèle à la Physique, l'Atmosphère solaire,* 1982. Essais et Conférences du Collège de France, P.U.F. Une Conférence sans équations, où la progressive complexité de notre représentation de l'atmosphère solaire est décrite.
R. Michard, *Le Soleil*, Que sais-je?, n° 230, P.U.F., 1966. Un exposé solide, mais, en peu de décennies, dépassé complètement dans le domaine des recherches spatiales et de la radioastronomie.
D.H. Menzel, *Our Sun*, Blakiston, Philadephia, 1949. D'un ton alerte, cet ouvrage souffre, comme le précédent, des ravages du temps. On peut y apprendre cependant encore bien des choses.
R.W. Noyes, *Our star the Sun*, 1984. Ce qu'il y a de mieux dans les ouvrages récents.
« *L'Astronomie* », 1980, oct. Numéro spécial sur l'activité solaire. Assez modeste et très facile à lire.
Parmi les ouvrages *spécialisés* (souvent collectifs) :
The Sun (Ed. Kuiper), The Univ. of Chic. Press, Chicago, U.S.A., 1953.
Déjà bien vieux, lui aussi, mais comportant, sur l'activité solaire et sur l'histoire de l'astronomie solaire, des informations que des traités plus modernes ne reprennent pas.
The Sun as a Star, S. Jordan Ed. NASA-CNRS, Ed. 1981, est un ouvrage collectif qui couvre l'essentiel des observations et des théories concernant les couches extérieures (observables) du Soleil.
De nombreux colloques publiés concernent également le Soleil.

Les *monographies* suivantes sont, parmi beaucoup d'autres, de bons ouvrages apportant des informations sérieuses et nombreuses sur les observations du Soleil, surtout depuis les observatoires du Sol.

Sunspots, Bray R.J., Loughead R.E., Chapman & Hall, London, 1964.

The Solar Corona, Billings D.E., Acad. Pr., 1966.

The Solar granulation Bray R.J., R.E. Loughead, Chapman & Hall, London, 1967.

Solar Activity A guide to Tandberg-Hanssen E., Waltham Blaisdell, U.S.A., 1967.

The Quiet Sun, Gibson E.G., NASA Publ., Greenbelt, U.S.A., 1973.

The Solar Chromosphere, Bray R.J., Loughead R.E., International astrophysics series, Chapman and Hall, London, 1974.

Solar Flares, Svestka Z., Reidel D., Dordrecht, Pays-Bas, 1976.

The Solar Output and its Variation White Boulder O.R., Univ. press, Boulder, U.S.A., 1977.

A new Sun : solar results from Skylab, Eddy J.A., NASA Publ., Greenbelt, U.S.A., 1979.

B) Sur le système solaire, sujet de la troisième partie de l'ouvrage

Les planètes, L. Cayeux et Brunier, Bordas, Paris, 1982.

Exploration du système solaire, G. Israël, Hachette, Paris, 1977.

Earth and Cosmos, R. Kandel, Perganion Press, Oxford, 1980.

Le Grand Tour, R. Miller et W.K. Hartmann, trad. de l'anglais par B. et C. Magnan, Laffont, Paris, 1983.

C) Ouvrages très généraux sur l'astronomie

On aura encore plaisir à lire les vieux classiques de Camille Flammarion, récemment réimprimés, et complétés d'une postface contemporaine :

Astronomie populaire, Flammarion, 1880 et 1975 (fac-similé avec postface de J.C. Pecker).

Les étoiles et les curiosités du ciel, Flammarion, 1882 et 1981 (fac-similé avec postface de J.C. Pecker).

De nombreux ouvrages modernes, souvent richement illustrés, donnent des informations intéressantes. Sans citer (c'est à regret !) aucun livre qui ne soit écrit ou traduit en français, on peut en donner la liste chronologique suivante, nécessairement imparfaite et partielle, autant que partiale. La date de l'ouvrage suffit à indiquer s'il s'agit d'un ouvrage en partie dépassé en ce qui concerne les aspects modernes de la science astronomique. Un astérisque signale les livres les plus largement illustrés.

L'Architecture de l'Univers, Paul Couderc, Gauthier Villars, 1947.

La création de l'Univers, G. Gamow, Dunod, trad. de l'anglais, 1956.

Structure de l'Univers, E. Schatzman, Hachette, 1968.

Le Ciel et deux écrits, J.C. Pecker, Delpire, 1960 et Hermann, 1972.

* *L'Homme et le Cosmos*, S. Groueff, J.P. Cartier, Larousse, 1975.

Des astres, de la vie et des hommes, R. Jastrow (trad. de l'anglais, Le Seuil, 1975).

La découverte du Cosmos, Ph. de La Cotardière, Eyrolles, 1976.

* *La Nouvelle Astronomie*, J.-C. Pecker (collectif), 1971, rev. 1976, Hachette.

Recherche en Astrophysique, J. Lequeux (coll.), Le Seuil, 1977.

Ce ciel qui nous entoure, M. Hack (trad. de l'italien), Atlas, 1978.

Initiation à l'Astronomie, A. Acker, Masson, 1979.

Guide-Explo de l'Astronomie, P. de La Cotardière, Hachette, 1979.

* *Histoire de l'Univers*, A. Hayli (Coll.), Hachette, 1980.

* *Au-delà de la Voie lactée*, J. Heidmann, Hachette, 1980.

Encyclopédie du Bureau des Longitudes, 4 volumes collectifs depuis 1980, un par an (système solaire, étoiles, galaxies, physique), périodicité 5 ans, Gauthier-Villars.

* *Cosmos*, C. Sagan (trad. de l'anglais), Mazarine, 1981.

Patience dans l'Azur, H. Reeves, Le Seuil, 1981.

La nouvelle révolution astronomique, J. Lequeux, Hachette, 1981.

Aujourd'hui l'Univers, J. Audouze, Belfond, 1981.

Méthodes de l'Astrophysique, L. Gouguenheim, C.N.R.S.-Hachette, 1981.

Clefs pour l'astronomie, J.-C. Pecker, Seghers, 1981.

Astronomie, P. de La Cotardière (collectif), Larousse, 1981.

* *L'Encyclopédie de Cambridge* (trad. de l'anglais) (collectif), 1982.

L'Univers, P. Couderc, 1955, éd. révisée, P.U.F., 1982.

* *Atlas astronomique de l'Encyclopaedia Universalis* (collectif), E. Univ., 1983.

* *L'Astronomie, Science du ciel*, J.-C. Pecker (collectif), Flammarion, 1985 (sous presse).

D) ATLAS, DICTIONNAIRES ET TABLES

Ces ouvrages de références sont souvent fort utiles. Nous nous limiterons aux plus largement utilisés.

Les Dictionnaires du Savoir moderne, l'Astronomie (collectif), Centre d'Études et de Promotion de la Lecture, Paris, 1973.

Vocabulaire d'astronomie, Centre international de la Langue française, Hachette, 1980.

Dictionnaire de l'Astronomie, P. Muller, éd. rév., Larousse, 1980.

Atlas d'astronomie, J. Hermann, Stock, 1976.

Astrophysical Quantities (en anglais), C.W. Allen, 3e éd., Lathlone Press, London, 1973.

Landolt-Bornstein, Astronomy and astrophysics, vol. VI a, b, c (collectif en anglais et allemand), Springer, 1982.

Annuaire du Bureau des Longitudes, Gauthier-Villars (annuel).

Index

Ceci *n'est pas* un index « général », qui citerait tous les mots « signifiants », le nom de tous les astronomes cités, avec l'indication de toutes les pages de l'ouvrage où ces mots, où ces noms sont appelés.

C'est au contraire un index « *sélectif* » : seuls sont appelés soit les mots simples, issus du langage courant, avec l'indication de la première page où ils sont cités dans le contexte astronomique, — soit au contraire les mots quelque peu « savants », accompagnés des numéros des pages où ils sont définis et où les notions correspondantes sont étudiées, voire, si cela a été jugé nécessaire à la lecture du texte, d'une brève définition ou d'une précision.

Cet index sert donc, non pas à « trouver » dans le livre telle notion qu'on y recherche (la table des matières devrait suffire !), mais à « aider » le lecteur dans une lecture linéaire. L'index des notations et symboles (p 332-339) et les nombreux appendices devraient compléter utilement ce rôle de « guide » de l'index ci-après.

aberration de la lumière : effet, résultant de la composition de la direction de la vitesse de la Terre sur son orbite et de la direction de la vitesse de la lumière issue d'une étoile, sur la direction apparente de l'étoile en question 209

abondance (des éléments chimiques) *164*

accrétion : agglutination de matière — gaz, poussières — autour d'une masse matérielle, étoile ou planète, ou d'une amorce de condensation de masse matérielle 280

activité magnétique (solaire) 62, 133, *277-242*, *345-347*

— stellaire 198

adiabatique : qualifie l'évolution d'un système qui n'échange pas d'énergie avec l'extérieur, ou la distribution des quantités physiques dans un milieu où les mouvements de matière suivent une évolution adiabatique 129

Adonis (astéroïde) 51

âge : de la Terre *269-273*, 292

— du Soleil *269-273*, 292

— des étoiles *133*, 190

— de la galaxie *133*

âge(s) glaciaire (s). Voir : glaciation(s).

agitation des images 139

albédo (fraction du rayonnement reçu par une surface-planète, etc., — renvoyée vers l'extérieur) *208*

alidade : instrument servant à viser une direction du ciel 38

Almageste : catalogue stellaire d'Hipparque et de Ptolémée 46, 58

altitude (géométrique) : représente la position d'une couche déterminée du soleil ou d'une étoile, comptée le long du rayon, positivement vers l'extérieur, à partir de la surface 135

amas d'étoiles *273-274*

— local de galaxies. Voir : groupe local 59

— de galaxies 59, 112

Andromède, constellation boréale, où se trouve la seule galaxie de l'hémisphère boréal visible à l'œil nu 59

angström 330

anneau(x) de Jupiter, Saturne, Uranus *224-225, 351-352*

année(s) de lumière (ou année-lumière) *56, 331*

annuaire du Bureau des Longitudes (publication annuelle donnant l'évolution du mouvement apparent des astres, et de nombreuses informations astronomiques) 26

aplatissement du Soleil 150, 194

— de la Terre 341

(rapport du diamètre mesuré le long de l'axe des pôles au diamètre mesuré dans le plan de l'équateur)

arche(s) (de divers phénomènes solaires) 174, 181, 186, 231

archétype *101*

assombrissement (au bord du disque solaire) *107*, 140

astéroïde(s). Voir aussi : petites planètes 205, *217*

astrolabe (lunette visant les étoiles situées à une hauteur déterminée au-dessus de l'horizon) 318

astrologie 13, 18, *31-36*

astrométrie, (cette partie de l'astronomie qui s'occupe de la position des astres et de leurs mouvements apparents sur la voûte céleste) 318

atmosphère solaire 107

— terrestre 138

— stellaire 193

attraction universelle *52*

aurores(s) polaire(s), australe(s) ou boréale(s) 237, *255*

avance du périhélie de Mercure *318*

Baryons 242

Be (étoiles B à raies d'émission) 192

Bélier (constellation zodiacale) 35

Bételgeuse (étoile supergéante rouge) 55

Big Bang. Voir aussi : grande explosion *133, 295*

Bilan détaillé *161*

— global *161*

Bleu du ciel 71

bombes d'Ellerman (petites éruptions locales de la chromosphère)   65
bord (solaire). Voir aussi : assombrissement 136, 139, 169, 320
boucle(s) (magnétiques) ....   178, etc.
bulle(s) (coronales)   236
Bureau des Longitudes (organisme officiel français chargé de procéder
    à l'édition d'annuaires des positions apparentes des astres principaux
    et à des recherches de mécanique céleste)   26
Bureau international des Poids et Mesures (organisme international
    chargé de la définition des unités, de la fixation, par convention, des
    rapports entre les unités des différentes grandeurs physiques, de
    recherches physiques en rapport avec ces problèmes ; abréviation
    B.I.P.M.)   51

cadran(s) **solaire**(s) 85, 86, *371*
calcul des perturbations. Voir : perturbations.
calendrier luni-solaire   31
calorie *54, 332*
carte céleste   46
Cassiopée (constellation boréale)   33
ceintures de Van Allen *240*
cellules convectives 141, 151
    — de la supergranulation 142, 169, 171
    (voir aussi : convection, supergranulation)
Centaure (α Cen : étoile la plus proche du Soleil) 56, 195
centre(s) **actif**(s). Voir aussi : régions actives   72
cephéide (type d'étoile variable) 195, 198
cercle écliptique (trace sur le ciel du plan de l'écliptique, voir ce mot) ..   34
cercle méridien (lunette visant les astres au moment où leur mouvement
    apparent traverse le plan méridien du lieu)   318
Chaine(s) de réactions thermonucléaires. Voir aussi : réactions thermo-
    nucléaires *122, 355*
    — proton-proton 122, 130, 355
Champ magnétique 65, *152-155*, 228
    — poloïdal 152, 228
    — toroïdal 153, 228
    — stellaire   198
Champ de gravitation (ou gravitationnel) 78, 204
Chauffage (de la couronne et de la chromosphère)   111
Chondrite(s) carbonnée(s)   217
Chromosphère *167-172, 342-344*
ciel, *passim !*
ciel de naissance   33
circulation méridienne   152
classe de luminosité *191*
classification des étoiles   107
clepsydre (ancien instrument de mesure de la durée)   38
climat, climatologie *243-261*

comète(s) 110, *219, 353*
— de Halley.. 219
compas *38*
composantes K et F de la couronne 175
Concorde (avion supersonique qui suivit la trajectoire de l'ombre de la Lune au cours de l'éclipse totale de 1973) 23, 28
condensation (du soleil, d'une nébuleuse) 147
conduction thermique (conduction de la chaleur) 170
conservation du moment angulaire. Voir aussi ce mot 148
constante solaire *54, 196*
constante de la gravitation universelle. Voir aussi ce mot *332*
constellations 32
continus de Lyman, Balmer, Paschen, Brackett (du spectre de l'hydrogène) 138
contraction (gravitationnelle) 119, 195
convection. Voir aussi : mouvement convectifs, cellules convectives ...
... 126, 127, *150-152*
— pénétrante *143*
conversion d'énergie 231
coronium 159
coronographe (lunette construite dans le but d'observer la couronne solaire) 72, 232
corps noir 103, *357*
cosmogonie(s) (science dont l'objet est l'étude de l'évolution des astres, spécialement celle du système solaire) 19, *269-273*
cosmologie(s) (science dont l'objet est l'étude de l'univers dans sa totalité) 37, 112, 187
couche renversante *298*
coucher héliaque 32
couleur (d'une étoile, du Soleil) 50, *55*, 67, 191
courbes de croissance *162-164*
couronne (solaire) 66, 71, *173-182*, 342, *344-345*
couronne (des protubérances solaires du soleil ; à ne pas confondre avec le mot précédent) 233
création 269
cycle (d'activité solaire) 63, *154*, 229, *345-347*
— (d'activité stellaire) 155, 197
— CNO (de réactions thermonucléaires) Voir aussi : réactions thermonucléaires *122*, 355
Cygne (constellation boréale) (étoile 61 Cyg) 56

décalage spectral (vers le rouge) *321-322*
défaut de masse (des noyaux) 293
déférent *45*
dégénérescence quantique.................................... *117*
— thermodynamique, ... 111
Deimos 217
densité du Soleil 53, *101, 330*
— de la Terre *53, 101*

déviation des rayons lumineux *320*
diagramme de Bartels 252
— de Hertzsprung-Russell (ou HR) (ou couleur luminosité) *191-198*
— de Grotrian... 159
— papillon, ou en ailes de papillon, de Spörer............. *65*, fig. 3 p. *347*
diamètre angulaire du Soleil *51*
— équatorial, polaire, de la Terre............................. 51, 341
(voir aussi : dimensions, rayon, aplatissement)
diffusion turbulente, mécanique (liée à la propagation de l'énergie
associée à l'existence de gradients des conditions physiques) ... 132, 170
— de la lumière 175
dimensions de la Lune, du Soleil 41, 341, 351
discontinuité de Lyman 169
disque solaire, lunaire 139, 173
distance Soleil-Terre, Terre-Lune *41, 51, 341*
— des étoiles.. 47
distribution spectrale (du rayonnement)......................... 106
domaine XUV (du spectre) 177
Dragon, constellation boréale ; étoile α Dra 33
dynamo... *150-155*

écarts à l'équilibre thermodynamique local (ETL).............. *160-161*
échelle de hauteur.. 136, 140
éclipse(s) de Soleil 18, *23-30, 173-174*
— de Lune 24
écliptique (plan contenant le Soleil et l'orbite de la Terre autour du
Soleil) (ou plan de l'écliptique) 35, *348*
effet de serre (chauffage local d'un milieu situé sous une paroi de verre
ou sous une atmosphère, et dû à ce que le rayonnement visible incident traverse verre et atmosphère, tandis que le rayonnement infrarouge émis par le milieu éclairé ne peut traverser verre ni atmosphère qui lui sont opaques) 221
— Zeeman (séparation en plusieurs composantes des raies spectrales,
sous l'influence d'un champ magnétique)....................... 197
— Poynting-Robertson *209*
— Doppler (déplacement des raies spectrales dans le spectre, dû au mouvement, par rapport à l'observateur, de la source de lumière ou de la
région responsable de la raie considérée) 162
effondrement gravitationnel.................................... 273
éjection(s) **éruptive**(s). Voir aussi : éruptions..................... 15
éjection des queues de comètes 184
équant *45*
équateur terrestre 32
— du Soleil *64*, 347
équations du mouvement 308
— de Newton 317
— de Maxwell *307-308*
— d'état *117, 359*, 361
— de transfert radiatif 161, *300-301, 358*
équilibre 101

— stationnaire *161*
— radiatif (ER).. *109, 357-359, 361*
— hydrostatique (EH).. *109, 359, 361*
— thermodynamique (strict) (ET) *108, 357, 359-360*
— thermodynamique local (ETL) *108, 157-166*
équinoxe(s) 32, 244
— vernal 32
   (Voir : précession)
équipartition de l'énergie.................................. *121*
électron-volt *332*
ellipse parallactique. Voir aussi : parallaxe........................ 47
énergie 36
— solaire 89, 93
   (Voir : réactions thermonucléaires, luminosité, température effective,
   concernant l'origine solaire de l'énergie.)
— fossile *90*
— thermique (des mers).. *92*
— nucléaire 93, 120, 121
— gravitationnelle.. 120
— thermique (dans le soleil) 120
— magnétique 170
— potentielle 119
engin(s) **spatial**(aux) 78, 80, 236
épaisseur optique. Voir aussi : profondeur optique 107
épicycle (cercle dont le centre est assujetti à tourner sur un autre cercle
   plus grand, ou dont la circonférence est assujettie à rouler sur un
   autre cercle, à l'extérieur de celui-ci, et en lui restant tangent) 46
Eros (astéroïde).. 51
éruptions (solaires) 65, *235-237*
— volcaniques 260
espace des phases 117
essaim météoritique.. 206
étoile(s) 11, *189-202*
— fixes 46
— polaire.. 19
— à neutrons (étape ultime de l'évolution des étoiles de masse assez élevée) 285
— de Wolf-Rayet 192, 198
— pulsantes 197
— variables 197
— A magnétiques 197
évolution du système solaire *269-282*
— thermonucléaire 106, 198
exosphère.. 248
expansion de l'univers 133, *295-296*

facules (chromosphériques) 149, *231*
fenêtres(du spectre continu solaire) 137
— (de l'atmosphère terrestre) 138
fibrilles *171*
figure de la Terre 51

filaments. Voir aussi : protubérances 65, *232*
filigranes 80, 153
filtre monochromatique polarisant 72
— (s) coloré(s) *55*
fission 93, *294*
flash (de l'hélium, du carbone). Voir aussi : réactions thermonucléaires . *123*
flux magnétique 153
flux de masse. Voir aussi : perte de masse 193, 227
fonction de Planck. Voir aussi : loi de P. 168, *357*
fonction-source *359*
fonction de partition 360
force centrifuge *53*
— d'inertie *53*
— d'Archimède. Voir aussi : principe d'A. 144
— (s) de friction (ou de frottement) 281
four *103-104*
fusées 73
fusion 93, *294*

Galaxie 11, 59
galaxie(s) 59
— d'Andromède 59
gaz (parfait) 100, *116-118*
géante(s) 191
— rouge(s) 195
Gémeaux, constellation zodiacale 34
gerbe(s) **de rayons cosmiques** *241*
géologie 101, 118
géomagnétisme 246, *252-253*
glaciation 260
gnomon (forme ancienne de cadran solaire) 38
gradient de température (ou thermique) 108, 197
— adiabatique 129
grains de riz. Voir aussi : granules 69, 141
— de poussières, voir : poussières.
grandeur (d'une étoile, du soleil). Voir aussi : magnitude 39, *54*
Grande Ourse, constellation boréale, ... 33
grande explosion. Voir aussi : Big Bang *133, 295*
granules 69
granulation 69
gravitation universelle 13, *52*, 101, 286
gravité superficielle *191*
groupe local (de galaxies). Voir aussi : amas local *59*
groupe de taches *154*
— de transformation de Poincaré *315*
— de transformation de Lorentz *315*

hydromagnétisme. Voir : magnétohydrodynamique 152

impact(s) (météoritique(s)) 214
inclinaison (des orbites) *348-352*

inégalités d'Heisenberg 163
inertie *53*, 316
infrarouge (IR) . . . . 67, etc.
intensité (des raies spectrales) 163
interféromètres (en radioastronomie) 77
intérieur (solaire) *115-155, 341-342*
intervalles de Kirkwood (zones, à des distances déterminées du Soleil,
    où le nombre des astéroïdes de grand axe correspondant est très fai-
    ble) 206
invariance relativiste *317*
inversion du champ magnétique 235
ion(s) *159, 176, 359*
ionisation *159, 176, 359*
ion négatif hydrogène 138
ionosphère *247-252*

jets coronaux . . . . 72, etc. *174, 233-234*
jonctions *94*
Jupiter . . . . 32, etc. *223-224*

laboratoire solaire orbitant 80
largeur Doppler (d'une raie) *163-164*
laser 299
latéral *141*
latitudes héliographiques *64, 149*
lentille (de lunette) 77
lepton(s) (particule(s) très légères de spin 1/2 : électrons, positrons,
    muons, neutrinos) *78*
libre parcours moyen *104*, 107
limite de Balmer (ou discontinuité de B) 138
loi de Boltzmann 110, 161, 162
   — de Fechner *54*
loi(s) (ou équations) de Kepler 51, *204*, 276
   — de Kirchhoff 297
   — de Maxwell. Voir aussi : equ. de Maxwell *314*
   — de Newton *52-53*, 204, 205
   — de Planck 103, *345*
   — de Pogson *54*
   — de Saha 162
   — de Stefan *106*, 357
   — de Titius-Bode 277
loi d'action de masse (ou de Guldberg-Waage) *360*
longitude héliographique *149*
longueur d'onde 67
lumière blanche 35, *57*
lumière zodiacale *110*
luminosité solaire 49, *105, 341*
   — stellaire 50, 191

Lune 11, *216-217*
lunette astronomique 46, 54

machine solaire *147-156*
— thermonucléaire 147
machinerie (solaire) 100
magie 22, 31, 81
magnétisme (solaire) 13, *150-155*, 228
— (terrestre) 13
magnétohydrodynamique (MHD) 180, 267, *305-311*
magnétosphère (terrestre) *254*
magnétosphère(s) planétaire(s) *263-268*
magnitude absolue *57*
— apparente *57, 76*
— solaire *49, 341*
— stellaire *50, 54*
— folométrique (mesurée en tenant compte de l'ensemble du spectre de
l'étoile ou du soleil) 341
maisons (en astrologie) *34*
marée(s) 90, *206-208, 266-267*
Mars 31, *222-223*
mascons 216
maser *299*
masse de la Terre 52, 53, *341*
— solaire 49, 53, *341*
— stellaire 50, 190
— lunaire 52
— réduite *360*
— gravitationnelle 316
— inertielle 316
maximum (d'activité solaire) *63, 346-347*
mécanique céleste *52*, 206
mélange de Russell *362*
Mercure 32, *215-216*
méridien solaire origine 149
mésons 242
mésosphère *247*
météore(s) 61
météorites 214, 220, 265
météorologie 61, *256*
méthodes des époques superposées *246*
métrique (définition des intervalles dans l'espace-temps des géométries
non euclidiennes) *316*
micromètre (ne pas confondre le micromètre, millionnième de mètre, et
l'appareil constitué de fils mobiles dans le plan de l'image formée par
l'objectif d'un instrument astronomique) 51
migration (des zones tachées) *154*
milieu interplanétaire 233
— interstellaire 111

minimum (d'activité solaire) *63*
— de Maunder *64, 229,* 346
— de Spörer *64*
— de température (dans l'atmosphère solaire) 165
miroir(s) (de télescopes) *76, 77*
modèle *101-113*
mole (atome-gramme, ou molécule-gramme, de masse égale à $\mathcal{N}$ fois la masse de l'atome ou de la molécule considérée, $\mathcal{N}$ étant le nombre d'Avogadro) 118
moment d'inertie *148*
— angulaire *148,* 277
— cinétique. Voir aussi : quantité de mouvement 117, 183
mouvement(s) **convectif**(s). Voir aussi : convection 126, 143, 231
— des astres 43
— parallactique 45
multiplet *163*

Naine blanche (étoile hypercondensée) 124, 191, 281
N.A.S.A. (National aeronautical and space administration : organisme américain officiel chargé de la poursuite des expériences spatiales et des lancements d'engins spatiaux) 80, 149
nébuleuses (masses gazeuses localisées dans la Galaxie ; ancien nom des galaxies, et nommées alors nébuleuses extragalactiques, voir galaxies) 59
nébuleuse pré-, proto- (ou primitive) ou circum- solaire 93, 147, 203, 275
nébulium 176
Neptune *205, 225*
neutrino(s) *78, 131*
neutrino-astronomie 78
niveau(x) **d'énergie**
(atomiques, moléculaires, nucléaires) 104, 159, 293, 359
nombre d'Avogadro 99, 120
— de Prandtl 152
— de Reynolds 152
nova(e) (étoiles dont l'accroissement d'éclat est si notable qu'elles apparaissent comme nouvelles) 193
nuages (ou nuées) de Magellan (galaxies visibles à l'œil nu dans l'hémisphère austral) 59
nutation *244*

océan(s) *89*
ombre (d'une tache) *230*
ondes mécaniques 111, 170
— sonores 170
— magnétohydrodynamiques, d'Alfrén 180
— de choc (ondes se propageant à une vitesse supersonique et dont le front est associé à une discontinuité des paramètres physiques) 254
— gravitationnelles (oscillations du champ de gravitation se propageant à partir d'un astre de configuration variable, comme un pulsar double) 322

opacité 125
— grise 165
— de Rosseland *361*
orages magnétiques 237
orbite (de la Terre autour du Soleil) *243-244*
Orion (nébuleuse d'). 25
— (constellation équatoriale) 55
orogenèse (formation des reliefs géographiques) 271
oscillations *143-145*, 194
ozone *247*
ozonosphère *247-250*

pieds (d'une éruption, d'une protubérance,
d'une boucle magnétique) 181, 235
piles solaires 95
plages (chromosphériques) *231*
plan galactique 58
planètes 187, *213-226, 263-268, 348-352*
planètes telluriques (soit Mercure, Vénus, Terre, Mars) 277
— troyennes *205*
plasma 239, *309*
plumes 179
Pluton 187, *219*
poésie, poètes *81-88, 363-388*
poids statistiques 359
point critique 117
point(s) brillant(s). 230
— de Lagrange 206
Poissons (constellation zodiacale) 35
polarité(s) **des taches** 150
pôle(s) **magnétique**(s) 65
pôle(s) **du Soleil** *64*
pollution thermique 95
polos (forme ancienne de cadran solaire) 38
Pont-Euxin (nom ancien de la mer Noire) 38
P Cygni (étoile typique dont les raies ont des profils caractéristiques). . . 193
papillon. Voir : diagramme.
paradoxe(s) d'Olber, de Seeliger 324
parallactique (effet). 43
parallaxe *50*
— annuelle *47*
— diurne *50*
paramètres d'état 102
parsec 56, *331*
particules 36, *239-242*
— relativistes 240
passage de Vénus 50, 62
— de Mercure 62
pénombre (d'une tache) *230*
périhélie (de Mercure). Voir aussi : avance du périhélie de Mercure . . 318-319

périodicité (de l'activité solaire) *63-64*
persistance 257
perte de masse. Voir aussi : vent 151, 186, 192
perturbations (calcul des) *205*
— de l'ionosphère 251
phénomènes (coronaux) **transitoires** (en anglais : transients) 236-238
phénomènes actifs 65, 77, 90
Phobos 217
photochimie 251
photoélectrique (effet) *94*
photographie 68
photomètre(s) 55
photon(s) (particule(s) constituant la lumière et associés aux ondes électromagnétiques de toutes longueurs d'onde) 12
photosphère *108, 135-146, 157-166, 342-343, 357-360*
photosynthèse 251
Pore 141
positron (électron positif) 122
poussières. Voir aussi : grains de poussière 100
pouvoir de résolution 76
précession (des équinoxes) *35, 244*
pression de radiation 183, *361*
principe anthropique 282
— d'équivalence *316-317*
principe d'exclusion de Pauli 117
— d'Archimède 109
— de l'inertie 53
production d'énergie 125, 196
profil (d'une raie spectrale) *67, 158*
profondeur optique *108, 135*, 165, 358
— géométrique *108*
proto-étoile 194
— -stellaire, -solaire (qualifie le *milieu* où va naître l'étoile, le Soleil, ou
l'*objet* dont elle va naître) 278
proton(s) (éruptions à) *236*
protubérances 65, 67, 173, *232*
pulsars 240
pulsation 195

quantité de mouvement 183
queues (de comètes) 110, 208

radar 75
radial *141*
radiant météoritique *220*
radioélectriques (ondes) 75, 174
— astronomie 76

— télescope 76
— interféromètre 77
radiosource 204
rafales (d'éruptions) 236-237
raies d'absorption 137
— de Fraunhofer 67, 158-160
— d'émission 160, 167-168
— particulières :
    D sodium neutre 67
    G radical CH 67
    H, K calcium ionisé 67
    Hα, Hβ, Hγ raies de Balmer de l'Hydrogène 68
    Lyα, Lyβ raies de Lyman de l'Hydrogène 167
    h, k magnésium ionisé 167
    infrarouge de l'hélium 167
    verte de la couronne 72
    rouge de la couronne 72
    coronales 176-178
raies interdites 177
rayon du Soleil 49, 341
— de la Terre 52, 341
— des étoiles 50
rayon(s) cosmique(s). Voir aussi : rayonnement 239-242
rayonnement(s) cosmique(s) 239-242
— X 73
— gamma(s) 73
— électromagnétiques 75
rayonnement (de corps noir) 103
— absolu du Soleil 105
réactions thermonucléaires. Voir aussi : énergie nucléaire, production
    d'énergie 105, 121-124, 355, 362, 289-296
recherche spatiale. Voir aussi : engins spatiaux, satellites 79
réfraction 41
régions actives.. 175
— unipolaires (magnétiques) 153
— M du Soleil 252-253
relation(s) Soleil-Terre... 243-261
— masse-luminosité. Voir aussi : lois, équations 190, 273
Relativité Restreinte (RR) (théorie qui part des mesures par Michelson
    de l'invariance de la vitesse de la lumière ; considérant cette vitesse
    comme une vitesse limite supérieure dans le vide, la RR fait appel
    aux transformations de Lorentz pour le passage des coordonnées
    d'un point matériel aux coordonnées du même point dans un système
    en mouvement relatif de translation uniforme par rapport au pre-
    mier ; la RR développe les conséquences de ces principes) ... 313, 315-316
Relativité Générale 205, 313-322
renversement (des raies) 297
réseau chromosphérique 110, 171
résolution spectrale 79
— spatiale. Voir aussi : pouvoir de résolution 79
rétrogradation 44

Rigel (étoile bleue de la constellation d'Orion)   55
rites magiques   19
— solaires   31
rotateur oblique 155, 234
rotation (le mot peut désigner le phénomène de la rotation d'un astre, et
la période de ce phénomène) 65, 140, *148-150*
— planétaire   207
— synodique   149
— sidérale   149
— de Carrington 149, 253
— différentielle 150, 253
— de la Galaxie (galactique) *58*
rugosité   140

saisons   20
Saros   23
satellite(s) artificiel(s)   51
— Skylab   177
— naturels 204, *351-352*
— de Jupiter *217-218*
— de Saturne *218-219*
— S.O.T.   80
saturation. Voir : raies d'absorption   164
Saturne 31, *224*
Scorpion (constellation zodiacale)   35
secteurs magnétiques *186, 234*
séquence isoélectronique *177*
série principale (des étoiles)   191
serre(s)   93
serre. Voir : effet de serre.
Sirius (étoile du Grand Chien)   47
Soleil, *passim !*
solstice d'été, d'hiver *32, 244*
sonde spatiale   115
S.O.T. (Solar Orbiting telescope)   80
source d'énergie (au centre du Soleil)   128
sous-naines   191
spectre   103
spectre solaire continu   67
— de raies   67
spectre dynamique   77
spectre éclair   158
spectrographe   67
— à fente étroite *68*
— à fente large *68*
spectrohéliographe   70
spectrohéliogramme   70-80
sphère(s) **armillaire**(s) (jeu articulé de sphères représentant les différentes « sphères » portant les planètes et les étoiles)   38

spicules *169, 343-344*
stratosphère 247
structure interne (du Soleil) *115-134*, 342, 355, *360-362*
   — (des étoiles) *189-190, 197*
structures magnétiques 153
sublunaire (monde) (désigne tout ce qui se trouve plus près de nous que
   la Lune, — y compris tous les phénomènes terrestres et atmosphériques) 61
superamas 59, 112
supergéantes 124, 191, 282
supergranule (et supergranulation) *142*, 169
supernova(e) 61, 193
surface (du Soleil) *136*
   — de la photosphère, de la chromosphère 169
sursauts géomagnétiques 252
   — solaires (de type I, II, III, IV, V) 77, 236, 251
système de Copernic (ou copernicien) *45*
   — de Ptolémée (ou ptolémaïque) *45*
   — de référence absolu 46, *314*
   — international (SI) d'unités.......................... *51, 331*
   — photométriques.................................. *55*
   — solaire, ou système Soleil 3, *201-282*

taches solaires 62, *228-231*
tassement nucléaire 118
Taureau (constellation zodiacale).................................. 35
   — T Tau (étoile typique, froide,
en contraction avant la série principale) 192
tectonique des plaques (théorie impliquant que la croûte de la Terre est
   constituée par de grandes plaques glissant les unes sur les autres, ou
   se séparant les unes des autres) 271
télescope(s).. 54
température effective.......................... *105, 341*
temps de relaxation 246
Terre. Voir aussi : relations Soleil-Terre. *Passim* 21
théorème de Vogt-Russell.......................... 189-190
   — du viriel.. *121*
théorie des atmosphères.......................... *298*
thermonucléaires. Voir aussi : réactions t.......................... 187
thermosphère.. 247
thermostat.. 124
Titan 225
tour de la Terre 40
tourbillon(s).. 39
transfert (ou transport) radiatif (du rayonnement). Voir aussi : équation
   de t.. 161
transition(s) « lié-libre », et « libre-libre » 138
transmutation 121
transverse *141*
troposphère 247

trous coronaux *178*
— polaires 179
tube(s) magnétique(s) (tube de force du champ magnétique) 208
tube zénithal (lunette visant les régions du ciel proches du zénith d'un
     lieu) 318
turbulence cyclonique 153
— magnétique *153*
— solaire (gen.) 130
— des nébulosités protostellaires 278
type spectral *191*

ultraviolet (UV) . . . . 67, etc.
Union Astronomique Internationale (UAI) (organisme international
     non gouvernemental groupant les astronomes de tous les pays) 12
unité astronomique (UA) de longueur, ou de distance *50-51, 341*
univers-îles 59
Uranus *205*

Véga (étoile brillante, de type AOV) 33
Vela (satellite mu par pression de radiation) 181
vent solaire *183-188, 203-211, 234*
— stellaire 198
— galactique 187
Vénus *220-221*
vertical *141*
vie 281
Vierge (constellation zodiacale). Voir aussi : rotation 35
vitesse angulaire de rotation (du Soleil) *53*
vitesse radiale *141, 341*
vitesse(s) turbulente(s) *165*
Voie Lactée 58
vortex 142
Vulcain (planète hypothétique localisée entre le Soleil et Mercure) 205

zénith (point du ciel situé à la verticale de l'observateur,
     vers le « haut ») 33
zodiaque (bande du ciel sur laquelle se déplace le Soleil dans son mouve-
     ment apparent dû à la révolution de la Terre autour du Soleil) 33
zone convective 129, 145, 171, 228
zone(s) éruptive(s) *113*
zone de transition (entre étoile et milieu interstellaire) 111
— (entre chromosphère et couronne solaires) 172, 180

Table des matières

Avant-propos 9
Introduction 11

I. HISTOIRE DE SOLEIL 15
   1. Soleil, dieu familier 17
   2. Soleil inflexible, régent de nos destins 31
   3. Soleil, centre du Monde 37
   4. Soleil, étoile banale 49
   5. Le Soleil, astre changeant 61
   6. Le nouveau Soleil 75
   7. Le Soleil des artistes 81
   8. Notre Soleil quotidien 89

II. L'ÉTOILE SOLEIL 97
   1. Soleil, point massif dans l'espace 99
   2. L'usine thermonucléaire au centre du Soleil 115
   3. L'intérieur du Soleil 125
   4. La photosphère profonde 135
   5. La machine solaire 147
   6. La photosphère externe 157
   7. La chromosphère solaire 167
   8. La couronne solaire 173
   9. Le vent solaire 183
 10. Soleil et étoiles 189

III. LE SYSTÈME SOLEIL 201
   1. Dans le vent solaire 203
   2. Le grand tour dans les planètes 213
   3. Le Soleil actif 227
   4. Les particules solaires et les rayons cosmiques 239
   5. La recherche des relations Soleil-Terre 243
   6. Planètes et Soleil 263
   7. L'évolution du système Soleil 269

IV. LE LABORATOIRE SOLEIL 283
   1. Les conditions physiques du laboratoire 285
   2. Réactions thermonucléaires 289

3. La spectrographie des milieux semi-transparents 297
4. Magnétohydrodynamique et plasmas 305
5. Les « preuves » de la Relativité Générale 313

EN CONCLUSION 323

APPENDICES 327
A) Images du Soleil 329
B) Notations, unités et constantes ; index des symboles 331
C) Fiche signalétique de l'étoile Soleil 341
D) Les réactions thermonucléaires 355
E) Les Équations du Soleil 357
F) Les fleurs de Soleil 364
G) Lectures solaires (Bibliographie)..................... 391

Index 393